KB181775

우린 모두 마음이 있어

마음이 아픈 동물들이 가르쳐 준 것들

우리모두에겐 배울것이있어

마음이 아픈 동물들이 가르쳐 준 것들

로렐 브레이트먼 지음
김동광 옮김

내가 지금까지 사랑했던 모든 동물들,
특히 린과 하워드, 그리고 멜 박사에게
이 책을 바친다

너도 알겠지만
개는 화가 나면 으르렁거리고
기분이 좋으면 꼬리를 흔들잖아.
지금 난 기분이 좋으면 으르렁거리고
화가 나면 꼬리를 흔들어.
그러니까 난 미친 거지.
루이스 캐럴, 『주석과 함께 읽는 이상한 나라의 앨리스』에서
체셔 고양이가 앨리스에게 한 말

언젠간 함께하게 되겠지.
그 보드라운 털, 그 버릇없음,
그 차가운 코와 함께 지금은 떠나갔지만.
파블로 네루다, <개가 죽었다> 중에서

차례

일러두기

- 인용문 안의 대괄호([ ])를 제외한 대괄호와 각주는 옮긴이의 첨언이며, 아라비아숫자로 표기된 미주는 지은이의 것이다.

- 국역본이 존재할 경우, 서지 사항을 병기하고 해당 부분의 쪽수를 병기했다. 하지만 기존의 국역본 번역을 그대로 따르지는 않았다.

- 단행본, 정기간행물에는 겹낫표(『 』)를, 소제목, 논문 제목 등의 한국어 표기에는 홑낫표(「 」)를, 노래·시·영화·연극·텔레비전 프로그램 등에는 홑화살괄호(< >)를 사용했다.

프롤로그

몇 달 전, 샌프란시스코 북쪽의 해안 산책로를 걸으면서 나는 사랑에 빠졌음을 깨달았다. 상대는 오디 냄새를 맡기 위해 신기할 정도로 서두르는 품새로 종종걸음을 치며 앞서가고 있었다. 그의 이름은 세다. 나는 그의 사람이며 그는 나의 강아지로, 꼬리를 등 뒤로 말아 올리느냐 마느냐에 따라 작은 아키타처럼 보이기도 하고 검은 여우처럼 보이기도 한다.

그를 입양하라고 날 설득한 것은 친구 바네사였다. 그녀는 내가 포틀랜드에 도착하자마자 자기 밴에 태우더니 두 시간도 안 돼 휴메인 소사이어티 동물 보호소에 데려다 놨다. 나는 개 입양을 고민 중이었지만 망설이고 있었다. 눈물 쏙 빼는 이별을 경험한 뒤 다시금 다른 누군가에게 홀딱 빠지기 위해선 용기와 자기기만 이상의 뭔가가 필요한 법이다. **특히** 그 누군가가 개라면 말이다. 이 책에서 밝혀지게 될 여러 가지 이유로, 내가 다른 개에게 마음을 열기까지는 상당한 시간이 걸렸다. 나는 망설여졌고 좀 두려웠다. 그렇다고 냉소적인 건 아니었지만 말이다.

보호소를 처음 찾았을 때는 세다가 눈에 들어오지 않았다. 그 대신 난 윤이 나는 검은색 래브라도리트리버를 보여 달라고 했다. 하지만 그 개는 다른 개들이 옆에 있기만 해도 화를 낸다는 것을 알게 됐다. 우리가 세다를 눈여겨보게 된 건 두 번째 방문에서였다. 세다는 혼종 셰퍼드와 같은 우리를 쓰고 있었는데 좀 생기가 없어 보였다. 내게는 그 점이 기질적으로 화를 잘 내지 않는 증거로 보였다. 또 그는 부드럽고 뾰족한 귀를 가지고 있었고, 하얀 앞발은 마치 흰색 스포츠 양말을 신은 것 같았다. 바네사가 우리의 철책을 열자 그는 조용히 다가와 몸을 기대더니 애절한 눈빛으로 올려다보며 재채기를 했다. 미팅룸에서 바네사가 간식을 주는 동안, 나는 그 주변을 한 바퀴 돌면서 캐물었다. "너 내 강아지 할래? 혹시 분리불안이 있는 건 아니지? 제발 그건 아니면 좋겠다. 배변 훈련은 받았니? 제발 그런 거면 좋겠다. 배 타는 건 어때? 고양이는? 낯선 사람은?"

　　기록을 보니 세다는 두 차례 파양당한 적이 있었다. 처음은 태어난 지 6주 만이었고, 2년 뒤 다시 한번 같은 일을 겪었다. 그에게는 마이크로칩이 이식된 상태였는데, 보호소 측이 칩에 연결된 번호로 전화를 걸자 그 사람들은 "더 이상 그 개를 원치 않는다"고 말했다. 누구도 내게 그 이유를 말해 주려 하지 않았다. 정말로 몰라서일 수도 있겠지만, 이 짠한 털북숭이에게 최선의 집을 찾아 주고 싶어서였을 것이다.

　　이유를 완벽히 설명할 순 없지만 나는 그를 입양했다. 지금까지 우리는 잘 지내고 있다. 가장 큰 이유는 내가 훈련사를 고용해서 우리가 어떻게 처신해야 하는지 배우고 있기 때문이다. 그녀의 이름은 리사 케이퍼다. 처음 우리 집에 왔을 때 리사는 [거리 예술가] 셰퍼드 페어리가 그린 유명한 오바마/희망 포스터를 변형해 머리털을 곤추세운 테리어 개 이미지에 "입양"이라는 글자를 고딕체로 크게 써놓은 티셔츠를 입고 있었다. 나는 그 모습을 보는 순간 만사가 잘 풀릴 것 같다는 느낌이 들었다. 모든 일이 순조롭게 진행된 것은 세다의 타고난 품성 덕분이기도 했다. 전에 길렀던 개와 달리 세다는 침착한 성격에 체력도 좋았다. 세다의 문제 대부분은 말하자면 세다와 함께 사는 나의 문제로, 그가 때로는 아주 커다란 너구리와 비슷한 짓을 하기 때문에 벌어지는 일들이었다. 그는 발 적시는 걸 좋아했고 그 발로 사방을 돌아다녔으며, 먹성이 좋아 조리대 위에 놔둔 건 뭐든 먹어 치웠다. 또 질주하는 자전거와 스판덱스로 온몸을 휘감은 라이더들을 싫어했고, 고양이, 칠면조 소시지, 그리고 가끔 집 근처 해변에 떠내려온 죽은 바닷새 냄새에 안달했다. 그는 마치 새로 분장이라도 하려는 듯 축축한 깃털과 작은 뼈들이 자기 털에 온통 달라붙을 때까지 그 사체 위를 뒹굴곤 했다. 불과 몇 달 만에 나는 그가 없는 내 삶을 상상할 수 없게 되어 버렸다.

사실 이 책을 쓰지 않았더라면, 그리고 자신들의 인내심과 애정의 한계를 시험에 들게 한 사랑하는 개·고양이 이야기를 들려 준 독자들이 아니었더라면 나는 세다를 입양하지 않았을 것이다. 공포증에 시달리는 말이 당당히 우산을 쓴 보행자들을 마주할 수 있도록 도와준 사람들, 친구를 잃고 슬퍼하는 코끼리를 격려해 준 개들, 깊은 우울증에 빠진 당나귀에게 활력을 찾아 준 염소들의 이야기는, 모든 생명체에게는 정신적 고통에서 회복될 수 있는 능력이 있을 뿐만 아니라 인간과 비인간 동물이 서로의 다친 영혼을 치유해 줄 수 있을 거라는 희망을 내게 심어 주었다.

[내가 라디오 방송에 출연했을 당시] 휴스턴의 공영 라디오 방송국 전화 연결에서 텍사스의 한 농장주가 내게 이런 말을 해준 적이 있다. 자기 개들은 모두 저마다 별난 점이 있고, 그중 어떤 애들은 정신병에 가까울 정도지만 "개는 마치 하느님처럼 예상하지 못한 방식으로 우리에게 온다"고 말이다. 여러분이 하느님을 믿든 아니든 그건 중요치 않다. 모든 개는(그리고 모든 당나귀, 캥거루, 돌고래도) 우리에게 기회를 준다. 그 기회는 보통 한 번 이상으로, 우리에겐 그들이 내려 주는 은총과 용서, 그리고 구원을 받을 기회가 있다.

서론

미니어처 당나귀 맥은 도무지 종잡을 수 없는 녀석이다. 때로 그는 눈을 껌벅이며 기다란 털북숭이 귀를 살갑게 기울이고 옆구리를 당신 허벅지에 바짝 갖다 댈 것이다. 하지만 당신이 땅딸막한 당나귀가 풍기는 쑥 냄새와 달콤한 알팔파 냄새에 익숙해질 즈음, 어둡고 혼란스러운 무언가가 그의 안에서 꿈틀거리며 올라올 수 있다. 그러면 그는 곧 몸을 뻣뻣하게 세우고 고개를 뒤로 젖힌 다음 당신의 정강이뼈를 세게 물고는 놓지 않을 것이다. 아니면 앞다리로 당신 발가락을 밟아 버릴 수도 있고, 용수철 같은 뒷발질로 당신 무릎을 차버릴 수도 있다. 이래도 별로 아프지만 않다면 재미있을 것이다. 어쨌든 맥은 염소만 한 크기니까 말이다. 그러나 언제 이런 일이 벌어질지 예상할 수 없기 때문에 좀 무섭기도 하다. 맥은 이렇게 애정을 갈구하며 다정하게 굴다가도 갑자기 폭력적이고 공격적으로 바뀌곤 하는데, 이런 변덕에 어떤 특별한 요인이 있는 것처럼 보이지는 않기 때문에 어떤 사람들은 맥을 "조현병 당나귀"라 불렀다.

나는 맥을 그렇게 부르지 않는다. 다만 정서가 불안한 친구라 생각할 뿐이다. 그것은 결코 맥의 잘못이 아니다. 맥의 어미는 인내심 강한 사르디니아 미니어처 당나귀로 내가 자란 농장에서 살다가 맥을 낳은 지 며칠 만에 죽었고, 맥은 내 차지가 되었다. 당시 나는 열두 살이었고, 이 작은 당나귀를 살아 있는 봉제 인형쯤으로 여겼다. 나는 우유병으로 젖을 먹이면서 몇 시간이고 그와 함께 놀았다. 그러다 7학년 때 『빨강머리 앤』과 맥도널드 가게 뒤편에서 스케이트보드를 타던 가무잡잡한 소년에게 마음을 뺏겼다. 맥은 너무 빨리 젖을 뗐고 요령을 가르쳐 줄 어미도 없이 축사로 추방돼 무관심한 어른들 사이에 낀 작고 자신감 없는 꼬마 신세가 되었다. 다른 당나귀라면 잘 지냈을지도 모르지만 맥은 여느 당나귀가 아니었다. 결국 그는 욕구가 충족되지 않거나 사람이나 다른 동물들에 대한 분노가 폭발할 때마다 자신의 털을 뭉텅뭉텅 뜯어내며 스스로를 공격하기 시작했다. 그리고 이런 감정 폭발 때문에 그는 그토록 간절히 갈구하는 애정을 더욱더 받지 못하게 됐다. 그로부터 20여 년이 지난 지금, 나는 맥의 경험과 그로 인한 불안 행동이 전혀 특이한 것이 아님을 잘 알고 있다.

삶을 힘겹게 하고 때로는 불가능하게도 만드는 감정적 격랑에 시달리는 동물이 인간만은 아니다. 한 세기도 더 전에 이런 깨달음에 도달했던 찰스 다윈과 마찬가지로 나는 인간이 아닌 동물들도 인간과 흡사한 정신질환에 시달릴 수 있다고 생각한다. 맥을 비롯해 아시아코끼리들까지 내가 만난 많은 동물들을 통해 나는 이를 확신하게 됐지만 그 어떤 동물보다 강한 확신을 준 건 내가 남편과 함께 입양한 올리버였다. 베른마운틴종 강아지 올리버가 보여 준 극도의 공포와 불안, 강박행동은 내 세계에 균열을 일으켰고, 다른 동물들도 정신질환을 앓는지 탐구해 보도록 내 등을 떠밀었다. 이 책은 이렇게 내가 올리버를 돕기 위해 고군분투하며 발견했던 것들에 대한 기록이자, 그것이 영감을 주었던 여행의 기록이다. 나는 이를 통해 다른 동물들의 정신이상이 우리 인간 자신에 대해 무엇을 말해 줄 수 있는지를 알아보고자 했다.

수의학, 심리학, 동물행동학, 신경과학, 야생동물 생태학 중에서도 동물이 정신적으로 아플 수 있는지를 탐구하는 데 전념한 분야는 없다. 이 책에서 나는 수의학·약학·심리학 연구에서 나온 증거들, 사육사·훈련사·정신 의학자·신경과학자·반려동물 보호자의 일인칭 서술, 19세기 자연학자와 현대의 생물학자, 야생동물학자들의 관찰 결과, 그리고 주변에서 이상한 행동을 보이는 동물들에 대해 뭐든 할 말이 있는 보통 사람들의 이야기를 한데 모아 봤다. 이런 가닥들을 엮어 종합해 보니 인간과 비인간 동물은 정신이상이나 이상행동의 문제에서 우리가 흔히 생각하는 것보다 훨씬 더 유사성을 가진다는 것을 알 수 있었다. 가령 공포를 느낄 필요가 없는 상황에서 몸이 뒤틀리는 듯한 공포를 느끼는 경우, 온몸을 마비시키는 듯한 슬픔을 떨칠 수 없는 경우, 끊임없이 손발을 씻는 강박행동에 시달리는 경우처럼 말이다. 인간이건 비인간이건 이런 이상행동은 그로 인해 동물이 **그들에게** 정상적인 것으로 여겨지는 활동을 하지 못하게 될 때 정신병의 영역으로 넘어가게 된다. 털이 빠지고 진물이 날 때까지 자기 꼬리를 핥는 데만 몰두하는 개, 끝없이 원을 그리며 헤엄치는 바다사자, 슬픔 때문에 자기 무리와 어울리지 못하는 고릴라, 에스컬레이터가 너무 무서워 백화점을 가지 못하는 사람 등이 모두 이에 해당한다.[1]

정신을 가진 동물은 모두 이따금씩 정신줄을 놓을 수 있다. 때로는 학대나 혹사 탓일 수 있지만, 항상 그런 건 아니다. 나는 우울과 불안에 시달리는 고릴라, 강박증에 사로잡힌 말·쥐·당나귀·바다표범·앵무새, 자해 행동을 하는 돌고래, 치매에 걸린 개 등을 만났고, 그중 상당수는 같은 문제를 겪지 않는 다른 동물들과 전시용 우리와 집·서식지를 공유하며 함께 지내고 있었다. 그 밖에도 나는 호기심 많은 고래, 자신감 넘치는 보노보, 신이 난 코끼리, 해낙낙한 호랑이, 은혜를 아는 오랑우탄에 대한 이야기도 들었다. 우리에 갇힌 동물이나 가축뿐만 아니라 야생동물을 포함한 동물계 전체에서 이상행동은 흔한 일이며, 여기서 회복한 증거들도 숱하게 많다. 우리는 그걸 어디서 어떻게 찾아야 할지만 알면 된다. 내 경우에는 올리버가 그 안내자 역할을 톡톡히 해주었다. 비록 자신은 앞발을 핥는 데만 정신이 팔려 그런 줄도 몰랐지만 말이다.

인간과 인간이 아닌 동물들의 정신 건강상 유사성을 받아들인다는 것은 비인간 동물들의 언어 능력, 도구 사용 능력, 문화 능력을 인정한다는 것이다. 즉, 그것은 인간만이 복잡한 방식으로 감정을 느끼고 표현할 수 있다는 생각에 일격을 가하는 것이다. 또 그것은 인간의 감정·성격·욕망을 비인간 존재들에게 투사해 그들을 의인화하는 것이기도 하다. 하지만 우리가 의인화를 **잘만** 한다면 이를 통해 동물의 행동과 감정적 삶을 좀 더 정확히 해석할 수 있다. 의인화는 자기중심적인 투사가 아니라, 다른 동물들 속에서 우리 인간 자신의 일부분, 조각들을 인식하는 것이며, 그 역의 과정도 가능하다.

다른 동물의 정신질환을 파악하고 그 회복을 돕는 것은 우리 자신의 인간성에 빛을 비추는 일이기도 하다. 고통받는 동물들과 관계를 맺으면서 우리는 더 나은 사람이 될 수 있다. 개·고양이·기니피그에 공감하고, 보노보나 고릴라의 정신의학자가 되기도 하며, 헌신적인 사람들은 고양이 보호소나 코끼리 생추어리도 만들게 되는 것이다.

내 경우, 인간뿐만 아니라 다른 동물들도 정신질환에 걸리고 그것을 극복할 수 있는 능력을 가지고 있다는 것을 깨닫게 되면서 마음의 위안을 얻었다. 인간으로서 불안 강박 공포 우울 분노 등을 느낄 때 이는 우리가 이 행성의 다른 존재들과 놀랄 만큼 닮아 있음을 드러내는 것이기도 하다. 다윈의 아버지가 한 말처럼, "건강한 사람과 미친 사람 사이의 구분은 단계적인 것이다. … 누구나 때로는 미칠 수 있다."[2] 사람이 그렇듯, 다른 동물도 모두 마찬가지다.

1

흥부네의 꼬인 끝

블루틱 하운드 한 마리가 안갯속에서 겁을 먹고 달리다 길을 잃었었다.
앞이 보이지 않기 때문이다. 땅에는 자신이 남긴 흔적 말고는 아무런 자국도 없다.
그는 붉은 고무 같은 차가운 코로 여기저기 냄새를 맡지만
자신의 공포 이외에 아무 냄새도 찾지 못한다.
두려움이 마치 연무처럼 그의 속으로 타들어 간다.
켄 키지, 『뻐꾸기 둥지 위로 날아간 새』

하늘에서 개가 떨어진다면

2003년 5월의 어느 따스한 오후, 한 남자아이가 자기 집 주방 옆에 딸린 일 광욕실에서 숙제를 하고 있었다. 우리는 일면식도 없었지만 그 애의 집은 워싱턴 D.C. 인근의 마운트플레전트시에 위치한 내가 살던 아파트를 마주 보고 있었다. 그는 숙제를 하다가 마당을 내다보았는데, 우연히 위를 올려 다본 순간 검은 눈의 베른마운틴종 개가 4층 아파트 창문에서 뛰어내리는 것을 보고 말았다. 그 개가 바로 우리 집 올리버였다.

올리버가 에어컨 장치를 옆으로 밀어내고, 방충망에 54킬로그램의 몸 뚱어리가 빠져나갈 만큼 큰 구멍을 뚫기까지는 오랜 시간이 걸렸겠지만 그 사이 창가의 올리버를 본 사람은 아무도 없었다. 우리가 그를 맡겨 놓았던 펫시터가 농산물 시장에 가는 바람에 올리버는 두 시간 동안 혼자 남겨졌 다. 그는 자신이 혼자라는 사실을 깨닫자마자 방충망을 찢고 물어뜯기 시 작했다. 그리고 충분히 큰 구멍이 생기자 지상 15미터 높이의 구멍 밖으로 몸을 날렸던 것이다.

아이는 소리를 질렀다. "엄마! 하늘에서 개가 떨어졌어요!"

엄마는 처음에는 애가 지어낸 이야기인 줄 알았지만, 목소리에서 두려 움이 느껴져 생각을 바꾸게 되었다고 했다. 그들은 우리 건물 뒷마당에서 올리버를 발견했다. 올리버는 지하로 통하는 시멘트 계단통 안쪽에 떨어져 있었다.

그 후에 이어진 전화 통화를 나는 결코 잊지 못할 것이다. 당시 난 진토닉 잔을 손에 든 채 새로 산 시폰 드레스의 겨드랑이 쪽에 난 얼룩에 신경이 곤두서 있었다. 맥주를 마시고 있던 주드는 바지 무릎이 땀에 젖어 있었다. 우리는 사우스캐롤라이나에 사는 그의 사촌 결혼식 피로연에서 더위에 지쳐 어슬렁거리고 있었다. 웨이터가 막 뷔페 개장을 알리는 순간 주드의 휴대폰이 울렸다.

아이의 엄마는 올리버가 웅크리고 누워 있는 모습을 발견했다고 우리에게 말했다. 그 모자가 뒷마당의 문을 밀고 들어오는 모습을 보고 올리버는 일어나려 애쓰면서 가냘프게 꼬리를 흔들었다. 올리버는 철제 방충망을 갉아먹어 입이 피투성이가 되어 있었고 걷지도 못했다. 엄마와 아이는 올리버를 차에 태워 근처 동물병원으로 급히 달려갔다. 치료를 시작하기 전에 병원 측은 600달러의 착수금을 요구했다. 그녀는 수표를 써주고 집으로 돌아와 여기저기가 부러진 이 이상한 개가 누구네 개인지 알아내기 위해 집집마다 문을 두드렸다.

마침내 결혼식 피로연에 참석 중이던 우리에게 연락이 닿았을 때 그녀는 이렇게 말했다. "병원에서 수의사가 그러더라고요. 부상이 어느 정도인지는 모르겠지만 이렇게 떨어져서 살아남은 개는 처음 봤다고요."

너무 당황한 우리는 그녀에게 감사 인사를 건네고 전화를 끊었다. 나는 주드에게 당장 집으로 돌아가자고 애원했지만, 우리가 있던 사우스캐롤라이나는 저녁 무렵이어서 그날 마지막 비행기 시간을 도저히 맞출 수 없었다. 그래서 우리는 동물병원에 전화를 걸어 새로운 소식이 있는지 물은 후(새로운 소식은 더 없었다), 잔뜩 겁에 질려 심란한 상태로 피로연이 끝날 때까지 앉아 있었다.

나는 스물한 살 때 뉴욕시 외곽의 한 술집에서 화장실에 가다가 주드를 만났다. 우리는 마치 머리를 뭐로 얻어맞기라도 한 듯 서로를 보자마자 홀딱 빠져들었다. 말 그대로 눈에 콩깍지가 씌었고 함께라면 무슨 일이든 할 수 있을 것 같았다. 얼마 지나지 않아 우리는 미래에 키울 반려동물 열 마리의 목록을 만들었다. 중국과 티벳을 다녀온 후 그 목록에는 한 쌍의 야크가 추가됐다. 나는 시작은 카피바라*였으면 좋겠다고 생각했지만, 둘이서 가장 원한 건 개였고, 그중에서도 최애는 베른마운틴이었다. 스위스 알프스산맥에서 가축을 지키고 치즈와 우유 마차를 끌도록 개량된 이 견종은 잘생기고 몸집이 크며 위풍당당하면서도 친근한 분위기를 풍겼다. 개 사료 회사는 물론 자동차 회사들도 이를 잘 알고 있어서 베른마운틴종은 유기농 사료 휴지 향수 SUV 휴대폰 광고에도 자주 등장하는 견종계의 슈퍼 모델이다.

우리는 반려견이 허용되고 록 크리크 공원의 물놀이 풀과 산책로 바로 옆에 위치한 워싱턴의 아파트로 이사하자마자 강아지를 물색하기 시작했다.

그리고 마침내 베른마운틴 개를 찾아냈다. 그러나 순종의 경우 거의 2000달러에 달한다는 사실을 알고 난 충격을 받았다. 당시 난 환경 단체에서 일하고 있었고, 정부 소속 지질학자였던 주드도 수입이 별반 다르지 않았다. 우리 형편으로는 그렇게 비싼 강아지를 살 수 없었고, 형편이 된다 해도 개 한 마리에 그렇게 많은 돈을 쏟아부을 순 없는 노릇이었다. 그렇게 몇 달이 흘렀다. 그동안 우리는 "쭈쭈쭈 여기여기" 하며 남의 개라도 한번 만져 보려고 공원을 어슬렁거리면서 숨겨 둔 간식으로 강아지들을 꼬드기는 변태 같았다.

그러던 어느 날, 몇 달 전 연락을 주고받았던 육종가에게서 메일이 한

✤ 남아메리카 지역의 강가에 주로 서식하는, 큰 토끼처럼 생긴 설치류. 몸길이가 1미터가 넘으며 현존하는 설치류 중 가장 크다.

통 도착했다. 자신이 관리 중인 성견 중 한 마리를 "공짜로" 입양할 수 있다는 내용이었다. 올리버라는 이름의 네 살짜리 베른마운틴종인데 최근 그를 입양했던 가족이 개에 대한 관심을 잃은 것 같다는 거였다. 또 올리버가 성견이라 어린 강아지보다는 운동을 덜 시켜도 되니 기르기 수월할 거라고도 했다.

나는 바로 다음 날로 약속을 잡았다. 올리버와 그 가족을 만나기 위해 동물병원에 차를 대고 나니 병원 앞뜰의 잔디밭에서 한 소녀가 커다란 개를 산책시키는 모습이 보였다. 개는 끝만 하얀 꼬리를 높이 치켜들고 등 위로 동그랗게 구부린 채로 깃발처럼 흔들고 있었다. 흰 앞발은 사자처럼 크고 넓게 퍼져 있었으며, 1970년대 유행하던 섀기컷 머리처럼 부스스하게 일어난 털에는 윤기가 흘렀다. 소녀와 함께 걷는 개의 모습은 행복해 보였고, 소녀가 잔디밭을 가로지르며 왔다 갔다 할 때의 걸음걸이도 경쾌했다.

지금 와서 생각해 보면, 내가 얼마나 많은 단서들을 놓친 채 덥석 올리버를 입양했는지 놀랍기만 하다. 집에서 기르던 반려견을 그 집이 아니라 동물병원에서 입양했다는 사실이 첫 번째 단서였다. 그 외에도 단서는 여러 가지였지만, 나는 뭐에 홀리기라도 한 듯 아무것도 알아차리지 못했다.

올리버가 수의사에게 맡겨진 것은 그가 합법적으로 더는 그 집에 있을 수 없었기 때문이었다. 올리버와 이웃, 그리고 이웃집 개 사이에 싸움이 있었고, 이웃은 고소하겠다고 위협했다. 지금이라면 이런 이야기가 매우 심각하게 들렸겠지만, 당시에는 전혀 그렇지 않았다. 그 가족의 어머니, 그러니까 올리버의 첫 보호자는 "당신네 새로 온 개 때문에 너무 흥분한 나머지 전기 담장을 뚫고 달려가서 인사를 했을 뿐"이라고 설명했다. 두 개는 싸우기 시작했고, 그녀가 손으로 둘을 떼어 놓으려 하자 올리버는 그녀를 물었다. 나는 더 이상 설명을 들을 필요가 없었다. 맨손으로 개싸움을 뜯어말려선 안 된다는 건 상식 아닌가. 정원의 호스는 이럴 때 쓰라고 있는 것이다.

게다가 그 이웃집도 지나친 면이 있어 보였다. 주드와 나는 개를 통제할 수 있을 것이라고, 훈련만 좀 시키면 된다고 생각했다.

돌이켜 보면, 올리버가 보호자를 물었던 이야기는 빙산의 일각, 그 커다란 개의 꼬리 끝에 불과했다. 그렇지만 당시 나는 그런 점을 알아차리지 못했다. 도저히 그럴 수 없었다.

우리는 첫눈에 올리버에게 홀딱 빠져들었다. 그것은 의식적인 결정이라기보다는 몸으로 전해지는 느낌 같은 거였다. 분명 이성적인 결정은 아니었다. 우리는 당장 그날 오후 그를 집으로 데려왔다.

며칠간의 차분한 탐색기가 끝난 후, 올리버는 우리 일상에 잘 적응했고 아주 살갑고 다정한 개가 되었다. 우리는 아파트와 공원에서 술래잡기를 하고, 수염을 잡아당기는 장난을 치고, 그가 말을 한다면 어떤 목소리일지 궁금하다고 떠들어 대고, 수없이 많은 쓰레기봉투를 빗질하면서 나온 털뭉치로 가득 채우면서 많은 시간을 함께 보냈다. 진짜 별난 행동이 나타나기 시작한 것은 올리버가 우리와 함께 지낸 지 몇 달 후였다. 하지만 일단 시작되자 마치 끈적거리는 당밀을 엎어 버린 것처럼 상황은 걷잡을 수 없이 악화돼 갔다.

문제의 징후를 처음 발견한 것은 우연이었다. 주드는 이미 출근한 뒤였고, 나는 올리버에게 인사를 하고 문을 잠갔다. 그런데 차에 도착한 후에야 차 열쇠를 두고 왔다는 사실을 깨달았다. 우리 건물 쪽 골목으로 다시 방향을 트는데 구슬프게 울부짖는 소리가 들렸다. 그것은 고양잇과 동물이나 사람이 내는 소리도 아니었고, 몇 블록 떨어진 국립공원에서 나는 소리도 아니었다. 그것은 그렇게 울기에는 너무 큰 동물이 내는(당시 나는 코끼리가 이런 소리를 낸다는 걸 몰랐다) 찍찍거리는 듯이 짖는 소리였다. 그 소리는 우리 아파트에서 들려오는 것이었다.

내가 현관에 들어서자 짖는 소리가 멈추고 그 대신 시끄럽게 내달리는 소리로 바뀌었다. 내가 계단을 올라갈수록 마치 게걸음을 치는 듯한 소리는 점점 더 커졌다. 순간 나는 그것이 올리버가 집 안에서 전력 질주할 때 그의 발톱이 나무 바닥을 긁는 소리라는 걸 깨달았다. 문을 열자 그는 눈을 부릅뜨며 헐떡거리고 있었다. 그는 내가 5분 동안 차에 다녀온 게 아니라 몇 달 여행이라도 다녀온 듯 내게 뛰어올랐다. 나는 차 열쇠를 집은 다음, 올리버를 그의 잠자리에 데려다주고는 살짝 쓰다듬어 준 뒤 일어서서 현관을 나섰다. 그리고 1층 현관에 앉아 잠시 기다렸다. 10분가량 아무 소리도 들리지 않아 안심하고 일어섰다. 그런데 몇 걸음을 떼기가 무섭게 울부짖고 찍찍거리는 소리가 들리기 시작했다. 그 소리는 그치지 않고 계속됐다. 고개를 들어 보니 올리버가 침실 창문턱에 앞발을 올려놓고는 커다란 머리로 창문을 누르고 있는 모습이 보였다. 그는 혀를 축 늘어뜨린 채 나를 내려다보고 있었다. 올리버는 잠시 기다렸다가 내가 현관을 떠나는 모습을 보고는 다시 짖기 시작했다. 난 이미 지각한 상태였다. 보도를 따라 걸어가면서 나는 계속 뒤를 돌아보았다. 올리버는 거실 창문으로 자리를 옮겨 길을 따라 멀어져 가는 내 모습을 계속 지켜보고 있었다. 내가 모퉁이를 돌자 짖는 소리는 더 커졌다. 사무실로 가는 내내 내 머릿속에선 그 소리가 떠나지 않았다.

그날 저녁, 퇴근하고 온 주드는 올리버가 목욕 수건 두 장을 물어뜯어 구멍을 내고, 우리 침대에 있던 베개를 갈가리 찢어 거위털 더미로 만들어 놓은 것을 발견했다. 복도에는 알 수 없는 대팻밥 같은 게 쌓여 있었고, 모든 창문 앞 바닥에는 칠판 위로 유령이 지나간 것처럼 발톱으로 할퀸 자국이 남아 있었다. 게다가 이상하게도 그의 앞발이 축축하게 젖어 있었다.

그날 밤 우리는 스웨터를 접어 베고 침대에 누웠다. 주드는 내게 몸을 붙이면서 이렇게 물었다. "그 가족이 우리한테 뭔가 얘기 안 한 게 있는 것 같지 않아?"

나는 어둠 속에서도 올리버가 가까이 있는 게 느껴졌다. 그는 항상 저녁이 되면 침실 문간에 타원형으로 몸을 웅크리고 자리를 잡고 있다가는 우리가 잠들면 둥근 쿠션이 놓인, 소파 옆의 자기 잠자리로 갔다. 올리버는 부드럽게 새근거리고 있었다.

"그 사람들이 뭐하러 거짓말을 했겠어."

그러나 이렇게 말하면서도 나는 내 안의 의구심이 연못 바닥에 어지럽게 가라앉아 있던 침전물처럼 스멀스멀 올라오는 걸 느낄 수 있었다.

다윈이 알고 있던 것

올리버가 수건을 물어뜯거나 창문에서 혼자 울부짖는 동안 복슬복슬한 그 두 귀 사이에선 무슨 일이 벌어지고 있었던 걸까? 이를 이해하기란 정말 어려운 일이다. 동물의 생각과 행동의 관계를 이해하려는 시도들은 여러 모로 늘 어려운 일이었다.

1649년에 프랑스 철학자 데카르트는 동물이 감정이나 자각이 없는 자동기계auto maton로 마치 살아 있는 기계처럼 무의식적으로 작동한다고 주장했다. 데카르트를 비롯한 많은 철학자들에게 자의식이나 감정을 가질 수 있는 능력은 인간 고유의 영역으로, 인간과 신을 연결하는 이성적이고 도덕적인 끈이자 우리가 그의 형상에 따라 빚어졌다는 증거였다. 동물을 기계로 보는 이런 생각은 수백 년간 완강하게 지속되며 인간이 지능, 추론, 도덕성 등의 측면에서 우월하다는 주장을 뒷받침하기 위해 필요할 때마다 들먹여졌다.[1] 20세기까지만 해도 동물에게서 인간과 비슷한 감정이나 의식을 찾아내려는 시도는 어리석거나 불합리한 일로 간주됐다.[2]

서구 과학계에서 이 같은 인간 예외주의라는 관념에 가장 강력한 일격을 가한 사람은 찰스 다윈이었다. 다윈은 『종의 기원』을 시작으로 『인간의 유래』, 그리고 1872년작 『인간과 동물의 감정 표현』(이하『감정 표현』)에서 이를 아주 풍부하고 상세하게 다루었다. 『감정 표현』은 다윈이 인간 역시 동물의 한 종류에 불과하다는 자신의 이론을 뒷받침하기 위해 발간한 저술들 가운데 마지막 작품에 해당한다. 그는 사람과 동물이 모두 비슷한 감정적 경험을 한다는 것이 같은 동물 조상을 공유한다는 사실을 입증하는 또 다른 증거라고 보았다.[3]

『감정 표현』에서 다윈은 침팬지가 보여 주는 부루퉁함, 경멸, 혐오, 파라과이 원숭이가 표현하는 경악, 또 개와 개, 개와 고양이, 그리고 개와 인간 사이에서 나타나는 사랑 등을 묘사한다. 가장 놀라운 것은 그가 많은 동물이 서로 보복을 하거나 대담한 행동을 하기도 하고, 조바심을 내거나 의심을 나타낼 때도 있다고 주장한 점이다. 다윈이 기르던 테리어 개 암컷은 새끼들을 잃은 후 "본능적 모성애를 [다윈에게] 쏟음으로써 그 욕망을 충족하려 했고, [그의] 손을 핥으려는 열망이 만족을 모르는 열정의 수준에 이르렀"는데[4] 이는 그에게 깊은 인상을 남겼다. 그는 또한 개들이 실망과 낙담을 경험한다고 확신했다.

그는 이렇게 썼다. "집에서 그리 멀지 않은 곳에, 내가 실험 식물들을 보기 위해 잠깐씩 들르는 온실로 이어지는 갈림길이 있다. 갈림길에 도달하면 개는 항상 크나큰 실망을 표했다. 내가 계속 산보를 할지 알 수 없었기 때문이다. 그렇지만 내 몸이 그쪽과는 전혀 다른 방향을 향하면(이따금씩 나는 실험 삼아 그렇게 해봤다), 개의 표정이 순간적으로 돌변하는 모습이 재미있었다. 가족들은 모두 그가 실망하는 표정을 알고 있었고, 그 모습을 '온실 표정'이라고 불렀다."[5]

다윈에게 이처럼 개가 실망을 느낀다는 것은 의심의 여지가 없었다. 개는 의기소침해질 때면 머리를 수그리고 "몸 전체를 낮춘 상태에서, 움직임을 멈춘 채, 귀와 꼬리를 갑자기 아래로 떨구고, 꼬리를 전혀 흔들지 않는다. … 이때 개는 가엾고 아무런 희망이 없는, 낙담한 모습이었다." 그러나 다윈에게 "온실 표정"은 시작에 불과했다.

계속해서 그는 슬픔에 젖은 코끼리, 흐뭇해하는 집고양이, 퓨마, 치타, 오실롯*(이들은 모두 가르랑거리는 소리로 만족감을 표현한다)뿐만 아니라 행복하면 가르랑거리는 대신 "눈을 감고 짧게 특유의 콧소리를" 내는 호랑이에 대해 적었다.[6] 그는 런던 동물원의 사슴에 대해서도 썼다—다윈은 사슴이 호기심 때문에 자기한테 다가온 것이라 생각했다. 또 사향소, 염소, 말, 호저**가 느끼는 공포와 분노에 대해 이야기했다. 그는 웃음소리에도 관심이 많았다. "어린 오랑우탄은 간지럽히면 … 씩 웃으면서 낄낄거리는 소리를 내고, 눈이 더 빛난다"라고 그는 썼다.

그가 다른 동물에서 나타나는 정신이상에 대해 직접적으로 견해를 밝힌 것은 『인간의 유래』 개정판을 발간한 1874년에 이르러서였다.

인간과 고등동물, 특히 영장류는 몇 가지 본능을 공유한다. 동일한 감각, 직관, 지각—비슷한 열정, 애정, 감정, 심지어 질투, 의심, 경쟁, 감사, 아량과 같은 좀 더 복잡한 느낌들—을 가진다. 둘 다 속임수도 쓰고, 복수심도 느낀다. 때로 놀릴 줄도 알고 유머 감각도 있다. 둘 다 궁금증과 호기심을 느끼며, 그 정도는 다를지라도 똑같이 모방, 주의, 숙고, 선택, 기억, 상상, 연상의 능력, 그리고 이성을 가진다. 같은 종 내에서도 절대적으로 저능한 개체에서부터 정말로 우수한 개체에 이르기까지 지능은 다 다르다. 또한 사람보다는

✦ 표범과 흡사한 라틴아메리카 스라소니.

✦✦ 쥐목의 호저류에 속하는 포유류를 통틀어 이르는 말. 부드러운 털과 뻣뻣한 가시털이 빽빽이 나있고 목에는 긴 갈기가 있다. 꼬리 끝의 긴 털은 백색인데 뒷몸의 용기들은 검은색이다. 위험이 닥치면 몸을 밤송이처럼 동그랗게 한다.

그 빈도가 훨씬 덜하긴 하지만 자칫하면 정신이상에 빠질 수 있다.[7]

다윈이 이 주제를 독자적으로 연구하지는 않은 것 같다.[8] 대신 그는 스코틀랜드 의사이자 자연학자인 윌리엄 로더 린지의 말을 인용했다. 린지는 인간이 아닌 동물들도 정신줄을 놓을 수 있다고 믿었다. 1871년에 『정신과학 저널』Journal of Mental Science에 발표한 논문에서 그는 이렇게 썼다. "나는 정상이든 비정상이든 간에, 사람과 여타 동물의 정신이 본질적으로 같다는 것을 입증하고 싶다."[9]

린지는 양쪽 모두에 상당히 해박했지만, 특히 인간의 정신이상에 대해 잘 알고 있었다. 그는 1854년부터 오스트레일리아 퍼스에 있는 머리 왕립 정신병원Murray's Royal Institute for the Insane의 의사로 25년간 근무했다. 또 식물에도 관심이 많아 1870년에 영국 지의류地衣類에 대한 대중서를 발표하기도 했으며, 다윈과 마찬가지로 왕립학회 회원으로 "자연학에 기여한 탁월한 공적"을 인정받아 훈장을 받은 인물이었다. 린지는 자연학에 대한 관심과 정신질환자를 치료하면서 얻은 경험을 결합해 1880년, 『하등동물의 정신』이라는 제목의 두 권짜리 대작을 출간했다. 여기서 그는 아이들과 "야만인"의 도덕, 종교, 언어, 정신질환 등을 다루었다. 그러나 정말 주목할 만한 건 2권 『병든 정신』이었다.

다윈과 마찬가지로 린지도 정신병자, 범죄자, 비유럽인, 그리고 동물의 정신이 비슷하다고 믿었다. 정신병자는 "이로 사납게 물어뜯는 행동"과 "추잡한 습관"으로 식별할 수 있다는 것이다. 린지는 이런 상당수 정신병자들이 "'짐승처럼 먹고 마시고', 날고기를 이빨로 물어뜯고, 물을 핥아먹는다. 그들은 음식을 씹지도 않고 삼키고, 몇몇 육식동물이 그러하듯 배가 터지도록 먹는다"라고 썼다.[10] 또한 그는 정신이상자들이 사람보다는 동물과 시간을 보내는 걸 더 좋아하고, 일종의 동물 언어를 습득해 자신의 반려동물과 소통할 수 있다고 믿었다. 린지는 "조인"鳥人이라 불리는 한 "백치" 이탈리아인이 한쪽 다리로 뛰고 두 팔을 날개처럼 펼치고 머리를 겨드랑이 속에 숨겼다고 기록하면서 낯선 사람을 보거나 겁에 질리면 쩍쩍거리는 소리를 냈다고도 말한다.

린지는 인도의 늑대 아이처럼 늑대에 의해 양육되었다고 알려진 아이들에 대해서도 썼다. 그는 이런 아이들을 네발로 걷고, 나무를 타고, 밤에 먹이를 찾아 배회하고, 소처럼 물을 핥아먹고, 먹기 전에 음식 냄새를 맡고, 뼈를 갉아먹고, 옷 입기를 거부하고, 말을 하지 못하고, 수치심이 없으며, 웃을 줄 모르는 미치광이의 아류형으로 분류했다.[11] 그 이전의 의사들이 수세대에 걸쳐 그랬던 것과 마찬가지로 린지는 자신의 환자들을 다른 동물에 빗대 이해했다.

런던의 유명한 베슬렘 왕립병원Bethlem Royal Hospital에서도 정신이상자들을 동물과 비교하며 동물처럼 다루었다.[12] 베슬렘 병원은 그 안에서 흔히 볼 수 있는 혼돈을 뜻하는 '베들램'bedlam이라는 말에 영감을 준 곳이었다. 1770년에 일반인의 방문을 금지하기까지 베슬렘은 인기 명소였다. 하루 종일 수탉 울음소리를 내는 사람처럼 정신이 온전치 않은 환자들을 구경하는 것은 당시 병원 안팎에서 성행했던 매춘과 함께 좋은 여흥으로 여겨졌다. 이 병원은 정신병자들을 구경거리 삼는 인간 동물원 기능을 했지만, 수용된 사람들 가운데는 멀쩡한 이들도 있었다. 가령 가족에게 폐가 된다거나 너무 괴짜라는 이유로 맡겨진 사람들이 그런 경우였다. 동물원에서처럼 통제 불가능한 환자들은 쇠사슬로 목이나 발을 벽에 묶어 놓고 발가벗겨진 채로 격리되었다. 환자들의 기이한 행동뿐 아니라 병원의 악취와 야만적인 조건 때문에 사람들은 자연스레 개 사육장이나 서커스를 떠올렸다. 시간이 지나면서 상황이 많이 개선되긴 했지만, 1811년에 이곳을 찾은 한 방문객에 따르면, 쇠사슬과 수갑을 여전히 사용했고, 치료가 불가능한 일부 환자들은 "야생의 짐승 다루듯 계속 족쇄에 묶여 있었다."[13]

린지가 흥미로운 까닭은 영국의 여러 정신병원에서 일하면서도 자신의 연구를 동물처럼 행동하는 미친 사람에 국한하지 않았다는 점이다. 그는 동물을 멍청한 짐승으로 보기를 거부했다. 그 대신 동물도 **스스로** 미쳐 버릴 수 있다고 믿었다. 심지어 그는 일부 인간 정신질환자들의 경우 온전한 개나 말보다 정신적으로 더 퇴화한 상태라고 확신했다.[14] 빅토리아시대 정신병 분야에서 일종의 지침서에 해당했던 『병든 정신』에서 린지는 동물들에게도 치매·색정증부터 망상·우울에 이르기까지 정신이상이 다양한 형태로 나타난다고 보았다.

또한 린지는 동물들이 여러 종류의 "상처 입은 감정"을 나타낸다고 믿었으며, 이와 관련해 많은 이야기를 했다. 그중에는 어린 새끼를 버리고 가느니 산 채로 불에 타 죽는 길을 "택했던" 어미 황새의 이야기도 있고, 한 뉴펀들랜드 개가 꾸지람을 들으며 손수건으로 가볍게 체벌을 당한 후, (평소 친하게 지내던) 유모와 아이들이 방문을 닫고 떠나 버리자 슬픔에 빠진 나머지 "두 차례나 도랑에 뛰어들어 구조된 뒤에도 … 먹기를 거부하다" 얼마 지나지 않아 죽어 버린 이야기도 있었다.[15]

린지가 이 모든 것이 연구할 가치가 있는 과정이라 확신했던 이유는, 단순히 동물의 정신이상이 인간과 아주 유사하기 때문만이 아니라 위험하기 때문이었다. 그가 말·소·개의 "정신적 결함이나 이상"이라고 불렀던 것은 끔찍한 일이 될 수 있었다. 이런 동물들이 폭력성이나 공격성을 나타내는 원인은 대개 잘 밝혀지지 않고 수수께끼로 남아 있었는데, 당시에는 대도시에서조차 인간과 가까이에 사는 말·소·개가 무척 많았기 때문에 이런 일은 공포를 불러일으켰다. 사람을 죽이는 성난 수소나 미쳐서 사람들을 차고 짓밟는 말은 린지가 살았던 시대와 그 후 상당 기간까지도 공중보건상 실질적인 위험 요소였다.

한 가닥 희망

올리버가 아파트 창문에서 뛰어내린 다음날, 주드와 나는 첫 비행기를 타고 워싱턴 D.C.로 돌아와 동물병원으로 직행했다. 한 전문의가 우리를 병원 뒤쪽으로 안내하며 이렇게 말했다. "솔직히 이렇게 추락한 개 중에서 살아남은 경우는 본 적이 없습니다. 수의과 학생들을 다 데려다 보여 줬어요." 그녀는 벽을 따라 케이지들이 길게 늘어선 곳으로 우리를 인도하면서 올리버가 몸을 가누진 못하지만 의식은 있다고 말했다.

올리버는 간신히 몸을 돌릴 수 있을 만한 크기의 케이지 안쪽에 둥글게 몸을 말고 기운 없이 웅크리고 있었다. 왼쪽 앞발에는 직사각형으로 깨끗이 면도된 부위가 보였고, 주근깨가 있는 주둥이는 들쭉날쭉 찢어지고 긁힌 상처가 가득했다. "아이고 이 짐승아!" 나는 그의 별칭을 불렀다.

올리버는 고개를 들어 주드와 나를 똑바로 바라보았다. 그러더니 꼬리로 케이지 바닥을 어설프게 두드리면서 일어나려 애를 썼다. 나는 안도감이 들면서도 철망을 사이에 두고 쓰다듬을 방법이 없어 막막한 느낌이었다.

담당 수의사가 다가오더니 우리에게 면담을 청했다. 그는 이렇게 말했다. "올리버는 언제든 다시 뛰어내릴 수 있습니다. 그나마 다행인 건 너무 아파서 당분간은 그럴 수가 없다는 겁니다."

올리버는 무려 15미터 높이에서 시멘트 바닥으로 떨어졌음에도 불구하고, 병원의 모든 의료진이 놀랄 만큼 어디 하나 부러진 곳이 없었다. 여기저기 멍이 들고 아파서 몇 주간 걸을 수 없을 거라면서도 의료진은 올리버가 최소한 신체적으로는 완전히 회복될 것이라고 했다. "올리버가 배변을 하도록 침대보로 들것을 만들어서 몇 시간마다 아래층으로 데려가세요. 그리고 동물행동심리학자를 만나야 할 겁니다. 지금 당장 복용할 발륨을 처방하겠지만 장기적인 해결책이 되진 못할 거예요." 수의사는 이렇게 조언했다.

"그러면 장기적인 해결책은 뭔가요?" 내가 물었다.

"1층 아파트로 이사하세요." 그는 이렇게 말하고는 방을 나갔다.

우리가 조금만 더 세심했다면, 올리버가 창문 밖으로 뛰어내리기 전에 그가 느꼈을 극도의 불안감을 알아차릴 수 있었을지도 모른다. 돌이켜 생각해 보면, 올리버의 고통을 나도 느꼈고 그 때문에 더 조심하긴 했지만 그가 무슨 짓을 할 수 있는지 내가 완전히 이해하고 있었던 것 같지 않다.

올리버와 함께했던 첫해가 더디게 흘러가면서 주드와 나는 훨씬 더 이상한 행동들을 발견하기 시작했고, 끊임없이 올리버가 이전 가족과 함께 살 때 뭔가 정신적 외상을 입은 건 아닌지 의구심이 들었다. 우리가 집을 나설 때마다 그의 불안감은 꾸준히 커졌다. 그 무렵 쓰레기를 버리러 아래층에 내려가기만 해도 올리버는 우는 소리를 냈고, 내가 돌아오면 미친 듯이 반겼다. 저녁때는 있지도 않은 파리에 달려들었다. 보이지 않는 곤충들을 볼 수 있게 된 양 그는 마치 조준수처럼 뭔가를 추적했다. 이런 행동을 보일 때면 올리버는 일종의 무아지경에 빠졌고, 치즈, 고깃덩이, 애정 표현 등으로도 도무지 주의를 돌릴 수 없었다. 또 그는 반려견 공원에서 좀 부담스러운 존재가 되고 있었다. 올리버는 그곳을 일종의 개 뷔페로 보기 시작해 가장 작은 닥스훈트와 퍼그한테는 주인 없는 과자처럼 달려들었다. 그때까지 다른 개를 문 적은 없었지만 자신의 관심을 끄는 생명체를 발견하면 얼마나 멀리 떨어져 있든 간에 단거리선수처럼 전력 질주하다가 그 커다란 몸뚱어리를 면전에서 간신히 멈춰 동반한 사람의 간담을 서늘하게 만들었다. 그런 행동은 장난으로 보이지 않았다.

또한 올리버는 먹을 수 없는 것들을, 플라스틱이나 심지어는 손수건까지 맛있게 먹어 치웠다. 그는 이미 강아지가 아니었기 때문에 주드와 나는 이것을 심각한 문제로 받아들였다. 어느 날 밤 올리버가 몇 시간 동안 구역질을 했지만 아무것도 토해 내지 않는 걸 보고 우리는 한밤중에 동물병원으로 달려갔다. 의사는 엑스레이 사진을 찍고 장 아래쪽에서 폐색 증상을 발견했다.

그녀는 이렇게 말했다. "수술밖에는 답이 없는 것 같지만 우선 이거부터 해보죠. 모험이긴 한데 관장이 효과를 볼 수도 있습니다."

한 시간 후 수의사가 대기실에 나타나 우리에게 뭔가를 보여 줬다. 그것은 작은 갈색 플라스틱 아코디언처럼 보였다. 그녀는 이렇게 말했다. "이런 경우는 처음입니다. 아마도 뜯지 않은 크래커인 것 같습니다."

올리버는 크래커 봉지만이 아니라 크래커가 들어 있던 지퍼백까지 통째로 먹어 버린 거였다.

그리고 앞발이 젖어 있는 원인도 밝혀졌다. 우리가 이전부터 이상하게 생각하고 있던 축축한 앞발은 올리버가 몇 시간이고 그것을 핥는 습관 때문이었다. 우리는 무슨 알레르기는 아닌가 싶어 사료와 샴푸, 산책로까지 바꿔 봤지만 소용 없었다. 앞발을 핥는 습관은 계속돼 털이 무성했던 앞발은 맨살을 드러냈고 진물이 흘렀다. 때로는 앞발에서 관심을 돌려 꼬리에 집착하기도 했는데, 그것도 꼬리가 빨갛게 되다 못해 파스트라미[훈제 햄]처럼 보일 때까지 — 냄새는 더 심했다 — 씹고 핥아 댔다. 수의사는 강박행동이라고 설명하면서 플라스틱 콘 칼라를 착용하도록 했다. 그렇지만 대부분의 개들과 마찬가지로 올리버도 목에 차는 콘 칼라를 몹시 싫어했다. 처음에는 콘 칼라에서 벗어나려 애썼다. 눈가에 콘 칼라가 아른거려 견딜 수 없는 듯했다. 그는 집 안을 뱅뱅 돌았고 몇 걸음 달리다가도 초조하게 양 옆을 돌아보곤 했다. 그러나 아무리 빨리 달려 봐도 칼라는 그의 시야에서 사라지지 않았다. 우리는 그런 모습이 안타까워 결국 콘 칼라를 벗겨 주었다.

이때부터 올리버의 불안감은 점점 더 나를 짓눌렀다. 대여섯 시까지 집에 돌아가지 않으면, 그가 베개나 수건을 걸레로 만들고 나무로 된 장식을 물어뜯는다는 걸 우리는 알고 있었다. 그가 마룻바닥을 너무 긁어 댄 나머지 사람들이 우리 집에 거대한 흰개미 떼가 서식하는 줄 착각할 정도였다. 오후에 산책 도우미를 쓰기도 했지만, 이런 문제는 극복되지 않았다. 결국 주드와 나는 한 사람이 늦게까지 일을 하면 다른 한 사람은 일찍 집에 갈 수 있도록 서로 일정을 조정했다. 우리와 함께 있을 때 올리버는 파리잡이를 하거나 반려견 공원에 가서 다른 사냥감을 향해 돌진하는 것 말고는 정물화처럼 고요했다. 그러나 혼자 있을 때면 토네이도가 몰아쳤다.

내가 이 사실을 알게 된 것은 동영상 촬영 덕분이었다. 주드와 나는 왜 어떤 날은 다른 날보다 불안의 정도가 더 심해지는지 궁금해졌다. 그래서 비디오카메라를 설치해 우리가 외출한 후 집 안을 촬영해 봤다. 혼자 남겨지는 것 외에 올리버가 평온의 경계를 넘어서게 만드는 요인은 하나 더 있었다. 바로 천둥을 동반한 뇌우였다. 이 두 가지 요인이 결합하면, 누군가 불안 수류탄이라도 투척한 듯한 사태가 벌어졌다. 그는 입에 거품을 물고 서성거리다가는 침대와 벽 사이의 틈새를 파고들어 부들부들 떨다가 몇 초 지나지 않아 다시 일어서더니 이번엔 커다란 몸뚱어리로 커피 테이블 아래를 비집고 들어가려 애썼다. 불행히도 습도가 높은 여름철에는 하루가 멀다 하고 우리가 귀가하기 몇 시간 전부터 뇌우가 몰아쳤다. 마을 건너편에 있는 사무실에 앉아 창문 너머로 번개가 번쩍이는 걸 볼 때면 내 가슴속에서도 천둥이 쳤고, 결국은 부들부들 떨고 있을 털뭉치 올리버가 걱정돼 집으로 달려가곤 했다.

마크 도티는 자신의 책 『개와 함께 지낸 시절』에서 이렇게 썼다. "사랑만큼 우리가 말로 다 표현할 수 없는 건 없을 것이다. 겉모습만으로 사랑을 경험할 수 없다는 건 누구나 다 아는 것 같지만 사실 그렇지 않다. … 아마도 동물을 사랑한다는 건 실제로 훨씬 더 언어에 반하는 경험일 것이다. 동물은 우리에게 말을 할 수 없고, 자신을 표현하거나 우리가 그들에 대해 갖고 있는 가정들을 바로잡아 줄 수도 없기 때문이다."[16] 올리버와 같은 동물에 대한 사랑도 우리가 쓰는 말 바깥에서 일어나는 일이지만 동시에 이런 묘사를 가능하게 하는 게 바로 언어다. 특히 개는 모든 면에서 우리의 표현력을 훨씬 더 풍부하게 만들어 준다. 그들은 우리가 개처럼 행동하게 만든다. 우리는 개를 어르기 위해 마룻바닥을 구르고 이리저리 뛰면서, 일종의 종 간 농구 연습 같은 걸 하기도 한다. 개들은 오줌 누기 좋은 장소에서 우리를 멈추게 한다. 또 우리를 공원에 가게 하고, 날씨를 살피고, 쓰레기를 치우고, 작은 동물들이 사는 굴 입구를 찾게 만든다. 요컨대 그들은, 그들이 아니었다면 놓치고 말았을 무언가에 주의를 기울이게 해준다.

또한 개는 사람들 사이의 관계를 보여 주는 좋은 척도이자 그러지 않았으면 오로지 서로만 바라봤을 두 사람을 연결해 주는 삼각형의 세 번째 꼭짓점 같은 역할을 하기도 한다. 올리버도 예외는 아니었다.

그의 불안감이 고조되면서 체계적이고 반복적인 일상이나 운동에 대한 욕구, 같이 있으려는 욕구도 늘어났고 주드와 나의 삶도 점차 힘들어졌다. 우리는 체계적이고 반복적인 일상이 실제로 무엇인지에 대해 생각이 달랐다. 주드는 맹인 안내견을 기른 경험이 있었고, 조용하고 자신감 있는 반려견 훈련에 대해 많이 알았지만, 나는 그가 올리버의 특이한 성격에 대한 동정심이 부족하다고 느꼈다. 한번은 그가 올리버를 출장길에 데려가서 친구 집에 하루 종일 혼자 놔둔 적이 있었다. 보통 개들에게는 흔히 있을 수 있는 일이었다. 그러나 올리버는 거실 창문으로 뛰쳐나왔고(다행히도 1층이었다) 친구가 기르던 다른 개 두 마리도 데리고 나왔다. 개 세 마리를 다시 불러 모으는 데 몇 시간이 걸렸다. 또다시 탈옥 사태를 겪지 않으려면 친구

집에 맡겨 둘 수 없겠다는 사실을 깨달은 주드는 일주일 동안 올리버를 가까운 보호소에 맡겼다. 그 둘이 집에 돌아왔을 때, 내가 보기에 올리버의 분리불안은 전보다 더 심해진 것 같았고 몇 주 후 올리버는 아파트에서 뛰쳐나갔다.

우리 둘 중에서, 대개는 주드가 나보다 이런 말을 훨씬 자주 했다. "올리버는 개야. 혼자 헤쳐 나갈 수 있어." 돌이켜 봐도 누가 옳았는지 모르겠다. 둘 다 각자 다른 방식으로 망망대해를 헤매고 있었던 것 같다. 그러나 나는 주드가 너무 냉담하다고 생각하기 시작했다. 반면 주드는 내가 고칠 수 없는 무언가를 걱정하느라 너무 많은 시간과 돈을 허비하고 있고, 자신을 부당하게 비난한다고 생각했다. 나는 주드가 올리버뿐만 아니라 나에 대해서도 연민이 부족한 것은 아닌지 의심했다. 우리를 연결하는 끈이 느슨해지고 있었다.

한편 비인간의 정신에 대한 나의 선입관도 느슨해지고 있었다. 갑자기 도처에서 올리버들과 예비 올리버들이 보이기 시작했다. 마치 올리버가 겪는 위기가 내게 불안증에 걸린 개의 시선으로 착색된 안경을 씌워 준 것 같았다. 똑같이 개가 개답게 행동하는 모습을 보고 있으면서도 이젠 그들이 각기 고유한 감정적 기상 시스템에 따라 쌩하고 달려 나가기도 하고, 헐떡이기도 하며, 축 늘어져 있기도 하는 개체임을 이해하기 시작한 것이다. 이런 기상 시스템은 그들이 이상행동을 하게 만들 수도 있다. 공원에서 다른 보호자들에게, 그리고 파티에서 방금 만난 사람들에게 올리버의 수수께끼 같은 행동을 이야기하면서 나는 그들의 이야기도 수집하기 시작했다.

알고 보니 거의 모든 사람이 정서가 불안한 동물과 마주해 본 경험이 있었고, 대부분이 누군가에게 그 이야기를 털어놓고 싶어 했다. 나는 지난 6년간 사교 모임에 나가기만 하면 왼쪽 신발에만 오줌을 누고 침대 아래 숨어서 털이 다 벗겨지도록 자기 배를 핥는 고양이, 아파트에서 뛰어내린 개,

정지신호나 펄럭거리는 소리를 내는 것에 극도의 공포를 느끼는 개, 바퀴에서 내려오지 않으려는 햄스터, 야구 모자를 쓰거나 머리가 긴 사람에게 심하게 집착하는 앵무새 등의 이야기에 정신없이 빠져들었다.

이런 동물의 경험은 인간과 얼마나 "흡사"한 것일까? 가령, 인간의 우울증을 가지고 원숭이의 우울증이 어떨지 짐작해 보는 건 영장류로서 갖는 많은 유사성 때문에, 비교적 쉬울 수 있다. 하지만 그 외 동물들의 감정 경험은 어떨까? 올리버 같은 개는 어떨까? 그가 홀로 남겨졌을 때 느꼈던 감정이란 어떤 걸까? 내가 친구네 집에서 놀다 잠들어 한밤중에 악몽을 꾸고 깨어났을 때 처음 몇 분간 여긴 어디지, 엄마는 어딨지 하면서 느꼈던 그런 공포인 걸까?

과학적 유턴

여러 가지 면에서 지난 40, 50년간 동물의 감정과 행동에 대한 연구는 인간과 동물의 감정적 경험에는 공통된 특성이 있다는 다윈의 주장으로 아주 느리게 과학적 유턴을 해왔다. 이런 유턴의 토대를 마련한 것은 니콜라스 틴버겐과 콘라드 로렌츠 같은 연구자들이었다.[17] 틴버겐은 저명한 행동심리학자로 1930년대부터 1960년대까지 활동하며 새와 곤충을 연구했다. 로렌츠는 같은 시기에 자신을 마치 엄마 거위처럼 졸졸 따라다니는 새들과 자기들끼리 싸우는 물고기를 대상으로 본능적 행동과 양육 행동에 대한 실험을 진행했다. 이들의 연구는 동물의 행동을 데카르트처럼 육체와 분리된 일련의 반응으로 보는 경향이 있었던 B. F. 스키너와 급진적 행동심리학자들의 연구에 대한 대안적 연구에 해당하는 것이었다. 로렌츠는 자신이 기르던 거위가 한쪽 날개가 잘린 후 먹이도 거부하고 뒤뚱뒤뚱 돌아다니는 것도 멈추자 우울증에 걸렸다고 기술했다.[18]

이들의 연구는 오늘날 동물행동학이라 알려진 분야를 만들었고, 제인 구달과 같은 학자들에게 길을 열어 줬다. 1960년대에 구달은 [탄자니아의] 곰베 침팬지 보호구역에서 자신을 그들의 사회생활에 받아들여 준 다채로운 표정의 침팬지들에 대한 이야기를 통해 인간 이외의 동물들이 할 수 있는 것들에 대한 사람들의 생각을 바꿔 놓았다. 1962년에 출간된 레이첼 카슨의 『침묵의 봄』 같은 책들은 새로운 환경 운동을 활성화하고 향후 수십 년간 동물의 마음, 감정, 그리고 인간과의 유사성을 인정하게 되도록 지속적으로 비옥한 환경을 마련해 주었다.

이런 상전벽해는 동물학자 도널드 그리핀이 1976년에 『동물의 인식』 *Animal Awareness*이라는 책을 통해 동물도 의식이 있다는 주장을 제기하면서 탄력을 받기 시작했다. 이는 그보다 앞서 혹등고래의 노래를 녹음하고 그것을 본능에 따른 자동기계의 산물이라기보다는 음악가의 작품으로 간주했던 로저 페인과 스콧 맥베이의 연구, 다이앤 포시가 르완다에서 했던 고릴라 연구, 신시아 모스, 조이스 풀, 케이티 페인이 각기 1970, 80, 90년대에 아프리카에서 의식, 감정, 소통 능력을 가진 코끼리를 대상으로 했던 연구에 힘입은 것이었다. 이 모든 연구는 이제 데카르트가 찬밥 신세가 되었음을 보여 준다.

신경과학자 야크 판크세프는 워싱턴 주립 대학교 수의과 대학 동물복지학과의 베일리 석좌교수이자 볼링그린 주립 대학 심리학과의 명예 연구 교수이며, 노스웨스턴에 있는 폴크 분자 요법 센터의 감정신경과학연구소장이다. 그에게는 이 밖에도 좀 위엄이 덜한 직함이 하나 더 있는데, 그것은 바로 "쥐 간지럼꾼"rat tickler이다.[19] 내가 가장 좋아하는 유튜브 영상 중 하나는 판크세프 박사가 토실토실한 쥐들이 든 뚜껑 없는 상자에 손을 넣고 휘저으면 쥐들이 간지럼을 타며 데굴데굴 구르는 장면이다.[20] "박쥐 탐지기라고 하는 이 변환기를 이용해 우리는 고주파를 인간이 들을 수 있는 가청 범위로 바꿔 볼 수 있습니다." 딱 봐도 즐거워 보이는 설치류들이 쾌활하게 재잘거리는 모습을 카메라가 비추는 가운데 그는 이렇게 설명한다. "이걸 이용해서 소리를 들어 보면, 동물들도 간지럼을 타고 웃음소리 같은 걸 낸다는 걸 알 수 있어요." 쥐가 짝짓기를 할 때, 먹이를 받아먹을 때, 젖을 먹이는 어미가 새끼들에게 돌아왔을 때, 그리고 친한 쥐 두 마리가 서로 장난을 칠 때도 같은 소리를 낸다. 겁을 먹었을 때, 싸울 때, 그리고 다른 쥐와 싸우다 졌을 때는 전혀 다른 소리를 낸다. 새끼 쥐가 버려지거나 어미와 떨어져 있을 때도 같은 소리를 낸다. 판크세프는 쥐가 내는 행복한 소리가 사람의 웃음소리에 해당하고, 그보다 낮은 소리는 정신적 고통을 나타낸다고 보면서 그것을 인간의 신음 소리에 비유한다.[21]

로더 린지와 마찬가지로 판크세프도 정신병원에서 경력을 시작했다. 대학 시절 마지막 학기에 그는 피츠버그 병원의 정신병동에서 야간 당직 자리를 얻었다. 덕분에 상대적으로 가벼운 증상부터 벽에 완충재를 댄 방에 격리된, 가장 증상이 심하고 폭력적인 경우까지 다양한 환자들을 접할 수 있었다. 그는 자유 시간에 그들의 생애사를 읽고 환자들이 1960년대에 새로 개발된 정신의약품에 어떤 반응을 보이는지 관찰했다. 그는 이렇게 썼다. "학부 시절이 끝나 갈 무렵 나는 인간의 정신, 특히 감정이 어떻게 균형을 잃고 세상을 제대로 살아갈 수 없는 지경에까지 이르게 되는지 점점 더 알고 싶었다."[22] 그는 임상심리학자가 되었고, 종내에는 감정 상태를 연구하는 신경과학자가 되었다.

수십 년의 연구 끝에 판크세프는 올리버의 뇌부터 간지럼 타는 쥐의 뇌에 이르기까지 동물들 대부분의 뇌가 꿈을 꾸고, 먹는 즐거움을 느끼고, 분노, 공포, 사랑, 욕망, 슬픔, (어미로부터 받는) 인정 등을 느끼며, 장난을 좋아하고, 어느 정도 자아에 대한 개념을 가질 능력이 있다고 확신하게 되었다. 이는 불과 40년 전만 해도 지극히 비과학적인 주장으로 여겨졌을 것이다. 판크세프는 인간의 신피질과 그 막강한 인지 능력이 출현하기 훨씬 전부터 포유류에서 감정적 능력이 진화했다고 믿었다. 그렇지만 그는 신중하게 모든 동물이나 심지어 포유류의 감정이 똑같다는 뜻은 아니라고 말한다. 복잡한 인지 기능의 경우, 사람의 뇌가 다른 모든 동물들의 뇌를 부끄럽게 만들 정도라고 그는 보았다. 그러나 다른 동물들도 우리가 갖지 못한 특별한 능력이 많으며, 이것은 감정 상태에도 적용된다고 확신했다. 예를 들어, 쥐는 후각이 예민하며, 독수리는 시력이 뛰어나고, 돌고래는 시각, 청각, 음파 탐지, 촉각을 통해 세상을 감지할 수 있다. 이런 능력은 그들의 각기 다른 감각 또는 인지적 경험과의 연관 작용을 거치며 각기 다른 감정을 느끼게 할 수 있다. 가령 토끼의 경우 공포를 참아 내는 수용력이 크고 남다른 반면, 고양이는 공격이나 분노에서 더 큰 수용력을 발휘할 수 있다고 판크세프는 생각한다.[23]

인지 동물행동학자 마크 베코프는 지난 15년간 연민을 가진 침팬지에서 반성하는 하이에나에 이르기까지 동물들이 느끼는 다양한 종류의 감정에 대한 연구를 발표해 왔다. 영장류 학자 프란스 드 발은 보노보와 그 밖의 유인원에서 나타나는 이타주의, 감정이입, 도덕성에 대해 썼다. 최근 들어 개에 대한 연구가 폭발적으로 늘어나면서 보호자의 감정이 개에게 투영될 수 있다는 것이 밝혀졌고,[24] 새끼들이 죽은 후 개코원숭이들에게서 나타난 호르몬 변화에 대한 연구는 수개월간 어미들에게서 글루코코르티코이드 스트레스 호르몬이 급증하는 것을 보여 줘 오랜 애도의 과정을 거치고 있음을 시사했다.[25] 최근 많은 연구는 인간과 가장 가까운 친척 관계에 있는 동물을 넘어서서 꿀벌, 문어, 닭, 심지어는 초파리까지도 감정적 능력을 가질 수 있다고 주장한다.[26] 이런 연구 결과로 동물의 마음을 둘러싼 논쟁은

"동물도 감정을 가지는가?"에서 "동물들이 어떤 종류의 감정을, 그리고 왜 가지는가?"로 그 논제가 바뀌고 있다.[27]

어쩌면 이런 변화가 그리 놀라운 일은 아닐 것이다. 신경과 의사 안토니오 다마지오가 주장했듯이, 감정은 동물의 사회 행동에 필수적인 부분이다.[28] 의식적이든 아니든 간에, 감정은 우리의 행동을 이끌어 내고, 위험에서 벗어나고, 쾌락을 추구하며, 고통을 피하고 적절한 동종 생물들과 유대 관계를 맺게 해주는 등의 행동을 이끌어 낸다. 예를 들어, 돌고래와 앵무새는 짝을 잃은 후 인간의 슬픔이나 우울과 비슷한 증상을 나타내며 동료들과 놀기를 거부하거나 먹이를 무시하기도 한다. 개와 같은 다른 사회적 동물들도 종종 같은 행동을 한다. 이런 감정은 매우 유용한 진화 과정의 결과다. 가령 자신을 보호해 주고, 먹여 주고, 놀아 주고, 쓰다듬어 주고, 자신을 위해 사냥을 하고 먹이를 구하고, 그 밖의 여러 가지 방식으로 자기 삶을 더 안전하고 즐겁게 만들어 주는 사람들에 대한 애착이 그것이다. 당신이 굴을 넓히기 위해 다른 프레리도그들✛과 협력해야 할 프레리도그이든, 퇴근길에 누가 장을 볼 것인가를 두고 실랑이를 벌이는 인간이든 간에, 감정이나 정서의 표출은 유용한 측면이 있다.

로리 마리노는 에모리 대학의 신경과학·행동생물학 프로그램의 선임 강사로 수십 년간 영장류·돌고래·고래의 지능과 뇌의 진화 과정을 연구해 왔다. 또한 돌고래의 인지 능력에 대해 연구를 통해 돌고래가 거울에 비친 자신의 모습을 인지할 수 있음을 다이애나 라이스와 함께 입증한 인물이다. 마리노는 내게 이렇게 말했다. "저는 감정이 최초의 동물들에게 저장된 ─물론 [자연]선택에 의한 것이지만─ 가장 오래된 심리 작용 중 하나라고 생각합니다. 감정이 없으면 개체가 행동을 취하거나 생존에 필수적인 결정

✛ 북아메리카 대초원 지대에 사는 다람쥣과 동물로 굴을 파는 습성이 있다.

을 내릴 수 없잖아요. 물론 기본적인 감정이 있는가 하면, 인지 과정과 결부돼 있어서 다른 감정들보다 복잡한 감정도 있겠죠. 그러나 모든 동물에겐 감정이 있습니다."[29]

동물행동학자 조너선 발콤은 감정이 의식과 함께 진화했을 가능성이 있다고 생각한다.[30] 감정과 의식이 서로 의존하기 때문이다. 오늘날 연구자들은 더 이상 인간이 아닌 동물이 의식을 가지는지를 갖고 논쟁하지 않으며, 그 대신 의식을 어느 **정도** 가지는지를 두고 논쟁한다. 최근 연구들은 의식이 인간, 대형 유인원, 포유류, 또는 심지어 척추동물에만 국한되지 않는다는 것을 입증하고 있다. 그 이외의 동물들도 인지와 행동 실험에서 자의식을 가지는 것이 확인됐다. 다시 말해서, 자신을 주변 환경이나 다른 동물과 구별되는 존재로 인식할 수 있다는 것이다. 거울 인지 실험은 동물의 인지 연구에서 가장 흔한 실험이다. 이 실험은 동물의 신체에 점을 그리거나 염색하고 그들 앞에 거울을 놓아두는 식으로 이루어진다. 동물이 거울을 보면서 통계적으로 유의미한 방식으로 몸에 표시된 점을 건드리면, 이 동물은 자의식이 있는 것이다. 즉, 그 동물이 거울을 도구로 이용해 이전에는 없던 점을 탐색하고 있다는 뜻이며, 연구자들은 이것을 해당 동물이 거울 속의 존재를 자신으로 인식한다는 증거로 간주한다.

지금까지 이런 방식을 통해 자의식을 가진 것으로 입증된 동물은 침팬지 오랑우탄 코끼리 범고래 벨루가 큰돌고래 까치 그리고 인간이 있는데, 여기서 인간의 자의식은 두 살 이후에야 나타나는 것으로 밝혀졌다.[31] 돼지도 실험을 했지만, 그 결과는 확실한 결론에 이르지 못했다. 한 돼지는 거울에 비친 먹이를 찾기 위해 거울 뒤쪽을 살폈다. 회색앵무는 찬장에 들어 있는 먹이를 찾는 데 거울을 도구로 사용했지만, 거울 속의 자신을 알아보는지는 확실치 않았다. 이런 실험은 유용하지만 동물이 거울 속의 자신을 보는 데 **관심이 있는** 경우에만 가능했다. 따라서 자의식을 가지는 동물의 실제 목록은 이보다 훨씬 길어질 수 있다. 예를 들어, 회색앵무는 거울 속의 자신을 알아볼 수 있지만, 그보다는 거울을 간식 찾는 도구로 더 유용하게 여길 수도 있다. 당신이 어떤 모습인지 관심이 없다고 해서 당신이 어떤 모습인지 **알지** 못하는 것은 아니니까 말이다.

2012년, 저명한 신경생물학자 인지신경과학자 신경생리학자 동물행동학자들이 모여 '의식에 관한 케임브리지 선언'을 발표했다.[32] 이 선언은 포유류 조류 그리고 심지어 문어와 같은 일부 두족류도 감정을 경험할 수 있는 의식을 가진 생명체라는 사실을 확고히 하려는 것이었다. 이들에 따르면, 동물들에서 나타나는 수렴 진화convergent evolution✛의 결과 많은 동물들이 피질이 없는 경우에도, 또는 그것이 인간의 신피질만큼 복잡하지 않다 해도, 감정적 경험 능력을 갖게 되었다.

그러나 의식에 대한 다양한 연구 결과와 새로운 연구의 개화에도 불구하고, 현재 동물의 감정과 느낌을 둘러싼 논쟁은 그 어느 때보다 왕성하다. 동물의 인지·감정·지능을 연구하는 과학자들은 인간이 아닌 동물에게 어떤 능력이 있는지뿐 아니라 그것을 평가하는 최선의 방법에 대해서도 종종 의견이 엇갈린다. 급성장 중인 감정 신경과학이라는 새로운 연구 분야는 이 주제를 단순화하지 않고 오히려 훨씬 더 복잡하게 만들었다. 세계 최고의 연구 기관들에 속한 신경과학자 행동심리학자 심리학자들은 사람이 어떻게 감정을 처리하는지, 우리가 다른 동물들과 얼마나 많은 감정을 공유하는지, 심지어는 감정이 정말 무엇인지에 대해서조차 서로 다른 이론들을 내놓고 있다.

자연학자 심리학자 정신의학자부터 윤리학자 신경과학자 철학자에

✛ 계통학적으로 서로 다른 생물이 서식하는 환경 조건의 유사성으로 인해 구조나 모양이 유사한 형태를 보이는 현상. 자연선택에 의한 적응의 결과로 동형 진화라고도 한다.

이르기까지 많은 이들의 수세기에 걸친 연구에도 불구하고, 감정이나 의식에 대한 보편적인 정의는 아직까지 존재하지 않는다.[33] 앞서도 언급했듯이, 많은 연구자들은 동물이 공포나 즐거움 같은 감정을 경험할 수 있는 능력을 공유한다는 데 의견을 같이한다. 그러나 신경과학자 야크 판크세프의 말대로, 동물들은 이 외에도 더 다양한 감정들을 경험할 가능성이 높다. 가령, 꽃 속에서 특별히 만족스러운 자외선 패턴을 본 꿀벌은 어떤 감정일까? 오랫동안 보지 못했던 친구가 보내온 수중 음파를 감지했을 때 돌고래가 느끼는 감정은? 갑작스레 피부색을 바꿀 때 문어의 감정은? 다른 동물들은 인간과 다른 생리적 경험을 하며, 그것은 고유의 감정적 경험을 동반할 수 있다. 이 때문에 한정된 목록을 작성하기는 어려운 노릇이다. 심리학자 폴 에크먼은 "기본적" 인간 감정으로 분노, 공포, 슬픔, 즐거움, 혐오, 놀라움이라는 유명한 목록을 제시했다.[34] 하지만 흥분, 부끄러움, 외경, 안도, 질투, 사랑, 기쁨은 어떤가? 이런 복잡한 상태들을 모두 단순한 경험 목록으로 축소하려는 식의 시도는 핵심을 놓칠 수 있다. 이는 특히 그런 감정들이 얼마나 값진 것인지 우리가 잘 알고 있기 때문에 더 그렇다.

인간은 다른 동물의 행동에 감정 상태를 부여할 때 특히 신중해야 한다. 가령 나는 몇 년 전 겨울 보스턴의 집 근처 쓰레기통 안에서 물에 젖은 주머니쥐가 웅크리고 있는 걸 발견한 적이 있다. 추운 아침이었는데 내가 근처를 지나다 뭔가 할퀴는 소리를 들은 것이었다. 주머니쥐는 암컷이었고 황급히 골판지 밑으로 몸을 웅송그렸다. 나는 그 쥐가 어젯밤에 쓰레기통에 빠졌고, 미끄러운 벽면을 기어오를 수 없어서 도망치지 못했다고 생각했다. 하지만 내가 쓰레기통 안을 들여다보고 있을 때, 주머니쥐의 느낌은 어땠을까? 나는 밝은 아침 햇살을 등지고 그림자를 드리운 거인이었고, 털모자를 쓴데다 인간의 언어로 말을 걸고 있었다. 여기서 우리는, 주머니쥐가 내가 무서워서 골판지 밑으로 숨은 것이고, 골판지 밑에 숨은 걸 보니 나를 무서워하는 게 맞다는 순환론의 함정에 빠지기 십상이다.[35] 만약 우리가 이 주머니쥐의 자연사나 과거 경험을 알고 있다면(그 주머니쥐가 이런 행동을 자주 했는가? 인간의 쓰레기나 골판지 같은 걸 좋아했는가? 혹시 야생동물 재활 전문가의 손에 자라서 사람을 그다지 무서워하지 않는 건 아닌가?), 행동에서 감정 상태를 훨씬 정확하게 해석해 낼 수 있을 것이다. 많은 이들이 자신의 반려동물을 통해 동물의 감정적 삶을 처음 접하게 되는데, 이렇게 한 개체로서 그 동물의 정상/비정상 행동에 대해 알게 되면 따라오는 이점이 있다. 개와 고양이와 많은 시간을 함께 보내다 보면 종種 차원이 아닌 개체 수준에서 그들을 알게 된다. 내가 올리버의 공포·불안·강박행동을 알아챌 수 있었던 것도, 올리버가 그런 감정들을 느끼지 않을 때 어떤 상태인지를 알고 있었기 때문이다. 가령 올리버가 나를 보고 몸을 숨길 때 그것이 겁을 먹어서가 아님을 알 수 있는 것은 우리가 평소 숨바꼭질을 잘 하기 때문인 것이다.

밤마다 집요하게 앞발을 핥고 혼자 남겨지는 것에 대해 광적으로 걱정하는 등 올리버의 불안 행동이 점차 도를 더해 가는 모습을 지켜보면서 나는 그의 마음속에선 대체 무슨 일이 벌어지고 있는 걸까 머리를 쥐어짰다. 다른 동물들과 마찬가지로 그 역시 털북숭이 수수께끼였다. 하지만 올리버가 정말 무슨 생각을 하고 있는지를 알아낸다고 해서 그를 도울 수 있는 건 아니었다. 올리버가 스스로 만들어 놓은 벗겨진 상처들과 상처가 악화되지 않도록 그의 주의를 돌리지 못하고 있는 나의 무능력만 봐도 올리버가 자신에게 해가 되는 무언가에 너무나 몰입해 있음은 분명한 사실이었다. 유독 증세가 심했던 어느 날 저녁, 올리버는 꼬리의 뿌리 부분을 심하게 갉아 대 테니스공만 한 구멍을 뚫어 놓았다. 꼬리에 대한 집착이 잠시 멈췄다 해도 아마 다른 부위를 선택해 상처를 내놨을 것이다. 내가 정말 모르고 있는 것, 아무도 정확한 이유를 모를까 봐 두려웠던 것은, 사실 그가 왜 이런 행동을 하느냐였고, 나는 그걸 알아내고 싶었다.

의인화를 둘러싼 문제들

올리버의 마음을 이해하기 위해 내가 가장 먼저 도움을 청한 사람은 필 웨인스테인이라는 의사였다. UCSF의 신경외과 교수이자 신경외과학회 명예 회장인 그는 같은 대학에서 수십 명의 전문의들을 가르쳤으며 척수 손상을 치료하는 여러 신경외과 수술을 개척한 장본인이다. 그는 또한 매일 아침저녁으로 앨프와 산책을 한다. 앨프는 그가 아내 질과 함께 기르는 열여섯 살 오스트레일리언 셰퍼드다. 앨프는 독립심이 강하고 사려 깊으며, 방문자의 다리 사이에 머리를 묻는 버릇이 있다. 또 앨프는 결코 목줄을 허락하지 않았는데, 사실 그에겐 그런 게 필요 없었다. 앨프는 길을 건너기 전엔 꼭 멈춰 서서 양쪽을 살폈고, 필과 질보다 너무 앞서 나가는 일도 없었으며, 그 둘이 있어야 할 곳에 있는지 확인하기 위해 계속 되돌아오는 버릇이 든 지 오래였다. 앨프는 앉아 있을 땐 꼭 앞발을 포개고 고개를 살짝 기울여 주변 사람들의 말을 경청한다. 어느 날 아침 필과 나는 주방 식탁에 앉아 이야기를 나누고 있었다. 그때 앨프가 급히 안으로 들어와 멈춰 서더니, 양옆을 두리번거리면서 불안한 기색을 드러냈다. 마치 애당초 자신이 그곳에 들어온 이유를 잊은 듯한 눈치였다. 그런 다음 그는 넓게 원을 그리며 돌기 시작했다. 필은 최근 앨프에게 알츠하이머가 발병했다고 일러 줬다. 탄탄했던 그의 몸놀림은 움찔거리는 모양새로 바뀌었고, 이따금씩 알고 지내던 사람들도 알아보지 못했다.

행동 면에서 이 질병은 노견이나 노인이나 비슷하다.[36] 뭔가 혼란스러워지고, 익숙했던 것들이 낯설고 무섭게 느껴지며, 이전보다 짜증이 늘고, 쉽게 좌절하고, 어느 순간 우체부를 알아보지 못하거나 자기 물건이나 열쇠를 어디에 뒀는지 기억하지 못하게 되는 것이다. 일차적으로 알츠하이머는 신경세포의 소멸과 조직 손실의 결과라는 점에서 생리적으로도 유사성이 있다. 그러나 개와 사람은 손상이 퍼져 나가는 방식이 좀 다르다. 사람의 경우, 피질과 해마가 오그라들고, 신경세포 사이에 플라크나 비정상적인 단백질 덩어리가 쌓여 정신적으로 예전 모습을 찾을 수 없게 된다. 개는 사람보다 수명이 짧기 때문에 혼란스러움이나 기타 치매 증상의 진전이 덜하다. 다시 말해서, 사람만큼 플라크가 쌓일 시간이 충분하지 않은 것이다. 대신 개 알츠하이머는 뇌에 피를 공급하는 동맥이 경화되고 좁아지면서 발생하는 것으로 알려져 있다.[37] 산소와 영양분이 부족해서 뇌가 시들고 오그라드는 것이다. 이런 유사성으로 인해, 최근 몇몇 연구는 항산화 물질이 풍부하게 들어간 식단이 인지 기능에 미치는 영향을 알아보는 데 치매에 걸린 개를 이용했다. 이제 곧 수의사들이 반려견 보호자들에게 사료에 블루베리나 녹색 채소를 넣어 주라고 하게 될 것이다. 또 노인들에게 치매 예방을 위해 십자말풀이를 하거나 새로운 언어를 배우도록 권장하듯이 노견들에게 새로운 활동을 하도록 훈련시키는 방법도 있다.

필이 바삐 원을 그리며 도는 앨프를 멈추게 하려고 노력하는 동안, 나는 그에게 나의 불안감이 올리버의 그것과 얼마나 비슷한지 물었다.

필은 이렇게 말했다. "이런 반응에 관여하는 기본적인 뇌 구조는 사실 전혀 다르지 않아요." 계속해서 그는 감정 상태를 좌우하는 근본적인 신경학적 하드웨어는 동물 종 사이에 공통되며, 이런 유사성은 기능 부전에서도 마찬가지로 나타난다고 설명했다.

공포에 대한 학습과 반응은, 공포를 유발하는 요인들에 대한 정보를 감정 반응과 행동을 결정하는 뇌 영역들로 보내는 신경 경로를 거치며 일어난다.[38] 얼어붙기, 도망치기, 자기 방어, 또는 올리버의 경우처럼 창문에서 뛰어내리거나 나무문을 갉아 먹는 행위 등이 이런 경로를 거쳐 나타나는 것이다.

이런 신경 과정들은, 조류와 파충류를 포함해서, 거의 모든 종에서 비슷한 방식으로 작동한다. 다시 말해서, 공포 반응은 소설 쓰기나 낱말 퍼즐

풀기처럼 인간의 특별한 인지적 행동을 가능하게 해주는 뇌 부위, 즉 대뇌 피질의 전두엽, 측두엽, 두정엽에 의해 조정되지 않는다. 사람과 대형 유인 원뿐 아니라 고래 돌고래 코끼리에서 고도로 발달한 이 회백질의 주름진 층은 복잡한 인지 과정들을 조정하는 역할을 한다. 공포와 불안에 대한 우리의 반응은 그와 다르며, 척추동물뿐만 아니라 그 밖의 생명체들도 공유하고 있는 뇌의 [대뇌피질 아래쪽에 있는] 피질하 영역에서 일어난다. 물론 복잡한 사고를 할 수 있는 동물의 경우 일단 위험을 감지하면, 그것이 실제 위험이든 또는 위험으로 인식한 것이든, 좀 더 미묘한 조정 반응을 나타낼 수 있다. 인간을 비롯해 두뇌가 고도로 발달한 동물들은 정교한 탈출 계획을 세우거나 우리를 겁먹게 만들거나 성가시게 하는 것에 대해 정교한 생각을 발전시킬 수 있다. 그러나 불안이나 공포와 같은 **감정적** 경험은 지능과 무관하게 비슷할 수 있다.

이런 유사성으로 인해 동물들이 인간을 위한 치료법을 개발하기 위한 신경생리학 실험의 대상으로 이용돼 온 역사는 100년이 넘는다. 1930년대 중엽, 예일 대학의 신경생리학자 존 풀턴은 불안과 분노에 시달리던 침팬지, 베키와 루시에게 최초로 전두엽 절제술을 시행했다.[39] 수술 후 풀턴은 특히 베키가 "행복 컬트" 집단에 합류한 것처럼 보인다고 보고했다. 이 수술 결과 덕분에 다른 연구자들이 인간에게도 전두엽 절제술을 시도할 수 있게 되었다. 전기"충격"요법 역시 처음에는 인간이 아닌 동물들을 대상으로 실시됐는데, 이는 동물의 조현병을 치료하려는 목적이 아니라 사람에게 어느 정도 전압을 사용해야 안전한지 판단하기 위해서였다. 이탈리아 연구진은 개들에게 전기충격요법을 시도해 본 후 1937년, 로마의 한 도살장을 찾아 목을 따기 직전의 돼지들을 기절시키는 데 이를 이용했다. 돼지들은 바로 죽지 않을 경우 경련을 일으켰는데, 연구진은 이런 경련을 일으켜 인간의 정신병도 치료할 수 있을 거라 생각했다. 1938년에는 조현병을 앓는 엔리코 X라는 남자에게 80볼트의 전기를 흘렸다. 그는 발작을 일으키고 창백해지더니 기이하게도 노래를 부르기 시작했다. 두 차례 더 전기 충격을 가하자 그는 또렷한 이탈리아어로 "조심! 한 번 더 하면 살인이야!"라고 말했다.[40] 몇 년 되지 않아, 전기충격요법은 정신의학계를 장악해 스위스를 시작으로 독일 프랑스 영국 남아메리카 그리고 결국 미국까지 휩쓸었다. 1947년이 되자 미국의 정신병원들 가운데 열에 아홉은 환자들에게 일종의 전기충격요법을 사용했다.[41]

나는 필에게 충격 칼라✦를 한 개도 전기충격요법을 받고 있다고 볼 수 있는지 물었다. 그는 웃더니 자신이 관찰했던 정신외과 수술 중 일부는 다른 동물에게도 적용할 수 있다고 말했다. "사람에게서 가장 흔한 정신질환은 대부분 뜬금없는 공포와 불안 반응과 연관됩니다. 굳이 두려움이나 불안감을 느낄 필요가 없는 상황에서 이를 느끼는 동물이 사람만은 아닙니다. 다른 동물들도 당연히 강박장애나 그 밖의 정신이상을 일으킬 수 있어요." 신경외과 의사들은 극단적인 강박장애OCD 환자들에 대해, 회백질의 작은 부위를 절제하는 시술을 하기도 한다. 수술을 하는 동안 환자는 의식이 있으며, 시술의는 이들이 끊임없이 손을 씻거나 문을 잠갔는지 반복적으로 확인하려는 강박에 빠지게 만드는 영역을 자극하고, 해당 조직을 일부 손상시킨다. 수술이 끝나면 대개 이런 강박증은 사라진다.[42] 강박적으로 앞발을 핥거나 꼬리를 물어뜯는 개에게 이런 수술을 시도한 사람은 없지만, 개의 경우에도 마찬가지 결과를 얻을 수 있을 것이다.

✦ 훈련을 위해 개나 고양이의 목에 착용해서 필요시 진동이나 전기 등 충격을 줄 수 있는 장치.

하지만 올리버와 같은 동물에게 같은 수술을 하기는 힘들 것이다. 수술을 집도하는 의사가 그에게 발을 핥으려는 욕구에 대해 물을 수 없으니 그에 상응하는 뇌의 영역을 마비시킬 수 없기 때문이다. 동물의 정신 건강 문제를 해결하려 할 때 대개 이런 어려움이 따른다. 즉, 우리는 그들이 느끼는 감정을 명확하게 알 수가 없다. 동물 감정의 신경 생리에 대한 연구는 두려움에 빠지거나 즐거운 경험을 할 때 신경망의 발화發火를 지도로 작성하는 제한된 방식으로 가능하다. 최근 보호자와 재회하거나 먹이를 발견한 개의 자기공명영상MRI은 이런 긍정적 감정 경험을 처리하는 신경망이 개나 사람이나 비슷하다는 것을 보여 주었다.[43]

　대부분의 동물은 사람에게 자신의 감정 경험을 설명할 수 없다. 설령 그런 일이 가능하더라도(수어를 하는 유인원이나 말하는 앵무새처럼), 그것이 반드시 그들의 실제 경험을 알아내는 최상의 수단은 아니다. 사람도 감정에 대한 질문을 받았을 때 자신의 감정 반응이나 느낌을 분명하게 표현할 수 없거나 하지 않는 경우가 있다는 점에서 이는 마찬가지다. 대부분의 심리 치료나 심리 분석은 두근거리는 심장박동, 땀에 젖은 손바닥, 좋거나 나쁜 감정의 파도 등을 이해하는 복잡한 과정을 기반으로 이루어진다. 우리가 무언가를 느낄 때 항상 그것이 어떤 느낌인지 **아는** 것은 아니다. 그렇지만 동물의 감정을 어느 정도 잘 알고 추측할 수 있다면, 특히 그 결과로 그들의 정신 건강을 복구할 수 있다면, 정말 해볼 만한 일일 것이다. 예를 들어, 필이 이야기했듯이 우리는 심신을 쇠약하게 만드는 공포증부터 외상 후 스트레스 장애PTSD에 이르기까지 인간의 정신질환 대부분이 두려움이나 불안감에서 비롯된다는 것을 알고 있다. 최근 공중보건국의 추정에 따르면, 마약이나 알코올의존증과 관련된 경우를 제외하면, 미국에서 나타나는 모든 정신장애의 절반이 불안 장애라고 한다.[44] 여기에는 공포증, 공황 발작, 외상 후 스트레스 장애, 강박증, 범불안 장애 등이 포함된다.

사람의 정신질환에 내재하는 생리적 과정을 이해하려는 연구자로 뉴욕 대학의 신-스키너주의 신경생리학자 조지프 르두가 있다. 르두는 미국 심리학회가 "감정 분야 연구를 활성화한" 공로로 수여한 "최우수 과학 공헌상"을 포함해 수십 가지 상을 받았다. 또한 그는 뇌 속에서 감정적 기억을 관장하는 영역, 즉 아몬드 모양 뉴런들의 집합에서 이름을 따온 '편도체'라는 록 밴드를 결성하기도 했다. 르두는 『느끼는 뇌』The Emotional Brain 『시냅스와 자아』Synaptic Self 같은 책을 썼고, 특히 뇌 속에서 트라우마와 같은 감정기억이 처리되고 저장되는 과정을 연구하고 있다. 그러나 그는 이런 연구를 사람을 대상으로 하지는 않는다.

뉴욕 대학에 있는 르두의 연구실 문에는 신문에서 오려 낸, 기니피그 기사가 붙어 있었다(그 기니피그는 펠트로 된 작은 뿔이 달린 크리스마스 요정 분장을 하고 있었다). 그 밖에도 「쥐, 유해 동물에서 반려동물까지」라는 제목의 기사, 그리고 스누피가 비통한 마음에 대해 이야기하는 <피너츠> 카툰도 붙어 있다. 그의 서가에는 『극단적 소심함과 사회공포증』Extreme Shyness and Social Phobia 『동물 행동에 대한 이해』Readings in Animal Behavior 『우리가 아는 스트레스의 끝』The End of Stress as We Know It을 비롯해 많은 신경과학 교과서, 인지과학 백과사전, 다윈의 『감정 표현』 등이 꽂혀 있다.

그가 책과 수많은 논문에서 보여 준 인간 뇌에 대한 통찰은 설치류를 대상으로 한 30년 이상의 연구를 기반으로 한 것이다. 그의 실험실이 최근에 했던 실험은 편도체에 있는 노르아드레날린계를 이해하는 데 초점을 맞추고 있다. 그의 연구에 따르면, 인간의 경우 뇌 속에 있는 조절전달물질(예를 들어 노르에피네프린)의 변화에 따라 외상 후 스트레스 장애 같은 불안 장애를 일으키는 기억들이 정신적 외상이 될 수도 있고 아닐 수도 있다.[45]

르두는 사람이 아니라 쥐를 대상으로 연구했기 때문에, 나는 그에게 자신을 인간 공포 전문가일 뿐만 아니라 쥐 공포 전문가로 봐야 하는 거 아니냐고 물었다. 그는 쥐를 대상으로 하는지 사람을 대상으로 하는지는 중요한 게 아니라고 했다. "그건 단지 쥐에 국한된 문제가 아니니까요." 그는 쥐가 좋은 실험동물이 되는 이유를 이렇게 말했다. "쥐의 편도체가 중요해요. 인간이랑 비슷하거든요."[46]

르두는 느낌이 인간 사고의 결과물, 즉 언어의 산물이라고 본다.[47] 그에 따르면, 다른 동물들도 느낌을 가질 수 있지만, 우리는 결코 그것을 알 수 없을 것이며, 따라서 그 점이 그의 연구 목표는 아니다.

우리가 느낌을 기술하는 방식이 인간 고유의 것, 즉 언어와 문화, 개별적인 뇌 화학물질, 그리고 우리가 재미있거나 만족스럽거나 무섭다고 생각하는 경험에서 배운 산물이라는 르두의 지적은 옳다. 개별적 차원에서 봐도 그렇다. 나는 나무로 된 낡은 롤러코스터만 봐도 무섭지만, 헬리콥터에서 뛰어내려 부상당한 등산객을 구하고 부서진 차에서 부상자를 끌어내는 소방관인 내 동생에게 이런 롤러코스터는 따분하게 여겨질 것이다. 판크세프와 같은 신경과학자들이 주장하듯이, 우리가 언어를 이용해 이런 감각과 경험을 기술한다고 해서 그런 느낌들이 인간에게만 국한된다고 볼 수는 없다. 또 다른 동물의 느낌도 개별적으로 다를 수 있다. 가령 내 동생과 비슷한 개가 있다면 고속도로라 할지라도 택시 안에 타고 있는 것보다 픽업트럭의 열린 칸에 서있는 편을 더 좋아할지 모른다. 우리는 다른 동물들이 무엇을 느끼는지 알 수 없지만, 그렇다고 해서 그것이 그들이 **아무것도** 느끼지 못한다는 증거가 될 순 없다. 요령은, 우리의 감정을 다른 동물들에게 투사하지 않으면서 그들의 경험을 이해하려 노력하는 데 있다.

내가 르두의 연구실을 마지막으로 방문했을 때 그는 쥐를 이용해 동물이 실제 위험이나 상상의 위험을 어떻게 학습하고 반응하는지에 대한 상세한 지도를 작성할 수 있었다고 했다. 그러나 나와 달리 르두는 이런 자신의 연구가 쥐들도 공포증이나 불안 장애를 가질 수 있음을 보여 준다고 생각하지는 않았다. 공포나 스트레스가 동물의 행동에 어떤 변화를 야기하는지 알아내려면, 그들의 자연 서식지에서 관찰해야 한다고 그는 내게 말했다. 그러나 그의 연구는 과학적 연구가 가능하도록 쥐의 행동에 변화가 나타날 만큼 충분히 쥐를 공포에 몰아넣는 데 달려 있다. 만약 이런 행동이 정상적인 삶을(실험실에 사는 설치류에 적용되는 상대적 개념이다) 무너뜨리는 빈도와 강도로 나타난다면, 이는 인간의 정신질환에 대한 정의에 부합한다 할 수 있다. 예를 들어 쥐가 먹이에 관심을 잃거나, 같은 우리에 들어 있는 동료와 즐겁게 장난을 치지 않을 만큼 긴 시간 동안 충격을 받은 경우 설치류판版 유발성 우울증이나 유사-우울증 상태를 나타낸다고 볼 수 있다.[48] 이 상태가 가장 극단적 형태로 나타날 경우 "학습된 무기력"*으로 볼 수 있다. 이것은 심리학자 마틴 셀리그먼과 스티븐 마이어가 1967년에 만든 말이다. 연구진은 개들에게 충격을 주어서 고통을 피하거나 반응하는 데 힘을 쓰지 못할 만큼 자포자기한 상태로 만들었다. 그러자 뛰어넘기만 해도 안전해질 수 있는 야트막한 칸막이조차 개들은 넘지 않게 되었다. 개들은 쉽게 포기했고 모든 것을 운명에 맡겼다.[49] 셀리그먼은 이를 자신들이 어찌할 수 없는 끔찍한 상황에 처한 사람들에게서 나타나는 증상과 비슷하다고 보았다. "이처럼 제어할 수 없는 사건들은 사람이나 동물을 심각할 정도로 무력하게 만들 수 있다. 그들은 정신적 외상에 직면해 수동성을 나타내고, 적극적 대응이 효과적이라는 것을 배울 수 없게 된다. 이는 동물에게는 감정적 스트레스를, 사람에게는 우울증을 유발할 수 있다."[50]

르두는 의인화를 경계하기 때문에(비록 자신이 기르는 고양이가 언제 행복한지는 알 수 있다고 인정했지만) 사람과 쥐의 우울증을 같은 것으로 보려 하지

✤ 피하거나 극복할 수 없는 부정적인 상황에 지속적으로 노출되면서 어떤 시도나 노력도 결과를 바꿀 수 없다고 여기고 무기력해지는 증상을 뜻한다.

는 않을 것이다. 20세기 내내 동물의 감정을 이해하려는 거의 모든 시도들 뒤에는 의인화라는 혐의가 무거운 사슬처럼 따라붙었다. B. F. 스키너와 같은 급진적 행동심리학자, 비교 심리학자, 생태학자, 그리고 많은 동물행동학자들은 동물들을 감상적으로 다루는 데 대해 경고하고, 동물의 감정에 대한 다윈의 개념들을 배격하면서 자신들이 수준 이하의 과학subpar science으로 간주하는 것을 억압하려 했다. 오랫동안 의인화는 행동 과학에서 입에 담을 수 없는 금기어에 속했다. 그간 전 세계 실험실에서 실험동물들이 사람의 정신생리 현상을 연구하기 위한 모델 역할을 해왔음에도 불구하고 말이다.

하지만 아무도 이런 관행을 없앨 순 없었다. 매년 수백만 명이 말을 하고, 요리사 모자를 쓰고 요리를 하고, 수영 팬츠를 입고 차를 운전하는 동물들이 나오는 영화를 본다. 우리는 교훈을 주는 동물 우화를 아이들에게 읽어 준다. 또 보는 이를 당혹스럽게 만들지만, 반려동물 보호자들의 가장 큰 즐거움은 자기 고양이나 개의 대변인이 되는 것이다. 몇 달 전에 나는 목 칼라 때문에 흥분한 상태로 침을 흘리고 있는 스패니얼 개를 꼭 안고 현관에 서서 친구를 맞이하는 한 남자를 봤다. 그 남자는 방문객에게 이렇게 말했다. "스푸키가 널 만나서 나만큼이나 반갑다네. 그렇지 스푸키?" 그런 다음 그는 목소리를 낮게 깔고는 계속해서 이렇게 말했다. "그으으래요. 새로운 사람이 좋아요!"

의인화가 끈질기게 사라지지 않는 데에는 나름의 이유가 있다. 의인화는 그 자체로는 아무 문제도 없다. 사실 어떻게 보면, 동물에 대한 인간의 생각은 모두 의인화라 할 수 있다. 그 생각을 하는 우리가 인간이기 때문이다. 관건은 의인화를 잘 하는 것이다. 돌고래의 의사소통과 인지에 대해 30년 이상 연구했던 심리학자이자 인지과학자인 다이애나 라이스는 **인간중심주의**, 즉 우리의 능력은 인간에게만 고유하고 인간의 지능만이 가치가 있다는 식의 생각을 피해야 한다고 주장한다.[51] 그녀는 남편인 신경과학자

스튜어트 파이어스타인과 함께 오슨이라는 이름의 검은색 뉴펀들랜드를 기르고 있다. 야크와 비슷하게 생긴 이 개는 상냥하고 소심하고 이상한 생각을 하는 경향이 있었다. 오슨은 컬럼비아 대학 교수 아파트 위층에 위치한 집으로 돌아갈 때마다 똑같은 행동을 했다. 다이애나는 이렇게 설명했다. "엘리베이터가 열리면 곧장 집 현관으로 가는 게 아니라 항상 반대 방향으로 몇 걸음 걸어가더라고요." 오슨은 나지막한 창문으로 가 밖을 내다보다가는 문이 딸깍하고 열리면 돌아서서 다시 집으로 향했다. "언젠가 창문을 내다본 직후에 문이 열린 경험 때문인 것 같아요. 그래서 집에 들어가려면 먼저 이 의례화된 행동을 해야 한다는 생각을 머리에 새긴 거죠."[52]

B. F. 스키너는 1947년에 동물의 미신적 행동에 대해 이야기한 바 있다.[53] 규칙적인 간격으로 모이를 떨구는 기계가 장치된 새장에 비둘기들을 넣어 두자, 새들이 이상한 방식으로 행동하기 시작했다. 몇 마리는 정확한 횟수만큼 원을 그리거나 흔들리는 진자처럼 머리를 앞뒤로 반복적으로 흔들었다. 그들은 마치 마지막으로 모이를 받았을 때 했던 행동을 반복하면 다시 먹이가 나타난다고 확신하는 것 같았다. 물론 이런 미신적 사고는 뉴펀들랜드 개나 비둘기에 국한되지 않는다. 프로 운동선수들이 스키너의 새들과 가장 비슷한 사례일 수 있다.[54] 올림픽에 출전했던 수영 선수 마이클 펠프스는 물에 뛰어들기 전에 정확히 세 번 팔을 흔드는 습관이 있다. 마이클 조던은 프로 농구팀 반바지 안에 대학 농구팀 반바지를 겹쳐 입으며, 테니스 스타 세레나 윌리엄스는 토너먼트가 시작되면 절대 양말을 갈아 신지 않는다. 이들 행운의 부적이 운동선수들에게 효력이 있는 것처럼 여겨지는 까닭은 그런 행동이 자신감을 높여 주고 당사자들을 좀 더 편안하게 해주기 때문이다. 사람이나 비인간 동물이 하는 미신 행동은 서로 관련 없는 사건들을 의미 있는 방식으로 연결 짓는 함수와 같은 것이다. 어떤 면에서 그것은 우리가 무비판적으로 받아들이는 인간중심주의에 내재한 잘못된 논

리와 흡사하다. 즉, 자신의 좁은 관점에 지나치게 의존할 경우 누군가에게 실제로 존재하지 않는 의미를 억지로 들씌우기 쉽다.

우리는 다른 동물들이 인간의 연장선상에 있다는 생각을 거부함으로써 이런 인간중심주의를 피할 수 있다. 겸손해지는 것도 도움이 된다. 1906년에 자연학자 윌리엄 J. 롱은 『피터 래빗의 가시덤불 철학』*Briar Patch Philosophy by Peter Rabbit*이라는 책에서 이렇게 썼다. "자연과 가까이 살면서 오래가는 인간의 말로 이야기하는 평범한 사람이 도서관에서 살다시피 하며 내일이면 잊힐 언어로 이야기하는 심리학자보다 동물들 삶의 진실에 … 더 가까울 수 있다."[55] 어쩌면 그의 말이 맞을지도 모른다. 동물의 행동에 대한 가장 뛰어난 해석자는 보통 그들과 함께 살아가는 인간이다. 동물원 사육사, 유해동물 구제업자, 훈련사, 동물 생추어리 종사자, 개를 산책시키는 사람들, 육종가, 동물 보호소 실무자와 자원봉사자들은 동물과 함께 하루를 시작하고 마감한다. 자신의 기본 업무를 완수하려면 그들은 동물들이 원치 않는 행동도 하도록 설득해야 한다. 가령 고릴라가 장거리 운송용 상자에 스스로 걸어 들어가게 하고, 기린들이 서로를 괴롭히는 격렬한 싸움을 멈추게 하고, 심술궂은 개가 발톱을 깎도록 만드는 것 등이 그런 일에 해당한다. 이들 사육사, 훈련사, 동물 미용사들은 동물들의 취향과 선호, 기벽, 함께 시간을 보내고 싶어 하는 다른 동물들, 그들의 마음을 끌 수 있는 대우, 그리고 결코 양보하지 않는 행동이 무엇인지 잘 알고 있다.

호세 루이스 베세라는 찾는 이가 많은 야생동물 구조 전문가다. 스스로를 "자비로운 동물 포획자"라고 소개하는 그의 명함 한 켠에는 전봇대 위에 올라가 있는 너구리 사진이 찍혀 있다. 호세는 니콜라스 케이지의 말리부 저택에서 스컹크와 주머니쥐를 잡아 줬고, 다락에서 너구리 가족을 구출하는 가장 좋은 방법은 죄다 알고 있다(대개 참치 통조림이나 고양이 사료를 이용한다). 그는 자신이 덫을 놓아서 잡은 후 캘리포니아 남부의 마른 강바닥,

협곡 등의 비밀 장소에 풀어 준 동물들을 동료로 생각한다고 했다.

그는 내가 어릴 적 쓰던 침실 아래쪽에서 스컹크 한 마리를 끄집어내면서 이렇게 말했다. "이 일을 잘하려면 얘네들처럼 생각할 줄 알아야 해요. 말 그대로 얘 입장이 돼서 그 욕망을 상상할 수 있어야만 잘할 수 있는 거죠." (스컹크가 뿜는 비말을 막으려고 커다란 쓰레기봉투를 뒤집어쓴) 그는 참치향 "팬시 피스트"[고양이 사료 브랜드]를 넣은 포획틀로 스컹크를 유인했다.

인지 동물행동학자인 마크 베코프도 비슷한 주장을 한다. 그는 개의 생각이나 감정을 파악하려 할 때 의인화를 피할 수 없지만, 대신 개의 관점에서 그렇게 하려고 노력한다고 말한다. 베코프는 이렇게 썼다. "내가 개가 행복하다거나 질투를 하고 있다고 말해도 그것이 정말 사람처럼 그런다는 뜻은 아니다. … 의인화는 다른 동물의 생각이나 감정을 인간이 접근 가능한 것으로 만들기 위한 언어적 도구다."[56]

헝클어진 머리에 카리스마가 넘치는, 스탠퍼드 대학의 신경과학자이자『왜 얼룩말은 궤양에 걸리지 않는가』『어느 영장류의 회고록』*의 저자인 로버트 새폴스키는 케냐의 야생에 사는 개코원숭이를 연구하고 있다. 그의 연구는 개코원숭이의 사회적 위계 변화가 그들의 행동뿐 아니라 생리에도 영향을 미친다는 사실을 밝혀냈다. 서열이 낮은 개코원숭이는 서열이 높은 개코원숭이들에 비해 자주 괴롭힘을 당하고 훨씬 더 스트레스가 심한 삶을 산다. 서로 적대적인 개코원숭이들의 뇌는 스트레스 호르몬에 거의 항상 젖어 있다시피 한데, 이런 장기적인 스트레스는 신경 손상을 일으킨다.[57] 새폴스키는 자신이 연구한 개코원숭이들을 개체로 구분한 뒤 각각의 개체적 특성과 서열 변화가 감정 및 신체 건강에 미치는 여러 가지 영향을

✤ 전자는『스트레스: 당신을 병들게 하는 스트레스의 모든 것』(이재담·이지윤 옮김, 사이언스북스, 2008)로, 후자는『Dr. 영장류 개코원숭이로 살다: 어느 한 영장류의 회고록』(박미경 옮김, 솔빛길, 2016)로 번역돼 있다.

광범위하게 기술했다. 개코원숭이 개체들의 개성을 평가하려는 시도와 그들의 심리극에 대한 관심을 통해 그는 스트레스에 대한 개코원숭이의 생리적 반응이 인간의 그것과 거의 흡사하다는 결론에 도달했다. 그의 연구는 만성 스트레스와 급성 스트레스가 사람의 뇌에 미치는 영향에 대한 우리의 사고방식에 혁명을 일으켰다.[58]

새폴스키는 이렇게 썼다. "내가 의인화를 하고 있는 것은 아니다. 한 종의 행동을 이해하려 할 때 부딪치는 문제 중 하나는 그들이 어떤 이유로 우리와 비슷해 보인다는 것이다. 그걸 인간적 가치의 투사라 볼 수는 없다. 그것은 우리가 그들과 공유하는 특성을 영장류의 속성으로 일반화하는 것이다."[59]

새폴스키의 견해는 지당하지만, 나는 그가 분명 의인화를 하고 있으며 그것은 문제가 되지 않는다고 생각한다. 그의 말대로, 그의 결론은 근거 없는 투사가 아니라 그들과 인간이 공유하고 있는 일반적 특성에 기반을 두고 있기 때문이다. 우리는 인간에게 이롭지 않은 다른 동물들과 자신을 동일시하지 않으려는 편향성을 물려받았고, 지금이 그런 편향을 버리기 딱 좋은 때다.

절망의 구덩이에 빠진 새끼 원숭이

인간에 대한 이해를 돕기 위해 정신장애가 있는 동물들을 선발해 이루어진 가장 유명한 실험 중 하나는 1950, 60년대 위스콘신 대학교 매디슨 캠퍼스에 있는, 해리 할로 박사의 비교 심리학 연구실에서 진행된 것이다. 그곳에서 진행된 일련의 으스스한 실험들은 인간을 비롯한 모든 영장류 유아의 건강한 발달에 접촉과 애정이 어떤 역할을 하는지에 대한 우리의 사고방식을 완전히 뒤바꿔 놓았다.

할로는 300편이 넘는 과학 논문과 과학서를 집필했고, 연구소 두 곳을 설립했으며, 미국에서 가장 번식력 높은 원숭이 군집을 만들어 관리했다. 1955~60년 사이에 그의 연구팀은 대규모 심리 실험이 가능할 정도의 레서스원숭이 새끼들을 사육 중이었다.[60] 그는 국립과학훈장과(1967) 미국심리학재단이 수여하는 금메달(1973)을 받았지만 원숭이 고문의 제왕이기도 했다.

지금은 악명 높은 일련의 실험에서 레서스원숭이들은 태어나자마자 어미로부터 분리돼 실험실 우리에 혼자 남았다.[61] 그들은 다른 원숭이와 실험실 직원을 볼 순 있었지만 신체적 접촉은 금지됐다. 이렇게 고립된 새끼 원숭이들은 금세 허공을 멍하니 응시하고, 몸을 단단히 웅크리고, 반복적으로 자기 몸과 우리를 흔들고 깨물었다. 할로는 새끼 원숭이를 대상으로 다양한 실험을 진행했다. 그중에는 철사로 만든 가짜 어미(무시무시한 악어 머리가 달려 있지만 젖은 나왔다)와, 젖은 나오지 않지만 테리 천으로 덮여 있는 가짜 어미(눈과 입, 그리고 유인원과 어렴풋이 닮은 귀를 가진 둥근 머리가 달려 있었다)를 놓고 둘 중 하나를 새끼 원숭이가 선택하게 하는 실험이 있었다.[62] 새끼 원숭이들은 천으로 덮인 가짜 어미에게 달라붙었다. 그 선택이 배고픔을 견뎌야 하는 것임에도 말이다. 할로는 모성의 부재와 정신병리 사이의 연관성을 규명하기 위해 새끼들을 쫓아 버릴 수 있는 온갖 종류의 가짜 어미들(바람을 뿜어 대는 것도 있었고, 뾰족한 못을 숨기고 있는 것도 있었다)을 제작해 이런 실험을 끝없이 되풀이했다.

할로의 또 다른 실험은 새끼에게서 스킨십과 사회적 접촉을 박탈할 경우 돌이킬 수 없는 정신적 손상을 입는다는 사실을 밝혀냈다.[63] 그는 이 실험에 사용한 실험 장치를 "절망의 구덩이"pit of despair라 불렀다. 매끄러운 스테인리스스틸로 만들어져 빠져나올 수 없는 방에서 원숭이들은 단단한 공처럼 몸을 웅크린 채 모든 동작을 멈추고 제자리에서 움직이지 않았다.

할로는 이런 행동을 "유발성 우울증"이라 불렀다. 그런 다음 그는 원숭이들을 구덩이에서 꺼내 우울감을 덜어 주려 했다.

이를 위해 그는 극도로 비정상적인 행동을 하는 — 몸을 흔들고, 자신을 물어뜯으며, 털을 고르거나 놀지도 않고, 걸핏하면 공격성을 드러내는 — 원숭이들을 서로 분리된 우리에 넣고 각각에게 "치료사" 원숭이를 한 마리씩 배치해 줬다.[64] 할로에 따르면, (절망의 구덩이에서 기르지 않은) 치료사 원숭이들은 공포에 질린 원숭이에게 달라붙어 위로와 온정을 베풀었다. 몇 주가 지나자 과거에 이상행동을 보였던 원숭이들은 치료사 원숭이와 함께 놀기 시작했다. 연구자들에 따르면, 1년이 지나자 이전에 비정상적이었던 원숭이들은 다른 원숭이들과 구별이 불가능해졌다.

할로가 이 같은 실험을 했던 때와 비슷한 시기에 보호시설에 맡겨진 인간의 아이들도 비슷한 운명에 처해 있었다. 절망의 구덩이까지는 아니더라도, 아이들은 고아원이나 병원 시설에 수용돼 거의 접촉이 없는 생활을 했다. 마스크와 장갑을 착용한 돌보미들은 아이들을 쓰다듬어 주지도 달래 주지도 않고 입을 맞춰 주거나 안아 주지도 않았다. 음식과 돌봄, 의료 지원은 충분했지만 아이들의 체중은 늘지 않았다. 또한 아이들은 걷고 말하고 앉는 법도 배우지 못했다. 할로의 원숭이들과 마찬가지로 그들은 허공을 응시하고 별나게 손을 움직이는 등 이상행동을 나타냈다. 데버러 블룸이 『사랑의 발견』✤에서 썼듯이, 아이들이 가장 긴 시간 동안 응시한 유일한 대상은 천장이었다.

정신분석가이자 정신의학자인 르네 스피츠는 1940, 50년대 이런 보호시설들에 수용된 아동들을 관찰해 그들이 어떻게 쇠약해지고 발육에 실

✤ 국내에는 "사랑의 비밀을 밝혀 낸 최초의 과학자 해리 할로"라는 부제 아래 소개됐다.

패하는지를 기록했다.[65] 스피츠는 이런 장소들의 메마른 환경이 지루하며 정적이고 지적 자극이 결여돼 있는 게 사실이고 무척 끔찍한 일이지만, 그 자체가 문제는 아니라고 확신했다. 정작 문제는 그 아이들을 사랑해 줄 사람이 아무도 없다는 것이었다. 블룸이 썼듯이 그들에겐 사랑은 고사하고 웃어 주거나 무심코 한 번 안아 줄 사람조차 없었다. 스피츠는 사람의 손길과 애정 결핍이 그 아이들을 감염과 질병에 취약하게 만들었다고 보았다.[66] 그가 연구 대상으로 삼았던 아이들 가운데 3분의 1이 사망했고, 살아남은 아이들 중 상당수가 40년이 지난 후에도 스스로를 돌볼 수 없는 상태로 시설에 남아 있었다.

영국의 심리학자, 정신의학자, 정신분석가이자 할로와 자주 서한을 주고받던 존 보울비는 같은 시기 병원에 격리된 아이들에게 애정이 얼마나 중요한지를 연구해 비슷한 결과를 얻었다. 동물 행동에도 관심이 많았던 그는 할로뿐만 아니라 콘라드 로렌츠, 로버트 힌데, 니코 틴베르헌처럼 저명한 동물행동학자들과도 편지를 주고받았다. 보울비는 고립된 원숭이 새끼들처럼 병원에 수용돼 있는 동안 안아 주거나 놀아 주지 않은 아이들은 결국 생명을 위협하는 수준의 무관심이나 우울증을 나타낸다고 확신했다. 그는 이런 아이들의 경우 성장 과정에서 인지 능력이나 언어 능력 발달이 지체될 뿐만 아니라 주의력에도 문제가 생기고 타인과의 관계 형성에서도 어려움을 겪게 될 것이라고 보았다.

보울비와 스피츠의 연구는 할로의 실험 결과와 결합해, 결국 사람들이 어린아이들에게 무엇을 제공해 줘야 하는지에 대한 생각을 바꾸는 데 일조했다.[67] 어떤 면에서 음식이나 쉼터보다 더 중요한 것이 있으며, (인간을 비롯한) 영장류의 건강한 발달에는 접촉과 애정이 결정적이라는 사실을 가르쳐 준 것은 할로의 고통받는 원숭이들이었다. 그 후 시간이 지나면서 적어도 미국에서는 고아원이 위탁 돌봄 가정이나 그룹홈*으로 대체됐다. 보울비는 그가 "사람들 사이의 지속적인 심리적 유대감"이라고 기술한 애착 이론의 발전에 기여한 것으로 유명해졌다.[68]

또한 할로의 원숭이들도 결국 우회적인 방식으로 시설에 수용된 다른 영장류를 돕게 되었다.[69] 오늘날 많은 동물원에서 원숭이와 유인원 어미들이 직접 새끼를 키울 수 있게 된 것은 할로, 보울비, 스피츠가 50여 년 전에 수립한 이론 덕분이다. 우리에 갇힌 유인원들은 다른 원숭이들을 지켜보거나 성장 과정에서 자신이 겪은 일들을 기억하면서 좋은 어미가 되는 법을 배운다. 한 동물원에서는 출산 경험이 없는 무리에 속해 있던 고릴라에게 다른 고릴라가 출산하는 영상을 보여 줌으로써 암컷 고릴라가 출산기에 자기 몸에 일어나는 변화를 두려워하지 않도록 한 사례도 있다. 또 같은 동물원에서는 최근 출산을 한 사육사의 아내를 데려와 수유 시범을 보이기도 했다. 그녀는 조용히 앉아서 아기에게 젖을 먹였고, 고릴라는 벽을 사이에 두고 그 모습을 유심히 지켜봤다. 다른 동물원에서는 조산사와 수유 컨설턴트를 고용해 유인원에게 수유하는 방법과 새끼에게 애정을 쏟는 법을 가르치고 있다.

동물원들이 이렇게 하는 이유는 할로의 새끼 원숭이들처럼 기능장애가 있거나 두려움이 많은 어미들이 기른 영장류가 인지적·언어적·감정적 문제를 일으켜 성장 후 자기 새끼나 다른 무리의 구성원들과 상호작용하는 데 어려움을 겪을 수 있기 때문이다. 불법 고기 거래나 밀렵으로 부모나 무리가 죽임을 당한 고릴라, 오랑우탄, 보노보 새끼들을 돌보는 동물원에서 재활이 가장 성공적으로 이루어지는 경우는 그들을 안아 주고, 털을 골라 주고, 놀아 주는 유인원 대리모들이 있을 때다. 이런 장소 중 하나로 콩고의

✤ 공동생활 가정. 가정의 보호를 받을 수 없는 아동, 청소년, 노인 등을 소수의 그룹으로 묶어 보호하는 제도.

킨샤사 외곽에 위치한 보노보 생추어리 롤라 야 보노보Lola Ya Bonobo에서는, 인간 여성들이 보노보의 대리모를 맡아 거의 24시간 상주하며 지속적인 신체 접촉을 통해 새끼들이 자신감 있고 잘 적응한 성체로 성장해 훗날 생추어리 숲속에서 같은 종과 잘 살아갈 수 있도록 돕고 있다.

파블로프의 개

올리버의 이상행동에 대한 소문이 친구와 가족들 사이에 퍼지면서 사람들이 내게 오랑우탄과 친구가 되어 우울증에서 벗어난 개들이나, "개들의 자살 다리"로 알려진 스코틀랜드의 오버툰교Overtoun Bridge에서 수많은 개들이 의문의 죽음을 맞이했다는(물론 그저 토끼나 여우 냄새를 따라갔을 수도 있다) 기사들을 보내오기 시작했다.[70] 나는 이런 류의 글들을 대부분 "마음에 금이 간 동물들"Animal Crackers이라는 라벨을 붙여 둔 구겨진 폴더에 넣어 두었지만, 그중 몇 가지는 내 눈길을 끌었다.

　이라크전이 끝나고 아프가니스탄과의 무력 갈등이 지속되는 동안, 불안증에 시달리는 개들에 대한 이야기가 "전쟁에 나선 군견들도 PTSD에 시달리다" "많은 군견들이 전투피로증 증상을 나타낸다" "다리가 넷인 병사들, PTSD 징후를 보이다" 등의 제목으로 대중 매체에 자주 모습을 나타냈다.[71] 기자들은 개들도 마음의 상처를 입는다는 게 새로운 일이라도 되는 듯이 놀라워했지만, 나는 이런 뉴스가 기자들이 호들갑을 떨 만큼 새로운 일이 아니라는 생각이 들었다. 거의 한 세기 전에 장애를 가진 개에 대해 연구했던 이반 파블로프 역시 조금도 놀라지 않았을 것이다.

　이 러시아 생리학자는 자기 개가 조건반사로 침을 흘린다는 유명한 발견 이외에도 관심사가 다양했다. 파블로프는 사람이 겪는 신경증의 생리학적 기반, 병에 걸린 사람과 개의 정신 사이에 어떤 관계가 있는지 탐색하는

데 수십 년을 보냈다. 심지어 그는 말년을 정서장애가 있는 환자들을 돕는 신경증 클리닉에서 연구자로 보냈다. 평생에 걸친 파블로프의 연구는 오늘날 우리가 인간의 행동, 기억, 정신 건강에 정신적 외상이 미치는 영향에 대해 많은 것을 이해할 수 있는 기초를 닦았으며, 군견들도 외상 후 스트레스 장애를 겪는다고 말할 수 있는 주된 근거를 제공해 주었다.

파블로프는 프로이트의 환자 애나 O에 대한 글을 읽은 후 개의 신경증에 관심을 가지게 되었다.[72] 애나 O는 불치병에 걸린 아버지를 돌보면서도 행복한 표정을 지었는데 자신의 절망감과 상실감을 숨긴 채 사랑하는 아버지를 위해 그렇게 한 것이었다. 프로이트는 이런 내적 갈등이 그녀에게 신경증을 일으켰다고 믿었다.

파블로프는 신경증의 메커니즘을 더 잘 이해하기 위해서 자신의 개들에게 이런 갈등을 모의실험했다. 1914년에 이루어진 첫 번째 실험은 다음과 같은 방식으로 진행됐다. 실험실의 한 여성이 먹이를 먹고 있는 개의 엉덩이에 습관적으로 충격을 주어서 충격과 먹이를 연결시켰다. 결국 개는 엉덩이에 충격을 받으면 침을 흘렸다. 이번에는 개의 다른 신체 부위에 더 큰 충격을 주자, 개의 행동이 갑자기 변했다. 충격에 경계 태세를 갖추는 대신 무관심해진 것이다. 개는 침을 흘리고, 머리와 꼬리, 눈꺼풀이 처졌다. 그러다 개는 실험실에서 나는 큰 소음과 같은 낯선 신호에 침을 흘리기 시작했다. 또 어떤 때는 전혀 무기력한 상태는 아니었지만 너무 흥분해서 매어 둔 줄을 끊어 버리기도 했다. 파블로프는 애나 O처럼 흥분 신호(종소리=냠냠, 먹이가 온다)와 억제 신호(충격=아야, 고통) 사이에서 갈등을 겪는 사람의 신경증에 맞는 완벽한 실험 모델이 만들어졌다고 확신했다. 이런 신호들이 너무 혼란스러워 개에게 착란을 일으킨 것이다.

그의 실험실은 이런 종류의 실험을 무수히 변형해 계속했다.[73] 개가 아닌 고양이를 대상으로 한 실험에서는 배고픈 고양이의 꼬리에 전극을 매달았다. 그리고 몇 주간 쥐를 먹이로 받았던 고양이와 쥐를 한 방에 넣어 놓았다. 고양이가 쥐에게 달려드는 순간 전기 충격이 가해졌고, 동시에 쥐가 가능한 빨리 달리게 했다. 몇 주가 지나자, 고양이는 쥐가 보일 때마다 심장이 빠르게 뛰면서 겁을 먹고 움직이지 않았다. 이 실험을 촬영한 한 사진에는 고양이의 등과 머리 위에서 흰쥐가 마치 일광욕을 즐기는 크루즈 승객처럼 여유롭게 늘어져 있는 동안 웅크린 고양이가 조금도 움직이지 않는 모습이 담겨 있다.

1924년, 거센 폭풍우로 레닌그라드에 있던 그의 실험실에 홍수가 밀어닥쳤을 때, 인간과 비인간 동물이 겪는 정신장애가 유사하다는 파블로프의 생각은 더욱 확고해졌다.[74] 그와 동료 연구자들은 개들을 구해 낼 수 있었지만, 물이 빠진 후 행동 실험이 재개되자 그중 몇 마리는 그 사건이 있기 전보다 훨씬 더 불안해했다. 파블로프는 이 개들이 폭풍우에 영향을 받지 않은 것처럼 보이는 다른 강인한 개들에 비해 "더 약한 신경계"를 가졌다는 결론에 도달했다. 자신의 이론을 검증하기 위해서, 그는 홍수가 일어난 것처럼 꾸며 실험실 바닥에 물을 흘려보내고 개들의 행동을 관찰했다. 한 마리는 자신의 발을 응시하면서 짖는 등 불안 행동을 나타냈고, 물이 스며드는 것을 보자마자 원을 그리며 맴돌았다. 반면 다른 개들은, 모의 홍수 이후에도 이전처럼 행동 실험을 계속할 수 있었다. 파블로프는 개나 사람이나 개체의 특성에 따라 외상이 될 수 있는 경험에 대한 반응이 달라진다고 결론지었다. 오늘날 우리는 그가 개인적 특성, 즉 개성個性을 나타내는 말로 사용했던 "약한"weak 또는 "강한"strong 같은 과도한 용어에 이의를 제기할 수도 있겠지만, 파블로프의 의도는 지금은 대체로 당연시되는 일종의 감정적 회복력을 기술하는 말로 쓴 것이었다.

파블로프에게는 많은 비판자들이 있었다.[75] 특히 이상이 있는 개를 이상이 있는 사람과 비교하는 연구에 대해 비판이 빗발쳤다. 많은 정신분석가와 생리학자들이 신경 질환을 가진 사람과, 충격을 받아 착란·긴장증 등 정서장애에 이른 개들을 비교할 수 있다는 주장을 믿지 않은 것은 당연했다. 그들은 실험실에서 신경증에 걸린 개들이 애나 O와 같은 인간 환자와 비슷하다는 점에 대해 미심쩍어 했다. 비판자들은 파블로프가 실험을 통해 재현한 것이 내면에서 발현하는 **인간의** 신경증이 아니라 스트레스 많은 환경이나 불쾌한 무언가에 가까이 있을 때 생기는 일종의 긴장 상태라고 주장했다.

　다른 정신분석가들은 파블로프의 연구가 정신분석의 수준에 못 미친다고 주장했다.[76] 그러나 파블로프가 보기엔 누군가의 문제에 대해 면담을 하는 것은 쓸데없는 짓이었다. 정신생활에 대한 지식은 관찰을 통해 얻을 수 있는 것이었기 때문이다. 그에게 개는 인간의 단순한 버전에 불과했다. 따라서 개의 신경증과 인간의 신경증이 다른 점은 인간의 신경증이 더 복잡한 상황에서 비롯된다는 것뿐이었다. 나아가 그는 카페인을 써서 긴장증catatonia 상태에서 깨우거나 좀 더 논리적인 일련의 자극과 보상을 통해 미치기 직전의 상태에서 벗어나게 하는 등, 개들을 신경증 이전의 정상적인 상태로 되돌려 놓는 자신의 능력이 인간의 신경증 치료에서도 길잡이가 될 거라고 확신했다.[77]

　파블로프의 연구는 다른 동물들의 신경질환에 대한 광범위한 실험들이 이루어질 수 있는 기초를 닦았다. 그의 동시대 연구자들과 후대 연구자들은 양 염소 돼지 비둘기 쥐 고양이 등을 대상으로 신경증을 유발하는 실험을 시도했는데, 이 가운데 상당수가 파블로프의 개와 마찬가지로 반복적인 임의의 충격이나 혼란스러운 암시를 받으면 끝내 무너졌다. 여기에서 회복된 동물들은 (베트남전 이후 PTSD라 불리게 될) 전쟁신경증에 시달리는 병사들의 치료 모델로 제시되었다.

　제2차 세계대전 시기 군의관과 정신의학자들은 병사들이 신경증에 걸린 실험동물들과 매우 흡사한 증상을 나타낸다는 사실에 주목했다. 이런 병사들은 심장이 빨리 뛰고, 땀을 흘리고, 불안감이 고조되고, 쉽게 놀랐다. 1943년에 미국의 한 정신의학자는 급성 전쟁신경증을, 파블로프의 개와 같은 실험동물들에 사용됐던 조건반사 소거 처치로 치료해야 한다고 주장했다. 그것은 개들을 과거 충격과 결합된 자극에 노출시키되 이번에는 충격을 주지 않는 방식의 처치였다. 결국 개들은 고통스러운 자극이 더 이상 공포의 대상이 될 필요가 없음을 알게 되었다. 이 개념은 군에 적용되어 신경증 환자들 중에서 일부를 선발해 남태평양에 있는 "전쟁 소음 학교"에 보냈다.[78] 그곳에서 극심한 공포에 시달리지 않으면서 자극에 반응하는 법을 배울 것이라는 기대 속에 환자들은 발포를 흉내 낸 소음, 통제된 지뢰 폭발, 그리고 가짜 급강하 폭격 등에 노출됐다. 소음 학교가 이들에게 실제로 얼마나 도움이 됐는지는 모르겠지만 그 이후로 파블로프의 조건반사와 소거 개념은 신경 질환, 특히 PTSD를 치료하는 데 사용되는 많은 요법들에 대한 우리의 이해에 영향을 미쳤다.[79]

오늘날 이 질환은 외상적 사건을 겪은 후, 괴로운 기억들이 되살아나서 일상적 삶을 어렵게 만드는 불안증으로 규정된다. 또한 사람들은 끔찍한 악몽을 꾸거나, 외상적 사건을 떠올리게 하는 상황을 맞아 불안 반응을 일으킬 수도 있다. PTSD 환자들도 파블로프의 개들이 나타낸 증상들과 판박이처럼 닮은 증상들을 많이 겪는다.[80] 집중 장애, 쉽게 놀라기, 극도의 과민 반응, 쉬운 흥분, 과대한 분노 표출, 현기증, 졸도, 심장박동의 급상승, 발한, 두통 등이 그것이다. PTSD 같은 인간의 불안 장애를 진단하는 데 오늘날에는 대체로 언어적 과정이 사용되지만, 항상 그런 것은 아니었다. 과거에는 신체적 증상이 의사들이 진단을 내리는 데 길잡이 역할을 했다. 19세기와 20세기에 끔찍한 열차 사고나 압사 사고 같은 외상적 사건을 겪고 살아남은 생존자들을 치료한 의사들은, 그들이 나타내는 생리적 증상을 척도로 감정적 고통의 정도를 측정했다.

예를 들어, 제1차 세계대전이 끝난 후 병사들을 치료한 의사들은 전선에 파견된 후 말을 못 하게 된 병사들을 포식자 앞에서 얼어붙은 동물들에 비교했다.[81] 영국의 인류학자이자 신경과 의사, 정신의학자였던 윌리엄 H. 리버스William H. Rivers에 따르면, 충격적인 전투를 겪은 후 실어증에 걸린 남성들은, 포식자에게 먹히거나 공격당하지 않기 위해 동물이·취하는 것과 비슷한 종류의 부동不動과 침묵을 보인다.

최근에는 이런 초기의 상황이 역전돼 비인간 동물들이 PTSD를 겪는 인간 환자에 비교되고 있다. 지난 몇 년간 아프리카에서 어미 코끼리를 죽이는 광포한 살처분 작전을 목격한 새끼 코끼리들, 폭발 사고나 군견관리병의 죽음을 겪거나 스트레스가 심한 환경에서 장시간 일해야 하는 구조·탐지견들, 수년간 비좁은 우리에 갇혀 산 실험실 유인원 등이 모두 외상성 질환에 시달리는 것으로 알려져 있다.[82]

실험 시설에서 오랜 시간을 보낸 침팬지들의 경우 고통스럽거나 끔찍한 경험을 떠올리는 것처럼 보이거나 악몽을 꿀 수 있다.[83] 그들은 시설에서 벗어나 생추어리에 간 후에도 더 공격적이 되거나 위축되고, 쉽게 놀라며, 다른 침팬지나 인간 사육사와 건강한 관계를 맺는 데 어려움을 겪을 수 있다. 동물행동학자 조너선 발콤은 연구에 사용됐던 침팬지들을 위한 피난처인, 캐나다 퀘벡의 파우나 생추어리Fauna Sanctuary에서 이런 종류의 고통에 대한 이야기를 들려 주었다.[84] 어느 날 오후 사육사들은 금속으로 된 손수레에 자재들을 싣고 있었다. 영문도 모른 채 직원들은 손수레를 밀고 침팬지 톰과 파블로가 있는 구획을 지나갔다. 침팬지들은 그 광경을 보자마자 겁먹은 비명 소리를 내기 시작했다. 그러자 그 소리를 들은 다른 침팬지들까지 달려와 톰과 파블로와 함께 울타리를 앞뒤로 흔들면서 비명을 질러댔다. 직원들은 나중에야 2년 전 톰과 파블로가 살았던 연구소에서 의식이 없는 침팬지들을 수술실로 옮겨 실험할 때 비슷한 손수레가 사용됐음을 알게 됐다.

이 동물들이 정말 PTSD로 진단받은 사람들과 같은 종류의 느낌을 받았는지 입증하기는 불가능하지만, PTSD에 대한 사람의 경험도 단일하지 않다.[85] PTSD로 고통받는 사람들도 증상의 유형이나 정도는 천차만별이다. 이런 느낌이나 행동 — 겁먹은 행동처럼 보이는 증상이나 불안감, 우울증, 공격성, 사회적 관계를 기피하는 증상 등 — 에 어떤 이름을 붙일지보다 더 중요한 것은 그것이 누군가를 괴롭게 만든다는 사실이다. 신중하고 온정적인 관찰자라면 이런 고통의 징후를 포착할 수 있을 것이다. 꼭 언어를 통해서만 이런 증상들을 분간해 낼 수 있는 것은 아니다 — 20세기 전환기나 그 이전에 "포탄 충격" "전쟁신경증" 같은 질환이 대화 요법이 아닌 관찰에 의해 확인될 수 있었던 것도 이 때문이다.[86] 오늘날에도 사람의 PTSD는 때로 면담이 아닌 관찰을 통해 진단된다. 예를 들어, 정신적 외상을 입은 영유아나 취학 전 아동의 경우, 정신과 의사가 그들의 놀이 행동이나 가족 구성원, 사회복지사 또는 상담사 자신들과 상호작용하는 방식에서 경고 징후를 발견할 수 있다면 진단이 가능하다.[87]

올리버는 분명 불안 수준이 비정상적으로 높았다. 너무 쉽게 놀랐고, 노트북 가방이나 여행용 가방만 봐도 바짝 경계하며 공황 반응을 나타냈다. 하지만 그렇다고 PTSD는 아니었던 것 같다. 허리케인 카트리나 같은 자연재해에서 살아남은 많은 개들에 비하면 올리버의 불안은 정말 온화했다고 할수 있다. 이런 개들은 탁자 밑에 웅크리고만 있거나, 붙임성 있게 곁을 주다가도 갑자기 심술궂고 겁에 질린 태도로 돌변했다. 이들을 치료했던 행동심리학자와 훈련사들은 그들이 시달리는 증상이 PTSD와 비슷하다고 본다. 그들은 개가 힘들어 하는 이유를, 폭풍우가 지속되는 동안이나 그 이후에 유기되었거나, 불어난 물에 갇혀 있었거나, 수일에서 수주까지 먹지 못하고 낯설고 무서운 환경에서 버텨야만 했거나, 보호자와 떨어져 있어야 했기 때문으로 설명했다.

9·11 테러 이후 세계무역센터라는 시끄럽고, 위험하고, 낯선 환경에 노출됐던 몇몇 탐색·구조견들도 불안, 우울, 과민 반응을 나타냈고 놀이에 관심이 없었다.[88] 어떤 개들은 극도로 예민하고 공격적으로 변했고 일부는 더 이상 탐색과 구조 임무를 수행할 수 없었다.

리 찰스 켈리는 개의 외상성 증상에 관심이 많은 훈련사다. 그는 뉴욕 경찰 출신으로 『크리스마스 전의 크와스와 바이트』 『살인자를 체포하라』 같은 추리 소설을 쓰기도 했다. 켈리의 웹사이트에는 "신-프로이트 강아지 훈련" "개/그룹 PTSD 지원" 등의 제목이 붙은 항목들이 있다. 그는 자신의 반려동물을 진단하는 데 관심이 있는 사람들에게 다음과 같은 체크리스트를 제공했다.[89] "당신이 아는 선에서 개가 누군가에 의해 화상 자상 매달림 또는 고문을 당한 적이 있는가?" 이 질문에 "예"라고 답하면, 켈리는 다시 이런 질문을 했다. "개가 외상성 사건이나 사고를 다시 겪는 것처럼 반응하는가?" "개가 생생한 꿈을 꾸거나 악몽에 시달리는 것 같은가?" 켈리는 외상성 경험에서 살아남은 많은 개들이 — 다른 개들과 싸우면서 부상을 입은 개들부터, 사람에게 학대받은 개들, 자동차 사고나 군사 작전에 참여했다가 살아남아서 보호소에 남은 개들까지 — 수백만 마리에 달한다고 믿는다. 그가 키우는 달마시안 프레드는 갑자기 어떤 소리에 심한 공황 발작을 일으켰다. 켈리는 그에게 공황이 찾아왔을 때 짖도록 해주는 게 (주의를 다른 데로 돌리게 함으로써) 도움이 된다는 사실을 발견했다.[90] 산책을 하러 갈 때 입에 뭔가를 물고 가게 하는 것도 마찬가지로 도움이 됐다. 프레드에게는 테니스공이 그런 [아이의 애착 인형 같은] 이행 대상transitional objects이었다.

그러나 PTSD로 가장 많이 진단받는 개들은 신문 일면을 장식했던 군견들이다. 이라크와 아프가니스탄에 배치된 약 650마리의 미국 군견들 가운데 군 당국은 5퍼센트 이상이 개 PTSD로 고통받고 있다고 보고 있었다.[91] 퇴역 공군 대령이자 현재 텍사스주 샌안토니오에 있는 래클랜드 공군 기지의 군견 병원에서 행동의학 책임자를 맡고 있는 월터 버거트 박사는 총격, 폭발, 전투와 연관된 폭력에 노출된 많은 개들이 이 질환을 앓고 있다고 본다.[92] 인간 병사와 마찬가지로 외상성 충격을 겪는 것으로 보이는 개들이 모두 같은 증상을 나타내는 것은 아니며, 많은 개들이 극도의 과민 반응과 과격한 성격, 그리고 행동 변화 등에서 얼마간의 편차를 나타냈다. 예를 들어, 일부는 작전 배치 이전보다 더 잘 물고, 겁에 질리고, 쉽게 놀라는 등의 특징을 나타냈다. 또한 개들은 전에는 아무런 망설임 없이 진입했던 건물들을 기피하거나 검문소에서 차량의 냄새 탐지를 거부하고, 낯선 제복을 입은 남성들이 접근하면 짖는 등의 행동을 보였다.

비료를 이용한 사제 폭발물IED 제조가 흔한 아프가니스탄에서 개의 코는 여전히 화학적 사제 폭발물을 탐지하는 가장 효율적인 도구이기 때문에, 최근 몇 년간 실전에 배치된 개들의 수가 급증했다.[93] 이에 따라 정신적 문제로 전쟁터에서 집으로 돌아온 개들의 숫자도 늘어났다. 이런 문제를 미연에 방지하기 위한 시도로, 버거트는 병사들로 하여금 자신들의 개에게 PTSD가 발병했는지 알아내는 법을 알려 주는 교육용 비디오를 제작했다. 그는 전쟁터에 배치된 군견관리병들과 스카이프로 통신하면서 개의 행동에 대해 조언하고, 경우에 따라서 자낙스나 그 밖의 항우울제를 처방해 준다. 만약 개들이 임무 수행을 거부한다면 개와 사람 모두 위험해질 수 있기 때문에, 정부는 신경쇠약의 위험에 처한 개들을 다시 미국으로 돌려보내 치료하기 시작했다. 이는 부분적으로는 파블로프의 생각을 빌려온 탈조건화 개념과, 인간을 대상으로 했던 전쟁 소음 치료소Battle Noise School[*]의 전제에 기반을 두고 있었다. 군견이 3개월에 걸친 행동 재조건화 훈련 이후에도 여전히 총성이 울리면 침상 밑으로 숨거나, 차에 올라타 차량 내부 냄새를 맡는 것을 거부할 경우, 민간 생활로 퇴역하게 했다. 퇴역 군인들이 고향으로 돌아가 다시 예전 생활에 적응하는 게 어려운 것과 마찬가지로 이 과정도 힘든 경우가 많다. 이런 개를 입양한 가족들은 그들이 갖게 된 행동과 감정적 문제를 치료하려고 안간힘을 써야 했다.

안녕, 나의 짐승

올리버가 아파트에서 뛰어내린 지 2년 후, 주드와 나는 크리스마스를 맞아 캘리포니아 남부에 있는 부모님 집을 찾았다. 우리는 보스턴 외곽의 애견 탁아소에 올리버를 맡겼다. 당시 올리버는 벽면에 [자해 방지용] 패드를 댄 격리 병실 같은 곳이 아니고서는 어디에도 맡길 수 없는 지경이었다. 만약 그냥 친구들에게 올리버를 맡겼다면 자해를 하고 가구와 마루, 창문과 문을 온통 망가뜨렸을 것이다. 창문에서 뛰어내린 사건 이후부터는 반려견 돌보미와 집에 두는 것도 할 수 없었다. 일주일 동안 차 안에 두고 충분한 먹이와 물을 공급해 주면서 하루에 몇 번 산책시켜 줄 사람을 붙여 줬다면 괜찮았을지도 모르겠다. 올리버가 차를 좋아하고 차 안에서는 불안증을 나타내지 않았던 것은 차 뒷좌석에 있다는 건 영원히 혼자 남겨지는 게 아니라 결국 누군가 돌아온다는 뜻임을 알았기 때문일 것이다. 그렇지만 아무리 개가 가장 행복해 하는 곳이 차 안일지라도 개를 혼자 차 안에 놔둘 수는 없었다. 그래서 우리는 애견 탁아소를 찾았다. 거기서 올리버는 간식으로 가

✤ 전쟁 소음을 재현해서 공포를 극복하게 하는 치료소로 제2차 세계대전 당시 미군이 전쟁 소음으로 정신적 손상을 입은 병사들을 치료하기 위해 남태평양에 설치했다.

득 찬 장난감 몇 개와(치즈가 들어 있는 장난감도 그의 관심을 끌지는 못했다) 자기 침대가 있는 커다란 반려견 놀이터에 있게 됐다. 직원이 하루 두 번 산책을 시켜 주기로 했고, 우리는 거기서는 올리버가 탈출을 시도하거나 자해할 방법이 없을 것이라고 안도했다. 그러나 우리가 틀렸다.

그를 도우려는 노력에도 불구하고, 혼자 남겨지는 데 대한 올리버의 불안은 우리와 사는 동안 더 심해졌다. 폭풍우 공포증이 찾아오면 올리버는 벌벌 떨면서 정신을 못 차렸고, 회복하는 데 몇 시간, 때로는 며칠이 걸리기도 했다. 오후 5시가 넘어 혼자 두면 먹이가 아닌 물건들을 먹어 치웠고, 밤마다 있지도 않은 파리를 사냥하는 시간이 더 길어졌다. 올리버는 불안에 사로잡히면 — 자주 그랬다 — 집안의 물건들을 갉아먹었다. 또 반려견 공원에 가면 더 공격적으로 변해 아이들에게 달려든 적도 몇 번 있었다. 우리는 지쳐 있었다. 그 무렵 주드와 나는 미국의 반려견 보호자들이 할 수 있는 거의 모든 치료와 처치를 시도해 본 상태였다. 동물행동심리학자에게 데려가 처음에는 발륨을, 다음에는 프로작을, 나중에는 두 가지를 모두 먹였다. 올리버의 불안을 제어하기 위한 행동 교정 훈련도 했다. 천둥소리에 둔감해지도록 녹음된 폭풍우 소리를 들려 주고, 집을 나갈 일이 없을 때도 열쇠를 흔들어 짤랑거리는 소리를 냈다. 또 산책 시간을 늘리고 산행도 같이 해봤다. 다른 개들과 어울리게 해서 사회성도 길렀다. 장난감과 간식도 줬다. 우리는 그에게 애정을 쏟았다. 다른 동물 친구를 입양할까도 고민해봤지만, 결국 관뒀다. 우리는 그에게 확신을 주려고 했지만, 결국 실패였다.

그해 12월, 올리버를 애견 탁아소에 맡겼을 때 주드와 나는 일주일 안에 찾아올 작정이었다. 캘리포니아에서 농장을 운영하고 있는 우리 집을 찾은 지 사흘째 되던 날 오후, 주드와 나는 엄마와 집 뒤편 언덕 위를 걷고 있었다. 우리는 녹슨 철조망이 말뚝들 사이에 걸쳐져 있는 사유지 경계선에 서있었고, 아래쪽으로는 레몬 과수원이 펼쳐져 있었다. 그때 내 전화가 울렸고 곧바로 주드의 전화도 울렸다. 누가 먼저 받았는지는 모르겠지만 무슨 말을 들었는지는 기억한다. "빨리 조치를 취해야 합니다." "살아날 수 있을지는 확신할 수 없습니다." "너무 순식간에 벌어진 일이에요." "정말 유감입니다." "아니오, 이유를 모르겠습니다."

올리버는 그날 오후 산책을 마친 후 공황 상태에 빠졌고, 불안증에 사로잡혀 나무로 된 놀이터문을 씹기 시작했다. 직원 중 한 사람이 발견했을 땐 이미 늦은 뒤였다.

그곳의 관리자는 이렇게 말했다. "들어간 지 30분도 안 된 것 같았는데 올리버가 헐떡거리고 쌕쌕거리는 소리를 내고 있더라고요. 그제야 상태를 알아챘죠."

올리버는 위 확대증이었다. 이는 개의 위가 공기, 체액, 또는 음식물로 가득 차 뒤틀리면서 일어나는 증상으로 고통이 극심하다. 다른 장기를 압박하고 혈액 공급을 차단할 수 있어서 돌이킬 수 없는 손상을 막으려면 45분 내에 수술을 해서 꼬여 있는 위를 풀어 줘야 한다. 위 확대증은 베른마운틴, 세인트버나드, 바셋하운드처럼 가슴이 두껍고 잘 발달한 개들이 쉽게 걸리기로 악명 높았다. 그렇다고 올리버가 위 확대증일 리는 없었고, 불안증과 위 확대증이 관련이 있다는 연구도 나는 찾을 수 없었다. 나는 올리버에게 무슨 일이 일어났는지 직감할 수 있었다. 그는 광분 상태에서 헐떡거리면서 나무판자 같은 것들을 집어삼켰을 것이다. 그는 잔뜩 겁에 질려 불안해 하고 있었을 것이다. 그리고 그는 혼자였다.

주치의는 우리에게 전화로 올리버가 수술실에 있다고 말해 줬다. 그들은 그가 병원에 도착하자마자 개복해서 꼬인 내장을 풀고, 내용물을 비우고 손상 정도를 살폈다. 그녀는 올리버의 상태가 위중해서 수술을 해도 좋아진다고 장담할 수 없다고 말했다. 수술할 경우, 지금까지 한 처치를 포함해서 앞으로 들어갈 비용은 1만~1만 5000달러라는 말도 해줬다.

그녀는 주드에게 이렇게 말했다. "생각할 시간이 필요하겠죠. 그렇지만 너무 오래 걸리면 안 됩니다. 수술대에 계속 놔둘 수는 없으니까요."

아래쪽에 줄지어 있는 나무들의 질서정연한 기하학적 배열을 보면서 나는 울기 시작했다. 차가운 수술대에 오른 올리버의 부드러운 몸, 개복된 옆구리, 아무것도 모르는 무거운 머리가 떠올랐다.

주드가 내게 팔을 두르고 무슨 말을 해줬지만 내 귀에는 들리지 않았다. 귓속에 피가 차오르는 느낌이 들었고, 갑자기 쿵 하고 슬픔이 내려앉는 것 같았다.

우리는 수의사에게 전화를 걸어 올리버를 수술대에서 내리라고 말했다. 그녀는 올리버가 이미 의식이 없으며 아무런 고통도 느끼지 않을 것이라고 우리를 위로했다. 나는 그녀에게 올리버가 죽으면 머리를 요람에 누이고 쓰다듬으며 "짐승"이라 불러 주면서 우리가 그를 사랑했노라고 말해주겠다는 약속을 받았다. 그런 다음 나는 그녀에게 힘없이 물었다. "우리가 나쁜 사람들인 걸까요?"

나는 수의대에 다니는 친구의 친구가 차에 치여 크게 다친 래브라도를 치료해 준 얘기가 생각났다. 그 개를 데려온 가족은 개를 무척 아꼈지만 수술비를 감당할 수 없어 안락사를 결정했다. 그러나 그 수의대 친구는 값비싼 처치를 해주면 개가 살아날 수 있다는 것을 알았다. 그녀는 가족에게 작별 인사를 하게 하고, 그들이 병원을 떠난 다음 개를 치료해서 자신이 입양했다. 나는 이 이야기가 소름끼치고 불편했다. 어쨌든 개가 살아났다는 건 좋은 일이었다. 하지만 무료로 수술을 해주고 그 개를 원래 가족의 품에 돌려주는 게 맞지 않았을까? 담당 수의사가 우리에게 전화를 걸어와 모든 과정이 끝났다고 이야기하기까지, 나는 올리버가 우리가 아닌, 더 부유한 사람과, 아니면 래브라도를 치료했던 그 마음씨 고운 수의사와 함께 병원에서 나가는 모습을 상상했다. 나는 올리버가 몸을 돌려 인도를 살피며 우리를 찾다가 다른 사람의 차에 올라타는 모습을 상상했다.

수의사는 우리에게 이렇게 말했다. "아뇨. 저는 이해합니다."

내 책상 위에는 티셔츠를 입은 다람쥐가 헤로인 주사를 맞는 그림 옆에 런던의 프로이트 박물관 기념품 가게에서 산 연하장이 붙어 있다. 카드에는 검정 바탕에 밝은 노란색 글씨로 "마음에 금이 간 자들에게 축복 있으라, 그들이 빛을 영접할 수 있음이라"라는 글귀가 새겨져 있다. 증거는 없지만 그라우초 막스[미국의 희극 배우]가 한 말인 것 같다. 그가 한 말이라면 신경증에 걸린 개를 염두에 두고 한 말은 아닐 것이다. 하지만 그랬을 수도 있지 않을까?

이제 올리버가 죽은 지도 6년이 됐지만, 아직도 그를 생각하면 마음이 아프다. 주드도 분명 같은 마음일 것이다. 그렇지만 우리는 더 이상 그 일에 대해 이야기하지 못한다. 사실 우리는 아무 말도 하지 못한다. 우리는 올리버가 죽은 해에 갈라섰고, 몇 년 후 그는 내 전화도 받지 않는 사람이 되었다. 우리 사이가 끝난 게 올리버 때문이라고 할 순 없다. 그렇게 말한다면 거짓말이 될 것이다. 아니 그게 이유의 전부라 할 순 없을 것이다. 그러나 만약 올리버가 살아 있었다면, 우리가 그때 헤어지진 않았을 것이다. 개는 사람들 사이를 가깝게 해줄 수 있다. 심지어 이미 멀어지기 시작한 사람들이라도 말이다.

요즘 나는 가슴속 몇 군데 뻥 뚫린 곳으로 찬바람이 드나드는 느낌이다. 그 구멍 중 하나는 개 모양이고, 사람 모양의 구멍도 있다. 올리버가 죽은 지 몇 년 후 나는 어쨌든 다시 사랑에 빠졌다. 코끼리 여섯 마리, 코끼리 물범 몇 마리, 침팬지 한 무리, 새끼 고래 한 마리, 다람쥐 한 쌍, 그리고 마치 보이지 않는 끈이 당겨져서 내 삶으로 들어온 듯한 사람 몇 명과 말이다.

그 일이 없었다면 내가 이들을 만날 수 있었을까? 운이 따른다면 상실과 좌절을 겪고 난 후 이런 일이 생길 수 있다. 부지불식간에 자신의 상처가 세상을 끌어안는 순간이 찾아오는 것이다. 어쨌든 내게는 그런 행운이 찾아왔다. 불안증에 걸린 개 한 마리가 나를 동물의 왕국에 들여놓은 것이다. 모든게 올리버 덕분이다.

2
코끼리의 마음 속으로

비정상이 새로운 정상이다.

존 론슨

멜 리처드슨은 처음 만난 자리에서 십 분도 안 돼 오랑우탄의 자위행위 이야기를 꺼냈다. 우리는 공연동물복지협회PAWS 생추어리의 먼지투성이 자갈 주차장에 서있었다. 책상다리를 하고 앉아서 엉덩이를 앞뒤로 흔들고 있는 암컷 오랑우탄을 본다면 자위를 하고 있는 거라 보면 맞을 거라고 멜은 말했다. 전문가니 잘 알 것이다.

그곳에서 일하는 사람들이나 이따금 코끼리 우리 옆에서 자선 모금 저녁 식사를 하러 오는 사람들에게 PAWS로 불리는 이곳은 호랑이, 곰, 코끼리, 그리고 서커스나 동물원에서 구조됐거나 영화와 텔레비전에 출연했던 퇴역 동물 스타들을 위한 시설로 시에라네바다산맥에서 캘리포니아로 뻗은 산자락의 숲이 우거진 곳에 위치해 있다. 큰 키에 회색 턱수염을 깔끔하게 정돈한 멜은 이 생추어리의 임상 수의사다. 그는 세계적으로 가장 경험이 풍부한 특수 동물 수의사 중 한 명으로, 개·고양이·새 등 캘리포니아 치코에 있는 자신의 개인 병원을 찾는 동물들뿐만 아니라 콩고·르완다의 자에 사는 고릴라, 콜롬비아 마약왕 파블로 에스코바르의 사설 동물원에 사는 하마·얼룩말·타조에 이르기까지 수백 종의 다양한 동물들을 30년간 봐왔다. 그는 이런 동물들의 감염이나 골절 같은 신체적 문제뿐만 아니라 감정적 문제까지 다뤘다. 공포증에 시달리는 개나 정신적 외상을 입은 말, 우울

증에 걸린 사자나 강박적으로 자위행위를 하는 유인원·바다코끼리 등 우리
가 생각할 수 있는 거의 모든 종류의 이상행동을 그는 목격했다. 그는 동물
학대 사건의 전문가 증인으로도 자주 활동한다. 내가 멜을 만난 것은 그가
정신적 문제가 있는 동물을 어떻게 진단하는지 알고 싶었기 때문이다.

생추어리를 거닐다가 코끼리 자쿠지를 지나치면서 그는 이렇게 말했
다. "글쎄요. 사람의 정신병과 정확히 같지는 않지만, 인간이 아닌 동물들
도 자주 비슷한 문제를 겪는다고 생각합니다." 진단을 위해 멜은 먼저 그 동
물이 처한 환경을 면밀히 살핀다. 생활환경이 좋지 않거나 학대를 당하고
있는 경우 대개 육체적으로나 정신적으로 모두 문제가 있다고 그는 말한
다. 또 그는 사람들과 면담을 해본다. "반려동물의 경우 고객들과 나눈 상세
한 면담에 의존할 수밖에 없어요. 사실 동물원 동물이 진단하기는 훨씬 쉽
죠. 문제를 밝히기 위해 반려인한테 의존할 필요도 없고, 사람들이 뭔가 얘
기 안 한 게 있을지 걱정할 필요도 없으니까요. 동물원에는 중간에 매개가
없는 거죠."

정신과적 문제를 겪는 인간의 경우, 진단 과정은 대개 언어를 통해 이
루어진다. 말을 하지 않거나 못하는 어른이나 아이들은 예외지만, 대부분
의 경우 자신의 증상을 상담사나 사회복지사, 아니면 정신과 의사에게 설
명한다. 이처럼 스스로가 말한 증상과 환자에 대한 정신질환 전문가의 관
찰이 결합해서 진단으로 이어진다. 오늘날 정신장애 진단은 1952년에 처
음 발간된 『정신질환의 진단 및 통계 편람』DSM에 포함돼 있는 13만 개 이상
의 질병 분류 코드를 따른다. 이 편람은 지금까지 확인된 인간의 정신질환
을 망라한 것이다. DSM 코드는 의사들에게 지침이 되고 보험회사에서도
요구하는 것이지만, 어떤 사람이 단일 범주에 깔끔하게 들어맞는 경우는
아주 드물다. 또한 DSM은 끊임없이 그 시대에 맞게 재해석되며, 새로운 질
병이 포함되고 어떤 질병들은 삭제돼 온 역사적 문헌이기도 하다. 예를 들

어, 외상 후 스트레스 장애는 1980년에 추가됐고 유감스럽게도 동성애는 1982년까지도 완전히 삭제되지 않았다. 한때 "월경광증"menstrual insanity이라 불리던 월경 전 증후군도 시대에 따라 여러 범주를 거쳤던 질환이다. 월경 전 증후군은 1980년까지 DSM에 포함되지 않았고 1999년에 미국 농무부가 월경 전 불쾌 장애라는 조금 다른 명칭으로 받아들여서 프로작을 처방할 수 있게 했다.[1] 그 밖의 많은 정신질환들과 마찬가지로 이 질환도 약리학적 처방에 따라 정의가 바뀐 것이다.

말을 할 수 없어서 인간을 진단하는 일반적인 양식에서 벗어나 있는 동물의 경우, 진단은 거의 전적으로 관찰에 달려 있으며 때로는 (월경 전 불쾌 장애처럼) 그 동물이 약 처방에 어떻게 반응하는지에 따라 달라진다.

안타깝게도 동물을 위한 DSM은 없다. 그것과 가장 비슷한 것으로 내가 찾을 수 있는 것은 멜이었다. PAWS의 풀밭 투어 — 참나무 아래서 암컷 코끼리 몇 마리가 졸고 있었고, 그중 한 마리는 코 고는 소리가 들릴 정도였다 — 를 마친 후 그는 높은 철책으로 둘러싼 커다란 반려견 놀이터 비슷한 곳으로 나를 데려갔다. 그곳에는 안절부절못하며 계속 서성거리는 희미한 줄무늬가 보였다. 수니타라는 이름의 작은 암컷 호랑이였다. 그녀는 성가심, 지루함, 그리고 깊은 의구심이 뒤섞인 눈초리로 멜을 바라보았다.

수니타는 캘리포니아 남부 샌 버너디노 카운티에 위치한 글렌 아본이라는 마을의 인가人家에서 태어났다.[2] 이 집은 존 웨인하트라는 사람의 것이었는데, 그는 부인과 어린 아들, 그리고 그가 수집한 호랑이들이 함께 살고 있었다. 2003년에 동물통제관animal control agent✦이 웨인하트의 집을 급습했

✦ 야생동물, 위험한 동물, 조난당한 동물 등과 관련한 도움 요청에 대응하는

을 때, 냉동고에서 새끼 호랑이 사체 58구, 농장 곳곳에 널려 썩어 가고 있는 호랑이 사체 수십 구, 욕조에서 헤엄치고 있는 악어 몇 마리, 그리고 살아 있는 호랑이 열 마리가 발견됐으며, 그중 한 마리는 뒤뜰에서 부엌문을 앞발로 후려치고 있었다. 냉장고 안의 호랑이 신경안정제 바로 옆에는 웨인하트 아들의 부활절 사탕이 놓여 있었다. 또 그는 15킬로미터 정도 떨어져 있는, 과거 콜튼 시내 하수처리 시설이 있던 곳에 호랑이 십여 마리를 가둬 두고 있었다. 그는 자신이 이 탈진한 야생동물들을 "구제 조치"했다고 말했다.

그의 사유지가 급습당하기 3년 전에 웨인하트는 한 신문기자에게 이렇게 말했다. "전 호랑이들과 함께 삽니다. 제 모공에선 호랑이 냄새가 나요. 그래서 제가 주변을 어슬렁거리면 … 절 호랑이로 받아들인다니까요."

샌 버너디노에서 구조된 호랑이들은 PAWS로 보내졌다. 이 커다란 고양이들은 현재 물놀이 시설이 갖춰져 있고 일반인의 접근이 금지된 널찍한 우리 안에서 살고 있다. 생추어리 측은 호랑이들이 충분한 운동량을 확보할 수 있도록, 굴이 마련돼 있는 작은 우리와 볕이 잘 드는 넓은 마당을 두 시간마다 오가게 한다. 이때 이들을 유인하는 데 사용되는 것은 닭고기와 소 심장, 칠면조 등의 간식과 종이봉투다. 호랑이들은 종이봉투를 갈기갈기 찢고 고기를 먹는 놀이를 즐긴다. 이 새로운 생활은 과거 그들이 지내던 어둡고 비좁은 리버사이드의 우리와는 천지 차이였다. 그런데 생추어리 생활에 금세 적응한 다른 호랑이들과 달리, 수니타는 긴장을 풀기까지 훨씬 더 오랜 시간이 걸렸다. 그녀는 피가 낭자한 고기와 간식을 좋아하긴 했지만, 사람이 보고 있거나 다른 호랑이들이 있으면 건드리지도 않았다. 또한

업무를 담당하는 사람을 말한다. 일반적으로 지방자치 단체나 지방 정부에서 고용하는 경우가 많다.

특정인이 있으면 울고 낑낑대며 가만히 있지 못했다. PAWS의 사육사들은 다른 호랑이들에 비해 몸집이 작은 수니타가 웨인하트의 집에서 큰 호랑이들에게 괴롭힘을 당한 것 같다고 생각했다.

멜이 내게 수니타를 보여 준 까닭은 수니타가 미국 취학아동 중 대략 10퍼센트에서 나타나는 이상과 같은 증상을 보이고 있었기 때문이다.[3] 수니타는 심한 안면 경련이 있는 사람처럼 반복적으로 눈을 깜빡이고 입을 씰룩댔다. 멜은 그것이 스트레스로 인한 틱 장애라고 확신했다. 사람의 경우, 이 질환은 만성인 경우와 일시적인 경우, 투렛 증후군,✦ 그리고 "특정되지 않는 기타" 등의 유형으로 분류된다. 이 장애는 음성이나 움직임, 혹은 둘 다에서 문제를 일으킬 수 있고, 아동기와 성인기 모두 나타날 수 있으며, 스트레스를 받을 때 악화되는 경우가 많다. 수니타의 안면 경련도 스트레스를 받을 때, 특히 멜처럼 예방접종을 해준 수의사나 자신이 유독 싫어하는 몇몇 사육사 주변에서 강도나 빈도가 높아졌다. 생추어리에 처음 왔을 때 수니타는 사람이 지나가기만 하면 철조망 울타리로 몸을 던졌는데, 그러는 동안에도 안면은 계속 씰룩댔다. 멜은 틱 장애라고 진단하면서, 틱 장애를 가진 많은 인간 아이들처럼 수니타도 나이가 들면서 증상이 호전되기를 바랐다.

2년이 지나자 수니타는 훨씬 차분해지고 자신감이 생겼다. 가끔씩 구획 울타리를 따라 서성거리긴 했지만, 체중도 불어났다. 털도 풍성해졌고, 혼자가 될 때까지 기다렸다가 먹는 일도 없어졌다. 그러나 틱 증상은 완전히 사라지지 않았다. 멜은 수니타의 증상이 그녀가 결코 떨쳐 낼 수 없는 스트레스 상황에 대한 반응이며 평생 계속될 수 있겠다는 생각이 들었다. 수

✦ 틱 장애의 일종으로 운동 틱과 음성 틱이 모두 나타나면서 1년 이상 지속될 경우 투렛 증후군으로 진단된다.

니타의 우리 옆에 서서 사육사들이 닭고기와 소고기로 식사를 준비하는 모습을 지켜보면서, 멜은 내게 수니타에게 왜 그렇게 관심을 갖는지 물었다. 나는 올리버에게 일어났던 일들에 대한 나의 죄책감, 그리고 올리버의 강박 행동과 공포증 앞에서 내가 얼마나 무력감을 느꼈는지 이야기해 주었다.

그러자 멜은 이렇게 말했다. "올리버가 정서장애가 있었던 것 같군요. 당신은 최선을 다한 거예요. 때로는 그래도 안 되는 경우가 있어요. 효과가 있을 수도 있지만요."

그는 현재 생추어리에서 은퇴해 소小동물 임상 활동을 그만두고 주로 동물 구조 활동을 하는 수의사들에게 자문을 해주며, PAWS처럼 구조한 동물들을 장기적으로 보살피는 시설의 고문역을 맡고 있다. 비좁고 고립된 우리에 수년간 갇혀 살면서 우울증에 걸린 코끼리, 캐나다 도축장에서 다리가 잘린 말, 간염 및 기타 전염병 연구의 실험 대상으로 쓰이며 정신적 외상을 입은 침팬지 등 이곳 동물들의 특별한 과거 경험 때문에, 그가 보게 되는 이상행동은 중증인 경우가 많다. 그는 이들의 정신질환 대부분이 갇혀 산 생활 때문이라고 믿고 있다. 그러나 반려동물에 대한 연구를 통해 멜은 인간의 집, 헛간, 마당에서 태어나 인간과 함께 사는 데 익숙한 동물들 역시 학대를 받은 적이 없다 해도 강박장애, 기이한 특정 공포증, 극도의 불안증, 이식증異食症(먹을 수 없는 대상을 먹는 증세), 자해 습관, 우울증을 겪을 수 있다고 확신했다.

그는 이렇게 말했다. "당신 개가 그런 경우였을 수도 있어요. 당신과 주드가 사랑, 안정감, 운동량 등 모든 걸 충족시켜 줬지만, 문제는 더 심해 졌잖아요."

열일하는 수의사들

올리버가 창문에서 뛰어내린 후 나는 아파트에 올리버를 혼자 놔두기가 두려웠다. 우리는 올리버가 벌일 수 있는 행동 하나라도 그냥 지나칠 수 없었다. 아침 출근 전에, 주드와 나는 나무로 된 식탁 의자들을 창문 앞으로 끌어다 놓고 블라인드를 내렸다. 이게 쓸데없는 짓이라는 건 알고 있었다. 올리버는 창문이 어디 있는지 잘 알고 있었고, 의자들을 쉽게 밀어낼 수 있었다. 그러나 당시에는 그저 시각적 차단막에 지나지 않는 것도 중요해 보였다. 또 나는 동물행동 클리닉에 열심히 전화를 걸어 접수원에게 예약을 애걸하기 시작했다. 나는 이런 병원의 대기실은, 최근에 치료를 받아 더 이상 혼자 남겨져도 걱정 없는 개들을 동반한 보호자들과, 해변을 느긋하게 거니는 관절염 약 광고 속 리트리버 같은 애들로 북적일 거라 상상했다. 행동 클리닉의 접수원들은 내가 몇 달 동안 누리지 못했던 정신적 평화로 이어지는 길목을 지키는 문지기들이었다. 최소한 내 바람은 그랬다. 동물행동심리학자들은 대부분 대기 목록이 길었다. 그러다 나는 우리를 만나 준다고 하는 메릴랜드주 시골 병원의 한 수의사를 찾아냈다. 예약 전에 나는 올리버가 과거에 누군가를 문 적이 있는지부터 어떤 간식을 좋아하는지 등을 묻는 상세한 설문지에 답변을 채워 넣었다.

약속된 날 아침, 나는 350달러를 지불하고 대기실에서 애견 잡지 『도그 팬시』의 책장을 넘기면서 참을성 있게 진단과 계획, 구원을 기다렸다. 처음 본 수의사에게서 우선 눈에 들어온 것은 다정다감한 말투와 개털이 하나도 묻지 않은 바지였다. 우리가 진료실에 들어가자마자 그녀는 올리버에게 간식을 줬다. 올리버는 곧바로 내 발 밑에 몸을 둥그렇게 말고 눈을 감았고, 내가 그의 공황과 공포증에 대해 설명하는 동안 그림 같이 평온한 모습을 하고 있었다. 마치 이상한 소음 때문에 자동차를 수리하러 갔지만 정작 차는 완벽히 정상적인 소리를 내는 격이었다. 올리버가 내는 유일한 소음은 유쾌

하게 규칙적으로 코고는 소리뿐이었다. 다행히도 수의사는 여전히 관심을 보이며 올리버의 행동에 대해 질문했다. 그녀는 주드와 내가 집에 왔을 때 올리버가 보이는 행동, 식단, 산책 시간과 장소, 아파트의 구조와 이에 대한 올리버의 이용 방식, 올리버가 망가뜨린 물건 목록, 특정인이나 다른 동물에 대한 반응 등을 물었다. 나는 그의 기벽의 정도와 범위를 줄줄이 읊어 댔고 마침내 그녀가 질문을 멈췄다. 그녀는 올리버를 바라보며 한숨을 쉬었다. "앞으로 할 일이 많겠네요."

"그러면 나아질 수 있을까요?" 내가 물었다.

"그럼요. 나아질 거예요." 그녀가 답했다.

그때 문득 동물행동심리학자들이 조언보다는 희망을 파는 일을 하고 있는 건 아닐까 하는 생각이 들었다. 수의대의 동물행동심리학 수련 과정이 실은 인간 심리학 과정과 같은 걸까? 이 여자가 내 심리치료사이기도 한 걸까? 마치 내 마음속 질문에 대답이라도 하듯, 그녀는 책상에서 처방전 양식을 꺼내 두 가지를 적어 넣었다. 하나는 프로작, 다른 하나는 발륨이었다. 그러고는 프린트한 종이를 몇 장 내밀었다.

"제 생각에 올리버는 심한 분리불안과 폭풍우 공포증이 있습니다. 그리고 자상성自傷性 피부염도 있고요. 강박적으로 자신을 핥는다는 뜻이죠. 마치 강박장애가 있는 사람이 계속 손을 씻듯이 말이에요." 종이에는 올리버가 혼자 남겨지는 것이나 천둥번개에 대한 두려움에서 벗어날 수 있도록 주드와 내가 해줘야 할 다양한 과제들이 적혀 있었다. 그 밖에도 수의사는 천둥소리 CD를 살 수 있는 웹사이트도 적어 줬다. 올리버를 공황 상태에 빠뜨리는 뇌우에 둔감해지도록 들려 주라는 것이었다. 나는 올리버를 깨워서 병원을 나섰다. 그곳에 들어갈 때보다 기분은 훨씬 나아진 상태였고, 용기도 생겼다. 분명 올리버도 마찬가지였을 것이다.

분리불안, 폭풍우 공포증, 개 강박장애라는 진단을 받고 나는 바로 폭풍 검색에 들어갔다. 그리고 주의력 결핍 장애와 마찬가지로 분리불안도 최근 진단이 이루어지기 시작한 장애임을 알게 됐다.[4] 오늘날 개들도 이런 진단을 받을 수 있는 것은 이 질환이 최근 들어 DSM에 포함된 — "집이나 애착을 가진 사람과의 분리에 대해 발달 수준에 비춰 볼 때 부적절하고 과도한 불안"이 한 달 이상 지속되는 경우라고 정의되어 있다 — 인식 가능한 인간의 고통이기 때문이다.[5] 이 진단이 실용화된 것은 1978년으로 그전까진 학교에 가는 것, 혼자 집에 남겨지는 것 등에 대해 지나치게 불안해하는 아이들을 병원에 가봐야 할 정도로 생각하지 않았고 그저 예민한 아이로 보았다.[6] 개들이 거쳐 온 과정 역시 비슷했다.

19세기 말 무렵에는 많은 사람이, 그럴 만한 여유가 있는 한, 가축이나 역축役畜과 더 거리를 두게 된 반면, 반려견이나 새처럼 일할 필요가 없는 동물들과는 더 가까워졌다.[7] 20세기 초가 되자, 개의 경우 어느 정도는 아이처럼 여겨지기 시작했다. 역사가 캐서린 그리어에 따르면, 빅토리아시대의 판화, 작은 장식 조각상, 카드 등에서 동물이 친구로 묘사되기 시작했다.[8] 아기와 강아지가 동등한 존재로 함께 놀거나 수유하는 엄마 옆에서 고양이 새끼들에게 젖을 먹이는 어미 고양이를 그린 그림은, 사람들이 자신의 아이를 대하듯 똑같이 애정 어린 시선으로 반려동물을 묘사하도록 권장했다. 이런 변화는 인간이나 동물이나 비슷한 감정적 문제를 갖고 있다는 생각의 기초가 되었고, 많은 사람들이 특정 동물(예를 들어, 여우나 코요테에 비해서 반려견)을 사람과 같다고 생각하는 데 어려움을 느끼지 않는다는 증거이기도 했다. 즉, 동물들이 단지 친근한 반려가 아니라 사람과 비슷한 감정적 삶을 살고, 결국은 뇌 화학 작용도 비슷한 존재로 여겨지게 된 것이다.[9]

동물행동심리학자를 만나고 온 그날 밤, 나는 "베르너토크 닷 컴"bernertalk. com 같은 견종 사이트들을 헤매며 다른 사람들의 반려견이 겪는 고통에 대한 이야기들을 읽느라 몇 시간을 흘려보냈다. 행동심리 진단 덕분에 왜 식탁 의자를 거실 창문 앞에 쌓아 놓는 거냐고 묻는 엄마에게 해줄 이야깃거리도 생겼다. 이는 또 내가 오후 5시 30분에 칼퇴근을 하면서 동료들에게 내세울 수 있는 공인된 변명거리이기도 했다. "제 개가 이상이 좀 있어서요." 나는 퇴근 시간이면 이렇게 말하며 사무실을 나서곤 했다. "병명이 두세 가지 돼요. 때맞춰 집에 가지 않으면 떨어져서 산산조각이 날 거예요."

이렇게 올리버가 받은 진단을 열심히 옹호하긴 했지만, 여전히 내 마음 한구석에는 의구심이 남아 있었다. 지나치게 두루 적용될 수 있는 진단이라는 느낌 때문이었다. 마치 커다란 말 담요를 뒤집어씌우는 바람에 올리버의 개별 행동이나 반응을 제대로 설명해 주지 못하는 것 같았다. 나는 이 모든 것이 단 하나의 이유, 즉 버림받는 것에 대한 공포와 불안에서 비롯된 것이라고 확신하고 있었다. 끊임없는 핥기와 같은 반복 행동은 자기 파괴적인 방식으로 스스로를 진정시키고 불안감을 발산하는 수단이다. 올리버는 이미 기본적인 불안 수준이 매우 높았기 때문에 천둥번개에 대한 공포는 더 극심했을 것이다. 실제로 올리버의 공포와 불안은 그의 삶 전체를 뒤덮을 만큼 심각했고, 나아가 나와 주드의 삶까지 뒤덮었다.

나는 밤늦게 인터넷을 뒤진다거나 나보다 더 식견 있는 누군가의 임상적 개입과 인정을 통해 마음의 평화를 찾기를 바라는 사람이 나 혼자만이 아니라는 사실을 금세 알 수 있었다. 행동심리학자와 진료 예약을 잡는 데 그토록 오랜 시간이 걸린 건 그들을 찾는 이들이 너무 많기 때문이었다. 미국 수의행동의학회는 지금까지 총 57명에게 행동 및 정서 문제 전문의 자격을 부여했는데,[10] 그들 모두가 올리버와 같은 극심한 자기 파괴 행동뿐 아니라 골치 아픈 (반복) 행동들 — 가령 소파에 배변을 하는 행동이 한 번에 그치지 않고 지속적인 경우나 변을 먹는 일까지 결합된 경우 — 에 대해 진단을 쏟아 내고 있다. 만약 이런 행동심리학자들의 숫자가 얼마 되지 않는다고 생각한다면 오산이다. (변을 먹는) 식분증食糞症, 분리불안증, 폭풍우 공포증, 이식증을 진단할 수 있는 건 행동심리학자들만이 아니기 때문이다. 모든 수의사가 정신질환이나 행동 이상을 진단하고 향정신성 약제를 처방할 수 있다. 정서적 문제에 대해 진단을 내리고 있는 수의사들의 **실제** 숫자는 아마도 미국에서 수의사 자격증을 받고 활동 중인 수의사 전체의 숫자, 즉 9만200명에 가까울 것이다.[11]

수의사 니컬러스 도드먼은 가장 인기 있는 행동심리 전문 병원들 가운데 하나인 터프츠 대학 수의학과 동물행동 클리닉의 책임자다. 그는 『애정 과잉 강아지』The Dog Who Loved Too Much 『고양이의 SOS』The Cat Who Cried for Help의 저자이며, 개의 강박적 핥기부터 말의 자해 증후군self-mutilation syndrome까지 다양한 동물의 정신질환에 대해 수십 편의 논문을 썼다. 그는 말의 자해 증후군이 사람에게서 나타나는 투렛 증후군과 비슷하다고 말한다.[12] 도드먼은 주로 반려견과 고양이를 치료하고, 이따금씩 말과 앵무새도 다룬다. 대부분은 과거에 학대받거나 버려진 동물들로, 결국 그들을 기르게 된 반려인이 기꺼이 치료비를 부담한 덕분에 그곳에 오게 된다.

내가 처음 터프츠 대학의 동물행동 클리닉을 찾은 것은 도드먼의 동료인 니콜 코텀을 만나기 위해서였다. 대기실에서는 동물 냄새가 났고, 방 안은 사람들과 그들이 데려온 동물들로 북적였다. 동물들은 가죽끈에 매여 있거나 캐리어에 들어 있었고, 고양이 한 마리는 행주로 덮은 플라스틱 세탁 바구니 안에 있었다. 대기실은 1미터 높이의 칸막이로 중간이 나뉘어 있었고, 한쪽에는 개를 위한 공간, 다른 한쪽은 고양이를 위한 공간으로 양쪽 모두 텔레비전이 설치돼 있었다. 개가 있는 쪽에서는 홈쇼핑 채널을, 고양이 쪽에서는 토크쇼를 보고 있었다. 나는 데려온 동물이 없어서 어느 쪽에 앉아야 할지 망설여졌다. 그러던 중 친칠라가 들어 있는 플라스틱 통을 든 남자가 눈에 띄길래 그 옆에 앉았다.

코텀은 나를 데리고 병원을 한 바퀴 구경시켜 주었다. 우선, 터프츠 대학에 살면서 혈액이 필요한 고양이들에게 수혈을 해주는 길고양이들 우리가 있었다. 정형외과 병동에는 밝은 색 깁스를 한 동물 수십 마리가 축 처진 채로 우리 벽에 바짝 붙어 집으로 돌아가기만을 눈이 빠지게 기다리고 있었다. 그리고 동물행동 클리닉의 본관 사무실이 있었다.

그곳에서 제일 먼저 눈에 들어온 것은 엄청난 양의 비디오테이프들이었다. 벽에 설치된 선반에는 마분지 케이스 안에 든 검은색 플라스틱 테이프들이 줄지어 늘어서 있었다. 테이프 등에 붙은 라벨은 모두 손으로 쓴 것으로, "록시" "칩" "스누커" "빌" "랠피" 등의 이름이 어떤 것은 펜, 어떤 것은 연필로 적혀 있었고, 정자로 또박또박 쓴 것도, 휘갈겨 쓴 것도 있었다. 마치 1980년대 비디오 가게에 들어온 느낌이었다. 그렇지만 거기 들어 있는 것은 [코미디언] 존 캔디의 영화가 아니라 푸들 래브라도 로트와일러 고양이가 등장하는 다큐멘터리였다.

코텀은 내가 선반을 주시하고 있는 걸 보고는 이렇게 말했다. "우리 클리닉과 좀 떨어진 곳에 사는 사람들이 보내온 거예요. 전화로 원격 상담도 하거든요. 그런 사람들한테는 집에서 관찰할 수 있는 문제점을 촬영해서 보내 달라고 해요. 지금은 누구나 이메일로 비디오 파일을 보내지만, 예전에는 집에 없을 때 설치해 놓은 카메라로 촬영한 테이프를 보내 줬어요." 그것은 동물의 정서장애와 관련한 거대한 영상 보관소였던 셈이다.

코텀과 도드먼은 한 해에만도 수백 건의 이상 행동 사례를 다룬다. 또 클리닉에서 보는 좀 더 일반적인 사례에 초점을 맞춘 각자의 연구 프로젝트를 진행하느라 분주했다. 당시 코텀은 개들에게서 나타나는 폭풍우 공포증을 연구 중이었지만, 그 밖에도 다양한 종류의 정서장애를 다룬 바 있었다. 9·11 테러 이후에 그녀는 세계무역센터에 투입된 후 공포와 불안증이 생겨 과거와 달리 주춤거리고 불안정한 모습을 보이는 수색 구조견 몇 마리를 치료했다. 그녀는 이 개들이 겪는 극도의 불안과 공포가, 그들이 폐허 속에서 오랜 시간 동안 구조 활동을 하는 과정에서 목격한 장면과 소리 등에 의해 촉발됐을 것이라고 보았다. 그 후 허리케인 카트리나에서 살아남아 입양된 후, 폭풍우 치는 소리나 당시 홍수를 연상시키는 장면에 겁을 내는 개들, 반려 가족에 의해 혼자 남겨진 경험으로 불안증에 시달리는 개들을 치료하기도 했다. 그 밖에도 그녀는 반짝이는 작은 물건만 먹는 기벽을 가진 고양이부터 펄럭이는 천만 보면 벌벌 떨며 도망치는 자신의 개에 이르기까지 동물들의 갖가지 기이한 병적 애착을 봐왔다. "제가 기르는 개는 빨랫줄에 널어놓은 침대보나 깃발, 이웃집 방수포가 바람에 펄럭이는 걸 보면 흥분하는 증상이 있어요."

군견 행동심리학자와 마찬가지로 코텀은 이 개들이 일종의 PTSD를 앓고 있다고 확신했고, 그 예로 9·11 당시의 수색·구조견뿐만 아니라 허리케인 카트리나에서 살아남은 개들을 언급했다. 그녀는 내게 이렇게 말했다. "얘들이 탁자 침대 소파 밑에 들어가 웅크리고 무서워서 못 나가는 건 그저 너무 소심해서일 수도 있어요. 하지만 저는 PTSD에 더 가깝다고 생각해요. 탁자 밑에서 나오더라도 벽에선 떨어지려 하지 않거든요. 꼭 정신적으로 큰 충격을 받은 것처럼 보여요."

터프츠 대학 클리닉은 이런 개들의 스트레스 수준을 낮추는 치료와 함께 약물을 처방한다. 그녀는 이렇게 말했다. "우리는 한 마리 한 마리가 가진 특유의 공포를 밑바닥까지 잘 살펴보고 진짜 원인을 밝혀내서 치료하려 노력하고 있어요." 예를 들어 어떤 개는 큰 소리에 공포 반응을 일으킬 수 있지만, 어떤 개는 제복을 입은 사람을 보고 공포 반응을 나타낼 수 있는 것이다.

멜 리처드슨과 마찬가지로 코텀도 비인간 동물들이 인간이 가진 거의 모든 정신과적 문제를 자기만의 형태로 나타낼 수 있다고 보고 있긴 하지만, 그 점을 어떤 식으로 이야기해야 할지에 대해서는 조심스러워 했다.

"가령 강박장애의 예를 들어 보죠. 저는 동물들이 몇 시간 동안 계속 쉬지 않고 의자 다리를 핥는다면 강박적 사고를 하고 있다고 **생각합니다.** 그렇지만 강박적 사고를 하는지 **증명**할 수는 없죠. 그래서 닉과 저는 그 주제에 대해 발표할 때 **강박행동장애**라는 용어를 사용합니다. 그러니까 **강박사고**라는 말을 빼는 거죠. 그 용어를 사용하면 동물도 사고를 한다는 걸 우리가 알고 있다는 뜻이 되니까요. 강박적으로 손을 씻는 사람은 우리에게 자신의 강박사고에 대해 이야기할 수 있지만, 강박적으로 자기 몸을 핥는 도베르만은 그럴 수 없잖아요."

나는 올리버의 강박적 앞발 핥기와 보이지 않는 파리 잡기가 떠올라 올리버가 강박장애의 일종이라고 한 행동심리학자의 판단이 옳은 건지 물었다.

"가능해요. 강박행동이 제일 큰 문제죠. 어느 집 마당에서 크롭 서클❖ 같은 걸 본 적이 있을 거예요. 그런 무늬는 개가 꼬리 물기를 멈추지 않아서 생기는 겁니다."

코텀과 도드먼은 강박증이나 공포증을 가진 동물 환자들을 돕는데, 그중 어떤 동물들은 매우 독특했다. "저는 그림자, 밝은 햇빛, 심지어 비행운, 경보기나 전자레인지에서 나는 삐 소리 등 온갖 종류의 낯선 대상에 겁을

❖ 옥수수 등 곡물 밭에 나타나는 원인 불명의 원형 무늬. 외계인의 소행으로도 여겨진다.

먹는 개들도 봤어요. 개들은 삐 소리가 어디서 나는지 알 리 없기 때문에 정말 무서워하거든요. 파리를 무서워하는 노견을 치료한 적도 있었어요. 어릴 때 파리 떼가 달려든 적이 있었던 거죠."

특히 올리버와 같은 폭풍우 공포증 치료가 어려운 이유는 개들이 단지 소음뿐만 아니라 기압 변화나 번개의 번쩍임에 대해서도 반응하기 때문이다. 이 모든 조건을 모의실험으로 동시에 재연해서 개를 덜 민감하게 만들기란 거의 불가능하다.

그러나 그들이 터프츠 대학 클리닉에서 가장 자주 보는 장애는 극도의 공격성이었다. "그런 장애는 사람에게서 나타나는 충동조절장애와 비슷하다고 생각해요. 그건 대개 질투심과 연관되죠." 코텀이 내게 말했다. "어떤 개들은 자신의 반려인 두 사람이 서로 끌어안는 것만 봐도 참지 못해요. 다른 개를 질투하기도 하고요."

코텀과 함께 대기실로 돌아오면서 나는 잠시 거대한 우리 앞에서 걸음을 멈추고─지난주에 기린 한 마리가 들어왔다고 했다─그녀에게 왜 올리버가 정신질환을 앓고 있었을 거라 생각하는지 물었다. 나는 짐짓 진지한 연구자 같은 어조로 이야기하며 애처로운 티를 지워 보려 애썼지만 코텀은 나를 불쌍한 표정으로 바라봤다.

"저라면 순종 개가 죽은 걸로 그렇게 충격 받진 않을 거예요. 캐롤라이나 습지 개를 보세요. 몸무게가 20킬로그램이나 나가는 황갈색 견종이잖아요. 품종 개량을 포기하면 그렇게 되는 거예요. 결국 딩고*나 코요테와 더 비슷해 보이죠."

✦ 오스트레일리아산 들개. 수천 년 전 가축견이 사람에 의해 오스트레일리아로 도입된 후 들개처럼 야생화돼 지금의 딩고가 되었다. 개나 여우와 생김새가 유사하며 오스트레일리아와 동남아시아 일부 지역에 분포한다.

나는 왜 그 편이 나은 것인지 물었다.

"베른마운틴을 육종한다는 건 아주 특수한 육체적 특성들, 가령 털 색깔, 체형 같은 것들을 얻으려는 거잖아요. 결국 그런 신체 특성과 연관된 행동 특성들이 나타날 수밖에 없어요."

나는 올리버의 코를 가르는 완벽한 흰색 줄무늬와 하얀 꼬리 끝, 양쪽에 똑같이 찍힌 갈색 눈썹, 고급 식탁보를 씌워 놓은 듯한 검은 털코트, 그리고 바이킹(이고르 봄에크-만스-호프)이나 요트(글로리 V 레거시)를 연상시키는 이름을 가진, 화려한 수상 경력에 빛나는 혈통의 베른종을 떠올려 보았다. 거의 모든 베른은 이런 특징들을 판박이로 갖추고 있기 때문에 이들의 혈통은 마치 네 발 달린 미국혁명의 딸들Daughters of the American Revolution✦처럼 여겨질 정도였다. 실제로 베른 개들은 너무 비슷하게 생겨서, 올리버가 죽은 후 거리에서 베른종과 마주칠 때마다 나는 헐떡거리는 삼색三色 유령을 보는 느낌이었다.

만약 사람을 대상으로 이렇게 육종을 한다면 무척 충격적일 것이다. 가령 오로지 팔 길이, 다리털 색깔, 귀 모양, 손바닥이나 손등의 빛깔, 발 크기만을 기준으로 소규모 집단이 만나 아이를 낳게 한다면 어떻게 될까? 그것은 20세기 초 미국이나 그 후 나치 독일에서 벌어졌던 인종차별이나 끔찍한 우생학 프로그램을 연상케 한다. 이런 집단의 아이들이 강제로 동일한 교배 결정을 따라야 하고, 그 아이들이 낳은 아이들, 그 아이들의 아이들의 아이들까지 계속 똑같은 방식으로 짝짓기를 해야 한다고 상상해 보라. 그렇게 된다면 머지않아 인간 버전의 베른마운틴종이 탄생할 것이다.

많은 육종가들은 자신들이 오로지 물리적 특성만을 위해 육종을 하는

✦ 1890년에 조직된 애국적 여성 단체. 회원 자격이 독립전쟁 때 싸운 이들의 자손에 국한되는 특징에 빗댄 표현이다.

것이 아니며, 가능한 한 좋은 품성, 즉 원만하고 정상적인 성격의 집개를 길러 내고 있다고 말할 것이다. 그러나 육종 기준(미국컨넬클럽*이 고안한 정확한 요건)을 충족하려면, 개는 반드시 뚜렷한 특징과 비율을 가져야 한다. 코텀이 주장했듯이, 이런 특징들 가운데 일부는 적응력이 높은 동물에 부합하지 않는 다른 특성들, 가령 불안증 소심함 공격성 등과 연결될 수 있다. AKC의 베른마운틴 육종 기준을 보면 "전사분체"前四分體, 즉 몸의 앞쪽 4분의 1에 대해서 상세히 서술하는 세부 항목들을 포함해 신체 특징에 상당 분량을 할애하고 있는 반면, 기질에 대한 설명은 고작 두 문장 — "자신감 있고 기민하고 온화한 성격이다. 하지만 결코 예민하거나 소심하지 않다" — 에 그친다.[13]

어떤 품종의 경우 특정 질병을 일으키기 쉬운 것으로 악명이 높다. 멜리처드슨은, 자신의 꼬리를 쫓아다니는 강박행동을 하는 불테리어를 너무 많이 보게 되면서 그 행동이 어느 정도 유전적인 것이라 생각하게 되었다. 도드먼도 꼬리 물기 강박증을 가진 테리어, 보더 콜리 등의 품종견을 치료한 적이 있다. 그 밖에도 자신의 그림자에 병적으로 집착하고, 돌멩이를 씹고, 맛이 좋을 리 없는 온갖 종류의 표면을 핥는 개들도 치료했다. 올드 잉글리시 쉽독, 와이어헤어드 폭스테리어, 로트와일러 같은 견종에게서는 바닥에 비친 빛을 쫓아다니는 증상이 가장 흔하게 나타났다. 실제로는 존재하지 않는 파리를 물려고 달려드는 장애는 독일셰퍼드, 카발리에 킹 찰스 스패니얼, 노리치 테리어에서 흔히 나타났다 — 물론 나는 베른에게서도 나타난다고 장담할 수 있다. 고양이의 경우, 샴고양이, 미얀마 고양이, 통키니즈, 싱가퓨라, 오시캣 같은 외래 육종, 스라소니와 비슷한 점무늬를 가진 집고양이, 그리고 짧은 다리를 갖도록 육종된, 닥스훈트의 고양이 버전에

✦ 1884년에 설립된 애견 협회. 견종 분류 기준을 제공하는 곳으로 유명하다.

해당하는 먼치킨 고양이도 강박 성향을 가진 것으로 알려져 있다.[14]

　　나는 온갖 증상들이 혼합된 올리버의 특징적인 사례도 제한된 유전자 공급원, 과거 경험, 그리고 신경생리가 뒤섞여 만들어진 일종의 고통 칵테일이라는 생각이 들었다. 정확히 무엇이 그를 광기로 내몬 계기가 됐는지는 알 수 없었지만 몇 가지 짐작 가는 곳은 있었다. 올리버의 문제가 뭔지 알아내는 과정은 그를 괴롭히는 문제가 뭔지 구체적으로 파악하고 애초 그 불안이 언제 어디서 시작된 것인지 추적해 보는 과정이기도 했다.

　　동물행동심리학자를 만나고 난 후 나는 우리에게 올리버를 소개해 준 육종가에게 편지를 썼다. 난 혹시 우리 개의 기벽에 대해 아는 게 없는지 물었다. 그러자 그는 그제야 처음으로 올리버의 과거를 조금 털어놓았다.

　　한배에서 태어난 강아지들과 뒹굴다 육종가의 집을 떠나 새로운 가족에게 입양된 장난꾸러기 올리버는 처음 4년은 내내 사랑받는 강아지였다. 가족들은 그를 떠받들었고 애정 공세를 퍼부었다. 그는 산책을 자주 나갔고, 가족이 기르던 올드 잉글리시 쉽독 같은 다른 개들과 함께 거실에 누워 있기를 좋아했다. 이 시기의 삶은 더할 나위 없이 안락하고 편안했고, 개들은 하루 종일 마당으로 통하는 미닫이 유리문을 내다보면서 시간을 보냈다. 그런데 이 가족의 막내였던 고등학생 딸이 임신을 하고 아이를 낳아 기르기로 하면서 모든 것이 바뀌었다. 갑자기 올리버는 더 이상 가족이라는 태양계 한가운데에서 빛나는 털북숭이 태양이 아니게 되었다. 처음에는 임신한 10대 딸, 그 다음에는 신생아가 그의 자리를 대신했다. 그리고 이런 상황이 조금도 마음에 들지 않았던 그는 개라면 으레 그렇듯 다시 가족들 삶의 중심으로 돌아가려 애썼다. 그는 그러면 안 되는 곳에 똥을 쌌고, 이웃집 개를 쫓아가 그 보호자를 물었으며, 전기 울타리를 뚫고 나갔다. 또 안 되는 줄 알면서 물건들을 물어뜯었다. 그가 이런 일들을 벌인 이유는 오로지 자신이 받던 애정을 되찾고 싶어서였다. 그러나 아무리 해도 그는 애정을 되찾지 못했다.

분명 그의 가족들은 선의를 갖고 있었을 것이다. 그들은 올리버를 사랑했지만 당황했다. 먼저 그들의 딸과 신생아가 그랬다. 올리버가 관심을 원하면 원할수록 그들은 점점 더 당황스러워 하며 그를 가둬 두는 일이 잦아졌다. 처음에는 그 장소가 차고였지만 올리버는 그곳을 빠져나오려고 창문틀을 물어뜯었다. 그러자 가족들은 그를 크레이트*에 넣어 두려 했다. 그러나 그들은 크레이트가 멋지고 안전한 장소라는 사실을 그에게 먼저 가르치지 않았다. 주위에 반려인이 아무도 없이 좁은 장소에 갇혀 있자 필경 올리버는 더 당황했을 것이다. 그는 그곳을 탈출해 가족들과 재결합하기 위해 크레이트의 플라스틱과 철망을 망가뜨렸다. 아마도 이 무렵에 그들은 올리버를 데려갈 사람을 물색하기 시작했을 것이다.

짙은 갈색 머리에 반짝거리는 귀걸이를 좋아하는 엘리제 크리스텐슨 박사는 뉴욕에서 유일한 공인公認 동물행동심리학자다. 그래서 나는 나이가 지긋한 분일 거라 생각했다. 그런데 실제로 보니 30대 중후반의 위트 넘치는 수의사로, 같이 술을 마시며 정신병에 걸린 동물들에 대한 이야기를 들려달라 조르고 싶은 그런 사람이었다.

내가 크리스텐슨을 처음 본 건 그녀가 코넬 대학의 웨일 의과대학 정신약리학 소장이자 임상 정신의학 교수인 리처드 프리드먼 박사와 함께 무대에 섰을 때였다. 그녀는 개의 불안증에 대해 발표했고, 프리드먼은 자신의 인간 환자들에게서 나타나는 공황과 불안 장애에 대해 토론했다. 그곳은 인간과 비인간 의학의 중첩을 주제로 한 학술 대회가 열린 뉴욕의 록펠

✤ 이동식 개집으로 대개 플라스틱 재질에 철망으로 된 문이 달려 있다.

러 대학이었다. 프리드먼은 이렇게 말했다. "인간과 개에게서 나타나는 불안 장애는 너무도 비슷해서 충격적일 정도입니다. [제 환자들은] 늘 공포에 사로잡힌 상태로 서성입니다. 마치 세상이 아주 위험스러운 곳인 양 말이지요." 크리스텐슨은 동의한다는 뜻으로 고개를 끄덕였다. 프리드먼이 계속했다. "불안 장애는 오늘날 미국에서 단연코 가장 흔한 질병입니다. 어떤 사람이 일생을 살아가며 극도의 불안감이나 공황 발작을 겪게 될 확률이 10~20퍼센트에 달합니다."

크리스텐슨은 잠시 뜸을 들이더니 정신의학자와 달리 동물행동심리학자들은 과거에 비해 극도의 불안증 사례를 접하는 빈도가 줄어든 것 같다고 했다. 지난 십수 년간 일반 수의사들이 공황장애나 불안증을 가진 반려동물들을 약물과 행동요법으로 치료하는 법을 알게 돼 자신의 고객들을 전문가에게 보내는 횟수가 줄어들었기 때문이다. 그녀는 동물의 반려인들이 동물병원을 찾게 만드는 행동심리 이상의 약 40퍼센트가 분리불안에서 비롯된다고 본다. "제가 다루는 건 1차 진료로 효과를 보지 못한 개들처럼 가장 중증인 경우죠." 크리스텐슨은 이런 동물들의 경우, 정신적 고통이 너무 극심해서 사람으로 치면 정신 병동에 입원해야 할 수준이라고 했다. "개들이 저한테 올 정도면 다섯 가지 약물을 아주 높은 투여량으로 처방받았을 텐데 여전히 겁에 질려 있어요."

분리불안 증상을 나타내는 크리스텐슨의 동물 환자 중 상당수는 충동조절장애와 연관된 문제들을 가지고 있었다. 이는 터프츠 대학 동물행동 클리닉에서도 흔한 현상이었다. 내가 크리스텐슨에게 충동조절장애를 가진 개가 정상적인 개와 어떻게 다른지 물었을 때, 그녀는 반응성reactivity으로 요약될 수 있다고 했다. 가령 물기 전에 으르렁거리는 습관이 있던 개가 으르렁대는 행동에 대해 벌을 받은 후 경고 없이 바로 문다고 해서 충동조절장애 개는 아니다. 그 개는 단지 으르렁거리지 않도록 배운 개일 뿐이다.

어떤 유형의 경고 행동도 없이, 즉 전혀 으르렁거리지 않고 곧바로 무는 경우가 충동조절장애다. 크리스텐슨은 사람의 예를 들어서 이렇게 설명했다. "먼저 총을 쏜 다음 나중에 질문을 하는 격이죠. 보통의 개들보다 더 불안증이 심하고, 물기 전에 그 결과를 고려하지 않고 행동한다면, 그건 문제예요." 그녀는 사람이든 개든, 공격 쪽을 선택하면 위험하다고 말한다. 공격성을 드러내면, 자신이 상처를 입거나 사회생활에 문제가 생길 수 있다. "개들도 선택을 합니다. 그렇지만 항상 옳은 선택을 하는 건 아니죠. 그리고 때로는 그 선택이 너무 빨라요." 이런 동물들은 남은 평생 충동조절장애 및 불안증과 싸워야 한다. "그런 증상은 치료된다고 보증할 수 없어요. 그게 가능하다고 말하는 사람들은 거짓말을 하는 겁니다."

분리불안 장애의 원인과 치료에 관심을 가진 또 다른 동물행동심리학자는 펜실베이니아 수의대 대학의 동물심리클리닉 원장을 지냈던 카렌 오버롤 박사다. 오버롤은 오랫동안 반려동물의 정신질환을 연구했고, 동물의 정신병이 인간의 질병과 완벽한 거울상을 이루지는 않는다고 보고 있다.[15] 그러나 내가 만나 본 많은 수의사들과 마찬가지로 그녀도 개들에게서 인간의 정신질환과 비슷한 문제들이 많이 생긴다고 확신했다. 그중에는 범불안 장애, 애착 장애, 사회공포증, 강박장애, PTSD, 공황장애, 공격적 충동조절장애, 그리고 오스트레일리언 셰퍼드 앨프와 같은 알츠하이머 등이 있다. 그녀는 엘리제 크리스텐슨, 멜 리처드슨, 니컬러스 도드먼, 니콜 코텀과 마찬가지로 반려인과 상세한 면담을 통해 문제가 있는 동물의 병력을 수집하고, 그 행동을 관찰해서 진단을 내린다.

리처드 프리드먼은 범공황장애와 불안 장애를 가진 인간 환자들의 경험이 크리스텐슨의 불안증 개들이 겪는 경험과 비슷하다고 본다. 공황장애 환자들이 갖는 압도적인 충동이 도망치는 것이기 때문이다. 프리드먼은 자신의 환자들이 달아나려는 충동을 극복하도록 돕기 위해 약물과 인지 행동요법을 처방했다. "제 환자들의 경우 치료 결과는 상당히 좋았습니다. 그렇지만 그건 만성질환입니다. 12년 이내 재발 비율이 매우 높죠."

그러나 프리드먼이 코넬 대학의 자기 환자들에게서 봤던 범공황장애나 불안 장애와는 달리, 인간의 분리불안 형태는 개와 좀 다르다. 사람의 경우 이 질환은 주로 18세 이전에, 부모나 사랑하는 사람과 떨어졌을 때 나타난다. 반면 크리스텐슨과 오버롤 등 수의사들이 치료했던 개의 경우, 모든 연령에서 나타나고 특정인과 분리됐을 때 나타나는 것이 아니라 홀로 남겨졌을 때 촉발되는 경향이 있었다. 따라서 누구든지 사람이 함께 있으면 도움이 되는 경우가 많았다. 올리버와 같은 개들은 집에 혼자 남게 되면 증상을 나타냈고, 어떤 개들은 특정한 방이나 크레이트에 갇혀 있게 되면 스트레스를 받았다. 그리고 대부분의 개들은 탈출을 시도하면서 자신의 불안증을 표현한다. 이 점이, 프리드먼이 말했듯이, 개의 분리불안이 사람의 공황장애·범불안 장애와 공통된 점이다. 이런 장애를 가진 사람들은 극도의 불안감과 걱정이 6개월 이상 지속되고, 자신의 불안감을 통제할 수 없으며, 좌불안석이 되거나 긴장감에 사로잡히고, 잠을 자지 못하며, 정상인보다 불만이 많고, 집중이 잘 되지 않고, 이따금 달아나고 싶은 충동에 사로잡힌다.[16]

분리불안 증상이 있는 개는 마치 생사가 갈리는 곤경에 처한 듯한 느낌을 받으며 극도의 공포에 휩싸일 것이다. 그래서 극단적인 행동을 하게 된다. 가령 홀로 남겨졌을 때 올리버는 그런 순간이 영원히 계속될 것이고 자기가 좋아하는 사람들이 아무도 돌아오지 않으리라 생각했을 것이다. 주드와 내가 항상 집에 돌아왔다는 사실은 그에게 전혀 중요하지 않았다. 올리버가 느낀 공포감은 수평선 위로 몰려드는 쓰나미처럼 위협적으로 그를 덮쳤고, 그는 필사적으로 안전을 쟁취하기 위해 내부에서 모든 충동을 활성화했다. 나는 그가 그토록 맹렬하게 탈출하려고 했던 까닭이, 우리를 찾고 싶어서라기보다는 홀로 남겨졌을 때 느끼는 그 끔찍한 불안감에서 벗어나려 했던 게 아닐까 싶었다. 올리버가 밖으로 나가기 위해 문을 톱밥으로 만들어 놓거나 원목 마룻바닥을 파서 헤집느라 분주했을 때, 나와 주드를 찾기 위해 래시*와 같은 노력을 하고 있었던 것 같지는 않다. 오히려 그는 자신의 불안감으로 광란 상태에 이른 것이다. 극한 상태의 개들은 물어뜯고 파고 서성대고 거품을 무는 등 개가 할 수 있는 모든 일을 한다.

업스테이트 뉴욕에서 레지던트 생활을 하던 시절, 엘리제 크리스텐슨은 혼자 남겨질 때마다 불안감 때문에 부엌 창문을 부수는 독일셰퍼드를 치료한 적이 있었다. 셰퍼드는 일단 창문을 뚫고 나간 다음엔 공황 상태가 가라앉아서 마당에 웅크리고 앉아 보호자가 돌아올 때까지 기다렸다. 여러 차례 창문 유리를 갈아 끼운 후 이 가족은 아예 창문을 열어 두기로 했다. "독일셰퍼드가 있으니 도둑 걱정은 하지 않았죠." 크리스텐슨은 올리버처럼 공황 상태에 빠져서 고층 아파트 건물 밖으로 뛰어내린 개도 치료한 적이 있었다. 그중 한 마리는 몇 층 아래 에어컨 실외기 위에 떨어진 덕분에 목숨을 건졌다.

그러나 올리버는 높은 곳에서 뛰어내렸을 뿐만 아니라 도움을 청하기 위해 애처롭게 낑낑대고 짖었다. 그는 가구 마룻바닥 문 침대보 수건 베개 등 손에 닿는 건 뭐든 물어뜯고 할퀴었다. 또 헐떡거리며 침을 흘리고, 피부가 벗겨질 정도로 자신을 핥았으며, 뛰쳐나가려고도 했다. 어떤 개들은 금지된 장소에 배설을 하기도 한다. 소수지만 속으로 깊이 침잠해 활동성이

✤ 1940년 출간된 에릭 나이트의 소설 『돌아온 래시』에 등장하는 콜리종으로 가족으로 지내다 헤어진 꼬마 아이를 찾아 스코틀랜드에서 잉글랜드까지 모험하는 내용이다. 이후 할리우드에서 여러 편의 영화로 제작되었다.

점차 줄어드는 방식으로 불안감을 표현하는 개들도 있다. 그런 개들은 침을 흘리는 조용한 순교자처럼 보인다. 어떤 개들은 먹는 걸 거부하기도 한다. 크리스텐슨은 이런 식욕부진이 홀로 남았을 때 먹고 마시기를 거부하는 분리불안 장애의 징후일 수 있다고 본다. "개들의 경우 정서적 섭식*은 대개 먹지 않는 것으로 나타나요."

고양이의 마음

미국에서 가장 큰 동물 보호소 중 한 곳인 샌프란시스코 동물학대방지협회에는 230~300마리의 고양이, 그리고 거의 비슷한 숫자의 개들이 있다. 고양이들이 생활하는 곳은 타일이 깔린 바닥에 벽은 유리로 된 "콘도미니엄"이었는데, 그 안에는 오르내리며 놀 수 있는 캣타워, 그들을 입양할 사람들이 방문했을 때 앉을 의자, 그리고 푸른 풀밭을 내달리는 다람쥐와 물통에서 부리로 날개를 다듬는 새들의 모습을 보여 주는 텔레비전 등이 설치돼 있었다. 고양이 행동 치료실에서 근무 중인 대니얼 콸리오치는 처음 보호소에 들어온 고양이들이 어떤 문제가 있는지 진단하는 일을 한다. 또 애프터서비스식으로 보호소에서 고양이를 입양해 간 사람들의 문의 사항에 답을 해준다.

대니얼은 양 팔에 문신을 하고 있는데, 팔뚝 한쪽에는 천사 고양이, 오른쪽에는 악마 고양이가 그려져 있다. 손가락 관절에는 "야옹"CAT'S MEOW이라는 글귀가 붉은 색과 검은 색 잉크로 새겨져 있다. 그의 고양이 행동 치료실 책상 위에는 번쩍거리는 글자체로 디아블리토라고 적힌 작은 멕시코

✦ 배가 고파서 음식을 섭취하는 일반적인 섭식과 달리 우울, 불안 등의 정서적 근거로 폭식을 하거나 음식 섭취를 거부하는 등의 이상 식이 행동.

민속 공예품 상자가 놓여 있다. 그 속에는 보호소에서 생을 마감한 고양이의 — 심한 설사를 자주 했다 — 재가 들어 있었다.

"고양이를 행복하게 만드는 건 대부분이 일상적으로 반복되는 것들이에요. 고양이는 자기 기대대로 되는 것, 하루가 예상대로 전개되는 걸 좋아해요. 얘들은 아무것도 달라지지 않으면 품행이 바르지만 상황이 바뀌면 흥분해서 날뛸 때가 있어요." 그 말을 듣자마자 똑같은 문제를 안고 있는 지인들이 너무 많이 떠올랐다.

대니얼이 보기에, 보호소로 오는 고양이가 직면하는 가장 큰 도전은 대부분 안락한 집에서 지내다가 이곳에 와서 낯선 냄새, 사람, 먹이, 그리고 완전히 새로운 일상이라는 온통 친숙하지 않은 환경에 던져지는 것이다.

"우리끼리 하는 얘긴데, 우린 여기서 3차선 고속도로를 관리한다고들해요. 고속 차선의 고양이들은 보호소에 들어와서도 주변의 새롭고 낯선것들에 당황하지 않아요. 얘들은 뭐든 잘 먹고 처음부터 사교성이 풍부하죠. 그리고 저속 차선의 고양이들이 있습니다. 이 고양이들은 들어와서 정말 두 달 동안 담요 밑에 숨어 있어요. 거기서 나오게 하려면 많은 노력이 필요하죠. 거기가 걔들 안식처이기 때문에, 아예 다른 방으로 옮겨서 전체 과정을 다시 시작해야 할 수도 있어요. 그리고 중간 차선은 그 중간 어디쯤이고요."

어떤 고양이가 우울증에 걸렸는지 알아보기 위해, 대니얼은 여러 가지 질문을 던지며 고양이들의 행동을 세심하게 관찰한다. 고양이가 먹이를 먹는가? 반려동물용 변기를 썼는가? 조금이라도 움직였는가? 대니얼에 따르면 사흘이 지나도 고양이가 먹이를 건드리지 않는데 다른 면에서는 이상한점이 없다면 우울증의 신호일 수 있다.

"저는 다가가서 얘들이 어떤 행동을 하는지를 봐요. 코를 내 손에 비비는지, 아니면 턱도 안 움직이는지. 우울증이 있는 고양이는 아무 반응도 보이지 않아요. 반면 공포증을 가진 고양이들은 즉각 반응을 하죠. … 애들은 쉭쉭거리고 손을 할퀴기도 해요. … 우울증에 걸린 고양이는 진짜 생명이 없는 덩어리처럼 무반응이고요."

샌프란시스코 동물학대방지협회에서 하는 일 말고도 대니얼은 고, 캣, 고Go, Cat, Go라는 행동심리 상담소를 운영하고 있다. 그는 샌프란시스코 베이 지역 일대에서 문제 있는 고양이를 가진 사람들의 집을 방문한다. 매주 대니얼의 휴대폰에는 절실하게 구원의 손길을 원하는 좌절한 사람들부터 그저 자기 고양이의 마음을 알고 싶어 애가 타는 사람들까지 다양한 사람들이 보내온 메시지가 수십 통씩 쌓인다. 그의 상담소를 마지막으로 찾았을 때, 그는 자기 고양이가 다중 인격 장애가 틀림없다는 확신으로 흥분해서 떠드느라 제정신이 아닌 한 여성과 막 통화를 끝낸 참이었다. 과거에는 껴안고 싶을 만큼 사랑스러웠던 고양이가 프랑스에서 온 교환학생을 뚜렷한 이유도 없이 공격하고, 그 학생의 다리를 너무 심하게 할퀸 나머지 응급실에 실려 가게 했다는 거였다.

대니얼은 이렇게 말했다. "대개 사람들은 전화를 걸어서 이런 질문을 던져요. 왜 내 고양이가 날 미워하죠? 왜 할퀴나요? 왜 내 신발에 똥을 누죠? 내 와이셔츠를 먹는 이유는 뭔가요? 제가 하는 일 중 하나는 그 사람들에게 정작 중요한 문제는 그게 아님을 깨닫게 하는 거예요."

프랑스 학생을 싫어하던 고양이의 경우, 대니얼은 집에 낯선 사람이 등장해서라고 생각했다. 교환학생이 자던 곳은 그 고양이가 가장 좋아하던 사람—그 집의 십대 아들로 대학에 가면서 집을 떠났다—의 침실이었다. 어쩌면 그 고양이는 교환학생을 자기가 사랑했던 사람을 죽인 일종의 침입자로 봤을지도 모른다.

대니얼은 이런 종류의 종간種間 수수께끼에서 통역자를 자임한다. 그는 가능한 한 미리 재단하지 않으려 노력하면서 질문을 많이 던지고, 의뢰인의 집 구조, 그곳에 사는 사람들 사이의 복잡다단한 관계, 그리고 고양이가 어떻게 시간을 보내는지 등에 세심한 주의를 기울인다.

그는 이렇게 말했다. "보통 제가 알고 싶어 하는 건 다 이야기를 잘 해 주세요. 고양이가 자기 환경을 어떻게 이용하는 걸 좋아하는지, 편안하게 느낄 수 있는 환경인지, 안전하고 스스로 통제력을 가진다고 생각하는 자기만의 작은 공간이 있는지, 자기들이 원하는 방식으로 먹고 배변을 하는지 같은 것들이요. 이런 요소들은 사소하다고 여겨질지 몰라도, 얘들의 정신 건강에 엄청난 영향을 줘요."

고양이들이 정신 건강을 유지할 수 있는 환경을 조성하기 위해서 대니얼은 의뢰인들에게 캣 타워처럼 고양이만의 공간을 마련해 주라고 조언한다. "캣 타워는 미관상 꼴사납죠. 하지만 고양이들은 자기만의 공간을 원해요. 이런 장소는 자신들이 보호받는다는 느낌을 주니까요. 책꽂이나 냉장고 꼭대기처럼 높은 곳에 마련해 주는 편이 가장 좋습니다. 고양이들은 사람과 집안의 다른 동물들을 내려다볼 수 있으면 안전하다고 느끼죠." 이건 딱히 특별한 건 아니었다.

"또 이렇게 추가해 준 것들이 활동반경에서 동떨어져 처박혀 있으면 **안** 됩니다. 고양이들은 주위에서 벌어지는 모든 일에 참견하고 싶어 하거든요." 대니얼은 또 의뢰인들에게 고양이와 함께하는 놀이 치료를 권한다. 이를 위해 가장 많이 추천되는 고양이 장난감 중 하나는 흔히 "다 버드"Da Bird라 불리는 작은 낚싯대로, 끝에 화려한 색상의 깃털 다발이 달려 있다. 우리는 마치 정신 나간 지휘자처럼 공중에서 요란하게 '다 버드'를 흔들어 고양이가 그것을 잡으려고 이리저리 뛰어 다니게 하면 된다. 고양이가 원래 달려 있던 깃털 미끼에 관심이 없어지는 것 같으면, 라스베이거스 쇼걸의 옷에서 떼어 낸 것 같은 훨씬 더 번쩍거리는 장신구를 매달 수도 있다.

그렇지만 다 버드가 아무리 많다 해도, 사람과 개들을 내려다볼 수 있는 캣타워에 저만의 공간이 있다 해도 여전히 이상행동을 나타낼 수 있다. 대니얼이 기르는 커비라는 이름의 씰 포인트 샴 먼치킨이 바로 이런 경우였다. 커비는 샴고양이의 수채화색 얼굴과 먼치킨의 땅딸막한 다리를 가진 아이로 짧은 다리 때문에 앞발로 펀치를 날릴 수가 없었고, 다른 고양이들을 만나면 쉭쉭거렸다. 대니얼로서는 당황스럽게도, 커비는 감각 과민증을 앓고 있었다. 그것은 자기 꼬리를 심하게 공격하는 충동이 갑작스럽고도 간헐적으로 나타나는 질환이었다. 감각 과민증이 있는 고양이는 마치 침입자를 위협하듯 자신의 씰룩거리는 꼬리에 살금살금 접근해서는 살점이 떨어져 나갈 정도로 심하게 물어뜯는다.

대니얼은 왜 커비가 스스로를 공격하는지 알 수 없었다. 집에서 침실의 주인은 커비였고, 이따금씩 복도와 주방까지 커비의 영역이 되곤 했으며, 집안 곳곳에는 캣 타워 여러 개와 드나들 수 있는 장난감 터널이 설치돼 있었고, 옷장 안에 커비만의 잠자리도 마련돼 있었다. 한마디로 그의 집은 고양이에게 천국 같은 곳이었고, 그는 커비에게 더 없는 반려인이었다. 대니얼은 커비에게 약물 치료를 해보기로 했다. 프로작을 투여한 지 30일 만에, 커비는 무엇에 홀린 듯한 행동을 멈췄다. 그리고 몇 년 후 회복됐다. 커비는 여전히 프로작을 소량 복용하고 있고, 덕분에 자해 행동은 일주일에 30초 내외로 줄어들었다. 나머지 시간 동안 커비는, 대니얼이 집에 돌아와서 다 버드를 가지고 놀아 주거나 짧은 다리로 장난감 터널을 내달릴 때 지켜봐 주는 시간을 기다리며 햇살 좋은 창가에서 잠을 청한다.

호텔 코끼리 라라

대니얼은 커비와 그가 도움을 줬던 다른 고양이들을 보면서 정확한 진단과 치료를 위해서는 세심한 관찰이 필수적이라는 사실을 알게 되었다. 하지만 어떤 동물이 정신적 문제를 일으키는 이유를 이해하는 핵심 요소로 또 다른 게 있다. 그것은 바로 그 동물의 개별적인 이력이다. 예를 들어, 올리버가 첫 번째 가족과 가졌던 경험은 그가 우리와 관계를 맺는 방식에 영향을 미쳤다. 특히 살아가면서 큰 변화를 겪은 동물들의 경우가 그러하다. 가정집에서 유기한 보호소의 고양이들, 낯선 환경에서 자라난 호랑이 수니타, 그리고 쉐라톤 호텔에서 성장한 코끼리 라라가 그런 경우에 해당한다.

라라는 한 살 때 엄마와 떨어져서 태국 남부의 호화로운 해변 휴양지 크라비에 있는 쉐라톤 호텔로 팔려 갔다. 그녀는 하루의 거의 대부분을 호텔 부지에 위치한 마훗의 초가집 근처 옥외 누각의 시멘트 바닥 위에서 쇠사슬에 묶여 지냈다. 하루에 한두 차례 라라는 호텔 로비나 잔디밭으로 나와 투숙객들과 사진을 찍었다. 그럴 때면 사람들은 라라를 쓰다듬고 어르며 손으로 바나나를 먹여 줬다. 뜨거운 한낮에는 마훗이 라라를 호텔 해변으로 데려가 투숙객들과 물놀이를 하게 했다. 사람들은 얕은 곳에서 라라와 물장구를 치며 그녀가 코로 바닷물을 끼얹거나 모래사장에 구덩이를 파는 모습을 찍어 댔다. 이렇게 처음 몇 년간 라라는 엉뚱하고 카리스마 넘치는 매력으로 인기를 끌었고 사람들과 잘 어울렸다. 그녀는 코로 하모니카 부는 걸 좋아했고, 야외 샤워장으로 달려가 직접 수도꼭지를 틀고는 마훗이 말릴 때까지 샤워기 아래서 물을 마시며 놀곤 했다.

그러나 라라는 성장기 코끼리였고, 점점 같이 기념사진을 찍기에는 부담스러운 덩치가 되어 갔다. 여섯 번째 생일을 맞은 라라의 몸무게는 톤 단위에 접어들었고, 이 때문에 관광객들이 함께 물놀이를 하기는 너무 위험했다. 어렸을 때는 코로 투숙객의 팔을 움켜잡는 게 귀여운 행동이었지만 이제는 힘이 너무 세져서 장난을 치다가도 쉽게 사람들을 넘어뜨리거나 실수로 밟아 뭉갤 수 있을 정도였다. 또 라라는 점점 더 자기 고집대로 하고 싶어 했고, 마훗이 시키는 일을 내켜 하지 않을 때는 점점 통제가 어려워졌다.

그 결과 라라는 더 자주, 그리고 더 오랜 시간을 쇠사슬에 묶여 있게 됐다. 해마다 라라를 보기 위해 쉐라톤 호텔을 찾고, 스스로를 "라라 팬클럽"이라 부르며 페이스북과 유튜브에 라라의 사진과 영상을 공유하는 몇몇 투숙객들은 그녀의 미래를 걱정하기 시작했다.

특히 라라를 정기적으로 찾던 실케 프로이스커라는 후덕한 독일인 은행가는 쉐라톤에서 그녀를 사들여 태국 북부의 코끼리 생태 관광 공원에 보낼 계획을 세우고 모금 운동을 시작했다. 그곳에 가면 라라는 다른 코끼리들과 함께 지내면서 밤에만 묶여 있을 수 있었다. 그 후 얼마 지나지 않아 라라는 치앙마이 외곽의 숲이 우거진 골짜기에 있는 코끼리 자연공원으로 성공적으로 옮겨졌다. 그곳의 코끼리들은 일을 하지 않으며 다른 코끼리들과 오랜 우정을 쌓으며 살았다.

나는 라라를 보자마자 왜 그렇게 팬이 많은지 금세 알 수 있었다. 그녀는 애교 넘치는 개구쟁이인데다 엉뚱한 면이 있었다. 끊임없이 건설 현장의 인부들에게 훼방을 놓으며 조경용 식물들을 맛봤고, 곤이라는 이름의 호리호리한 미얀마인 마훗이 쉬지 않고 그녀를 쫓아다니게 만들었다. 어느 날 아침, 라라가 두 발로만 통나무 더미 위에서 균형을 잡으려는 모습을 걱정스레 지켜보던 곤은 이렇게 말했다. "네 살배기 제 아들 같아요." 라라는 우리가 자신의 익살에 주의를 기울이고 있는지 확인하려는 듯 계속 우리 쪽을 힐끗거렸다.

아주 어린 나이에 어미를 비롯한 다른 코끼리들과 떨어진 라라는 공원의 코끼리들을 무서워했다. 그녀에겐 기본적인 코끼리 문화가 없었기 때문에 어떻게 코끼리들에게 다가가야 할지 갈피를 잡지 못했고, 애정을 표현하는 법도, 위협적이지 않은 방식으로 자신을 표현하는 법도 몰랐다. 이 때문에 다른 코끼리들은 그녀에 대해 반감을 가졌다. 라라는 공원을 찾은 인간 관광객들, 특히 백인 여성들과 노는 걸 좋아했다. 백인 여성들은 쉐라톤 호텔에서 바나나와 애정을 듬뿍 줬던 사람들이었다. 반면 라라는 자신이 지극히 사랑했던 곤을 제외하고는 태국 사람들을 싫어했다. 공원의 다른 남자 직원들은 그녀에게 가까이 가지 않았다. 한번은 곤이 출근을 할 수 없어 그날 하루 다른 마훗이 배정됐다. 그러자 라라는 말 그대로 코끼리만 한 분노를 터뜨려서 차를 때려 부수고 농작물 바구니들을 뒤엎었다.

라라의 생애사를 고려하면 이런 행동이 그리 놀라운 일은 아니다. 코끼리들은 어미, 이모, 그리고 무리를 이루는 다른 구성원들로부터 코끼리가 되는 법을 배운다. 즐거움과 분노를 어떻게 표현하는지, 무엇을 어떻게 먹어야 하지, 친구를 어떻게 쓰다듬어 줘야 하는지, 자신의 몸을 보호하는 방법은 무엇인지 등을 학습하는 것이다. 사람과 마찬가지로 코끼리도 처음부터 행동거지를 어떻게 해야 하는지 알 순 없다. 무리 속에 있었다면 라라도 잘못된 행동을 했을 때 벌을 받았을 것이다. 그러나 어미와 분리된 후 그녀의 유일한 선생님은 사람이었다. 그녀는 대부분의 시간을 갇혀 살았고, 관광객들이 쓰다듬고 간식을 줄 때만 자유로워졌다. 항상 새로운 사람들을 만났고, 사람들이 그녀에게 보인 반응은 천차만별이었다. 어떤 사람은 애정을 줬고, 어떤 사람들은 무서워했다. 라라에게 어떻게 코끼리가 돼야 하는지를 가르쳐 줄 수 있었을 가장 중요한 관계들이 그녀에겐 결여돼 있었다. 그 결과, 라라는 일종의 사람-코끼리 혼종으로 성장했고 두 세계 모두에서 이방인이었다.

하지만 라라는 사랑스러웠다. 나는 그녀처럼 그르렁거리는 법을 연습했다. 그것은 목구멍으로 R 발음을 굴리면서 내는 소리와 흡사했는데, 내가 그 소리를 내면 라라도 비슷하게 반응했다. 몇 시간 떨어져 있다가 다시 공원으로 라라를 보러 가면 마치 오랜만에 만난 친구처럼 반겨 줬다. 라라는 코로 내 머리와 얼굴을 훑으며 내 허벅지 사이에 바람을 불어넣었고, 그르렁거리고 끽끽대는 소리를 내면서 마지막으로 함께했던 놀이를 다시 하자고 보챘다. 나는 그녀가 다른 코끼리들 사이에서 코끼리가 되는 법을 배우기 바랐지만, 그녀가 날 좋아해 주는 게 즐거웠다는 점 역시 인정하지 않을 수 없다. 새로운 인간 친구를 사귀는 것도 멋진 일이지만, 코끼리와 친구가 되는 게 훨씬 더 멋진 일이니 말이다. 그렇지만 좀 우울하기도 했다. 인간과 코끼리의 우정은 보통 코끼리가 다시 서커스단에 들어가거나 농장을 쑥대밭으로 만드는 것으로 좋지 않게 결말이 나지 않았던가? 라라는 자신을 어미에게서 떼어 놓고 오랫동안 쇠사슬에 묶어 둔 종을 덜 좋아해야 하는 거 아닐까? 도대체 라라는 왜 사람들을 좋아하는 걸까?

어쩌면 선택의 여지가 별로 없었기 때문일지도 모른다. 라라와 같은 코끼리는 자신의 욕구와 자신을 통제하려는 인간 사이에서 균형을 잡아야 하는 복잡한 감정 세계 속에 존재한다. 이는 인간의 기대와 코끼리의 기대 사이에서 외줄타기를 하는 것과도 같은 상황으로 득이 될 수도 독이 될 수도 있다. 이런 관계에 대해 더 자세히 알아보기 위해 나는 치앙마이 시내로 갔다. 갇혀 지내면서 일하는 코끼리들의 정신 건강에 대해 알려 줄 사람이 그곳에 있다는 이야기를 들었기 때문이다.

피 솜 삭은 카렌족 출신이었다. 카렌족은 태국 북부와 미얀마 남부에 걸쳐 살고 있는 소수민족으로 아시아코끼리와 오랜 역사를 함께해 온 이들이다. 또 그는 한 브랜드의 다양한 모델을 전문적으로 취급하는 중고차 판매상처럼 다양한 연령대와 능력을 가진 후피 동물을 사고파는 코끼리 판매상이었다. 그의 가족은 누구나 기억할 만큼 오랫동안 많은 코끼리들을 소유해 왔다. 비교적 최근까지도 그들의 코끼리는 카렌족이 코끼리 매매를 목적으로 보호하고 있던 숲에서 살았다. 코끼리들은 잡혀 있는 상태였지만 심한 제약은 없었다. 마을에서 일하지 않을 때는 거의 원하는 대로 살았다. 다 자란 코끼리들은 다리에 무겁지만 고정되지 않은 쇠사슬을 달고 다녀서 덤불에 지나간 자국을 남긴다. 이를 보고 마훗들은 코끼리를 불러 모을 시간이 됐을 때 그들이 어디로 갔는지 찾을 수 있다. 이들 코끼리 대부분은 대대로 카렌족 공동체의 일원으로 살아온 어미들에게서 태어났다. 그들은 출산을 하고 교미를 하면서 대부분의 생활을 기본적으로 자신의 선택에 따라 살았다. 훈련을 받긴 했지만 들어야 할 명령은 '정지' '출발' '입 벌려' '발 들어' 등 몇 가지에 불과했다.

제2차 세계대전 이전에는 태국의 약 3분의 2가 야생 코끼리, 호랑이, 코뿔소, 야생 소, 표범, 야생 개, 원숭이들이 사는 울창한 밀림으로 덮여 있었다.[17] 하지만 1950년대가 되자 숲은 점점 더 빠른 속도로 잘려 나갔다. 태국 정부는 외국 기업들에게 대규모 벌목 허가권을 내주기 시작했다. 많은 카렌족 남자들이 벌목 일에서 마훗으로 일자리를 얻었다. 주요 벌목 지역에는 도로가 없는 곳이 많았기 때문에 트럭 대신 코끼리들이 통나무와 사람, 필요한 물자를 날랐다.[18] 또한 코끼리는 베어 낸 원목을 쌓아 올리고, 통나무를 강으로 끌고 가 다른 곳으로 떠내려 보내거나 땅에서 나무 그루터기를 뽑아내는 일을 도왔다.

오늘날 태국에는 숲이 거의 남아 있지 않으며, 그나마 남아 있는 숲은 보호의 대상이다. 벌목은 불법이다. 이 말은 여전히 그곳에 살고 있는 약 2500마리의 코끼리들, 그러니까 자신의 서식지를 벌목해야 하는 슬픈 위치에 있던 코끼리들이 이제 일거리를 잃게 되었다는 뜻이다. 그러나 코끼리 매매 시장은 여전히 성업 중이다. 그것은 코끼리를 타고 하는 트레킹이나, 코끼리가 코로 글씨를 쓰거나 그림을 그리는 모습, 축구나 농구, 훌라후프를 하는 모습 등을 보는 데 기꺼이 돈을 쓰는 관광객들을 위한 것이다.

나는 피 솜 삭을 만나러 치앙마이 동물원을 찾았다. 그는 도시가 내려다보이는 언덕 위의 작은 집에 살면서 코끼리들을 묶어 두는(밤에만 그렇게 한다) 평평한 흙바닥에서 지내고 있었다. 그는 마을의 좋은 집에서 살 수도 있었지만 자신의 가족과 그곳에서 코끼리들과 함께 지내는 쪽을 택했다.

그 코끼리들 중 일부는 동물원에서 사람 태워 주는 일을 했다. "저는 이 풍경이 좋아요." 그는 집 앞 말뚝에 매여 바나나 나무의 젖은 밑동을 조용히 먹고 있는 암컷 코끼리 세 마리를 눈짓으로 가리키면서 말했다.

그는 종종 휴대폰으로 조용히 가격을 흥정하고는 주인이 팔고 싶어 하는 성수成獸 코끼리나 새끼를 보기 위해 작은 마을로 차를 몰았다. 코끼리가 얼마나 회복 가능성이 있을지 판단하는 게 그의 일이다. 정서적으로 문제가 있는 코끼리는 값이 싸다. 공격성이 있는 경우는 더 저렴하다. 그중에서도 가장 싼 코끼리는 사람을 죽인 적이 있는 경우다. 솜 삭은 심리적으로 안정된 코끼리를 사는 게 최선의 투자이기 때문에 코끼리의 정신 건강을 가능한 한 빨리 판단하는 법을 알아내는 데 평생을 바쳤다.

어떤 행동을 보면 정서적으로 불안한 코끼리인지 알 수 있다. "특정 움직임이 있는지 살펴봐요. 가령 멈추지 않고 고개를 위아래로 끄덕거리며 '쌀을 찧는' 건 좋지 않은 신호라 그런 코끼리는 절대 사면 안 됩니다. 또한 귀가 동시에 펄럭거리지 않고 한 번에 한쪽만 펄럭이는 경우도 매우 위험할 수 있어요. 꼬리도 사자 꼬리처럼 아름다워야 합니다. 꼬리 끝이 없으면 위험합니다. 다른 코끼리와 싸우다가 물어뜯겨서 잘렸을 수 있어요. 그리고 쳐다볼 때는 눈을 깜빡거려야 합니다. 우두커니 바라보면 그것도 좋지 않아요."

솜 삭이 코끼리를 사서 치앙마이로 돌아올 때는 트럭을 타고 장시간 이동하는 경우가 많다. 특히 한 번도 트럭 뒤 칸에 타본 적이 없는 코끼리에게 이는 스트레스를 줄 수 있다. 코끼리가 거쳐야 하는 이런 과정은 앞에서 소개한 정서적 회복력에 대한 홍수 실험과 비슷한 측면이 있다. 코끼리의 도로 여행은 파블로프가 했던 가짜 홍수 실험을 솜 삭 버전으로 변형한 것이라고도 할 수 있다.

솜 삭의 집에 새로운 코끼리가 도착하면, 그는 코끼리를 숲에 데려가 충분한 먹이를 주고 혼자 놔둔다. "그런 다음 몰래 돌아가서 나무 뒤에 숨지요. 그러면 코끼리는 저를 볼 수 없지만, 저는 코끼리를 볼 수 있습니다. 코끼리가 귀를 펄럭이고, 나뭇가지를 꺾어 몸을 긁거나 파리채로 삼으면, 그 코끼리는 상태가 좋다는 뜻입니다. 하지만 그냥 가만히 서있으면 그렇지 않은 거죠."

피 솜 삭은 다 자란 코끼리의 정서적 안정성이 대체로 그 코끼리가 새끼였을 때 어떻게 살았는지에 달려 있다고 본다. 그는 이렇게 말했다. "그건 어미와 관련이 있습니다. 좋은 어미가 있었으면 대개 상태가 좋습니다. 어미가 새끼들을 잘 돌봐 주니까요."

나는 솜 삭에게 라라의 어린 시절에 대해 이야기해 준 다음 어떻게 생각하는지 물어봤다. 그는 성장기 코끼리가 호텔에서 사는 것은 결코 바람직하지 않다는 데 동의했다. 또한 그녀가 좋은 마훗을 만난 것이 분명하며 그렇지 않았다면 이미 폭력적으로 변했을 것이라고 지적했다. 솜 삭은 또한 기본적인 성정이 대물림될 수 있다고 확신했다. 온화하고 유순한 어미는 마찬가지로 온화하고 유순한 새끼를 낳을 가능성이 높고, 공격적인 어미는 공격적인 새끼를 낳을 확률이 높다는 것이다. 그러나 인간과 상호작용해야 하는 사육 코끼리의 정서적 건강에서 가장 중요한 건 인간, 특히 마훗이 코끼리를 어떻게 대하는가 하는 점이다. 단지 그 코끼리 하나만 잘 다루면 되는 것도 아니다. 코끼리는 다른 코끼리들과의 관계가 매우 중요하기 때문에 마훗이 **다른** 코끼리들을 때리거나 무시하거나 괴롭히는 걸 보면 분노할 수 있다.

안타깝게도 라라는 곤의 세심하고 애정 어린 보살핌과 국립공원에서의 새로운 삶의 기회에도 불구하고, 공원에 도착한 지 몇 달 만에 죽었다. 어느 날 아침, 밤새 먹이를 거부하던 라라는 심장마비를 일으키며 쓰러졌다. 부검 결과, 코끼리한테는 염증이 아니라 심장 문제를 일으키는 헤르페스에 걸려 있었다. 공원 수의사 그리슈다 랑카 박사는 라라의 심장이 너무 비대해져 있어서 그만큼 오래 산 것이 믿기지 않을 정도라고 했다. 그녀의 팬과 친구들은 망연자실했다. 라라를 코끼리 자연공원에 데려오기 위해 애썼던 실케 프로이스커는 홍콩에서 비행기를 타고 날아와 라라를 추모했다. 우리는 라라가 묻힌 거대한 흙무덤 앞에 그녀가 제일 좋아했던 간식인 코코넛을 한 더미 쌓아 주었다.

태국에서 돌아온 뒤에도 오랫동안 라라는 내 머릿속을 맴돌았다. 나는 곤이 근처에서 풀을 뜯고 있는 라라의 모습을 새겨 넣은 작은 나뭇조각을 지금도 가지고 다닌다. 곤이 그 모습을 나무에 새길 수 있을 만큼 라라가 오랫동안 가만히 서있었다는 게 놀랍기만 하다. 웃고 있는 작은 나무 코끼리를 만지작거리고 있노라면 나는 항상 힘들고 까다롭지만 매력적인 동물들이 떠오른다. 올리버가 나와 주드에게 왔을 때 그는 무너지기 직전이었다. 아마도 그것은 그 종 특유의 특성과 어린 시절 경험들이 빚어낸 결과일 것이다. 라라도 마찬가지였다. 그녀가 결국 다른 코끼리들에 대한 두려움을 극복할 수 있었을지 더 이상은 알 길이 없었다. 나는 동물들의 어린 시절 경험이 장기적인 정신 건강에 미치는 역할에 대해 좀 더 알아보고 싶었다. 그래서 역대 과학자들이 정신의 수수께끼를 풀기 위해 사용했던 동물, 즉 쥐와 인간의 아이들에게 관심을 돌렸다.

브루스 페리는 아동 정신의학자이자 신경과학자이며, 텍사스 아동병원의 정신과장이기도 하다. 그의 전문 분야는 정신적 외상을 입은 아이들이며, 웨이코 포위전＊의 생존자들처럼, 학살·강간·방임·유기 등에서 살아

＊ 1993년, 텍사스주 웨이코시 근교에서 미 연방정부와 텍사스 주정부가

남은 사람들도 치료한다. 또한 그는 허리케인 카트리나, 콜럼바인 고등학교 총기 난사 사건, 9·11 테러와 같은 비극적 사건이 일어난 이후 여러 조직들이 트라우마 대응책을 마련하는 데 도움을 줬다. (마이아 살라비츠와 함께 쓴)『개로 길러진 아이: 사랑으로 트라우마를 극복하고 희망을 보여 준 아이들』에서 페리는 자신이 치료했던, 비정상적 환경에서 자라난 아이들에 대해 이야기한다.[19] 그중 상당수는 어린 시절에 겪은 트라우마가 성인이 되어서도 계속 영향을 미쳤다. 한 소년은 유아기에 엄마가 장시간 도시를 배회하는 동안 하루 종일 홀로 방치됐고, 아무리 울어도 누구의 도움도 받을 수 없었다. 결국 그 소년은 자라서 강간범이 되었고, 다른 사람들과 같은 감정들을 느낄 수 없었다. 또 완전히 무능력한 위탁 보호자 가정에서 다른 개들과 함께 개집에서 개처럼 길러진 소년도 있었다.

또 페리는 쥐를 대상으로 연구를 하기도 했다. 그의 박사 논문 중 일부는 쥐가 싸우거나 도망칠 때 노르에피네프린(노르아드레날린), 에피네프린(아드레날린) 같은 신경전달물질이 어떤 역할을 하는지에 대한 것이다. 그의 신경약리학 실험실의 쥐들은 미로를 탈출하려 할 때 충격이나 날카로운 소리처럼 스트레스가 큰 자극에 노출됐다. 이 상황에서 쉽게 미로를 통과하는 쥐가 있는가 하면, 훨씬 적은 스트레스원에 노출된 상황에서도 이미 알고 있던 것조차 모두 잊어버린 채 과제를 해결하지 못하는 쥐가 있었다. 연구진은 스트레스에 가장 민감한 쥐들이 극도로 과민한 아드레날린과 노르아드레날린 체계를 가진다(즉, 더 민감한 투쟁-도피 반응fight-or-flight response✦

신흥종교 다윗교Branch Davidian의 농성을 무력 진압한 사건으로 교주 코레시를 비롯해 80명 이상이 사망하면서 연방정부의 과잉 진압 여부를 둘러싼 논란을 불러일으켰다.

✦ 스트레스를 받는 환경이나 위험에 노출됐을 때 교감신경계가 활성화돼 맥박과 호흡이 빨라지고 뇌의 각성이 증가되는 등 위험에 대응할 수 있게 해주는 반응. 과도할 경우 공황장애나 불안 장애로 이어질 수 있다.

을 나타낸다)는 점을 확인했다. 이런 스트레스 호르몬의 과잉은 뇌의 다른 부위에 갑작스런 변화를 야기해 쥐가 스트레스에 대응할 수 있는 능력을 저해하게 된다. 이런 스트레스원에 노출된 게 어느 발달 단계인지도 신경학적 변화 정도에 영향을 미쳤다. 선행 연구에 따르면, 새끼 쥐들은 실험실에서 극도의 스트레스를 단 몇 분만 줘도 그로 인한 스트레스 호르몬 수치 변화와 행동 변화가 성체가 된 이후까지 지속되는 것으로 나타났다.

쥐와 마찬가지로 인간의 스트레스 반응 체계도 혼란을 야기할 수 있는 여러 가지 요인들에 의해 쉽게 활성화될 수 있다. 가령 비행기의 난기류, 고도, 자신을 해친 사람과 닮은 사람, 벌레뿐만 아니라 기타 숱하게 다양한 시각적 장면·소리·경험에서 공포를 느낄 수 있다. 이는 또한 뇌간·대뇌변연계·피질 — 심박수 및 혈압 조절부터 추상적 사고 및 의사 결정 능력에 이르기까지 모든 것을 담당하는 뇌 부위들이다 — 의 기능뿐만 아니라 슬픔·사랑·행복과 같은 감정 상태에도 지속적인 영향을 미칠 수 있다.[20] 2009년, 미국 보건복지부는 「학대가 뇌 발달에 미치는 영향에 대한 이해」라는 보고서를 발표했다.[21] 물론 이 보고서가 인간이 아닌 동물을 염두에 둔 것은 아니었지만, 그것이 기술하고 있는 과정들은 비슷하다. 배아 발생 단계에서 동물의 뇌 속에서는 뉴런, 즉 신경세포들이 생성되고 뇌의 다양한 부위로 이동해 위치를 잡는다. 이들 뉴런을 연결하는 시냅스와 기억, 결정, 감정, 그리고 그 밖의 정신적 경험을 일으키는 신경 경로들은 자궁 속에서 조금 발달이 이루어진 후, 출생 이후 어린 동물들이 바깥세상을 경험하면서 급격히 발달하게 된다. 일부 시냅스와 신경 경로들이 사용되지 않거나 높은 수준의 스트레스 호르몬에 잠기면, 그 동물은 성장 과정에서 심각한 정서적 문제를 일으킬 수 있다. 페리의 새끼 쥐 같은 동물의 뇌에 대한 연구 결과는, 다른 시기보다 특정 기간에 손상이 일어날 가능성이 더 높을 수 있으며, 이런 손상은 훗날 정서장애로 이어질 수 있음을 보여 준다.

페리의 첫 번째 환자인 일곱 살 소녀 티나는 스트레스를 받은 새끼 설치류에 대한 자신의 이전 연구를 떠올리게 했다.[22] 티나는 네 살에서 여섯 살 사이에 자신을 돌봐 주던 베이비시터의 십대 아들에게 성적 학대를 당했다. 무려 2년간 주 1회 이상 그 소년은 티나와 티나의 남동생을 묶어 놓고 강간하고 이물질을 사용해서 항문 성교를 했다. 그는 이 사실을 다른 사람에게 말하면 죽이겠다고 둘을 협박했다. 티나가 페리를 찾아왔을 때, 그녀는 수면 장애와 주의력 장애, 운동 조절 장애, 언어장애 등이 있었고, 주변 사람들이 보내는 사회적 신호를 시시때때로 잘 이해하지 못했다. 여러 뇌 부위의 기능과 발달에 영향을 미치는 스트레스원에 노출된 새끼 쥐처럼, 티나가 받은 오랜 학대가 중요한 성장 시기의 신경 발달에 영향을 미친 것이다. 페리는 스트레스를 받은 2년이 스트레스 호르몬 수용체의 변화, 민감도 및 기능장애 증가 등 일련의 변화를 일으켜 결국 발달상의 문제들을 야기했다고 확신했다. 학대에 대한 기억과 함께 이런 변화는 학습과 주의 집중을 한층 어렵게 만들었다. 그녀는 학교에서도 공격적으로 행동했다. 페리는 티나가 (위험 요인이 전혀 없을 때조차) 위험 요인에 대해 극도로 경계하는 상태에 빠지기 쉬웠을 거라 보았다. 학교에서 그녀는 교사나 급우들의 사소한 무시나 놀림도 도전으로 간주해서 걸핏하면 싸움을 벌였고, 성적인 문제로도 말썽을 피웠다.

스트레스나 방임이 정신 건강에 미치는 영향에 대한 최근의 중요한 연구들은 거의 대부분 티나와 같은 인간들을 대상으로 한 것이지만, 그 영향은 사람 이외의 다른 종들에서도 비슷하게 나타날 가능성이 높다. 아기가 울기 시작했을 때, 엄마가 아이를 달래려 하지 않고 방문을 잠그고 불을 꺼 버리는 경우를 상상해 보라. 이런 일이 한두 차례에 그친다면 발달 과정에 지속적인 영향을 주진 않을 것이다. 그렇지만 아기가 울 때마다 매번 이런 일이 반복되면 주변 사람들과의 애착 형성을 돕는 아이의 뇌 부위들 — 즉,

아이가 엄마를 보거나 안겨 있을 때 기분 좋은 감정들을 촉발하고 그런 다른 인간과의 애착 관계가 이롭다는 걸 가르쳐 주는 화학물질들을 분비하는 부위들 ─ 이 활성화되지 않을 것이다. 이 아이는 성장하고 나서도 자신의 육체적·감정적 욕구를 다른 사람들과 건강한 방식으로 해소하는 방법을 모를 가능성이 높다. 우는 아기를 달래 주는 것이 중요한 까닭은 이 과정에서 아이가 울면 도움을 받을 수 있다는 사실을 학습하기 때문이다. 더 나이를 먹어 청소년, 성인이 되어서는 자신에게 도움을 줄 사람들을 믿지 못하고, 나쁜 사람들과 너무 쉽고 강하게 애착을 형성하거나 정작 자신을 잘 대해 주는 사람과는 충분한 애착 관계를 형성하지 못하는 애착 장애를 겪을 수 있다. 이 어린애가 고릴라라고 상상해 보자.

고릴라의 생리적·감정적 발달은 오랜 기간에 걸쳐 이루어지며 어미와의 유대를 통해 어린 고릴라가 어떻게 다른 고릴라들을 신뢰할지 배운다는 점에서 인간과 비슷하다. 어린 시절에 방치됐던 고릴라는 성수成獸가 되었을 때 고도로 사회성이 높은 고릴라 무리의 다른 구성원들과 관계를 형성하는 데 어려움을 겪을 수 있다. 오랜 성장기를 거치며 가족이나 무리 구성원들과 친밀한 관계를 형성하는 코끼리도 마찬가지다. 사실 이는 뇌 발달 단계에서 감정적 필요가 충족되지 못한 경우나 신뢰를 형성해야 할 관계에서 상처를 받은 경우 어느 생명체나 마찬가지일 것이다.

신시아 잘링 박사는 25년 이상 정신장애를 가진 아이들을 연구해 온 심리학자다. 또한 가족에게 버림받고 공격 성향이 있는 독일셰퍼드들의 재활을 돕기도 했다. 나는 그녀에게 코끼리 라라에 대해 이야기했고, 페리의 실험에서 배웠던 내용들과 태국에서 솜 삭이 말해 줬던 동물의 감정을 판단하는 방법도 이야기했다. 그녀는 전혀 놀라지 않았다. 오히려 그런 이야기들이 자신이 치료하고 있는 아이들을 떠올리게 한다고 했다. "아이들에게 가장 중요한 관계는 첫 번째 관계, 즉 엄마와 아이의 관계예요. 이 관계는 아이가 앞으로 맺게 될 모든 관계의 기초가 되죠. 아이는 엄마라는 거울을 통해 자신의 정체성을 형성하는데, 만약 엄마가 자신을 잘 비춰 주지 못하면 분열된 자아감을 갖게 될 수 있습니다."

잘링은 자신이 재활 치료 중인 독일셰퍼드도 마찬가지라고 본다. 학대나 방치 경험이 있는 강아지들은 자신감 있는 성견으로 자라지 못하는 경우가 많다. 또한 다른 개나 보호자가 일찍부터 좋은 행동 모델을 보여 주지 못하면, 함께 지내기 힘들거나 공격성이 높은 개가 돼 결국 보호소로 가게 될 가능성이 높다. 이런 개들은 입양이 되더라도, 행동 장애가 드러나 다시 보호소로 돌아온다. 엘리제 크리스텐슨은 이런 개들을 "되돌이 개"recycled dog라고 부른다. 그녀는 왜 이런 문제 행동을 답습하게 되는지 고민하다 보면 자신도 문제견들처럼 자기 꼬리를 쫓으며 제자리를 맴돌고 있는 것 같다고 말한다. "얘들이 문제견인 건 이런 보호소 시스템 때문일까요? 입양했다가 문제 행동을 보이면 다시 파양하잖아요. 보통 한 번 이상 그런 일을 겪어요. 아니면 애당초 문제견으로 태어났기 때문에 보호소에 있는 걸까요?"

호화로운 감옥에 산다는 것

우리가 어떤 환경에 사는지, 또 굴·둥지·집·은신처 등의 환경이 스트레스를 주는지, 안식을 주는지는 우리의 정신 건강에 큰 영향을 미친다. 사실 이는 너무 당연한 얘기라서 굳이 언급할 필요조차 없다. 그렇지만 동물들도 열악한 환경에 처해 있을 때 정신질환에 걸리거나 경악스러운 행동을 하게 된다는 이야기에는 여전히 많은 사람들이 깜짝 놀란다. 씨월드의 범고래나 타이크 같은 코끼리가 조련사를 공격해 죽이는 사건이 발생할 때마다 언론은 다른 조련사, 공원 관계자, 관객들이 놀라는 모습을 전하며 호들갑을 떤다. 물론 동물을 인도적으로 사랑하는 사람들PETA을 비롯한 동물권 단체들은 결코 놀라지 않고 이런 종류의 사건이 발생할 경우 내놓을 보도 자료를 준비해 놓고 있다.

갇혀 사는 사육 동물이 정말 힘들어하는 이유는, 대부분의 경우 자신들이 살고 싶어 하는 장소와는 거의 아무런 관련도 없는 곳에 살고 있기 때문이다. 이들은 매일같이 무료한 시간을 보내며 머리는 물론이고 손도 발도 턱도 쓸 일이 거의 없다. 이 때문에 많은 동물이 정서가 불안한 사람과 놀랄 만큼 비슷한 행동을 보인다. 동물 전시 산업을 옹호하는 이들은 이런 비판을 일축하면서 동물원 동물들이 자유 생활을 하는 같은 종의 동물들보다 오래 사는 경우가 많으며, 야생에서는 그들을 노리는 배고픈 포식자가 있고 수의사의 도움도 받을 수 없는데다 제때 먹이를 먹을 수 없는 등의 스트레스 요인이 존재한다고 주장한다. 이는 동물 전시 산업이 공격받을 때마다 마치 서커스단이 조랑말 쇼하듯 끈질기게 내놓는 시시한 변명들이다. 그러나 단순히 몇 년을 살았느냐나 적절한 열량을 섭취했느냐가 그 동물이 어떤 삶의 질을 유지하며 살았느냐를 말해 주는 것은 아니며, 스스로 삶을 결정하는 데서 오는 만족감과도 맞바꿀 수 없다. 게다가 이는 치명적이지는 않아도 동물을 불행하게 만들어 발가락을 물어뜯거나 끝없이 원을 그리며 헤엄치게 만드는 식의 고통에 대해서는 고려조차 없는 주장이다. 어떤 동물이 특정 환경에서 태어났다고 해서 꼭 그 환경에 만족하란 법은 없는데 말이다.

소수의 몇몇 사람들이 그러하듯이, 드물게 어떤 동물들은 호화로운 우리 안에 사는 쪽을 더 선호할 수도 있다. 케냐나 짐바브웨의 어딘가에는 목을 길게 뻗어 스스로의 힘으로 잎을 따먹는 것보다 잘라 준 나뭇잎을 먹는 쪽을 더 좋아하는 게으른 기린이 있을지 모른다. 내 친구들 중에도 리치 칼

튼 호텔에 틀어박혀서 몇 년 동안 룸서비스로 살 수 있다면 그 기회를 냉큼 잡을 법한 친구가 몇 명 있다. 그렇지만 개인적으로 나라면 미모사 칵테일, 턴다운turn-down 서비스,✦ 그리고 늦은 밤 은색 덮개에 덮여 제공되는 프렌치프라이에 금방 질려서 카펫이 깔린 현관 저편에 뭐가 있나 궁금해질 것이다. 대부분의 전시 동물들에게는 애석한 일이지만, 기린 왈라비 오랑우탄이 체크인을 하기 전까지는 그들이 정말 호텔 생활을 좋아할지 알 수가 없다. 만약 호텔 생활을 즐기지 못하고 오히려 그런 감금 생활이 그들을 정신착란과 광기로 몰아간다 해도 체크아웃할 방도는 없다.

동물원이나 수족관을 옹호하는 이들은 "좋은" 시설, 즉 예산이 충분한 시설은 동물의 필요를 충족시켜 줄 수 있다고 주장한다. 풍부한 먹이, 수의사들의 의료 서비스, 포식자의 위험에서 벗어나 잘 수 있는 장소 등이 제공된다는 것이다. 그 덕분인지 동물원 동물들은 번식을 선택하는 경우가 많다. 이렇게 태어난 동물들 중에는 같은 전시 동물들이나 사육사들과 잘 지내는 경우도 많다. 그러나 동물원이나 수족관을 찾는 사람이라면 누구나 알 수 있을 정도로 이런 동물들 사이에 이상행동이 만연해 있다는 것은, 감옥이든 고급 호텔이든 갇혀 사는 생활이 자유 생활과 같지 않다는 점을 보여 주는 단서다. 지난 몇 년 동안 나는 동물의 정신질환을 안내해 주는 일종의 현장 가이드를 개발해 끊임없이 서성대는 사자나 강박적으로 자위를 하는 바다코끼리 앞에 가면 해설을 해주곤 했다. 그 후 나는 동물원에 있으면 좀 울적해졌고, 아이가 있는 친구들은 내게 같이 동물원에 가자고 하지 않게 되었다. 그것은 오히려 잘된 일이었다.

고릴라가 마치 그 속에서 살며 진화해 온 게 아닐까 싶은 생각이 들 만큼 세심하게 설계된 인조 서식지 안에서, 그게 마치 본래의 가장 완벽한 모

✦ 호텔에서 취침 직전에 제공하는 간단한 객실 청소 서비스

습인 양 정성스레 색칠해 놓은 유리섬유 나무 위에 앉아 있는 고릴라를 보면, 눈앞에 있는 고릴라가 아니라 전시 자체의 완성도에 혀를 내두를 수밖에 없다.[23] 내가 만약 미국의 현대식 동물원에 있는 동물이라면 그 전시관을 보고 적도의 아프리카를 떠올리진 않을 것이다. 왜냐하면 살아 본 곳이라곤 미국밖에 없기 때문이다. 그렇지만 덴버 클리블랜드 로스앤젤레스 어디서 태어났건 간에 힘껏 달리고, 몸을 마구 흔들고, 포효하고, 날아다니고, 다른 동물의 사지를 찢어발기고 싶은 욕망은 여전히 강력하게 살아 있을 것이다.

물론 이것은 과도한 추측일 수 있다. 인조 그루터기에 앉아 있는 고릴라는 진짜 나무보다 유리섬유의 감촉을 더 좋아할지도 모른다. 그 고릴라는 유리섬유로 만든 나무밖에 모르기 때문이다. 그렇다면 그 고릴라는 왜 다른 활동은 전혀 안 하면서 먹은 걸 토했다 삼키는 행동만 규칙적으로 반복하는 걸까? 또 왜 정강이와 앞발에서 계속 털을 뽑아 먹는 걸까? 그리고 왜 동물원 측은 수의사가 아니라 사람을 다루는 정신의학자를 불러서 그 고릴라를 치료하게 했을까? 어쩌면 그 고릴라는 유리섬유로 된 나무가 너무 지루했을지 모른다. 아니면 해자를 따라 심어 놓은 무성한 식물들이 관람객 보기 좋으라고 전등으로 아름답게 치장돼 있긴 하지만 정작 물어뜯거나 먹을 수는 없다는 걸 알아차렸을지 모른다. 아니면 자신이 가장 좋아했던 젊은 수컷이 유전적으로 좀 더 적합한 암컷과의 짝짓기를 위해 다른 곳으로 보내졌기 때문일 수도 있다. 또 무리의 왕언니 격인 암컷이 그날의 포도를 모두 독차지했기 때문일 수도 있고, 아니면 가장 좋아하는 사육사가 결근해서 그 고릴라가 어떤 오트밀을 좋아하는지 모르는 다른 사람이 그를 대신했기 때문일 수도 있다. 아니면 무리 중 죽은 새끼 한 마리의 사체를 너무 빨리 치워 버렸기 때문인지도 모른다.

결국 중요한 것은 환경이다. 우리 삶이 이루어지는 토대는 환경이다.

우리는 환경에 의해 빚어지고, 또한 우리 스스로 환경을 형성한다. 특히 제한된 공간에 갇혀 사는 동물이라면, 환경은 한층 더 중요하다. 그래서 동물의 행동을 이해하려면 먼저 그들을 둘러싼 환경에 대한 동물의 반응을 이해하는 것이 기본이다.

일부 비정상적인 행동은 다른 것들보다 쉽게 찾아낼 수 있다. 가장 흔한 것이 정형 행동 또는 상동증常同症, stereotypy이라 불리는 것으로, 판에 박힌 무의미한 행동을 계속하는 증상이다. 이런 행동은 반복적이고, 항상 똑같고 얼핏 보기에 아무런 목적도 없다. 이런 행동의 유형은 그런 행동을 하는 동물의 종류만큼이나 많다. 종마다 각기 선호하는 유형이 있다. 사람의 상동증에는 몸을 흔들고, 다리를 꼬았다 풀었다 하며, 특정 순서로 몸을 만지거나, 제자리를 걷는 등과 같은 습관적이고 반복적인 동작들이 있으며 스트레스·불안·피로에 시달리면 더 악화되는 경향이 있다.[24] 모든 동물에서 이런 이상행동은 정상적인 활동의 일그러진 투영인 경우가 많다.

말은 소량의 공기를 반복적으로 일정하게 들이마시거나, 먹을 수 없는 울타리나 물통 같은 걸 끝없이 물어뜯는다.[25] 돼지는 자기 꼬리를 갉아먹고, 우리에 갇힌 밍크는 마치 털북숭이 데르비시⁺처럼 계속 원을 그리며 돈다. 바다코끼리는 먹었던 물고기를 토했다 다시 삼키는 동작을 반복한다. 웜뱃은 반듯이 누워서 마치 목적지 없이 빈 노를 젓듯이 앞발을 허공에 흔든다. 올리버 같은 개는 실제 자극이 없어도, 또는 애초에 핥고 싶은 욕구를 일으켰던 자극이 오래전에 사라진 후에도 앞발이나 옆구리의 한 지점을 강박적으로 핥는다. 고래·바다표범·수달 등 헤엄치는 동물의 경우 다른 행동은 전혀 하지 않고 특정 패턴으로 수영만 하는 패턴 수영 상동증이 나타날

⁺ 법열 상태에서 빙글빙글 돌거나 격렬하게 춤을 추거나 또는 노래를 부르는 등의 의식을 행하는 탁발 수도승.

수 있다. 돌고래는 자신의 신체나 빈 파이프, 또는 수조 안에 있는 호스 등을 이용해 자위행위를 하는 상동증을 나타내는 경우가 있다. 곰이나 대형 고양잇과 동물들은 끊임없이 왔다 갔다 하면서 우리 속에 먼지 자국을 남기는데, 이는 마치 강박증에 시달리는 그들의 마음을 보여 주는 지형도 같다. 코끼리는 다리를 좌우로 흔들거나 위아래로 규칙적으로 들었다 놓는다. 이런 행동은 종종 의례화된 순서에 따라 이루어진다.

많은 사육 동물들이 상동 행동을 보이지만, 이는 특히 동물원, 수족관, 서커스, 그리고 대규모 농장에서 기르는 돼지, 모피 동물, 가금류 등에서 공통적으로 나타난다.

미국과 유럽의 농장과 실험실에서 사육되고 있는 동물들은 한 해 160억 마리가 넘으며,[26] 그중 수백만 마리가 이상행동을 나타낸다. 이 비율은 돼지의 91.5퍼센트, 가금류의 82.6퍼센트, 실험실 생쥐의 50퍼센트, 모피 동물 농장에 사는 밍크의 80퍼센트, 말의 18.4퍼센트에 달한다.[27] 미국의 실험실에서 사용되는 대략 1억 마리의 쥐 원숭이 새 개 고양이들의 상당수가 고개 흔들기와 강박적 자위행위에서부터 자신의 몸 물어뜯기와 피부 뜯어내기에 이르기까지 다양한 자해와 자기 진정 행동을 나타낸다.[28]

2008년에 발표된 한 연구에 따르면, 일찍 어미와 분리된 실험실·동물원·농장의 동물과 상동 행동의 발달 사이에는 강한 상관관계가 있는 것으로 나타났다.[29] 닭·소·돼지·밍크 등을 키우는 대규모 농장에서는 일찍 젖을 떼는 경우가 일반적이다. 예를 들어, 젖소 송아지들은 태어난 지 겨우 몇 시간 만에 어미로부터 떨어지는 일이 다반사다. 일반적으로 송아지는 9~11개월이 될 때까지 젖을 떼지 않는다. 돼지도 보통 3~4개월까지 젖을 먹지만, 농장에서는 2~6주 사이에 어미와 떨어진다. 야생 밍크는 10~11개월까지 젖을 먹지만, 농장에서는 7주 만에 어미와 분리된다. 지나치게 일찍 어미와 분리되는 문제가 가장 극심한 경우는 가금 산업일 것이다. 자연 상태에서 흔히 병아리는 5~12주까지 어미와 함께하지만, 양계장에서는 어미를 보지도 못하고 유정란이 부화장으로 보내진다. 이유자돈離乳仔豚, 즉 일찍 젖을 뗀 새끼 돼지들은 공격성이 더 강해지고 (코로 다른 새끼 돼지의 배를 밀어내는) "벨리 노우징"belly nosing을 할 가능성이 높다. 너무 일찍 어미에게서 분리된 밍크는 끊임없이 앞뒤로 왔다 갔다 하고 자신의 꼬리를 더 자주 물어뜯는다. 젖을 일찍 뗀 농장 송아지들은 빨 수 있는 모든 것을 빨아 댄다. 조기 분리된 새끼 쥐들은 우리의 창살을 반복적으로 물어뜯는다. 부화장에서 태어난 암평아리들은 다른 병아리의 깃털을 더 자주 그리고 심하게 쪼는 경향이 있다.

콜로라도 주립 대학의 동물학 교수 템플 그랜딘은 도살장 설계에서 동물의 행동 훈련과 교정, 그리고 HBO의 동물 전기 영화에 이르기까지 동물에 대해 많은 것을 조언해 주는 인물이다. 자폐인이기도 한 그녀는 캐서린 존슨과 함께 쓴 저서 『동물이 우리를 인간으로 만든다』에서 이렇게 썼다. "하루에 몇 시간씩 계속되는, 동물의 중증 상동증은 야생에서는 거의 일어나지 않는 일로, 대개 조현병이나 자폐증 같은 장애를 가진 인간에게서 나타나는 일이다."[30]

스피츠와 보울비가 1950년대에 썼듯이 중증 상동증은 시설 보호 아동에게서도 나타날 수 있다. (그랜딘과 존슨이 언급한) 캐나다로 입양된 루마니아 고아들을 대상으로 한 연구에 따르면, 이들 중 84퍼센트에 달하는 아이들이 요람에서 손발을 앞뒤로 반복적으로 흔들고, 서커스 코끼리처럼 한 발에서 다른 발로 연신 체중을 옮기며, 헤드뱅잉을 하는 원숭이나 돌고래처럼 머리를 벽이나 침대 창살에 부딪치는 등 상동 행동을 보였다.

이와 비슷한 동물들의 행동을 보고 그랜딘은 이따금 자기 손을 물어뜯고, 머리를 벽에 부딪히고, 자기 뺨을 때리는 자폐아들을 떠올린다. 그녀는 갇혀서 홀로 지내는 레서스원숭이의 10~15퍼센트도 같은 행동을 나타낸 다고 주장한다. 그녀가 맞을 수도 있지만, 그랜딘이 자폐아를 비정상 행동 을 하는 동물과 비교하는 것은 논란의 여지가 있다. 그녀는 자폐증을 "동물 에서 인간으로 가는 길에 놓인 중간역"으로 분류하면서 자폐아들이 다른 사람들보다 동물에 더 가까울 수 있음을 암시했는데,[31] 이는 특정 인간 집 단이 다른 집단보다 동물에 더 가깝다는 빅토리아시대의 관념을 떠올리게 하는 불편한 주장이다. 설령 자폐아들이 화가 난 원숭이처럼 앞뒤로 몸을 흔든다 해도, 이런 아이들이 자폐증이 없는 인간 아이들보다 동물에 더 가 깝지는 않다.

그러나 인간이 아닌 동물이 자폐증을 가질 가능성은 있다. 만약 그렇 다면, 자폐를 앓는 인간과 다른 동물들 사이에 뭔가 공통점이 있을 수 있다. 동물행동학자인 마크 베코프는 그가 해리라고 불렀던 야생 코요테 새끼를 관찰한 적이 있었다.[32] 해리와 한배에서 태어난 새끼들은 구르고 넘어지고 서로 으르렁대면서 즐겁게 놀았지만, 해리는 함께 뒹굴자는 다른 새끼들의 초대를 이해하지 못했고 아예 노는 법을 모르는 듯했다. 아무리 노력해도 그 코요테 새끼는 코요테들 사이의 사회적 신호를 읽을 수 없었다. 이에 대 해 베코프는 이렇게 썼다. "오랫동안 나는 단지 개체의 차이로만 생각했다. 같은 종끼리도 행동이 저마다 다를 수 있기 때문이다. 따라서 해리의 행동 은 전혀 놀라운 것이 아니었다." 그러나 몇 년 후 어떤 사람이 그에게 인간 이 아닌 동물에게도 자폐증이 있는지 물었고, 베코프는 그 이상한 코요테 새끼를 기억해 냈다. "어쩌면 해리가 코요테 자폐증이었을 수도 있다."

2013년에 캘리포니아 공대의 생물학자들은 사회성이 형편없고 상동 증을 나타내는 실험실 쥐들을 받아서 장내 미생물인 박테로이데스 프라길 리스Bacteroides fragilis를 먹였다.[33] 그러자 쥐들의 불안증이 줄어들고 다른 쥐들과 소통을 더 잘하고 이상행동을 하는 시간이 줄어드는 것처럼 보였다. 연구자들은 그 박테리아가 쥐에게만 도움을 주는 데 그치지 않을 수 있다고 보고, 자폐와 같은 발달 장애를 가진 사람도 활생균인 프로바이오틱스 probiotics를 복용해야 한다고 주장했다. 이 연구는 쥐와 인간의 자폐 스펙트럼 장애를 내장 질환과 결부시킨 같은 대학 연구진의 선행 연구를 토대로 한 것이었다.[34] 예를 들어, 다른 쥐를 보고 이상하게 찍찍거리며 우는 쥐는 장내 미생물인 박테로이데스 프라길리스가 부족했다. 이는 자폐를 가진 사람도 마찬가지였다. 이 박테리아의 결핍이 반드시 자폐증을 **유발**하는 것은 아니지만, 박테리아를 보충하면 이런 증상을 나타내는 동물들에게 도움이 될 수 있을지 모른다.

지루함이나 자신을 공격하거나 괴롭히는 친구, 싫어하는 사육사 등도 동물을 강박증에 걸리게 할 수 있다. 너무 밝거나 너무 어둡거나, 너무 시끄럽거나 너무 조용한 것, 또는 냄새가 너무 심하거나 냄새가 전혀 없는 것이 문제가 될 수도 있다.

갇혀 사는 많은 고릴라가 먹이를 토하고 다시 먹기를 끝없이 반복한다. 이런 현상은 너무 흔해서 '구토'regurgitation와 '재섭취'reingestion의 앞 글자를 딴 R/R이라는 용어가 생겼을 정도다. 보스턴에 있는 프랭클린 파크 동물원의 열대우림 전시관에서 일하는 어시스턴트 큐레이터 자닌 재클은 동물원의 고릴라 여덟 마리와 그들을 담당하는 사육사 팀을 총괄하고 있다. 20년 이상 이 고릴라들과 함께 일해 온 그녀의 동물원 사무실에는 다양한 연령대의 고릴라 사진들과 알록달록한 핑거페인팅이 도배돼 있었다. 그림은 유인원 간의 일종의 공동 공예 프로젝트로서 사육사들이 우리 속으로 밀어 넣은 종이에 고릴라들이 손가락으로 물감을 찍어 그린 것이었다. 자닌 뒤편의 노란색 도구 상자 안에는 영장류에게 물렸을 때 쓸 응급처치 키트가 들어 있지만 아직까지 한 번도 써본 적은 없었다.

"고릴라들은 R/R 방식도 저마다 다 달라요. 암컷 키키는 입 속에 머금고 있다가 전시관 유리에 뱉어요. 또 코로 뿜어내서 턱까지 줄줄 흘러내리게 한 다음 다시 핥아먹기도 해요." 자닌은 내게 이렇게 말했다. 무리 중 가장 나이가 많은 암컷 지지는 아마도 가장 추잡하다고 할 수 있는 기술을 가지고 있다. 바닥에 도배를 하듯 온통 먹이를 토해 내고는 한참 동안 가지고 놀다 다시 먹는다. 자닌은 이렇게 말했다.

"단것을 먹었을 때 더 자주 그러더라고요. 얘들이 단맛을 좋아해서 다시 맛보고 싶어서 그러는 것 같기도 하고, 뭔가 할 일을 만들려고 그러는 것 같기도 해요. 사육사들끼리 이 정도면 [미슐랭 5스타에 해당하는] '5R' 레스토랑 아니냐고 농담을 하곤 하죠."

동물행동심리학자이자 야생동물 생물학자인 토니 프로호프는 고래류의 사회성과 의사소통에 관한 전문가로 돌고래와 함께 하는 물놀이 체험 프로그램들을 심사하거나, 사육 돌고래의 처우 개선을 위해 노력하는 여러 운동 단체들에 자문을 해주는 등의 활동도 한다. 토니는 정형화된 수영, 자위 상동증, 그리고 돌고래가 머리로 수조 측면을 반복적으로 들이받는 행위(그녀는 이를 헤드래밍head-ramming이라 부른다) 등 여러 가지 사례를 봐왔다.

"한번은 캐나다 에드먼턴으로 와달라고 하더라고요. 거기 돌고래가 사는 쇼핑몰이 있었거든요. 이런 쇼핑몰에 돌고래 한 마리만 있게 하는 건 바람직하지 않다고 말해 주러 간 거죠. 도착해서 보니까 돌고래가 정말 온갖 종류의 스트레스 행동을 나타내고 있더라고요. 그래서 제가 물었죠. '여러분은 정말 돌고래 전문가가 여기 와서 이게 얼마나 끔찍한 일인지 꼭 말을 해줘야 아는 건가요?'"

바다표범과 바다사자도 갇힌 상태에서 이상 습관을 나타낸다. 정형화된 수영 이외에도, 성수 암컷이 아니라 다른 새끼들의 젖을 먹으려고 하는 "새끼 젖 빨기"pup sucking 같은 행동을 한다. 사육 돌고래와 해마도 고릴라처럼 먹이를 토해 내고 토사물을 다시 먹는 행동을 반복한다. "야생에서 해양 포유류가 자기가 먹은 오징어 입이나 돌 같은 것들을 뱉어 내는 건 정상적인 행동이에요. 그렇지만 갇힌 상태에서 실제 먹이를 대상으로 이런 일이 일어났을 때는 전위 행동displacement behavior✛으로 볼 수 있습니다. 사육 산업 종사자들은 이런 얘기 하는 걸 좋아하지 않죠."

이는 포획 동물을 이용해 관람객들을 즐겁게 하는 기관들이 팔고 싶어 하는 게 동물의 강박행동 쇼가 아닌 가족적이고 교육적으로 보이는 체험이기 때문이다. 미국 동물원수족관협회는 동물 전시 시설들로 이루어진 비영리 인가 단체로 회원제로 운영된다. 협회는 동물원이 지구의 생물 다양성을 지키는 방주方舟와 같은 기구임을 대중적으로 알리기 위해 힘쓰고 있다. 미국 동물원수족관협회에 따르면, 미국에서 동물원과 수족관을 찾는 관람객은 보통 25~35세 사이의 아이를 가진 여성들이다.[35] 대개 동물원은 이런 관람객들에게 불안하거나 불편한 동물이 부각되는 걸 원하지 않는다. 숨겨진 스피커에서 흘러나오는 곤충 소리부터 수작업으로 완성된 배경 그림까지 모든 게 자연을 최대한 자연스럽게 보여 주고 가족적 즐거움을 제공한다는 동물원의 목표를 위해 설계된 것으로, 그런 동물들이 자칫 이렇게 세심하게 연출된 체험을 망쳐 버릴 수 있기 때문이다.

전시 시설들의 차이는 때로 얼룩말의 줄무늬만큼이나 뚜렷한 경우도 있지만, 그렇게 두드러지지 않을 때도 있다. 가령 씨월드와 브롱크스 동물

✛ 스트레스 상황에서 앞뒤가 맞지 않는 적절치 못한 행동을 하는 것을 뜻한다.

원의 예를 들어 보자. 후자는 국제 환경보호 단체인 야생동물보호협회에 의해 운영되고 있다. 반면 씨월드는 2009년까지 안호이저-부시Anheuser-Busch Corporation라는 기업이 소유하고 있던 비영리 테마 공원이었지만, 지금은 블랙스톤 그룹이라는 사모 펀드 기업이 운영 중이다. 브롱크스 동물원과 같은 시설에서 일하는 사육사와 수의사들은 자신들이 하는 일이 씨월드 같은 곳과는 전혀 다르다는 점을 내게 확신시키려고 무진 애를 썼다. 그들은 자신들이 오락거리를 제공하는 것이 아니라 교육을 하고 있는 것이고, 설사 이게 오락거리라 해도 **동시에** 교육적 효과가 있다고 주장한다. 이 논쟁은 동물들의 정신질환과 별로 연관이 없어 보일지 모르지만, 실제로는 그렇지 않다. 동물원은, 관람객들이 전시 동물을 보고 동물에 대해 더 잘 알게 됨으로써 집으로 돌아가서도 동물의 세계를 더 알아보고 보호해야겠다는 신념을 갖게 된다는 주장을 통해 동물 전시뿐만 아니라 그로 인해 나타나는 동물의 정신이상을 정당화한다. 이론상으로는 기가 막힌 생각이다. 만약 그런 주장이 타당하다면, 강박증으로 고생하는 동물들이 좀 있다 해도 전체 효과를 감안해 감수할 만한 부차적인 일이 될 것이다. 하지만 현실은 전혀 그렇지 않았다.

40년 전부터 환경 운동이 미국인들이 토요일 오후를 보내는 방식에 영향을 미치기 시작하면서 삭막한 콘크리트 구덩이가 파진 방사장들로 구성된 미국의 동물원들은 관람객이 감소하며 위기를 맞았다. 동물원은 더 이상 사람들을 우울하게 만들지 않는 장소가 되어야 했다. 살아남은 동물원들은 자신들의 존재 이유를 교육적인 장소이자 멸종 위기에 직면한 야생동물의 보호자, 멸종 위기종의 보고로 정당화했다. 하지만 이런 명분은 좋게 봐도 희망사항일 뿐이며, 나쁘게 보자면 자신들의 수익을 유지하기 위한 연막에 불과하다. 정작 이들이 수집한 동물들의 야생 세계는 조용히 스러져 가고 있는데도 말이다.

2007년에 미국 동물원수족관협회는 자신들의 역할이 환경보호의 파수꾼이자 교육자라는 주장을 뒷받침하기 위해 동물원의 교육적 효과에 대한 3년간의 설문 조사 결과를 발표했다. 보고서는 동물원 방문을 통해 사람들이 동물에 더 관심을 가지게 됐고 동물 보호의 필요성에 대한 인식도 제고했다고 주장했다. 그러나 에모리 대학 연구진이 발표한 후속 보고서는 동물원수족관협회 연구 방법의 타당성에 의문을 제기하면서 이들의 교육적 효과에 대한 주장이 크게 과장돼 있다고 밝혔다.[36]

물론 일부 관람객들은 동물을 보고, 해설사와 대화를 나누고, 안내판을 읽는 경험을 통해 변화한다. 브롱크스 동물원이나 몬터레이만 수족관, 샌디에이고 동물원 등은 환경 교육 프로그램을 갖추고 있고, 야생동물 개체군에 대한 연구를 위해 노력하고 있으며, 종종 야생동물 보호에 중요한 기여를 하기도 한다. 이런 시설에 일자리를 얻으려면 치열한 경쟁을 거쳐야 하며, 신입 직원들 중 상당수는 과거에 비해 훨씬 높은 학력을 가지고 있다. 그러나 직원들의 교육 훈련, 유익한 연구와 사회공헌 활동에 대한 예산, 그리고 동물들이 자유롭게 토종 식물을 뜯어먹으며 콘크리트가 아닌 풀밭을 걸을 수 있는 새로운 전시관에도 불구하고, 여전히 많은 동물들은 온갖 이상행동을 보인다. 그래서 동물원을 찾는 아이들은 부모에게 왜 돌고래가 발기한 페니스를 수조의 여과 시스템 노즐에 집어넣는 행동을 멈추지 않는지 묻게 되는 것이다.

관람객이 이런 행동에 대해 불만을 제기할 때 이를 숨기지 않고 개선을 위해 노력하는 전시 시설들도 있다. 예를 들어, 보스턴에 있는 프랭클린파크 동물원은 고릴라관 내부에 왜 담요나 플라스틱 통이 있는지 궁금해하는 사람들을 위해 유리에 동물들에게 놀잇감을 주는 이유를 설명하는 안내문을 붙여 놨다. 하지만 가장 거슬리는 동물들을 보이지 않게 치우는 방식으로 대응하는 동물원이나 수족관들도 있다.

결국, 관람객이 집으로 돌아가 분리수거를 하거나 환경 운동 단체에 기부를 하게 될지 아닐지는 동물원이나 수족관이 아니라 관람객 자신에게 달려 있는 것이다.

현대인이 다른 동물들을 보고 상호작용할 기회가 있어야 하는 것은 맞지만, 나는 동물원이 그 답은 아니라고 생각한다. 우선 동물이 관람객과 상호작용하는 경우가 거의 없기 때문이다. 사소할지 모르지만, 나는 그 냄새가 싫다. 오줌과 청소 용제, 그리고 아마도 절망과 지루한 기다림이 뒤범벅돼 풍기는 그 고약한 냄새 말이다. 갇혀 있는 우리가 자연적일수록 동물들은 더 우울해할 수 있다. 그렇게 조성된 환경이 훨씬 더 기만적이기 때문이다. 유리로 된 우리 안에 갇혀 있는 맨드릴에게 그가 가장 좋아하는 횃대를 감싸고 있는 나뭇잎은 그것이 아무리 진짜 같다 해도 전혀 도움이 되지 않는다. 행여 망가뜨릴까 봐 열선이 깔려 있기 때문이다. 파블로프가 잘 보여 줬듯이, 이런 갈등은 동물들에게 이상행동을 야기한다. 자연적으로 보이는 일부 전시관은 과거의 시멘트로 된 우리보다 훨씬 더 나쁜 영향을 줄 수 있는데, 새로 심은 식물이나 여타 장치들로 인해 동물의 가용 공간이 줄어들기 때문이다. 이런 환경은 평생을 그 속에서 보내야 하는 동물의 정신적 복지에 심각한 영향을 미친다.

이 시기에 나는 마음씨 따뜻하고, 지적이고, 공감 능력이 뛰어난 사육사들을 여럿 만났다. 이들은 자신이 돌보는 동물들을 정말 아끼고 아무리 열심히 해도 빛이 나지 않는 일에 큰 희생을 감수하는 사람들이었다. 사육사는 보통 장시간 노동에 시달리지만 돈은 못 벌고, 일자리 자체도 안정적이지 않으며, 위험하고, 육체적으로 고된 직업이다. 그리고 아마 가장 힘든 점은 결정권이 없다는 점일 것이다.

예를 들어, 어떤 사육사가 자신이 돌보는 야생 개 몇 마리가 우리를 똑같은 패턴으로 돌며 원을 그리고, 더 이상 새끼들과 놀아 주지 않거나 몸을 동그랗게 말고 휴식을 취하는 등 점차 강박행동을 나타낸다는 사실을 인지했다고 치자. 그렇지만 대부분의 경우 사육사들에게는 자신이 보살피는 동물의 복지를 확실히 보장할 만큼 큰 변화 — 가령 더 큰 전시관을 세우거나 비용이 많이 드는 다양한 먹이를 주는 등의 — 를 일으킬 힘이 없다. 이런 결정은 동물원 경영자들이 내리는데 그들은 동물과 직접 일해 봤을 수도 있지만 아닐 수도 있다. 그들의 일차적 관심사는 동물원의 수익성을 높이고 관람객 숫자를 늘리는 것이며, 이런 요인들은 동물 복지에 역행할 수 있다. 너무 당연한 얘기겠지만, 좋은 전시 동물이 되려면 결국 그 동물이 사람들한테 **보여야** 한다. 예를 들어, 판다와 고릴라의 탄생은 엄청난 관람객을 불러 모으고 언론에서도 인기를 끈다. 하지만 과연 하루에 몇 시간씩 자신의 갓난 새끼가 눈부신 조명 아래 완전히 노출된 채 전시되기를 원하는 포유류 어미가 얼마나 되겠는가?

동물원 사육사와 훈련사들에게 그들이 매일같이 함께하는 동물들은 가족이다. 이는 씨월드나 식스플래그스 같은 놀이공원에서도 마찬가지다. 이들은 자신의 인간 가족 구성원들보다 고래 돌고래 영양과 더 많은 시간을 보내며 그만큼 동물들을 사랑한다. 지금까지 내가 만난 훈련사나 사육사들은 모두가 하나같이 자신이 맡은 동물에게 최선을 다하는 사람들이었다. 때로 자신이 아끼는 동물들을 보호해 줄 수 없음을 깨닫는다 해도 돌이킬 방법은 없지만 말이다.

제니퍼 헤멧은 현재 고급 애견숍을 운영하고 있지만, 예전에는 대형 유인원을 돌보던 영장류 사육사였다. 이스트 코스트 동물원에서 10년을 근무한 뒤 그녀는 한계에 도달했다. 문제의 장본인은 톰이라는 이름의 로랜드 고릴라 수컷이었다. 톰의 유전자가 다른 동물원의 암컷 고릴라와 궁합이 잘 맞는다는 이유로 동물원수족관협회는 그를 수백 킬로미터 떨어진 다른 동물원으로 보냈다. 톰은 그곳에서 생면부지의 고릴라들에게 학대를 당하고 왕따가 되었다. 그는 도통 먹지를 않아서 몸무게가 3분의 1이나 줄었다. 결국 이전 계획은 실패로 판명됐고 그는 다시 집으로 돌아왔다. 제니퍼와 다른 사육사들의 보살핌으로 그가 건강을 되찾기까지는 수개월이 걸렸다. 그들은 톰을 또 어딘가로 보내는 건 절대 안 된다고 판단했다. 그는 감정적으로 민감했고, 다른 고릴라나 자신이 알지 못하는 인간 관리자들과 잘 어울리지 못했다. 그런데도 톰은 다시 다른 곳으로 보내졌다. 몇 달 후 제니퍼와 사육사 몇몇이 새로 옮긴 동물원으로 톰을 찾아갔다. 톰은 전시관 울타리 너머로 그들을 발견하고 울기 시작했다. 조용히 훌쩍이는 정도가 아니었다. 톰은 흐느끼고 울부짖으면서 이전 사육사들을 향해 달려왔다. 그는 울타리 너머에서 계속 제니퍼 일행을 따라왔다. 그러자 동물원 관람객들이 불만을 터뜨렸고 사육사들에게 "저 사람들이 고릴라를 독점하지 못하게 해달라"고 항의했다. 제니퍼는 집에 돌아와 이틀 후 사직서를 냈다. 톰이 옮겨 간 새 동물원의 운영진은 이전 사육사들이 다시는 그를 찾아오지 못하도록 금지했다. 톰을 너무 흥분하게 만든다는 이유에서였다.

털을 뽑는 털북숭이들

반복적으로 털을 잡아 뜯는 행동은 "발모벽"拔毛癖으로 불린다. 이에 해당하는 사람은 미국에서 대략 남성의 1.5퍼센트, 여성의 3.5퍼센트에 이른다. 이 증상으로 부분 대머리가 되자 너무 당황한 나머지 가발로 머리를 가리고 장애 진단을 받지 않은 사람들은 여기에 포함되지 않는다. 대부분은 머리털 눈썹 속눈썹 수염 음모 등을 가리지 않고 뽑는다.[37] 일부는 눈썹과 같은 특정 영역에서 털을 뽑기 시작해 시간이 흐르면 다른 곳으로 장소를 바

꾼다. 이 장애를 가진 사람들은 대개 털 뽑기가 시작되기 전 일종의 긴장 상태에 있었으며 그것을 완화하려고 털을 뽑게 되었다고 말한다. 긴장을 풀고 있을 때나 책을 읽고 텔레비전을 보면서 머리를 식히고 있을 때에도 이런 일이 일어나긴 하지만 불안하거나 화가 나거나 슬플 때면 털을 뽑는 빈도와 집요함은 더 심해진다.

이 이상을 어떻게 분류할지에 대해서는 상당한 혼란이 있었다. 2013년까지 DSM은 털 뽑기를 충동조절장애로 분류했고, 강박증으로 간주하지 말 것을 권고했다. DSM은 발모벽이 강박사고와 연관되지 않는 한 강박장애가 아니라고 강조한다. 털 뽑기는 강박적인 손 씻기나 잠금 확인이 나타나는 일반적인 방식과 달리, 엄격한 틀에 맞춰 진행되지 않는다. DSM 5판은 이 질병을 다르게 분류해 지금은 피부 뜯기 장애와 함께 강박장애의 일종으로 간주한다.[38]

병인病因이 무엇이든, 발모벽이 DSM에 들어 있는 까닭은 대부분의 사람들은 그런 행동을 하지 않기 때문이다. 우리에게 머리카락이 필요한 이유는 가지가지다. 부분적으로는 생리적인 것이지만 대부분은 다른 이유다. 부분 대머리나 눈썹 빠짐은 미관상 좋지 않으며, 털을 뜯느라 긴 시간을 보내면 일상생활에 지장이 생길 수 있다. 이런 습관은 불안증이나 우울증의 증상일 수도 있지만, 보통은 외모가 이상해지기 때문에 병원을 찾게 된다. 발모벽 환자, 특히 아이들 중에는 다른 사람의 머리털을 뽑거나 심지어는 반려동물의 털을 뽑는 경우도 있다. 그리고 자신이 뽑은 머리카락을 가지고 놀거나 이따금 먹는 일도 있다.[39]

이 역시 다른 많은 신경증과 마찬가지로 사람에게만 국한되지 않는다. 털 뽑기는 (사람을 포함해) 여섯 종의 영장류에서 보고된 바 있고, 쥐 기니피그 토끼 양 사향소 개 고양이 같은 동물에서도 찾아볼 수 있다.[40] 털을 뽑는 설치류가 "이발사"라고 불리는 까닭은 그들이 다른 생쥐의 털이나 콧수염을 제거하기 때문이다. 발모벽을 가진 사람과 마찬가지로 이런 동물들도 암컷인 경우가 많다. 내가 아는 한, 생쥐의 경우 이는 갇혀 사는 개체군에서만 발견된다. 반려용이든 "취미"로 생쥐를 길들이든 간에, 쥐를 기르는 사람들의 온라인 게시판에는 털 뽑는 쥐에 대한 이야기가 가득하다. 그들은 부분적으로 털이 뽑힌 머리, 리버스 모히칸reverse mohawk 같은 머리,✦ 또는 꼬마 오페라의 유령처럼 털이 빠져 얼굴에 무늬가 생긴 모습 등을 서로 공유한다. 이런 사람들은 어찌할 바를 몰라 해결책을 찾으려 애쓴다. "타슈는 다른 생쥐들과 같은 우리에 있으면 2주를 못 참고 다시 털을 뽑기 시작해요. … 오늘은 얘를 푸 만추와 미세스 비치와 함께 큰 탱크에 넣었어요. … 하지만 2주가 안 돼 또 털을 뽑아 댈 거예요. 어떻게 하면 이 문제를 해결할 수 있을까요?"[41]

어떤 사육사나 애호가들은 이런 행동이 지배력을 과시하는 것이라 보기도 하고, 어떤 사람들은 자극의 결여나 과밀 때문이라고도 한다. 실험을 위해 태어나고 사육된 실험실 생쥐도 감각적·사회적·환경적 욕구를 가지며, 이런 욕구는 운동용 쳇바퀴와 화려한 플라스틱 터널 등을 잘 갖춘 쾌적한 우리에서도 충족될 수 없다. 강박장애의 다양한 형태와 마찬가지로, 털 뽑기도 정상적인 털 손질grooming이 이상하게 엇나간 것이다(이는 인간의 다양한 발모벽도 마찬가지다). 일반적으로 생쥐는 뒷발로 몸을 긁으면서 털 손질을 하고, 앞발에 침을 묻혀서 얼굴이나 털을 닦거나 이빨로 털을 청소하고 부드럽게 한다. 이발사 생쥐는 이런 털 손질의 도가 지나쳐서 다른 생쥐의 털까지 뽑는다. 이런 생쥐는 다른 쥐의 털이나 수염을 뽑거나 물어뜯긴 해도 상처를 입히진 않는다. 실제로 피해자들도 이런 행위를 즐길 수 있다. 때로는 이발사 생쥐를 따라다니면서 자기 수염을 모두 뽑거나 멀릿 헤어✦✦로

✦ 좌우가 깎인 모히칸 스타일과는 반대로 가운데만 깎인 머리 모양.

만들어 줄 때까지 주위를 맴도는 생쥐도 있다.[42]

생쥐는 실험실의 충실한 일꾼이니 이발사 설치류도 인간의 발모벽을 이해하는 데 도움을 줄 수 있을 것이라고 본 연구자들도 있었다.[43] 인간 발모벽 환자의 대역으로 생쥐를 사용한 연구들은 생쥐가 (스스로 털 뽑기를 시작하지 않은 경우) 우선 다른 쥐의 털을 뽑도록 만들기 위해 여러 가지 기법을 시도한 다음, 항우울제가 그런 행동에 미치는 영향을 조사했다.[44]

털 뽑기에는 유전적 요인이 있을 수 있다. 2002년에 이루어진 한 실험에 따르면, 뇌에서 발견되는 미세아교세포라는 면역 세포의 발달에 필수적인 Hoxb8 유전자를 포함한 유전자군 없이 번식시킨 생쥐에게서 심하게 자기 털을 뽑는 증상이 나타났다. 이 돌연변이 생쥐는 털을 솎아 내고 수염을 뽑는 데 그치지 않고 털이 뽑힌 부위를 앞발로 긁어서 빨갛게 상처를 냈다. 『셀』지에 발표한 후속 연구에서 연구진은 대조군 생쥐에게서 뽑아낸, 건강한 미세아교세포가 포함된 골수를 이발사 생쥐들에게 이식했다. 이식 후 한 달이 지나자 미세아교세포가 돌연변이 생쥐의 뇌에 도달하면서, 이발사 생쥐의 상당수가 과도한 털 손질을 멈췄다. 그리고 석 달이 지나자 다시 털이 났다. 인간 발모벽 환자에게 골수이식을 받게 하라고 주장한 사람은 없었지만, 연구진은 뇌의 면역계와 발모벽·강박장애·자폐증·우울증 같은 정신질환 사이의 연관성을 계속 연구 중이다.[45]

털이 있는 동물만 이런 증상을 나타내는 것은 아니다. 조류 수의사들은 이 증상이 알레르기와 같은 다른 의학적 문제와 관련이 없는 경우 깃털 뽑기 장애라 진단한다. 앵무새를 기르는 사람들, 조류 수의사, 사육사들은 새들이 지루하거나 욕구불만이거나 스트레스를 받을 때 깃털을 뜯는다고 말한다.[46] 이는 또한 성적 행동이나 너무 이른 젖떼기, 관심 끌기, 과밀에 대

❖❖ 앞머리와 옆머리는 짧고 뒷머리만 길게 늘어뜨린 헤어스타일.

한 반응, 분리불안의 징후, 또는 일상에 일어난 변화에 대한 반응 등 사실상 앵무새를 언짢게 할 수 있는 모든 것과 연관될 수 있다.

피비 그린 린든은 25년 이상 앵무새들과 함께 살아온 사육 앵무새 행동 전문가다. 그녀는 내게 발모벽을 가진 사람들에 대한 해결책이 저마다 제각각이듯 깃털 뜯기를 멈추게 할 해결책 역시 마찬가지라고 말했다.[47] 새들이 깃털을 뜯는 이유도 제각각이다. 피비는 주변 환경을 다채롭게 만들고 앵무새들이 새로운 동작을 익히게 하는 것이 최선이라고 생각한다. "새들이 날고, 먹이를 찾고, 다른 새들을 사귈 기회를 확실히 주는 것이 핵심입니다." 만성질환의 경우, 선택적 세로토닌 재흡수 억제제SSRIs로 알려진 프로작, 자낙스나 발륨 같은 항우울제를 쓸 수 있다.

샌프란시스코 동물원에서 가장 서열이 낮은 암컷 맨드릴은 무리 중 수컷 하나가 죽자 털을 뽑기 시작했다. 해설사의 말에 따르면, 그 수컷이 죽은 후 무리의 지배권은 다른 "독재자" 맨드릴에게 넘어간 상황이었다. 새로운 우두머리 때문에 스트레스를 받은 가장 낮은 서열의 맨드릴은 너무 격렬하게 털을 뽑는 바람에 머리 양옆의 털이 모두 빠져 모히칸 헤어스타일이 되었다. 동물원 측은 그 맨드릴에게 팍실을 처방했고, 예상대로 털 뽑기는 멈췄다.

갇혀 사는 고릴라의 경우, 털 뽑기가 이루어지는 가장 흔한 부위는 팔뚝과 정강이지만, 나는 이 유인원들이 손 닿는 곳이면 어디든 털이 빠져 있는 걸 볼 수 있었다. 고릴라는 사람보다 체모가 많고 더 조밀하기 때문에 거의 몸 전체에서 털을 뽑을 수 있다.

보스턴 프랭클린 파크 동물원의 고릴라 리틀 조는 탄탄한 근육과 긴 팔을 가진 열여섯 살의 수컷이다. 2003년에 그는 긴 팔을 이용해서 열대우림 전시관을 기어올라 동물원을 탈출했다(자닌 재클은 이렇게 말했다. "그는 고릴라계의 마이클 조던이었어요. 팔이 아주 길고 운동신경이 뛰어나서 이전에는 어떤 고릴라도 하지 못했던 방식으로 전시관의 한계에 도전했죠."). 조는 동물원 인근을 두 시간이나 배회했다.[48] 버스 정류장에서 잠시 휴식을 취하던 조를 발견한 한 여성은 처음에 그가 "커다란 검은 재킷을 입고 스노클을 쓴 남자"인 줄 알았다.

리틀 조는 다음번 탈출을 계획하고 있지 않을 때면 종종 머리털을 뽑았다. 그는 팔에서 털을 뽑아내서는, 발모벽이 있는 사람과 똑같이 이따금 먹기도 했다. 또한 팔에 앉은 딱지를 계속 뜯어내서 팔에 작은 상처들을 남겼다. 자닌이 보기에 불안해지면 증상은 더 심해졌다. 사육사들은 털이나 피부를 뜯는 행동을 완전히 멈출 순 없었지만, 좋아하는 향의 팝콘을 먹이거나 건강검진을 위해 신체 여러 부위를 보여 주는 훈련을 시키는 등 다른 일로 바쁘게 만들어 보려고 노력 중이다.

뉴욕 브롱크스 동물원의 암컷 고릴라 교자샤도 털을 너무 심하게 뽑은 나머지 관람객들이 대체 정체가 뭐냐고 물을 정도였다. 전시 해설사는 이렇게 말했다. "관람객들이 교자샤가 고릴라인지 뭔지 알 수가 없을 정도였어요. 털이 없었으니까요. 솔직히 쭈글쭈글한 할머니 같았습니다. 충격적이었죠. 그리고 일주일 있다 동물원은 교자샤를 전시에서 제외했습니다. 지금은 캘거리에 있을 거예요."

동물원 후원자인 글렌 클로스의 어머니 이름을 따서 수피 베티나라 불리는 브롱크스 동물원의 고릴라는 진흙으로 만든 인공 둑에 앉아서 허공을 바라보며 팔뚝에서 피가 날 때까지 털을 뽑다가는 상처에 앉은 딱지를 뜯어냈다.

프란스 드 발이나 제인 구달 같은 영장류 학자들은 관찰을 통해 사람이 아닌 동물들도 문화 — 즉, 다음 세대로 대물림하거나 다른 집단으로 전파될 수 있는 지식 — 를 가질 수 있으며 실제로 그런 문화가 있다는 것을 알아냈다.[49] 소금 간을 한 고구마가 더 맛있기 때문에 바닷물에 고구마를 씻어 먹는 법을 서로 가르치는 일본원숭이 이야기를 들었을 때 나는 털 뽑기도 학습되는 것이 아닐까 싶었다. 실제로 자기 털을 뽑는 고릴라는 새끼들도 자기 털을 뽑는 것으로 드러난 바 있기 때문에 주변 고릴라들에게 털 뽑기를 배우는 것 역시 가능해 보인다.

보이지 않는 마음

발모벽은 진단이 쉽다. 전문가가 아닌 사람에게도 털이 빠져 휑한 부분이 쉽게 눈에 띄기 때문이다. 그렇지만 정신적 불안을 나타내는 징후들 가운데는 눈에 띄지 않을뿐더러 진단도 다소 주관적인 경우가 많다. 심지어 어떤 상동 행동들의 경우, 그 원인이 뭔지조차 혼란스러울 수 있다. 템플 그랜딘은 강박적으로 서성대거나 뭔가를 씹어 대거나 다른 동물의 꼬리를 물어뜯지 않는다고 해서 그 동물이 행복하다는 뜻은 아니라고 지적한 바 있다. 어떤 개들은 분리불안이 폭력적이기보다는 더 위축되는 형태로 나타날 수 있는 것처럼, 전시관 구석에 처박혀 있는 긴장증 곰이 8자를 그리며 맴돌지는 않는 건 단지 절망감을 표현할 에너지가 없어서일 수 있다. 이런 동물들은 훨씬 강박적인 행동을 하는 다른 동물들만큼, 또는 그보다 더 고통에 시달리고 있더라도 진단을 받을 가능성이 낮다.

어떤 행동이 명확하게 스트레스와 연관되는 경우에도 해석이 힘들 수 있다. 멜 리처드슨은 샌프란시스코 동물원에서 나무캥거루 한 마리를 진찰해 달라는 부탁을 받은 적이 있었다. 사육사들은 그 캥거루가 이상행동을 한다고 말했다. 곰인형의 귀, 코알라의 둥근 몸집, 그리고 털이 많은 원숭이 꼬리를 한 나무캥거루는 무척이나 귀여운 동물이다. 그러나 이 암컷은 자신의 새끼를 공격하고 있었고, 사육사들은 전혀 이유를 알 수 없었다. 멜은 그녀를 살펴보러 갔다. 아니나 다를까 그가 가까이 다가가자마자 캥거루는 새끼들에게로 달려가 발로 때리고 할퀴기 시작했다. 멜이 뒤로 물러서자 그녀는 공격을 멈췄다. 그러나 그가 앞으로 다가서자 다시 새끼들에게 달려들었다.

멜은 이렇게 말했다. "나쁜 의도로 새끼들을 공격하는 게 전혀 아니라는 걸 알겠더라고요. 새끼들을 땅에서 떼어 내려는 거였어요. 근데 작은 앞발로는 그러기가 힘들잖아요. 나무캥거루가 살던 오스트레일리아나 파푸아뉴기니라면 새끼들은 절대 지상에 있지 않겠죠. 가족 전체가 나무 위에서 살았을 거예요." 어미 캥거루는 새끼들을 사람들로부터 떼어 놓고 싶었던 것이다. 이상하게 새끼들을 공격하는 것처럼 보인 행동은 실제로는 그들을 나름대로 보호하는 방식이었다. 그녀의 행동은 결코 정신질환이 아니었고, 자연적이지 않은 환경에서 어미가 되면서 받은 스트레스로 인한 것이었다.

사육사들은 이 캥거루의 우리를 개조해 지면에서 높이 올리고 문에서 멀리 떨어지게 했다. 그러자 그녀는 안도했고 새끼들을 때리는 행동을 멈췄다.

멜은 이렇게 설명했다. "건방지게 들릴지 모르지만, 비정상적인 것이 뭔지 알려면 먼저 뭐가 정상인지를 알아야 합니다. 동물의 심리를 이해해야죠. 근데 사람들은 너무 쉽게 이 점을 오해해요."

몇 년 후 멜은 캘리포니아 치코에 자신의 동물병원을 열었다. 같이 일하는 간호사 중 한 명이 자신의 독일셰퍼드가 불안증을 보인다고 투덜거리며 출근했다. 남자 친구가 자기랑 싸우다가 화가 나서 벽에 뭔가를 집어던졌는데 그 바람에 액자가 바닥에 떨어지면서 모든 게 시작됐다는 것이었다. 그 이후로 독일셰퍼드는 그 방에만 들어가면 항상 구석으로 숨어들며 두려운 눈길로 벽을 바라보게 되었다고 했다.

"셰퍼드가 그런 행동을 할 때 당신은 어떻게 하나요?" 리처드슨이 물었다.

"쓰다듬어 주면서 안정을 찾을 때까지 말을 걸죠." 그녀가 답했다.

"이런, 문제를 더 악화시키고 있군요. 불안 행동에 대해 보상을 해주고 있는 거예요. 그럴 땐 그냥 무시하세요."

그녀는 자신의 셰퍼드가 그 방에서 하는 행동을 무시하기 시작했고, 2주가 지나자 독일셰퍼드는 두려움에 떨며 구석으로 숨는 행동을 멈췄다. 멜이 보기에 이런 종류의 일은 흔하다. 반려동물들이 이상행동을 나타낼 때 자신이 어떤 역할을 해야 할지 모르는 사람들이 하는 선의의 행동이 오히려 공포나 불안, 심지어는 강박행동을 강화할 수 있는 것이다.

불교도인 "코끼리 수도승" 프라 아흐잔 하른 파냐타로는 태국 북동부 수린주의 반타클랑이라는 마을에 살고 있다. 이곳에서 여성들은 뒤뜰에 자라는 뽕나무 잎을 가지고 누에를 쳐서 비단을 짠다. 이 마을은 200마리 이상의 코끼리를 소유하고 있으며, 마을 사람들은 코끼리를 마치 자가용처럼 자기 집 옆에 둔다.

코끼리 장례를 집행하는 몇 안 되는 수도승 중 한 명인 파냐타로는 코끼리 묘지를 만들었다. 인간 가족들은 이 묘지에 와서 자신들이 손수 만든 묘석 아래 묻힌 코끼리를 위해 향을 피우고 과일과 물이 든 병을 놓고 간다. 또한 파냐타로는 그 지역의 아시아코끼리 개체군에 대한 통계를 작성하고, 코끼리와 마훗이 조용히 명상에 잠긴 채 나무 사잇길을 지나갈 수 있는 사찰림을 관리한다. 코끼리가 사람을 죽이는 일이 일어나면 — 이 마을에선 1년에 몇 차례 이런 일이 있다 — 그가 나서서 유족과 코끼리 소유주, 마훗 등 그 사건에 연관된 사람들 사이의 합의를 이끈다. 그는 이런 일을 20년 이상

해왔다.

내가 파냐타로를 만난 날 아침, 그는 막 인도로 떠나려던 참이었다(그는 "코끼리가 아닌 불교를 위해" 간다고 말했다). 오토바이 한 대가 그를 공항으로 데려가기 위해 기다리고 있었다. 그는 사원 앞쪽의 계단에 앉아서 내게 몇 계단 아래 앉으라고 손짓했다. 나는 그가 아는 많은 코끼리들 중에서 정서장애를 일으키는 코끼리가 있는지, 만약 있다면 그들이 겪는 고통을 어떻게 알아차리는지 묻고 싶었다.

긴장한 나는 말을 버벅거렸다. "코끼리들이 느끼는 감정을 어떻게 알아차리는지 물어봐 줄래요?" 나는 내 친구이자 통역사인 앤에게 이렇게 물었다.

파냐타로는 나를 똑바로 쳐다보면서 이렇게 말했다. "다른 동물을 이해하려면 먼저 당신 자신을 이해해야 합니다." 이 말은 무척 심오하면서도 한편으론 너무 상식적이어서 나는 이런 이야기를 들으려고 굳이 태국까지 왔나 하는 의구심이 들었다. 그때 그가 말을 이었다. "코끼리도 정서장애를 가질 수 있습니다. 우리와 같아요. 마찬가지로 행복 슬픔 배고픔 만족을 느낍니다."

나는 그에게 슬픈 코끼리를 행복하게 만들려면 어떻게 해야 하는지 물었다.

"먼저 문제가 뭔지 알아야 합니다." 그는 이렇게 말했다. "때로는 알아내는 데 오랜 시간이 걸릴 수도 있겠죠. 그게 가장 어려운 일이에요."

이 말을 마치고 그는 자신의 장삼 자락을 걷어 올려 우리가 바친 기부금을 옷자락 사이에 찔러 넣더니 오토바이 뒷자리에 올라타고는 성스러운 숲속으로 순식간에 사라져 버렸다.

3
우정 요법

매 캄 구의 심장 소리를 들어봐야 해요.
걔가 아무데도 가기 싫다고 하면 전 그 말을 따라요. 걔도 늙었죠.
그런 식으로 걔도 제 얘기를 들어요.

담, 코끼리 마훗, 태국 북부

동물들의 요구를 알아듣는 건 당신 몫이에요. 설령 말이 없다 해도요.
… 그리고 대부분 … 걔네는 말이 없죠.

대니얼 콸리오치, 고양이 행동심리학자

조키아는 정말 만화에서 튀어나온 듯한 모습의 코끼리로 지금까지 내가 만나 본 코끼리들과는 달랐다. 그 다부진 다리와 너른 이마, 오동통하게 살이 오른 몸을 보고 있자면 실은 더 큰 코끼리를 작고 단단한 가죽 안에 우겨 넣은 것만 같았다. 또 그녀는 전혀 앞을 보지 못했다. 한때 조키아는 태국 북부에서 일하던 벌목 코끼리였다. 소문에 의하면, 임신 중인 조키아가 출산을 앞둔 시점이었는데 주인은 벌목한 나무를 끄는 일을 쉽게 해주지 않았다. 결국 그녀는 큰 산을 오르던 중 새끼를 낳았고, 아직 양막¥膜 속에 있던 새끼는 산길 아래로 굴러 떨어져 죽었다. 그러고 얼마 뒤부터 조키아는 일을 거부하기 시작했다. 마훗은 조키아가 눈이 멀면 복종하지 않을까 싶어 새총으로 한쪽 눈을 쐈다. 조키아는 몇 주 일을 하다 또다시 거부했다. 마훗은 아무것도 안 보이면 고분고분해져 일을 할 거라는 생각으로 다른 쪽 눈마저 칼로 찔러 완전히 실명하게 만들었다. 하지만 부상으로 더 고집이 세진 조키아는 여전히 시키는 일을 거부했다. 몇 년 후 레크 차일러트라는 카렌족 여성이 이 이야기를 듣고는 2000달러에 조키아를 사들여 자신이 설립한 코끼리 자연공원으로 데려왔다. 공원은 치앙마이 외곽의 매 탕 계곡에 있는 생태 관광지로 구불구불한 강이 십자 모양으로 가로지르고 숲이 우거진 땅에 위치해 있었다.

조키아는 도착해서 1년이 다 되도록 혼자 지냈다. 그러다 매 펌과 서서히 친해지기 시작했다. 매 펌은 키가 크고 주름이 짙은 암컷 코끼리로 호기심이 많았다. 조키아와 마찬가지로 매 펌도 벌목 코끼리로 일한 적이 있었다. 곧 둘은 강에서 함께 먹고 목욕하고, 기나긴 오후 내내 어깨를 나란히 하고 풀을 뜯는 단짝이 되었다. 13년이 지난 지금도 조키아와 매 펌은 한시도 떨어지지 않고 꼭 붙어 다닌다. 이들은 수의사의 정기검진 중에도 서로의 코가 닿을 수 있는 거리 이상 떨어지는 법이 없다. 걸을 땐, 매 펌이 앞장서서 길을 안내하면 조키아가 그 뒤를 코로 지면을 더듬으며, 느린 걸음으로, 때로는 머뭇거리며 따라갔다. 하지만 조키아는 일주일에 한 번씩 차가 지나다니는 도로를 따라 두 시간을 걸어 숲속 야영장을 찾았다. 거기서부터 조키아는 개들과 함께 등산객을 이끌고 울퉁불퉁하고 가파른 길을 따라 걸었는데, 이때도 물론 매 펌의 안내를 따라서였다. 이따금씩 매 펌이 풀을 뜯으려고 자신이 닿지 않는 옆길로 벗어나면 조키아는 매 펌이 곁으로 돌아올 때까지 미친 듯이 울어 댔다. 매 펌은 코로 긴 풀을 뿌리째 뽑아 무릎에 철썩철썩 쳐서 더러운 진흙을 털어 내다가도 서둘러 돌아와 코로 조키아의 코를 다독여 주고 낮은 소리로 그르렁거리며 그녀를 안심시켰다. 레크를 비롯한 공원 사람들은 그 둘이 서로를 발견하지 못했다면 새로운 삶에 적응하기 어려웠을 것이며, 지금처럼 순조롭고 즐겁게 노년을 맞지도 못했을 것이라고 확신했다.

"조키아는 사람을 죽이고 싶어 할 만도 한데 그러지 않잖아요." 오랫동안 코끼리 자연공원에 살며 가이드로 일해 온 조디 토머스는 이렇게 말했다. 우리는 늘쩍지근하게 풀을 씹고 있는 두 코끼리가 만들어 준 그늘 아래 서 있었다. "조키아는 태평한 성격이에요. 제 생각엔 매 펌에게서 자기가 필요한 걸 많이 충족할 수 있어서인 것 같아요. 그런 관계가 조키아에게 자신감을 주는 거죠."

코끼리 자연공원에 있는 코끼리들의 이마는 대부분이 기형이다. 이는 과거에 갈고리로 너무 심하게 맞은 나머지 두개골에 움푹 파인 흉터 자국이 남은 것이다. 갓 찔린 상처를 안고 들어온 코끼리들도 있다. 그들 중 상당수는 발목이 두껍고 흉터가 나있었는데, 더 빨리 걸으라거나 대열을 맞추라고 창으로 계속 찔러 생긴 상처였다. 이는 벌목 산업이나 공연용 코끼리 거래의 물리적 흔적인 셈이다. 그러나 물리적 상처 외에도 정서적 상흔이 있었다. 많은 코끼리들이 조키아처럼 적어도 한동안은 새로운 사람이나 코끼리를 믿지 못하고 혼자 지낸다. 또 몸을 흔들고 머리를 끄덕거리며 자기만 아는 스텝으로 기이한 춤을 추는 등 상동 행동을 보이는 코끼리도 많다. 일부는 사람이나 다른 코끼리를 죽이기도 한다. 드물게는 라라처럼 다른 코끼리를 두려워하는 경우도 있다. 가장 성공적인 코끼리 재활은 거의 항상 공원에 이미 살고 있던 다른 코끼리들이 신참 코끼리를 자신들의 무리에 잘 받아 주느냐에 달려 있다.

이곳에서 코끼리들은 돈을 내고 온 관람객들과 매일 지정된 장소에서 과일을 먹고 야트막한 강물에서 목욕을 시켜 주는 일정에 따라 움직이지만, 공연은 하지 않는다. 17년간 이 공원을 운영하면서 두 마리로 시작해 35마리 이상으로 개체 수를 늘린 레크는, 코끼리들이 정신적 외상을 입은 과거에서 벗어날 수 있도록 하는 유일한 방법은 사랑과 신뢰, 그리고 안전을 제공하는 것이라고 말해 주었다.

구조된 이후 이 공원에서 지내고 있는 유기견 한 무리가 그녀를 둘러싸고 주의를 끌기 위해 헐떡이고 낑낑거리는 와중에 그녀는 이렇게 말했다. "아주 간단해요. 코끼리도 다른 코끼리 친구가 필요해요. 매 펌과 조키아가 완벽한 본보기죠."

토끼에는 토끼, 쥐에는 쥐

같은 종과의 관계를 통해 치료에 도움을 받는 동물이 코끼리만은 아니다. 토끼 구조사이자 재활치료사인 마리넬 해리먼은 25년 넘게 수백 마리 토끼들과 함께 지내고 있다. 그녀는 비영리단체 하우스래빗 소사이어티House Rabbit Society의 설립자 중 한 명으로 『하우스래빗 핸드북, 도시 토끼와 함께 사는 법』의 저자이기도 하다. 그녀는 이 책에서 이렇게 썼다. "만성 질환이나 단기성 질환을 앓고 있는 '생추어리' 토끼들을 돌보면서 우리는 동기부여의 기적을 몇 번 목격했다. 우정 요법은 확실히 병든 토끼의 심리적 안정과 회복에 기여한다."[1]

해리먼은 제프티라는 이름의 여덟 살 토끼 이야기를 들려 준다. 제프티는 짝꿍이 암으로 죽자 본격적으로 자기 털을 물어뜯기 시작했다. 곧 그의 몸에 커다랗게 털 빠진 자리가 생겨났고, 수의사의 검진 결과 한때 이 토끼의 몸 바깥에 있던 털이 몽땅 배 속으로 들어가 거대한 헤어볼 형태로 위 속에 자리 잡고 있다는 사실이 밝혀졌다. 수의사는 이 헤어볼이 저절로 몸 밖으로 나올 가능성은 거의 없다고 판단하고 수술을 권했다. 해리먼은 제프티가 수술을 이겨 낼 만큼 튼튼해지도록 먼저 다양한 헤어볼 치료제를 주는 것 말고도 다른 걸 시도해 보기로 했다. 제프티에게 역시 최근 짝을 잃은 열 살짜리 암컷 토끼를 소개해 준 것이다. 둘은 거의 만나자마자 서로에게 열과 성을 다했고, 해리먼은 이 새로운 관계가 제프티에게 힘이 되길 바라며 잠시 수술을 연기했다.

새로운 짝꿍과 함께 며칠을 보낸 후 제프티의 상태가 무척 좋아져서 해리먼은 수술을 취소하고 경과를 좀 더 지켜보기로 했다. 엑스선 촬영 결과 헤어볼은 여전히 위 속에 있었지만 크기가 줄어들고 있었다. "그렇다고 행복감이 헤어볼을 치료했다는 주장을 할 생각은 없지만, 나는 행복이 제프티에게 자기 앞에 있는 건초와 풀을 먹을 이유를 줬다고 생각한다. 그에게 함께 식사를 하고 파인애플 칵테일을 같이 마실 누군가가 생긴 셈이다."

그 후 몇 주 만에 깡마른 탈모 토끼 제프티는 체중을 전부 회복하고 털을 물어뜯는 행동도 멈췄다. 배 속의 커다란 헤어볼은 계속 그 크기가 줄어들고 있었다.

쥐 역시 같은 쥐들과 함께 있을 때 보통 신체적으로나 정서적으로 가장 건강하다. 미국과 영국의 쥐-애호가들이 운영하는 게시판이나 페이스북 페이지 ─ 가장 활발한 것들로는 전국쥐애호가협회National Fancy Rat Society, 쥐 팬클럽Rat Fan Club, 미국쥐·생쥐애호가협회American Fancy Rat and Mouse Association 등이 있다 ─ 를 보면, 쥐를 한 마리만 키우지 말라는 엄중한 경고와 다른 설치류 친구들과 같이 두니 뚜렷하게 활기를 띠었다는 성공담이 가득하다. 쥐 팬클럽의 한 회원은 이렇게 썼다. "도대체 왜 두 마리를 기를 수 있는데 한 마리로 만족하는 거죠?! ⋯ 혼자 사는 쥐는 늘 같은 자유를 누리겠지만, 한 쌍이라면 특별한 하루를 즐길 수 있어요. ⋯ 제발 여러분이 아는 반려동물 상점이나 쥐를 기르려는 사람들에게 쥐들이 서로를 필요로 한다는 사실을 설명해 주세요."[2]

본격 반려쥐 기르기 안내서 『쥐와 나』는 이렇게 주의를 주고 있다. "쥐는 친구가 사라지면 분명히 알아차리고 사라진 쥐를 찾아다니며 무기력해지거나 먹이를 먹지 않을 수 있다." 안내서의 저자는 남은 쥐에게 새로운 친구를 붙여 주거나 만약 그것이 불가능하다면 관심을 더 가져 줘야 한다고 말한다.[3] 나는 늦은 밤 뉴욕시 지하철역에서 전철을 기다리며 종종 이런 생각을 한다. 시궁쥐들이 전선을 피해 선로 사이를 내달리고 빈 감자칩 봉지 속으로 얼굴을 들이밀어 기름때 묻은 구겨진 냅킨 냄새를 맡는 상상 말이다. 이들이 혼자 이러고 다니진 않을 것이다.

앵무새 육종가이자 행동심리학자인 피비 그린 린든은 앵무새를 행복하게 기르기 위해선 동반자 관계가 아주 중요하다고 믿는다. 그녀가 기르는 호크아이라는 이름의 부채앵무는 30년 이상을 함께 살았다. 쾌활한 성격에 집요한 깃털 뜯기 버릇을 가진 호크아이와 여동생 스팅커는 야생에서 포획된 수컷과 암컷 사이에서 태어났다. 부모 역시 깃털을 물어뜯었는데, 실제로 암컷은 너무 심하게 깃털을 뜯는 바람에 죽었고, 수컷도 그러고 1년이 못 돼 죽었다. 피비는 그 수컷이 짝을 잃은 슬픔을 극복하지 못하고 죽었다고 생각했다. 몇 년 후 스팅커도 죽었고, 그러면서 그녀의 짝꿍 헨리가 홀로 남게 됐다.

헨리는 곧 안정을 잃고, 점점 움츠러들며 조용해졌다. 피비는 너무 걱정스러워 호두에 자낙스를 조금 섞어 줘봤지만 소용없었다. 헨리는 계속해서 침묵을 지켰고, 먹이를 거부하고 온몸의 깃털을 부풀어 올리며 우울한 상태를 벗어나지 못했다. 피비는 이렇게 말했다. "오케스트라에서 한 명만 빠지면 전체가 달라지잖아요. 실제로 소리가 달라지죠. 헨리는 스팅커가 죽은 후 2년간 조용했어요. 정말 아무 소리도 내지 않았죠."

그러던 어느 날, 호크아이가 자신의 새장에서 — 헨리의 새장과는 널찍한 방 안에서 거리를 두고 떨어져 있었다 — 헨리에게 말을 걸기 시작했다. 그 이유는 그들만이 알 겠지만 전에는 한 번도 없던 일이었다. 피비는 이들의 시끄러운 대화를 듣고 일주일에 서너 번씩 두 마리를 가깝게 놔두기 시작했다. 느리지만 헨리는 서서히 활기를 되찾았고 다시 수다스러운 새가 되었다.

어느 날 오후 피비와 나는 조리대 위에 과일 바구니가 놓인 그녀의 아늑한 주방에서 산타바바라의 양지바른 뒷마당을 내려다보며 대화를 나누고 있었다. 옆에서는 앵무새 한 마리가 신용카드 기계에 들어가는 종이롤을 찢는 중이었다. 그녀가 말했다. "앵무새는 부리로 종이롤 파는 느낌을 좋아하더라고요. 그래서 항상 저걸 몇 개 주변에 놔두려 해요." 거실에서는 앵무새 두 마리가 브라질의 야생 앵무 DVD를 보고 있었다. 피비에 따르면, 그들은 같은 종이 나오는 부분을 제일 좋아한다.

그녀는 앵무새를 길러 판매를 하기도 했지만, 몇 년 전부터 가둬 두진 않기로 했다. 앵무새는 장수 동물이라서 반려인보다 오래 사는 앵무새나 입양자가 마음이 바뀌어 파양된 앵무새를 보살펴 줄 사람이 필요하다. 그래서 피비는 그녀가 판매한 적이 있는 앵무새든 아니든 간에 모든 앵무새에 대해 문호 개방 정책을 펴고 있다. 수년간 그녀는 정서적인 문제가 있거나 그로 인해 이상행동을 나타내 반품된 많은 앵무새들을 받아들였다. 헨리와 마찬가지로 이런 앵무새들에게 도움을 주기란 쉬운 일이 아니다.

때로 사람들은 피비에게, 앵무새들이 슬퍼하는 것 같으면 풀어 주거나 고향인 열대지방으로 돌려보내면 되지 않느냐고 묻는다. 그녀는 사람이 기르던 앵무새를 치료를 위해 야생으로 보내는 건 오히려 재앙이 될 수 있다고 생각했다. "그건 마치 시카고에 사는 세 살짜리 불안한 고아를 놓고 주근깨가 있다는 이유로 이렇게 말하는 격이에요. '음, 사우스캐롤라이나에 주근깨가 있는 사람이 있다는 얘기를 들었어. 이 애를 거기로 보냅시다.' 이 새들은 야생 앵무새와는 능력도 문화도 전혀 달라요." 그 대신 피비는 그녀가 할 수 있는 일을 한다. 앵무새들이 즐기는 활동으로(가령 신용카드 종이롤을 물어뜯는 것처럼) 그들을 분주히 움직이게 만들고, 친구를 만들어 주고, 서로 관계를 맺을 수 있도록 해주는 것이다. 또한 그녀는 앵무새들에게 자신감을 북돋아 주기 위해 노력한다. 야생에서 부모가 키운 앵무새들은 사육장에서 자라난 앵무새들보다 분명 더 자신감 넘치고 회복력이 뛰어나다.

피비는 이렇게 말했다. "야생 앵무새들은 여러 가지 일에 능해요. 크게 우는 것도 잘하고 휘청거리는 가지에 내려앉아 먹이를 찾을 줄도 알죠. 저는 새끼 앵무새를 기를 때 항상 야생 환경을 흉내 내려 합니다. 야생 앵무새의 기술을 사육 환경에 적합한 방식으로 변형해 습득시키는 것이 목표죠."
새끼들이 이런 기술을 습득하면 자신의 능력에 대해 좀 더 자신감을 가지
게 된다. 이를 통해 앵무새는 신체적으로나 정서적으로 더 건강해지고, 그
들이 살아가면서 겪게 될 숱한 도전을 이겨 낼 수 있는 회복력을 갖게 되는
것이다.

고릴라 지지의 암컷 연대

내가 직접 목격한 치유적인 관계들 중에서 가장 흥미로운 사례 하나는 보
스턴 프랭클린 파크 동물원의 서른여섯 살 암컷 고릴라 지지다. 그녀는 흑
백 영화, 특히 안무가 있는 영화를 좋아했다. 또 희끗한 머리에 턱수염이 난
남자가 간지럼을 태워 주는 것도 좋아했다. 그 밖에도 아침에 먹는 오트밀
이 든 작은 종이컵을 사랑했다 — 때로는 컵을 먹기도 했다. 희끗한 머리의
남자나 종이컵을 보면 즐거워서 꿀꿀거렸는데, 이는 마치 숨소리가 섞인
육중한 가르릉 소리 같았다. 그리고 그녀에게는 정신과 의사가 있었다.

1998년, 키톰베라는 열두 살 수컷 고릴라가 동물원에 도착했다. 전에
그는 클리블랜드 동물원에서 어미를 비롯해 무리와 함께 살았는데, 그곳에
서 아버지 고릴라와의 다툼이 점차 격렬해졌다. 사육사들은 키톰베가 커가
면서 이 싸움이 점점 더 악화될까 두려워 그를 보스턴으로 보냈다. 그곳에
서 키톰베와 다른 고릴라들의 첫 만남은 비교적 무리 없이 이루어졌다. 그
러나 일주일 만에 키톰베가 폭력적으로 바뀌었다. 더구나 그는 순식간에
암컷 고릴라 중 하나인 키티를 임신시켰다. 키톰베는 임신한 키티에 대해
신경을 곤두세웠고, 다른 고릴라들이 그녀 곁에 얼씬도 못 하게 했다. 특히
그의 분노는 지지에 집중됐다.

지지는 무리 중 제일 나이가 많았고, 아마도 가장 특이했던 것 같다. 그

녀는 사육사 앤 사우스콤이 막 부임했을 당시 신시내티 동물원에서 태어났다. 당시 관행에 따라 지지는 어미에게서 분리돼 인간 사육사들 손에서 자랐다. 앤은 "동물원 보육실"을 맡고 있었고, 그곳에서 지지를 비롯한 다른 새끼 고릴라들을 하루 종일 돌봤다. 밤이 되면 고릴라 새끼들은 뚜껑이 달린 상자 속에 들어가야 했고, 아침에 앤이 돌아와 그들을 꺼내 줄 때까지 혼자 완전한 어둠 속에서 지냈다. 당시 열아홉 살의 앤은 최선을 다하고 있었지만 이 몇 마리 새끼들을 제외하고는 고릴라에 대한 경험이 전무했다.

게다가 새끼 고릴라들이 스스로를 달래는 데 사용할 수 있을 만한 담요, 장난감 등을 제공해 주려는 그녀의 노력을 동물원 운영진이 항상 지지해 준 게 아니었다. 이런 상황에서 당황한 앤은 자신이 추종하던 다이앤 포시가 콩고에서 했던 연구를 떠올리고는 그녀에게 편지를 써 조언을 구했다. 놀랍게도 포시는 답장을 보내 스탠퍼드에서 코코에게 수어를 가르친 패터슨의 연구에 대해 이야기해 주었다. 앤은 지지와 다른 고릴라들에게 미국 수어를 조금 가르쳐 보기로 했다. 지지는 빨리 수어를 익혔다. 몇 년 후 지지는 유일하게 집이라고 알고 있던 곳을 떠나 보스턴의 스톤 동물원으로 옮겨졌고, 그곳의 황량한 시멘트 우리 안에서 딱히 좋아하지도 않는 수컷 고릴라와 함께 살게 됐다. 그곳에서 지지는 새끼를 두 마리 낳았다. 시멘트 바닥에서 첫 번째 새끼를 낳았을 때 그녀는 새끼에게 무관심해 보였다. 사육사들은 24시간도 안 돼 새끼를 데려갔다. 하지만 두 번째 새끼 — 쿠바라는 이름의 아들이었다 — 에 대한 그녀의 반응은 전혀 달랐다. 그녀는 낳자마자 새끼를 들어 올려 어루만졌다.

지지의 사육사들 중 한 명인 폴 루터는 지지가 스톤 동물원에 도착한 후부터 30년 동안 그녀를 알고 지냈다. 그는 그녀가 오랑우탄 한 쌍 베티와 스탠리를 보면서 엄마가 되는 법을 배웠다고 보고 있다. 이들은 지지의 맞은편 전시관에 있었다. 폴은 프랭클린 파크 동물원의 피그미 하마 전시관을 지나면서 내게 이렇게 말했다. "그 오랑우탄 부부는 정말 훌륭한 부모였어요. 둘은 지지의 첫 번째 임신과 두 번째 임신 사이에 새끼를 낳았죠. 지지가 하루 종일 할 일이라곤 앉아서 베티와 스탠리가 새끼 키우는 모습을 지켜보는 것밖에 없었어요. 아마 그전까지는 어미 유인원이 새끼를 기르는 모습을 본 적이 없었을 거예요." 혼자였다면 분명 그녀는 양육 방법을 익힐 수 없었을 것이다.

키톰베가 전시관 안에서 지지를 쫓아다닐 때면, 지지는 비명을 지르며 몸을 떨었다. 그는 그녀를 물어뜯고, 전시관 수로에 빠뜨리고, 한쪽 귀에서 다른 쪽 귀까지 머리 가죽을 찢어 놓은 적도 있었다. 꿰매야 할 정도의 상처를 입은 것도 한두 번이 아니었다. 평소 불안증이 있던 지지는 반복적으로 먹은 걸 토했다 다시 먹고, 자신의 배설물을 먹고, 때로는 관람객의 면전에서 전시관 유리창에 배설물을 던지는 등 신경쇠약 증세를 나타냈다. 그녀는 거의 먹지 않았고, 키톰베를 보는 순간 몸이 굳어 부들부들 떨었다. 또 전시 시간이 끝난 후에도 다른 고릴라들과 같이 전시관 밖의 휴식 공간으로 돌아가기를 거부하며 비명을 지르고 몸을 떨었고, 일반 관람 구역의 톱밥 더미 속에서 혼자 잠을 청했다.

　사육사들은 걱정스러운 나머지 밤새 그녀의 곁에 있어 주기 위해 전시관 옆에 간이침대를 설치했다. 이런 일이 두 달간 이어지면서 당시 동물원 수석 수의사였던 헤일리 머피 박사도 자신의 전문 지식으로는 더 이상 할 게 없었다. 머피는 이렇게 말했다. "지지가 보여 주는 게 사람의 정신병이나 불안증과 매우 흡사하다는 생각이 들더라고요. 지푸라기라도 잡는 심정으로 사람을 다루는 정신과 의사를 찾아가 보기로 했죠."

　그곳은 보스턴이었고, 머피 박사는 하버드 의대에 전화를 걸어 마이클 머프슨을 만날 수 있었다. 머프슨은 하버드 대학의 조교수이자 브리검 여성병원의 정신과 의사였다. 또 동물원 근처에서 개인 병원을 운영 중이기도 했다. 유리창을 통해 고릴라들이 셀러리 줄기를 나눠 먹는 모습을 바라보면서 그는 내게 이렇게 말했다. "처음 보자마자 얘들이 아프다는 걸 딱 알겠더라고요. 왜 사람도 그렇잖아요. 굳이 말을 안 해도 아픈 게 보이죠. 그 눈빛이나 얼굴 모습, 자세를 보면 바로 알 수 있으니까요."

머프슨이 알아챈 것은 지지의 공포나 불안감, 키톰베의 공격성만이 아니었다. 머프슨은 어린 수컷 오키를 비롯한 그 무리의 중간급 구성원들이 (아마도 불안감으로 인해) 기분 장애를 겪고 있음을 금방 간파해 냈다.

다정한 성격에 좀 멍한 구석이 있는 다섯 살 오키는 키톰베에게 물리적 폭력을 당한 적은 없지만 의기소침한 상태였고 아수라장이 되기 전과 달리 다른 고릴라나 사육사들과 놀지 않았다. 머프슨은 프로작을 처방했다. 동물원 직원들의 말에 따르면 오키는 곧 안정을 찾아 전보다 더 잘 놀고 "좀 더 자기다운" 모습을 회복했다.

그에 비해 키톰베는 훨씬 더 다루기 까다로운 환자였다. 머프슨은 프로작을 처방했고, 항정신병제 할돌의 투여량을 높여 나갔다. 이 약들은 설사를 유발해서 키톰베의 움직임을 느리게 만들었지만, 공격성은 완화하지 못했다. 사육사들은 프로작과 할돌을 끊고 졸로프트를 써봤지만, 역시 효과가 없었다. 마지막으로 항정신병제 리스페리돈을 시도해 봤지만, 몇 달이 지나도 지지를 공격하는 빈도는 줄어들지 않았다.[4] 결국 키톰베는 무리에서 분리돼 시멘트와 강철로 된 격리 구역에 혼자 수용됐다. 하루 일과가 끝나고 다른 고릴라들이 전시관에서 돌아오면 키톰베와 다른 고릴라들은 철창 너머로 서로를 볼 수 있었다. 키톰베는 종종 저녁 식사를 조금 남겨 뒀다가 철창 너머 다른 고릴라들이 먹는 모습을 보며 먹곤 했다. 슬프게도 이런 격리는 10년 넘게 계속됐다.[5]

머프슨은 이렇게 말했다. "노력은 했지만, 저는 처음부터 키톰베한테 아무것도 도움이 되지 않을 것 같다는 느낌이 들긴 했어요. 그 공격성은 키키가 임신했다는 사실을 알고 나서 그녀를 보호하고 싶다는 생각에서 나온 거잖아요. 이건 원초적인 생물학적 동기죠. 다른 누가 그녀에게 접근하면 완전 미쳐 버리는 거예요. 진정제를 먹일 순 있겠지만, 그 공격은 본성에 따른 거잖아요. 멈추게 할 방법이 없는 거죠."

반면 머프슨은 무리의 다른 구성원들에게 도움을 줄 수 있는 가능성에 대해서는 훨씬 희망적이었다. 그는 지지에게 베타 차단제를 처방했다. 그것은 피아니스트들처럼 무대에 올라 공연을 해야 하는 사람들이 긴장을 풀기 위해 복용하는 것과 똑같은 것이었다. 3개월은 별 효과가 없었다. 그러자 머프슨은 자낙스와 팍실을 같이 먹여 보기로 했다. 지지는 곧 불안증이 약간 완화되는 것처럼 보였지만, 아직도 키톰베가 근처에서 그녀를 위협하고 괴롭히고 있었다. 머프슨은 지지의 환경에 변화가 없고 그녀를 괴롭히는 상대로부터 벗어날 수 없다면, 약은 미봉책에 불과할 것이라 우려했다.

"일반적인 상황이었다면 자낙스는 지지를 진정시키는 데 도움이 됐을 거예요. 프로작은 오키가 우울증을 극복하게 해줬잖아요. 하지만 약이 공격을 멈추게 하지는 못하잖아요." 머프슨은 말했다.

폭력적인 키톰베를 무리에서 떼어 놓자 비로소 효과가 있었다. 비록 키톰베 자신에게는 도움이 되지 않았지만 말이다. 그가 추방된 후 지지는 약을 끊었다.

하지만 동물원 직원들은 당연히 어린 수컷 고릴라를 혼자 두는 계획을 반기지 않았다.

자닌 재클은 이렇게 말했다. "고릴라는 저희한테 가족과 같아요. 거의 매일 하루 종일을 같이 지내는 애들이잖아요. 마음 같아서는 2000만 달러짜리 전시관을 마련해 주고 싶죠. 최고로 잘해 주고 싶지만 늘 가능한 게 아니잖아요. 가능한 것만 해줄 수 있는 거죠."

키톰베가 항상 혼자인 모습을 지켜보는 게 자닌은 고통스러웠다. 그녀는 해결책을 찾고 싶었다. 그가 처음 무리에서 분리된 지 12년 만인 2009년, 자닌은 이제 키톰베가 폭력에 호소하지 않고 다른 고릴라들과 잘 지낼 수 있을 만큼 성숙해졌기를 바랐다. 지지도 기운을 회복한 것 같았다. 자닌은 상사에게 사정해 전시 시간이 아닌 시간대에 고릴라들을 다시 합사해봐도 좋다는 허락을 받아 냈다.

재합사가 이루어지던 날, 열대우림 직원들과 오랫동안 고릴라를 돌봐온 자원봉사자, 큐레이터, 그리고 동물원 관장 등이 일찍부터 고릴라 전시관에 모습을 드러냈다. 동물원은 아직 개장 전이었고, 이 작은 규모의 참관인들만이 기대에 들떠 초조하게 상황을 지켜보고 있었다.

키톰베와 전시관을 분리하고 있던 철제문이 미끄러지듯 열리자 그는 주먹으로 땅을 짚으며 빠른 속도로 성큼성큼 구역 내로 들어섰다. 무리의 나머지 구성원들은 그곳에서 기다리고 있었고, 키톰베를 본 지지는 비명을 지르며 달아났다. 키톰베가 그녀를 쫓아가려는 움직임을 보이자 갑자기 다른 암컷 세 마리 키키, 키라, 키마니가 지지를 돕겠다고 나서면서 그녀와 키톰베 사이에는 금세 고릴라 장벽이 만들어졌다. 키톰베는 물러섰다.

겁에 질린 지지는 떨면서 유리로 된 관람용 벽을 따라 자신이 가장 좋아하는 장소로 갔다. 그곳에서 그녀는 몸을 둥글게 말고 누웠다. 키톰베는 10년 전과 달리 계속 그녀를 혼자 내버려 뒀다. 지지는 그날 남은 시간 동안 애원하는 눈초리로 사육사들을 바라보면서 전시관을 지나가는 사람들에게 "섹스"를 뜻하는 수어를 보냈다. 그것은 30년도 더 전에 사육사 앤 사우스콤에게 배운 말이었다.

자닌은 이렇게 말했다. "지지가 한 수어는 '섹스'라는 뜻도 있고 '먹이'라는 뜻도 있어요. 하지만 저는 그날 지지가 하려던 말에 '도움'이라는 뜻도 있었다고 생각합니다. 수어로 우리의 관심을 끌려고 했던 거죠. 마치 '제발 날 이곳에서 꺼내 줘'라고 말하는 것 같았어요."

지지의 고릴라식 SOS에도 불구하고, 자닌은 지지가 다치지만 않는다 면 자기 힘으로 상황을 극복하게 놔둘 필요가 있다고 보았다. 만약 그 순간 사육사들이 키톰베를 분리했다면 지지는 전시관에 그와 함께 있기 위해 필 요한 자신감과 믿음을 쌓지 못하고 키톰베가 있는 곳에서 안전하게 지내는 법을 결코 배우지 못했을 것이다.

다음날 그곳을 찾았을 때, 나는 전시관 유리벽 근처의 평소 가장 좋아 하던 자리에서, 머리에 담요를 뒤집어쓰고 있는 지지를 발견했다. 자고 있 는 건지, 자는 척하는 건지는 알 수 없었다. 평소처럼 여기저기 돌아다니지 못하고 키톰베에게 거의 공간을 내준 상황이었지만 완전히 겁에 질린 모습 은 아니었다. 자닌의 계획이 효과가 있었던 것이다.

그로부터 3년이 지난 지금, 지지는 이틀에 한 번씩 키톰베와 같은 전시 관 안에서 지내고 있다. 지지가 여전히 쉽게 동요하는 측면이 있긴 하지만, 이제 그 둘은 별 사고 없이 공존하고 있다. 자닌을 비롯한 동물원 사육사들 은 지지가 자신감을 되찾은 것이, 키톰베가 더 이상 자신에게 위협이 되지 않는다는 사실을 깨닫게 됐기 때문이라고 본다. 이는 암컷 동료들과 쌓아 둔 강한 유대감 덕분이었다. 키톰베가 혼자 분리돼 있던 10여 년간, 지지는 두 마리 어린 암컷의 양육을 도왔다. 수년간 매일같이 그녀는 그들의 털을 골라 주고, 정성껏 씻겨 주고, 함께 놀아 주고, 먹이를 나눠 주고, 행동거지 를 가르쳤다. 그렇게 기른 암컷들이 이제 다 자라서 그녀를 보호해 줬다. 시 간과, 다른 고릴라들과의 끈끈한 관계가 지지의 정서적 건강을 지켜 준 것 이다. 자닌은 이런 유대감을 발견하고 그들을 믿어 보기로 한 것이었다. 덕 분에 이제는 모든 고릴라들이 나아졌다.

"이 아이들을 다시 합사하게 된 것에 정말 자부심을 느껴요. 그런 결정을 내릴 수 있었던 건 20여 년에 걸쳐 고릴라를 경험해 왔고 고릴라들을 개별적으로 잘 알았기 때문이죠." 자닌은 내게 이렇게 말했다.

합사 후 일주일 내내 키톰베는 미소를 띤 채 전형적인 고릴라의 몸짓으로 전시관을 돌아다녔다. 자닌이 말했다. "그저 행복해 보였어요. 화가 나서 입을 꽉 다물고 있거나 이를 드러내는 표정이 아니었죠. 완전히 다른 표정이었어요. 눈도 반짝거리고요." 이제 키톰베는 머리에 담요를 뒤집어 쓰고 어린 고릴라들을 쫓아다니며 놀아 주고, 자신의 셀러리를 나눠 먹기도 한다. 지지는 멀찌감치 떨어져서 경계하며 그 모습을 지켜보고 있었지만, 차분했다.

경주마의 단짝 친구들

때론 정서가 불안한 동물에게 가장 좋은 치료사가 같은 종의 동물이나 선의를 가진 인간이 아니라 전혀 다른 종의 동물인 경우가 있다.

경주마를 편안하게 해 더 빨리 달리는 데 도움을 줄 수 있도록 친구를 만들어 주는 관행은 이미 한 세기도 더 된 일이다. 이는 말이 맹수가 먹이로 삼는 동물이어서 쉽게 놀라는 습성을 가지고 있다는 생각을 근거로 한다. 특히 경주마는 쉽게 흥분하고 신경이 예민하며 혼자 있는 것을 좋아하지 않는다. 그래서 염소 토끼 당나귀 수탉 돼지 고양이 심지어는 원숭이까지 다양한 동물들이 경마장이나 마구간에서 말을 안정시키는 일종의 살아 숨 쉬는 안심 담요처럼 사용돼 왔다. [신경을 긁거나 짜증나게 한다는 의미를 가진] '누구누구의 염소를 잡는다'getting your goat라는 관용구는 바로 이런 관계에서 유래한 것일 수 있다.[6] 큰 경주가 있기 전날 경주마의 염소 친구를 훔쳐 가면 말이 평정심을 잃고 다음날 제대로 달릴 수 없기 때문이다.

그렇지만 말이라고 다 염소를 좋아하는 것은 아니다. 경주마 시비스킷은 우승마가 되기 전에도 유망주이긴 했지만, 페이서pacer였고,✦ 중량 미달에, 쉽게 지치고, 안장만 보면 식은땀을 흘리며, 사육사가 가까이 다가오면 물려 드는 겁 많은 망아지였다.7 그의 조련사 톰 스미스는 위스커스라는 이름의 암염소를 그의 마구간에 넣어 줬다. 스미스는 그 염소가 시비스킷의 정서를 안정시키고 편안하게 해주길 바랐다. 그러나 시비스킷은 이빨로 염소를 집어 들어 마구 흔들어 대는 등 위스커스를 공격했고 급기야는 마구간 밖으로 던져 버렸다. 그럼에도 스미스는 포기하지 않고 이번엔 펌프킨이라는 이름의 목장용 조랑말을 넣어 줬다. 침착하고 덤덤한 이 조랑말은 성난 황소의 뿔에 받히고도 살아남은 친구였다. [『시비스킷, 신대륙의 전설』의 저자] 로라 힐렌브랜드는 펌프킨을 이렇게 묘사한다. "그는 어떤 말을 만나든 호감을 샀고 … 천방지축인 말들의 대리 부모 역할을 했다"[159]. 시비스킷은 펌프킨은 공격하지 않았다. 그들은 금방 친구가 되었고, 남은 생을 한 마구간에서 보냈다. 펌프킨이 선사한 진정 효과에 고무된 스미스는 포카텔이라는 작은 떠돌이개와 조조라는 이름의 거미원숭이도 입양했다. 밤이 되면 시비스킷은 그의 목을 껴안은 조조와 그의 배에 기댄 포카텔, 지근거리의 펌프킨과 함께 잠들었다. 그리고 안정을 찾은 그는 곧 신기록을 쏟아 냈다.

✦ 말들 가운데 오른쪽 앞뒤 발이 함께 움직이고 왼쪽 앞뒤 발이 동시에 땅에 닿는 식으로 달리는 말을 페이서, 다리를 대각선 쌍으로 움직이는(즉, 오른쪽 앞발과 왼쪽 뒷발, 왼쪽 앞발과 오른쪽 뒷발이 동시에 땅에 닿게 된다) 말을 트로터라 한다.

시비스킷은 대공황기 미국인들에게 희망을 주었던 경주마로 당시 최고 명마의 후손으로 태어났으나 왜소한 체구에 다리가 구부정해 최하위 등급을 면치 못했다. 하지만 마주 찰스 하워드와 조련사 톰 스미스, 기수 자니 레드폴라드를 만나면서 새롭게 조련된 시비스킷은 당대 최고 명마와의 일대일 승부에서 승리하며 명실공히 최고의 명마로 등극한다. 또 그 뒤에도 다리 부상을 극복하고 재기에 성공해 감동을 주었다.

1907년, 벨몬트에서는 미스 에드나 잭슨이라는 이름의 경주마가 종을 초월한 흥미로운 우정으로 신문에 오르내렸다.[8] 에드나는 토끼 두 마리와 마구간을 같이 쓰며 그들이 없으면 먹지도 않을 정도였는데, 어느 날 실수로 토끼들을 밟아 죽였다. 그 후 미스 에드나는 윌리엄이라는 염소와 친구가 됐다. 1918년, 켄터키 더비+의 우승마는 익스터미네이터였다.[9] 그는 셰틀랜드 조랑말 친구 셋과 차례로 친구가 되었는데 이름이 모두 피너츠였다. 익스터미네이터와 조랑말들은 21년을 함께 살았다. 마지막 피너츠가 죽었을 때 익스터미네이터는 무척 슬퍼했다고 한다.

경주마들에게 동물 친구를 만들어 주는 건 지금도 꽤 흔한 일이다.[10] 여러 우승마들을 길러 냈고, 미국 조련사 명예의 전당에 오른 존 베이치는 말들은 마구간에서 혼자 살며 고독하게 지내야 하기 때문에 다른 동물들이 큰 안정감을 줄 수 있다고 믿는다.[11] 역시 명예의 전당에 오른 조련사 잭 반버그는 1987년, 경주에서 5000번이나 승리를 거둔 최초의 조련사가 되었다.[12] 그는 마구간에만 들어가면 안절부절못하며 서성거려서 "마구간 산책자"stall walkers라 불리는 말들에게 염소를 넣어 줬다. 『스포츠 일러스트레이티드』 기자와의 인터뷰에서 그는 이렇게 말했다. "신경이 예민한 말들은 마구간 안을 정말 정신없이 맴돌 때가 있어요. 꼭 비행기가 안에서 윙윙거리는 것 같다니까요. 그런 말에게 염소를 넣어 주면 바로 안정을 찾죠."

염소에 대한 말의 애착이 너무 강해져서 어디든 함께 가야 할 정도가 되는 경우도 있다. 그런 말은 염소와 떨어지면 쉬지 않고 안절부절못하며 마구간을 배회했다. 말이 없으면 염소도 혼란스러워 했다. 어떤 수컷 염소는 말이 경주에 나갈 때마다 크게 울어 댔다. 심지어 경주마가 다른 경마장

✦ 1875년에 처음 시작된 미국의 3대 경마 대회 중 하나로 켄터키주 루이빌에서 열린다.

으로 이동할 때마다 염소들도 같이 트레일러를 타고 다녔다. 또 말이 팔려가면 염소도 함께 따라갔다. 시카고의 한 조련사는 이렇게 말했다. "그것이 우리가 해줄 수 있는 유일한 배려였습니다. 염소가 없으면 말은 그 순간부터 상실감에 빠지니까요."

최근에 나는 영국의 체스터 경마장을 방문했다. 마침 그날은 로만 데이[+]였고, 나는 엄청난 규모의 술 취한 경마 팬들 사이에 앉아 경주를 관람했다. 남자들은 즉석에서 만든 토가(로마 시민들이 입었던 겉옷)를 걸치고 운동화를 신었으며, 여자들은 짧은 치마와 아찔한 하이힐에 깃털 달린 모자를 쓰고 있었다. 대형 비디오 스크린 담당자가 준 입장권 덕분에 나는 경주로를 더 가까이서 볼 수 있었다.[13] 매년 수십 차례 경마에 참여하고 기수들과 자주 어울린다는 그의 말에 나는 내가 그날 봤던 말들 중에서 동물 친구를 가진 경주마가 있는지 기수들에게 물어봐 달라고 부탁했다. 신이 나서 돌아온 그는 상당히 많은 마구간들이, 특히 여행 중이거나 여행 경험이 많지 않은 말들에게, 안정을 위해 양과 염소를 붙여 준다는 사실을 알려 줬다. 때로는 닭이나 돼지를 넣어 준다고도 했다.

배불뚝이 돼지는 실제로 말을 진정시키는 데 유용할 수 있지만, 너무 크게 자라거나 고집이 세지면 움직이기 어려워질 수 있다.[14] 한번은 조련사 베티 가브리엘이 말을 안정시키는 데 쓰던 돼지들이, 그녀에게 골이 나서 이웃 헛간으로 달아난 적이 있었다. 가브리엘에 따르면, 돼지의 탈출은 남은 말과 염소를 모두 불안하게 만들었다. 그날에 대해 그녀는 이렇게 말했다. "그래도 염소가 더 성격이 좋더라고요."

[+] 이 경마장이 고대 로마의 도시 체스터에 있다는 역사적 유래를 기념하는 날이다.

환경 풍부화

때로는 불안해하는 말에게 붙여 줄 돼지나, 우울해하는 쥐 옆에 있어 줄 다른 쥐를 구할 수 없는 경우가 있다. 환경 풍부화 산업은 사육 동물이나 가정에서 키우는 반려동물에게 일거리나 오락거리를 제공해 줌으로써 심리적 안정을 돕는 것을 목적으로 한다. 미국 동물원수족관협회는 환경 풍부화를 "동물의 행동 생물학 및 자연학적 관점에서 사육 환경을 개선하거나 증진하는 과정"이라고 정의한다. 이런 설명 어디에서도 **감금**이나 **우리** 같은 말은 등장하지 않지만, 자신이 몸담은 환경이 풍부해져야 하는 동물은 사육 동물뿐이다. 야생동물들은 안 그래도 바쁘다.

환경 풍부화가 제대로 이루어지면 동물들은 관심을 가지고 몰입하며 자극을 받는다. 워싱턴 D.C.에 위치한 국립동물원에서 문어는 주 5일간 다양한 물건들을 받는 것으로 — 어떤 때는 플라스틱 장난감 속에 든 새우를 받기도 하고, 어떤 때는 문어의 팔이 통과할 수 있는 PVC 파이프를 받기도 한다 — 판에 박힌 일상에서 조금은 벗어날 기회를 얻는다.[15] 브롱크스 동물원 치타들의 경우 주변에 캘빈 클라인의 옵세시옹 향수를 뿌려 놓으면 더 오랜 시간 영역을 탐색한다. 피닉스 동물원에서 거북들은 사육사가 수조에 띄워 놓은 맛있는 선인장 잎을 먹기 위해 맹렬히 물 위로 솟구친다. 프랭클린 파크 동물원의 스라소니를 비롯한 소형 고양잇과 동물들에게는 얼어서 핑크색이 된 털 없는 쥐를 종이 튜브 안에 넣어 주는데, 그 모양새가 꼭 크리스마스 크래커의 잔혹 버전 같다. 고릴라들에게는 담요나 커튼, 수건을 주는데, 그러면 푹신한 잠자리를 만드는 데 쓰거나 유령 놀이 하는 애들처럼 머리에 뒤집어쓰고 뛰어다니며 논다.

동물원이나 생추어리, 실험실이 동물들에게 좀 더 재미있는 장소가 될 수 있도록 도움을 주거나 동물들이 상동 행동을 하지 않게 해주는 일을 업으로 삼는 컨설턴트들도 있다. 셰이프 오브 인리치먼트Shape of Enrichment가 그런 회사들 중 하나다. 이 회사의 웹사이트에는 <번지점프 하는 원숭이> <곰을 위한 필수품> <과일박쥐를 위한 환경 풍부화> <나무캥거루 육아낭 확인 훈련> 등 다양한 교육 영상들이 올라와 있다.[16] 캥거루 교육 프로그램의 경우, 캥거루가 밀수품을 숨겼는지 확인하는 목적일 수도 있지만, 그보다는 수의사가 검진을 할 때 지시에 따라 새끼를 보여 주도록 훈련시키려는 목적인 경우가 많다.

이처럼 동물들이 일부러 머리를 쓰게 하는 활동brain teasing은 법으로 정해져 있는 경우도 있다. 이는 특정 사육 동물들 사이에 정신질환이 만연해 있다는 사실을 간접적으로 인정한 꼴이다. 1985년에 미국 농무부는 다양한 실험동물들에 대한 환경 풍부화를 요구하기 시작했다. 그해에 개정된 동물복지법에 따르면, 동물을 이용하는 실험실은 영장류 우리에 걸터앉을 자리, 그네, 거울 등 환경 풍부화를 위한 물건들을 넣어 줘야 하고, 개에게는 어떤 형태로든 운동을 시켜야 한다.[17] 물론 안타깝게도 거울 하나로 영장류의 행복이 보장될 리는 없겠지만, 첫 단추는 끼운 것이다.

환경 풍부화라는 용어나 규정, 연관 산업이 새로운 것이긴 하지만, 그 자체가 새로운 것은 아니다. 이런 일은 오랫동안 동물원 사육사들의 몫이었다. 원숭이 티파티, 롤러스케이트나 자전거를 타는 침팬지 쇼, 코끼리 수상스키, 말의 고공 다이빙 같은 것들에 때로는 환경 풍부화로 볼 수 있는 활동들이 포함돼 있었기 때문이다. 하지만 좋게 본다 해도 이는 과도한 스트레스를 주지 않는 선에서의 시간 때우기일 뿐이었으며, 최악의 경우 공연 동물들을 공포나 위험에 빠뜨려 조기 사망의 원인이 되었다.

오늘날의 환경 풍부화 프로그램들은 과거에 비해 위험성은 훨씬 덜하지만, 어떻게 보면 별반 다르지 않다. 북극곰에게 커다란 플라스틱 퍼즐을 주거나 사자에게 종이로 만든 얼룩말 인형을 줘서 물어뜯게 하는 것은 여전히 인간이 좋다고 생각하는 일을 시키는 것이다. 침팬지 티파티나 캥거루 권투 시합을 주관하는 사육사·조련사·동물원장들 또한 자신들이 하는 일이 적절하다고 믿었다. 다만, 우리가 동물과 우리 자신에게 괜찮은 오락거리라고 생각하는 것이 무엇인지가 달라졌을 뿐이다.

그렇다고 환경 풍부화가 나쁘다는 뜻은 아니다. 환경 풍부화는 나쁜 일이 아니다. 동물원이 이제는 멸종 위기에 처한 야생동물들의 생존을 보장하는 생물학적 은행이 되어야 한다고 보는 사람들이 점점 더 늘어나고 있는 상황에서, 환경 풍부화 프로그램은 철제 우리에 갇히거나 신경증에 걸린 동물들을 불편하게 여기는 새로운 세대가 좀 더 편안한 마음으로 우리에 갇힌 동물들을 관람하게 하려는 오래된 노력의 일환일 뿐이라는 것이다. 낙지가 다리로 움켜잡거나 수족관의 물개가 입으로 물고 있는 플라스틱 장난감은 동물들의 마음을 사로잡을 뿐만 아니라 그들을 바라보는 우리의 죄책감을 덜어 준다.

자닌 재클은 환경 풍부화가 정말 효과적이려면 개별 동물들에게 맞춤화돼 있어야 한다고 말한다. 그녀는 이렇게 말했다. "가령 지지의 예를 보죠. 지지는 사람 발을 보는 걸 정말 좋아해요. 왜 그런지는 몰라요. 우리가 신발을 벗으면 자기 발과 비슷하다는 걸 보면서 재미있어 하는 것 같기도 해요. 그렇지만 지지가 아무리 좋아한다 해도 관람객들한테 지지에게 발을 보여 주라고 할 수는 없는 노릇이죠." 물론 지난 27년간 일주일에 세 번 이상 이 동물원의 고릴라들을 보러 왔던 자원봉사자 게일 오맬리라면 이따금씩 기꺼이 신발을 벗고 전시관 유리창 앞에서 자기 발가락을 흔들어 줄 수 있을 테지만 말이다.

또한 지지는 사육사 폴 루터가 영화 채널에서 녹화해 두었다 몰래 틀어 주는 흑백 영화들을 좋아한다. 지금은 세상을 떠난 프랭클린 파크 동물원의 개코원숭이 우신디도 텔레비전 보는 걸 좋아했는데, 특히 디즈니 영화를 즐겼다. 동물원에 있는 루터의 DVD 선반에는 <프리윌리>* <프리윌리2> <101마리 달마시안>, 그리고 묘하게도 <내셔널 지오그래픽 아프리카 야생동물편>이 꽂혀 있었다.

최근 독일 슈투트가르트의 빌헬마 동물원은 보노보 전시관 안에 평면 티브이를 설치했다.[18] 이 유인원들은 보노보의 생활을 다룬 짧은 영상이 나오는 여러 채널을 이리저리 돌려 볼 수 있다. 거기에는 보노보들이 먹고, 먹이를 찾아다니고, 암컷들이 어린 새끼들을 쓰다듬고, 수컷 둘이 서로 싸우고, 장난치고, 짝짓기하는 모습이 들어 있었다. 하지만 의외로 보노보들은 짝짓기 영상에는 별로 관심이 없어 보였다. 한 동물원 직원은 NBC 저녁 뉴스에서 이에 대해 이렇게 말했다. "교미가 무척 잦기 때문에 그런 영상엔 별로 관심이 없는 것 같습니다."

때로 갇혀 있는 사육 동물들에게 가장 자극이 되는 게 그들을 바라보는 사람인 경우가 있다. 브롱크스 동물원장 제임스 브레니는 수백만 달러가 들어간 콩고 고릴라 숲 전시관에 대해 이렇게 말했다. "우린 이 전시가 고릴라를 보는 사람들을 위한 것이라고 생각했어요. 근데 사람들을 보는 고릴라를 위한 거더라고요."[19]

케이트 브라운은 10년 넘게 이 전시관에서 가이드로 일했다. 그녀는 고릴라들이 1년 중 가장 좋아하는 때가 핼러윈 기간이라고 확신한다. 10월의 핼러윈 축제 기간이 되면 애나 어른이나 화려한 복장으로 이곳을 찾기 때문이다. "고릴라들은 재미있는 모자와 화려한 색에 정말 관심이 많아요." 어느 날 관람객 수십 명이 나뭇가지로 이빨을 쑤시고 있는 작은 암컷 고릴

---

* 방황하던 열두 살 소년 제시와 수족관에 갇힌 범고래 윌리의 우정을 다룬 영화. 영화에서 제시는 결국 윌리를 풀어 주는 데 성공한다.

라 근처에서 가볍게 유리를 두드리는 모습을 지켜보면서 브라운은 이렇게 말했다. "고릴라들이 바로 유리창에 와서 보고 있네요. 뭔가 색다른 광경이니까요."

애석하게도 핼러윈 기간을 제외하면 그들에게 인간들은 무척 지루하게 비쳐진다. 우리 사람들은 무리를 지어 들어온 후, 신이 나서는 유리창 근처의 고릴라를 가리킨다. 그러고는 "저것 좀 봐. 고릴라야" 또는 "우와" 같은 말을 한다. 또 휴대폰이나 디지털 카메라를 꺼내 들고 작은 화면을 들여다보며 사진을 찍는다. 손을 흔드는 사람도 있다 — 항상 손바닥을 펴고 쾌활하게 흔드는 사람식 인사를 어리둥절해 하는 고릴라들에게 보낸다. 사람들은 유인원이 자신과 얼마나 비슷한지 서로 이러쿵저러쿵한다. 그런 다음 아시안 모노레일,✚ 페이스 페인팅 부스, 여우원숭이 전시관, 또는 플러시천으로 만든 기린이나 미어캣 모양의 지우개를 사러 기념품 가게로 몰려갈 것이다. 대부분의 고릴라들에게 이 모든 건 수년간 봐온 광경이다.

게일 오맬리는 유리창 반대편의 이 유인원들을 사로잡는 확실한 방법이 몇 가지 있는데도, 사람들이 그런 행동을 거의 하지 않는다고 말한다. 그녀가 가장 좋아하는 게임 중 하나는 "주머니 놀이"다. "지금까지 제가 가본 모든 동물원에서 이 방법이 통했어요. 고릴라는 항상 우리 가방 속에 뭐가 들어 있는지 알고 싶어 해요. … 하지만 그걸 게임으로 만들어야 해요. 바닥에 가방의 내용물을 몽땅 쏟아부을 수는 없으니까요. 한 번에 하나씩 꺼내는 거죠 — 그 물건이 뭔지는 전혀 중요하지 않아요. 선글라스도 좋고 열쇠도 좋아요. 단 그 물건을 아주 천천히 꺼내야 해요. 기대에 부풀도록, 그리고 뽐내듯이."

✚ 브롱크스 동물원에 있는데, 모노레일에 탄 채 판다, 아시아코끼리, 코뿔소 등 아시아 야생동물을 둘러볼 수 있다.

그녀는 손목을 극적으로 비틀면서 가방에서 지갑을 꺼내는 동작을 시연해 보였다. 또한 오맬리는 대부분의 고릴라들이 사람의 아기를 좋아한다는 사실을 알려 줬다. 그녀는 아이가 없기 때문에 고릴라들을 즐겁게 해주려고 친구의 아기들을 동물원에 데려가곤 했다. 그녀는 이 방법이 매번 효과가 있었다고 말한다. 고릴라들은 항상 아기를 잘 보려고 유리창 가까이 다가왔다. 특히 암컷들이 큰 관심을 보였다.

케이트 브라운은 브롱크스 동물원에 있는 한 고릴라에게 그림책을 보여 주곤 했다. 브라운은 이렇게 말했다. "그 고릴라는 그림 보는 걸 정말 좋아하더라고요. 왜 고릴라도 두 발로 걷잖아요. 그 고릴라도 뒷발로 일어서서 사람처럼 서성거리곤 했어요. 물론 오래 그럴 순 없지만요. 근데 저랑 눈이 마주쳤어요. 그래서 제가 유리창 가까이 가서 책을 펼쳐 보여 줬죠. 그랬더니 뒷다리로 일어서서 팔을 머리 위로 들어올리더니 유리에 기대서더라고요. 페이지를 넘기고 싶으면 유리를 톡톡 두들겼어요."

누구의 삶을 풍부하게 하는 걸까

환경 풍부화는 갇혀 사는 야생동물이나 실험동물만을 위한 것이 아니다. 미국의 반려동물 용품 산업은 사람들이 반려동물에게 뭔가를 사주고 싶어 하는 성향에 기대고 있다 — 이는 우리가 은연중 품고 있는 죄책감, 쇼핑을 즐기는 성향, 그리고 함께 사는 동물에게 도움을 주고자 하는 마음 등을 이용하는 것이다. 2010년 기준으로, 이 산업은 북아메리카에서 가장 성장이 빠른 소매업 부문으로, 연간 530억 달러 이상의 매출을 기록하고 있다.[20] 펫코나 펫스마트, 그리고 여타의 소규모 펫숍에서 판매되고 있는 개·고양이·앵무새 장난감의 대부분은 반려동물들의 정신과 발, 턱, 부리 등을 자극하기 위한 것들로 씹으면 사료 알갱이가 나오는 퍼즐, 씨앗과 우지牛脂 등으로 된 수엣＊을 떡처럼 뭉쳐 밧줄로 묶어 놓은 것 등이 주를 이룬다. 그 밖에도 반려견 놀이터에서 올리버 이야기를 하면서 처음 접하게 된, 장난감도 의료용품도 아닌 진정용 제품들이 있다. 그중에는 반려견을 진정시키는 음악이 들어 있는 음반, 여행의 불안감을 달래 주는 개 껌, 정서적 안정을 위해 여러 종류의 꽃으로 만든 방향제가 있고, 간식으로는 라벤더 향이 나는 "칠아웃 비스킷", 벽에 꽂는 공기 청정제처럼 만들어진 페로몬 살포기, 발에 문지르는 카모마일향 "긴장 완화 젤", 토끼용 "세린 드롭스", 그리고 조류용 "애비 캄"이나 정신 산만한 말이 불안감을 극복하고 집중할 수 있게 해준다고 선전하는 "그랜드 캄" 펠릿 등 다양한 종류의 보조제들도 있다.

개를 위한 가장 인기 있는 정서 안정 상품 중 하나는 찍찍이로 여미는 아늑한 재킷 "썬더셔츠"Thunder Shirt다. 제조사의 설명에 따르면, 이 셔츠는 천둥번개에 대한 공포증, 분리불안, 너무 짖거나 뛰는 문제, 여행 스트레스를 완화해 준다고 한다. 최근에 이 회사는 "썬더캡"이라는 고무줄로 조일 수 있는 후드를 발매했는데, 이는 눈과 주둥이 주변을 가려 주는 가리개다. 만약 좀 더 뾰족하고 흰색이었다면 KKK단이 쓰는 두건을 연상시켜 불편한 느낌을 줬을 테지만 다행히도 이 후드는 얼굴에 쓰는 샤워 캡과 비슷해 보인다.

그 밖에도 "썬더리쉬"[목줄]와 간식이 나오는 "썬더토이", 그리고 고양이를 위한 "썬더셔츠"도 있다. 썬더셔츠의 불안 감소 효능에 대한 연구는 제조사가 자체적으로 해본 것이 유일하지만, 자신의 반려견에 대해 많은 글을 써온 과학철학자 도나 해러웨이는 썬더셔츠가 자신의 오스트레일리언 셰퍼드 카옌이 천둥이 아니라 — 사실 카옌에게 천둥은 전혀 문제가 아

＊ 보통은 양이나 소의 신장 주변부를 둘러싼 단단한 지방층을 가리키는데, 새 모이용으로 판매되는 수엣은 땅콩기름이나 해바라기 씨앗에서 추출된 기름 등을 딱딱하게 굳힌 형태가 많다.

니었다 — 총소리나 폭죽 소리를 잘 견디도록 해줬다고 말한다.[21]

훈련사 수전 샤프와 그녀의 사업 파트너가 개발한 또 다른 애견용 압박 재킷으로는 "불안 진정용 랩"Anxiety Wrap이 있다. 역시 그들이 개발한 "불안 진정 안면 랩"은 주둥이에 끼우는 부드러운 고무 밴드 모양이다. 가장 화려한 제품은 새빨간 어깨 망토 "스톰 디펜더"Storm Defender로, 정전기 방지용 금속 안감이 사용됐다고 한다.

동물행동심리학자 엘리제 크리스텐슨에게 이런 물건들이 실제로 효과가 있는지 물어봤더니, 그녀는 효과는 없지만 해로울 것도 없다고 했다. 개가 그런 종류의 옷을 입거나 밴드를 착용하는 것을 아주 싫어하지만 않는다면 말이다. 대부분의 동물행동심리학자들은 이런 상품들이 효과가 있는지 단정 지을 수 없다고 말한다. 환자로 들어온 동물들이 일반 펠릿, 식물 소재로 만든 앞발 덧신, 개 구속복에는 반응을 보이지 않기 때문이다. 만약 반응을 보였다면, 그들은 병원에 오지 않았을 것이다.

이런 물건들의 효용성을 깊이 신뢰하는 반려인들의 숫자만큼이나 이런 상품들이 아무런 가치도 없다고 생각하는 사람들이 있는 것 같다. 나는 셔츠를 입고, 모자를 쓰고, 랩으로 감싼 개들(드물게는 고양이들)이 저마다 다르듯이 이런 제품들의 유용성 또한 제각각이라고 생각한다. 올리버에겐 이런 진정용 옷을 입혀 본 적이 없지만, 그래야 했을지도 모른다. 라벤더 비스킷이나 발에 뿌려 주는 진정제 같은 것도 줘본 적이 없다. 그렇지만 다른 제품들은 수도 없이 써봤다. 레스큐 레머디 드롭스[다섯 가지 꽃 에센스로 구성된 진정제], 수많은 신형 퍼즐 장난감, 외출할 때 집안에 틀어 놓는 음악에 나는 거금을 들였다. 그중 어느 것도 올리버에게 도움이 되지 않았지만, 그래도 내가 뭔가 해주고 있다는 느낌이 들긴 했다.

동물 마사지

맥은 이제는 스물세 살이 된 사르디니아 미니어처 당나귀로 — 지금도 내가 성장기를 보낸 그 목장에서 살고 있다 — 서론에서 언급했듯이 사랑스럽지만 사납고 불안한 녀석이다. 어미가 죽은 후 맥을 돌보는 일은 나의 몫이 되었다. 나는 기꺼이 그를 돌보려 했지만 아기 당나귀 키우는 법에 대해선 아는 게 없었다. 나는 젖병으로 우유를 먹였고, 얼마 동안 맥은 우리 집 안을 마음대로 뛰어다녔다. 물면 안 된다는 등의 몇 가지 규칙이 있었지만, 나는 그에게 강요하진 않았다. 맥의 길고 복슬복슬한 귀와 부드러운 코 때문에 나는 현명한 판단을 하지 못했고 부모님도 마찬가지였다. 또 너무 일찍 젖을 떼기도 했는데 맥은 사람과의 관계밖에 모른 채로 축사로 옮겨졌다. 그는 말들과 사귀는 법을 모르면서도 반항적인 태도로 버텼다. 어떤 면에서 내가 앞서 이야기한 호텔 코끼리 라라와 비슷했다. 그도 같은 말보다 인간을 더 좋아했고 만사가 원하는 대로 풀리지 않으면 갑자기 불만을 터뜨렸다. 맥은 우리의 다른 당나귀들, 옆 축사에 있던 조랑말, 그리고 한 쌍의 염소들에게 작지만 위협적인 존재가 되었다. 맥은 그 작은 몸집에서 나온다고는 믿기 어려울 만큼 사납게 그들을 공격했다. 내가 그를 다른 동물들과 격리하자 그는 이번에는 스스로를 공격하며 피가 날 때까지 다리를 물어뜯고, 이빨로 자기 털을 뽑고, 축사의 금속 빗장들을 갉아 댔다. 누군가 함께 있거나 가까운 곳에서 어떤 종류든 인기척이 느껴지는 경우에만 이런 행동을 멈췄다. 그는 사람들의 모든 움직임을 예의 주시했다.

나이가 들수록 나는 점점 더 양심의 가책을 느끼게 되었고, 맥의 행동거지는 내게 죄책감과 슬픔을 안겨 주었다. 자해를 방지하기 위해 바나나-체리향이 나는 비싼 리킷(핥아먹는 말사탕)을 축사에 넣어 줬고, 라벤더 향이 나는 말용 진정 향유를 발라 주고, 당밀로 코팅된 애마용 공을 주기도 했다. 그러나 이 공은 고작 30초, 그의 관심을 끌었다 — 그 공이 곁에만 당밀을 바른 플라스틱 공이라는 사실을 맥이 알아내는 데 그 정도면 충분했다. 정작 맥이 흥미를 느끼는 건 따로 있었다. 그는 축사 안으로 들어온 닭들을 쫓아내고, 근처 나무에서 떨어져 울타리 밑으로 굴러온 석류를 쿵쿵거리고, 너무 가까이 접근한 목장 개들을 을러대며, 이따금 축사를 탈출해 차고에 나타나거나 이웃집 거실을 창문 너머로 훔쳐보는 걸 좋아했다. 또 맥은 아보카도 잎을 즐겨 먹었고 새로 심은 나무의 껍질을 벗기는 것도 좋아했다. 그러나 무엇보다 가장 좋아한 건 마사지였다. 힘을 줘 마사지를 해줄 때면 그는 눈을 희번덕거리면서 긴장을 풀고 몸을 흔들었다. 이렇게 긴장을 푼 상태는 꽤 오래갔지만, 갑자기 마음이 바뀌어 세게 깨물기 전에 손을 거두긴 해야 했다.

사람들에게 맥이 얼마나 마사지를 좋아하는지 이야기하면서 나는 다른 동물들도 몸을 문질러 주면 좋아한다는 사실을 알게 되었다. 함께 이야기를 나눈 많은 훈련사들은 맥을 좀 더 효과적으로 만지는 방법에 대해 알려 줬다. 대부분은 참을성과 빠른 반사 능력이 필요한 것이었다. 그리고 그들은 린다 텔링턴-존스 이야기를 꼭 했다.

텔링턴-존스는 말 치료 분야의 록 스타 같은 존재로 말과 동물에게 마사지 해주는 걸 좋아하는 사람들 사이에서 선지자 같은 인물이다. 1994년에 북아메리카기수협회North American Horsemen's Association는 그녀를 "올해의 여성 기수"로 선정했다. 그녀는 마사지 요법 명예의 전당에 올랐고, 스스로 텔링턴 터치법 또는 티터치법이라 이름 붙인 방법에 대해 열다섯 권에 달하는 책을 썼다. 그녀는 말뿐만 아니라 개·고양이·라마 마사지에 대해서도 가르치고 있고, 최근작 『건강관리를 위한 티터치』TTouch for Healthcare에서는 사람에 대해서도 다루었다. 그녀는 1970년대에 모셰 펠덴크라이스와 함께 공부하면서 영감을 얻었다. 그가 사람들에게 적용했던 요법은 평소에는 쓰지 않는 방식으로 몸을 비틀거나 스트레칭함으로써 통증을 완화하고 유연성을 높이는 것이었다. 펠덴크라이스 요법의 열성적 지지자들은 이런 방법을 통해 창조성까지 높일 수 있다고 주장한다. 텔링턴-존스는 펠덴크라이스 요법과 비슷한 운동이 인간이 아닌 동물에게도 도움이 될지 모른다고 생각했고, 말을 대상으로 실험해 성공적인 결과를 얻었다.

1995년작 『티터치 입문: 말의 성격을 이해하고 바꾸는 법』*Getting in TTouch: Understand and Influence Your Horse's Personality*의 표지는 청록색 모헤어 스웨터를 입고 커다란 백마를 껴안고 있는 그녀의 사진 때문에 1980년대 컨트리 가수 크리스털 게일의 연초점 앨범 커버를 연상케 한다.[22] 그녀가 특허를 낸 티터치에는 "구름 표범 티터치" "비단뱀 들어올리기 티터치" "쟁기 끄는 타란툴라 티터치" "곰 발바닥 때리기 티터치" 등 여러 가지 이름이 붙어 있다.[23] 자체 홍보 자료에 따르면, 티터치는 신경과민, 공격성, 차멀미 등 거의 모든 증상에 효과가 있다. 그녀가 내세우는 슬로건은 "당신의 마음을 바꾸면 당신의 동물도 바뀐다"*Change your mind & change your animal*이다.

그녀가 사용하는 마사지 방법은 일반적인 마사지와는 다르다. 그것은 통상적인 방법이 아니어서 나라면 내 개에겐 쓰지 않을 것 같았다 ― 가령 손가락으로 귀를 좌우로 가볍게 문지른다든가 꼬리의 뿌리 부분을 부드럽게 당겨 주는 식이다.

이렇게 말하면 좀 별난 마사지 방법 같긴 하지만 기이하게도 사람들은 그녀의 워크숍에 몰려가 수업을 듣고 경건한 어조로 그 방법에 대해 이야기하는데, 때론 컬트적인 느낌마저 풍긴다. 이제 그녀는 신경증에 걸린 낙타에서 천식에 걸린 사람에 이르기까지 온갖 종류의 동물을 대상으로 삼고 있다.[24] 그렇지만 텔링턴-존스 자신을 포함해서 그 누구도 그녀의 터치가 치료에 성공을 거두는 이유를 설명하진 못한다. 사람을 대상으로 한 많은 연구 결과 마사지 효과로 정서적 행복이 향상되고 불안감을 줄일 수 있다는 건 입증이 됐다.[25] 그러나 그 밖의 동물들에 대한 연구는 오로지 육체적인 효과에만 집중돼 있다. 예를 들어, 말 마사지(티터치는 아니다)의 효과에 대한 연구 결과 경주마가 부상에서 회복하는 데 마사지가 많은 도움이 된다는 사실이 밝혀졌다. 또한 마사지는 마장마술용 말과 반려용 조랑말에게도 사용돼 왔으며, 회원제로 운영되는 말 치료사 단체인 말스포츠마사지협회Equine Sports Massage Association는 날로 번성하고 있다.[26] 이 협회의 웹사이트에는 왁싱 재킷을 입고 반지르르 윤이 나는 말들을 닦고 있는 사람들을 찍은 커다란 화보가 실려 있고, 그 옆에는 벨벳으로 된 승마 헬멧을 쓴 여성들이 러닝머신 위를 달리는 경주마를 지켜보며 응원하는 영상이 떠있다.[27]

캘리포니아를 기반으로 활동 중인 개 훈련사이자 야생동물 사진가인 조디 프레디아니는 딸의 말이 도무지 말을 듣지 않자 텔링턴-존스를 찾았다. 프레디아니는 이렇게 말했다. "귀를 눕히면서 물 것처럼 위협하더라고요. 투쟁 반응fight response✦이 잘 발달돼 있는 말이긴 했지만, 원래는 부르면 문 앞까지 뛰어올 만큼 붙임성이 좋았거든요. 돌이켜 생각해 보니 전 주인으로부터 자신을 방어하려고 나쁜 습관을 배운 것 같았어요. 그 사람은 자기 말들을 발로 차고, 복종하게 만들려고 여러 가지 지배 전략을 썼거든요."

프레디아니는 말의 공격성을 줄이기 위해 티터치 치료사를 고용했고, 상당한 효과를 보고 난 후 크게 감명받아 자신도 티터치 기술 훈련 과정에 등록했다. 강의를 듣는 동안 그녀는 텔링턴-존스가 불안증에 시달리던 말의 잇몸을 마사지하자 즉시 긴장을 풀고 안정된 상태가 되는 걸 목격했다. 프레디아니는 자신이 하는 훈련사 일에도 티터치를 접목해 보기로 했다. 그녀가 보기에 이 마사지 방식이 도움이 되는 이유는, 동물을 놀라게 하면

✦ 투쟁 도주 반응fight or flight response 가운데 투쟁 반응을 말한다. 인간을 포함한 동물이 극심한 스트레스를 겪거나 위험에 빠질 때 살아남기 위해 본능적으로 나타내는 반응이다. 투쟁 반응에는 육체적 충돌뿐만 아니라 분명한 말, 단호한 몸짓 등이 포함된다.

서도 위협적이지 않은 방식으로 자극을 주기 때문이다. 프레디아니는 티터치가 동물이 익숙해져 있던 터치와는 다른 자극을 주며, 동물이 예상하는 것과 실제로 일어나는 일 사이의 연결을 끊어 "투쟁 도주 반응이 나오지 않게" 만든다고 말했다.[28] 안정을 찾은 동물들은 자신이 해야 할 일을 훨씬 쉽게 배우고, 따라서 공포나 혼란, 스트레스를 덜 받는다. 고객들이나 자신의 개와 말에 대한 관찰을 근거로 프레디아니는 티터치가 근육의 긴장을 완화해 심장박동을 느리게 하며 혈압을 낮출 수 있다고 본다. 그녀는 이런 마사지 방법이 특히 자신이 맡고 있는 분리불안 개들처럼 정서적인 문제가 있는 동물들에게 유용하다는 것을 발견했다.

티터치와 같은 마사지가 동물 복지에 효과가 있다면, 그것은 "구름무늬 표범 티터치"나 "너구리 터치" 때문이라기보다는 믿을 만한 사람이 든든하고 차분하게 자기 옆에 있기 때문일지도 모른다. 나는 올리버의 경우도 그랬다고 믿는다. 창문에서 뛰어내리고 올리버는 너무 아파서 거의 움직일 수도 없었다. 그 이후로 그는 발륨을 먹지 않으면 불안덩어리나 다름없었다. 개 산책 도우미였던 켈리 마셜은 다정한 친구로 올리버가 나와 주드 다음으로 좋아하는 사람이었다. 올리버가 뛰어내린 지 얼마 되지 않은 어느 날 오후, 올리버를 보러 잠시 들른 켈리는 자신이 개 마사지 코스를 막 시작했는데 올리버한테 해줘도 되겠냐고 물었다. 주드와 나는 자기 침대에 불편한 자세로 몸을 접고 앉아 있는 올리버를 바라보며 흔쾌히 허락했다. 다음날 오후 켈리가 와서 올리버에게 마사지를 해줬다. 효과는 즉시 나타났다. 올리버는 한결 편안해 했고 근육의 경직도 풀리기 시작했다. 켈리에게 두 번째 마사지를 받고 나서는 몇 분 만에, [사고 이후] 처음으로 다시 걷기 시작했다.

다리를 잃은 코끼리 모샤

안타깝게도 정서장애가 있는 모든 동물에게 효과를 발휘하는 단 하나의 마법의 치료제는 존재하지 않는다. 약도, 진정제도, 마사지도 그런 건 없다. 이는 인간의 정서 불안을 치료하는 방법이 단 하나가 아닌 것과 마찬가지다. 증상이 완화되는 경우를 보면 대개 각자의 비결이 있다. 그것은 운동이 될 수도 있고, 행동요법이 될 수도 있으며, 약제가 될 수도 있고, 새로 맺은 건강한 관계가 될 수도 있다. 이런 관계들 가운데 때로는 사람과의 관계가 열쇠일 수 있다.

프리차 푸앙쿰은 태국에서 가장 경험이 풍부한 존경받는 코끼리 수의사다. 큰 키에 볼이 두툼한 그는 평소에는 까칠하지만 창Chang 맥주 몇 잔이면 부드러워진다. 그가 동물들과 함께하는 이 일을 시작한 지는 32년이 됐고, 그중 15년은 태국 정부의 벌목 코끼리들을 담당했다. 200마리 코끼리와 그들을 다루는 400명의 마훗들은 — 한 사람은 코끼리 목에 타고 다른 마훗은 땅에서 원목을 다룬다 — 마을에서 멀리 떨어진 숲속 캠프에 살았다. 한 지역의 벌목이 끝나면 그들은 짐을 싸서 새로운 장소로 옮겨 갔다. 프리차는 캠프를 옮겨 다니며 코끼리와 마훗들을 감독하고, 코끼리와 두 사람의 짝이 적절히 이루어져 있는지 살피는 일을 했다. 짝이 어울리지 않으면, 그 팀은 벌목을 잘할 수 없기 때문이다. 벌목은 위험한 작업이어서 코끼리와 마훗이 서로를 존중하고 서로에게 귀를 기울여야 한다.

1990년대 중반 벌목이 법으로 금지된 후 프리차는 태국 정부의 마훗 훈련 학교 교장이 되었다. 학교에서 그는 수백 명의 신참 마훗들을 훈련시키고 국가 소유인 코끼리들의 건강과 복지를 관리했다. 그중에는 태국 왕실 소유의 코끼리들 — 왕실 코끼리는 완벽한 발톱 형태, 피부색, 그리고 기이하게도 코고는 소리 등의 상서로운 특징을 기준으로 선발됐다 — 도 있었다.

프리차는 내게 이렇게 말했다. "보통 코끼리와 함께 지낸다고 하면 일방적으로 코끼리를 제어하는 관계라고들 생각하죠. 하지만 그렇지 않아요. 오랜 기간 애정이 쌓여 만들어지는 관계에요. 사육사나 마훗이 잔인하면 코끼리도 잔인하게 대할 거예요. 사육사나 마훗이 슬퍼하면, 코끼리도 걱정을 해요. 양쪽 다 스트레스를 받는 거죠."

내가 태국에서 만난 많은 마훗, 수의사, 코끼리 판매상들과 마찬가지로 프리차도 사람과 코끼리의 조화로운 관계가 코끼리의 정신 건강에서 가장 중요한 부분이라고 생각했다. "마훗과 코끼리가 캠프에서 오랫동안 함께 일하는 걸 보면, 코끼리가 자기 마훗을 돌보는 모습을 보게 돼요. 술에 취해서 걸을 수 없게 된 마훗을 코끼리가 등에 태우고 캠프로 돌아오고 그러거든요. 지금은 많은 게 바뀌었어요. 태국 북부에서는 이제 마훗이 그리 좋은 직업이 아니에요. 젊은 남자들은 도시 생활을 꿈꾸죠. 이런 변화가 코끼리의 정서적 건강에도 큰 영향을 미치고 있어요."

오늘날 코끼리가 한 마훗(거의 남자다)과 함께하는 기간은 2, 3년에 지나지 않는다. 이는 흔히 자신의 마훗을 가족으로 생각하는 코끼리에겐 견디기 힘든 일이다. 프리차에 따르면, 코끼리가 아주 어릴 때는 적절한 관계가 연속적으로 이어지는 것이 특히 중요하다. 프리차가 감독했던 30마리 이상의 새끼 코끼리 중에서 커서 사람을 죽인 경우는 두세 마리에 불과하다. 그는 이제 와서 생각해 보니, 어린 코끼리들에게 잘못된 사육사나 마훗을 배정한 경우였던 것 같다고 했다.

그렇지만 마훗이나 사육사가 아무리 친절하고 온정적이어도 정서적으로 불안하고 폭력적이거나 공격적인 코끼리가 있을 수 있다. 프리차는 천성적으로 화를 잘 냈던 사나운 암컷 우두머리를 기억해 냈다. 코끼리는 암컷이 무리 전체의 행동을 이끌기 때문에, 암컷 우두머리에게 문제가 있으면 무리 전체에 문제가 생긴다. 이 암컷 코끼리는 매우 공격적이었고 인근 마을의 곡식을 약탈하기 일쑤였다. 프리차가 보기엔 그녀의 이런 행동 때문에 무리 전체가 더 공격적이 됐고, 숲에 먹을 것이 지천이어도 마을의 밭이나 과수원을 습격하는 경우가 더 많아졌다.

포획돼 노역을 하는 코끼리들은 대부분 사고로 처음 사람을 죽인다. 그렇게 자신이 강하다는 것을 깨닫고 나면 다시 살인을 저지를 수 있다. 이에 대해 내가 들은 가장 흔한 설명은 코끼리가 다른 코끼리나 사람과 맺는 정서적 유대감과 관련이 있다는 것이다. "코끼리는 사랑에 빠졌을 때 가장 위험해져요. 자기가 좋아하는 상대와 함께 있기 위해서라면 수단 방법을 가리지 않으니까요." 프리차는 이렇게 말했다.

그는 코끼리에 의한 인명 살상의 80~90퍼센트, 그리고 사람을 짓밟거나 표적을 정해 엄니로 공격하는 경우처럼 구경꾼들에게 정신이상으로 보이는 행동이 나타나는 이유를 이런 요인으로 설명할 수 있다고 본다. 코끼리 벌목이 이루어지던 시기에는 마훗들이 마을 인근에 캠프를 세웠을 때 더 많은 살인이 일어났다. 그 까닭은 주위에 낯선 사람이 더 많았거나 코끼리들이 낯선 환경에 적응하지 못해서가 아니었다. 문제는 마훗들이 여자 친구를 찾아 밖으로 도는 데 있었다. 숲속 캠프에서는 24시간 내내 자기 마훗과 함께하는 데 익숙해져 있던 코끼리들이 질투를 하고 이따금 폭력적이 됐던 것이다.

요새도 마훗이 여자 친구를 만나고 돌아오면 아무리 열심히 목욕을 해도 코끼리가 시무룩하거나 쌀쌀한 태도를 보이고 심지어 공격성을 나타낸다고 많은 마훗들이 내게 귀띔해 주었다. 토라진 코끼리들을 달래려면 며칠씩 사탕수수와 바나나, 파인애플 꼭지 등의 간식을 한아름 대령해야 하고 귀도 정성껏 잘 긁어 줘야 한다.

프리차는 학생들에게 좋은 마훗이라면 코끼리의 감정적 우여곡절에 휘둘리지 않아야 하고, 코끼리를 두려워하지 않고 용감해야 하며 자제력이 있어야 한다는 생각을 심어 주기 위해 노력했다. 그는 일반적으로 코끼리들이 상당히 분별 있으며, 마훗이 자기 코끼리와 좋은 관계를 맺는 가장 바람직한 방법은 항상 자신의 코끼리가 최고라고 생각하는 것이라고 확신했다. "마훗이 자기 코끼리가 아무 이유도 없이 미쳐 있다고 생각한다면, 더 가혹하게 대할 거고 그만큼 잘해 주지 않겠죠."

2007년, 마훗 훈련학교에서 은퇴한 프리차는 비영리 병원 아시아코끼리의 친구들FAE의 수의과장이 되었다. 그곳은 무척 평화로웠다. 태국의 다른 코끼리 단체들과 달리, FAE는 생태 관광객들을 위한 시설이 아니었다. 공연이나 전시가 없었고, 이곳을 찾는 사람들은 코끼리와 접촉할 수 없었다. 모든 것이 조용했고, 움직임이 있다면 코끼리 환자들의 꼬리가 철썩거리나, 오렌지색 유니폼을 입은 직원들이 정맥주사 용기를 갈아 끼우거나 코끼리의 방을 치우느라 부산하게 움직이는 발소리뿐이었다.

아홉 살 암컷 코끼리 모샤는 이 병원의 영구 입원 환자다. 그녀는 7개월령 당시 벌목 코끼리인 어미를 따라서 미얀마 국경 근처 숲속을 걷고 있었다. 그때 모샤는 미얀마군이, 군사독재에서 벗어나 독립을 쟁취하기 위해 싸우던 카렌족 민족해방군과 샨족 반군들을 겨냥해 매설해 둔 지뢰를 밟았다.[29] 지뢰가 폭발하면서 모샤의 왼쪽 앞발은 산산조각 났다. 어미는 다치지 않았다. 어미와 모샤는 잔뜩 겁에 질린 채로 병원에 도착했다. 수의사들은 모샤의 다리에서 무릎 아래를 잘라 냈다. 8개월간 모샤와 어미는, 어미를 소유하고 있던 가족이 벌목 수입 때문에 어미를 돌려달라고 할 때까지는 병원에 함께 있었다. 모샤는 평생 일을 할 수 없었기 때문에 어미와 떨어져 병원에 남았다. 모샤에게는 지뢰 폭발과 뒤이은 외과 수술로 인한 충격과 고통에 어미를 잃은 상실감까지 더해졌다. 그러나 다리가 셋뿐이어도 모샤는 여전히 호기심 많고 놀기 좋아하는 새끼 코끼리였고, 하품을 해 대면서 거의 끝없이 애정을 갈구했다. 프리차와 이 병원의 설립자 소라이다 살와라는 그녀를 돌볼 적절한 사육사를 찾아보기로 했다.

그의 이름은 파라디, 친구들은 라디라고 불렀다. 내가 그를 처음 봤을 당시 파라디는 모샤와 함께 우리 안에 있었다. 20대 중반의 수줍음 많고 온화한 청년 라디는 장대높이뛰기 선수들이 사용할 법한 두터운 푸른색 체조용 매트를 깔고 있었다. 모샤는 그가 움직일 때마다 마치 코끼리 모양의 그림자라도 되는 듯 그 뒤를 건강한 세 다리로 깡충거리며 쫓아다녔고, 코로 그의 어깨를 두드리거나 끽 하며 울기도 했다. 매트 배열이 끝나자 라디는 모샤의 의족에 오일을 발라 줬다. 그 의족은 인간의 의족을 만드는 사람에게 주문 제작한 것이었다. 안타깝게도 모샤의 문제는 지뢰가 폭발하면서 다리 아랫부분을 절단하는 데 그치지 않았다. 다리의 남은 부분에 박혀 있는 파편 때문에 사고가 나고 9년이 지나도록 모샤는 한 번에 몇 시간밖엔 서있지 못했다. 병원 직원들은 매일 조금씩 모샤가 의족을 다는 시간을 늘려서 나머지 다리에 과도한 압력이 가해지는 걸 막고자 했다. 그렇지만 모샤는 의족을 끔찍이 싫어했고, 조임쇠를 채우기가 무섭게 풀려고 안간힘을 썼다.

내가 처음 병원을 찾았을 당시는 더위가 극성이었다. 새들도 오후의 가장 뜨거운 시간대에는 침묵을 지킬 정도였다. 라디는 낮잠을 잘 시간이라고 말했다. 그는 매트 위로 걸어 올라가서 모샤에게 누우라는 몸짓을 했다. 모샤는 시키는 대로 하면서 숙달된 일련의 동작으로 코와 앞발을 치켜들며 라디를 불렀다. 라디는 자신의 몸통만큼이나 두꺼운 모샤의 앞발 사이로 기어 들어갔고, 모샤가 코로 그를 감싸자 한가롭게 코끝을 만지며 장난을 쳤다. 이윽고 모샤는 머리를 매트 위에 내려놓고는 졸린 척하는 아이처럼 반쯤 눈을 감았다. 나와 통역사는 울타리 옆에 서서 커다란 코끼리와 젊은 남자가 마치 세상에서 가장 평범한 일이라도 되는 듯 체조용 매트 위에 한데 뒤엉켜 있는 광경에 어안이 벙벙해 있었다. 라디는 우리를 부르더니 이렇게 말했다. "모샤는 제가 여기 있지 않으면 자려고 들지를 않아요.

그리고 방문객이 있으면 흥분 상태가 되기 때문에 여기 **당신들이 있으면** 자지 않을 거예요."

모샤는 밤에도 라디가 없다고 생각하면 잠을 자지 않았다. 라디의 방은 모샤의 우리에서 불과 6미터 거리에 있었지만 모샤는 이따금 악몽이라도 꾸면 한밤중에도 겁에 질려 깨어나 매트를 내동댕이쳤다. 라디는 이렇게 말했다. "제가 깰 때까지 계속 비명을 질러 대요. 그러다 제가 문 앞에 가서 이름을 불러 주면 그제야 진정하고 다시 잠이 들죠."

그녀는 그가 가족을 만나러 집에 가는 것조차 싫어했다. 그는 약 300킬로미터 거리의 고향집을 일 년에 두세 차례 찾았고, 한 번 가면 며칠씩 머물렀다. "직원들이 제가 가고 나면 모샤가 하루 종일 저를 찾는다고 그러더군요. 길에서 제 오토바이 소리가 들리면, 흥분해서 난리가 난대요. 제가 돌아왔다는 걸 아는 거죠."

라디는 한때 근처 친구들을 만나러 다니기도 했지만, 이제는 더 이상 그러지 않는다. 모샤에게 너무 큰 고통을 주기 때문이다. 프리차와 소라이다가 라디를 발견하기 전에 실은 세 명의 사육사가 모샤를 거쳐 갔다. 모샤가 라디를 만난 건 두 살 때였다. 병원 직원들은 첫날부터 그가 적임자임을 알았다. "다른 사육사들은 모샤가 아니라 자기들이 먼저였죠. 라디는 달랐어요. 그는 다정다감한데다 미혼이었습니다. 모샤를 가장 중요하게 생각했죠." 프리차는 이렇게 말했다.

그들은 라디를 마훗으로 들이기까지 3개월의 시험 기간을 거쳤고, 그러고 나서도 프리차는 그를 모샤에게 배정하기까지 2년의 검증 기간을 두었다. 열아홉 살에 처음 FAE에 왔을 당시 라디는 치앙마이 외곽의 코끼리 서커스단에서 온 병든 코끼리의 보조 마훗이었다. FAE는 코끼리 주인이 운송비용과 마훗을 함께 보내 주기만 하면 코끼리를 무료로 치료해 주었다. 병원 측은 마훗이 체류하는 동안 임금도 지불했다. FAE가 이런 정책을 도입한 것은, 객원 마훗이 코끼리의 건강관리와 관련해 기본적인 것들을 좀 배워서 그곳을 떠나서도 그 지식을 활용할 수 있기를 바라는 마음에서였다.

라디가 도착한 지 얼마 되지 않아서 프리차는 그가 코끼리들에게 먹이를 주고 씻기는 일을 좋아한다는 것을 알아차렸고, 그에게 병원에 거주하며 음주를 삼간다는 조건으로 일자리를 제공했다. 그 대가로 라디는 서커스단에서 받던 급료의 곱절을 벌게 되었고, 하루 세끼 식사와 주거도 무료로 제공받았다. 라디는 땅을 살 요량으로 자신이 번 돈을 모두 집으로 보내 모으고 있었다. 모샤를 잘 돌본 그는 2011년에 급료가 인상됐다. 이제는 한 달에 1만 바트(대략 325달러)를 받는다. 그는 자신의 고향 마을에서 부자다.

라디를 처음 만난 지 1년 반 만에 나는 둘을 보기 위해 병원을 다시 찾았다. 좀 더 큰 우리로 옮긴 모샤는 키가 훌쩍 자랐고 덩치도 커졌지만 여전히 어린 코끼리처럼 끽끽대며 울었고, 사탕수수 줄기를 베어 먹을 때면 만족스러워서 귀를 펄럭거렸다. 라디는 미소로 나를 반겨 줬고, 코끼리 꼬리털로 짠 반지를 선물로 줬다. 그는 이렇게 말했다. "모샤의 털은 아니에요. 저는 절대 **모샤의** 꼬리털은 자르지 않아요." 이제 둘은 더 이상 낮잠을 같이 자지 않는다. 모샤가 너무 무거워서 자칫 실수로 그를 뭉개 버릴 위험이 있기 때문이다. 그래도 라디는 여전히 낮잠 시간과 밤 시간이 되면 그녀를 재운다. 일종의 코끼리판 아기 재우기 의례로 라디는 모샤가 꾸벅꾸벅 졸 때까지 쓰다듬어 준다. 그는 모샤가 확실히 잠든 것을 확인한 후에야 자신도 잠자리에 든다.

라디가 우리를 청소할 때면, 모샤는 깡충거리며 그 뒤를 따라다녔다. 때론 걸음을 멈추고 내게 다가와서는 울타리 너머로 코를 뻗어 내 손, 카메라, 신발 코를 건드리고, 머리 냄새를 맡았다. 라디가 쓰레기를 모아 쌓아 두고, 쓰레받기를 가지러 자리를 비운 사이에 모샤가 쓰레기 더미 위에 올라가 몸으로 그것을 덮어 버렸다. 라디는 쓰레받기를 가지고 돌아왔지만 쓰레기를 치울 수 없었다. "모샤! 모샤! 모샤!" 라디는 나와 함께 웃음을 터뜨리고 재미있어 했다. 모샤도 즐거워했다. 그녀는 옆으로 벌렁 드러누웠고, 라디가 올라타서 옆구리를 쓰다듬으며 웃었다. 그의 관심을 충분히 받은 후 모샤는 쓰레기 더미에서 내려왔고, 그제야 그는 청소를 마칠 수 있었다.

다음 날 나는 프리차에게, 모샤의 트라우마가 지뢰 사고 때문인지, 성장 과정에서 도움을 줄 수 있는 어미 코끼리나 다른 암컷 코끼리 없이 병원 생활을 한 때문인지 그의 생각을 물었다. "특히 암컷 코끼리들에게 마훗은 가족과도 같아요. 나는 라디가 결혼을 생각하고 있고, 언젠가는 분명 여기를 떠나 자기만의 인간 가족을 꾸리게 될 거라고 봐요. 하지만 모샤는 라디가 떠날 거라는 생각은 못 하겠죠. 모샤는 라디한테 다른 가족이 있다고 생각하지 않아요. 아마 라디를 자기 같은 코끼리로 생각할 거예요." 하지만 현재로서는 그 둘만으로도 충분해 보였다.

보노보 브라이언의 기적

어느 날 오후 환자가 뜸한 시각, 위스콘신 의대 정신과장 해리 프로센은 대학 총장의 전화를 받았다. 총장은 프로센에게 밀워키 카운티 동물원에 있는 젊은 수컷 보노보 브라이언을 치료해 줄 수 있냐고 물었다. 프로센은 그 다음 주 수요일 세 시간 진료를 예약해 주었다. 사실 농담 반 진담 반으로 한 소리였다. 편집성 조현병에서 중증 우울증과 정신이상에 이르기까지 인간 환자를 50년 이상 봐온 터였지만, 보노보 환자를 받기는 처음이었다.

인간으로 위장하고 사는 대형 유인원이 있다면 아마도 보노보일 것이다. 판 파니스쿠스+는 프로 농구 선수처럼 팔다리가 길고, 눈썹 부위가 이랑처럼 돌출해 있어서 마치 뭔가를 기억해 내려고 고군분투 중인 것처럼 보인다. 이 유인원에게는 다른 유인원들처럼 유명한 스타 연구자가 없다. 침팬지는 제인 구달, 고릴라는 다이앤 포시, 오랑우탄에는 비루테 갈디카스가 있지만 말이다. 가장 많이 알려진 보노보 연구자는 네덜란드의 영장류학자이자 생태학자 프란스 드 발로 그는 영장류의 공감과 도덕성에 대한 중요한 연구를 남겼지만[30] 여태 할리우드의 훈남 배우가 그를 연기한 적은 없다.

보노보에 대해 잘 알려진 것이 있다면 그것은 바로 섹스다. 이 유인원은 애정 표현을 위해, 불화를 조율하거나 가라앉히기 위해, 기타 다양한 종류의 사회적 상호작용을 원활히 하기 위해 자주 그리고 왕성하게 성행위를 한다. 그들이 벌이는 성행위의 레퍼토리는 폭넓고 성별을 가리지 않는다. 그들은 구강성교와 혀 키스를 하며, 암컷끼리는 오르가슴에 도달할 때까지 서로 음부를 비벼 대고, 수컷끼리는 나무에 매달려 음경으로 펜싱을 하는데 실제로 펜싱을 하는 듯한 소리가 난다. 그들은 인간을 제외하고 정상위로 서로 마주 보며 성교를 하는 유일한 유인원이다. 미국 동물원에 보노보가 잘 보이지 않는 이유 중 하나가 바로 이런 격렬한 섹스 때문이다. 부모가 아이들에게 보노보의 요란한 성행위를 설명하려면 꽤나 민망할 테니 말이다.

보노보는 공격적일 때도 있지만, 대체로 평화로운 유인원이다. 드 발은 우리가 그들의 평정심을 제대로 인정하지 못하고 있다고 생각한다. 그는 PBS와의 인터뷰에서 이렇게 말했다. "우리[인간]의 부정적 행동은 모두 우리의 생물학과 연관돼 있습니다. … 그리고 우리가 하는 모든 훌륭한 행동, 가령 이타적 행동이나 공감 등에 대해서는 … 인간만이 가지고 있는 본성이라고 주장하죠. 그런 이유로 곰베의 [서로 전쟁을 벌인] 침팬지 이야기

✤ '보노보'는 이들이 최초로 발견된 콩고강 연안의 '볼로보'라는 지명이 잘못 알려지면서 굳어진 명칭이다. 학명은 판 파니스쿠스다.

는, 인간이 순전히 경쟁적이고 공격적이라는 부정적 생물학적 관점을 더 공고하게 만들어 주었어요. 하지만 그 뒤에 보노보가 등장했고, 이들은 그런 관점에 부합하지 않았죠."[31]

그러나 밀워키 동물원의 어린 수컷 보노보 브라이언은 특수한 경우였다. 그는 성적으로 능숙하지 않았고, 평화롭지도 않았다. 프로센은 이렇게 말했다. "저한테 똥을 던지고 오줌을 싸고 침을 뱉으려 한 환자는 얘가 처음이에요."

브라이언은 1997년 7월, 밀워키에 도착했다. 직원들은 그의 심리적 욕구가 이전에 봤던 보노보들과는 많이 다르다는 것을 금세 알아차렸다. 동물원의 수석 보노보 사육사 바버라 벨은 20년 넘게 보노보와 함께해 온 사람이었다. 그녀는 이렇게 말했다. "브라이언은 하루에도 30번, 40번씩 토하고, 하루 종일 원을 그리며 맴돌았어요. 자지도 않고 무리 속에선 끼니도 못 챙겨 먹었죠. 한데 어울려 생활하는 사회 문화를 전혀 익히지 못했던 거예요. 이 아이는 무리에서 쫓겨날 것 같다는 공포에 떨면서 살았어요. 다른 보노보들이 그를 무리에서 쓸모 있는 존재로 보지 않았으니까요."[32]

또한 그는 자기 손톱을 잡아 뜯고, 주먹을 이용해 직장直腸을 피가 나도록 피스팅fisting✦했으며, 날카로운 물체에 생식기를 문지르고, 멍하니 벽만 쳐다보고, 사육사들에게 극도로 공격적인 태도를 보였다. 게다가 처음 보는 물건을 무서워해서, 자해를 하지 않도록 주의를 돌리기 위해 장난감이나 퍼즐을 주면 오히려 더 사납게 날뛰었다. 그래도 동물원 직원들은 포기하지 않고 그가 자해를 하지 않을 때마다 보상을 주려고 애썼다. 그러나 6주가 지나도록 이런 노력은 아무 소용이 없었다. 여전히 브라이언은 다른 보노보들이 있는 데서는 아무것도 먹지 못했다. 다 자란 암컷들과는 관계

✦ 손이나 다른 물건을 질이나 항문에 넣는 행위.

맺는 법을 몰랐고 성수成獸 수컷은 두려워했다. 그는 조금만 스트레스를 받아도 몸을 둥그렇게 말고는 태아 자세를 취했다. 벨은 이렇게 말했다. "동물이 이 정도로 자해를 하면, 멈추게 하지 않는 이상 거의 살아남기가 불가능합니다."

처음 동물원을 찾았을 때 프로센은 브라이언의 참담한 상태를 보고 몹시 당혹스러웠다.[33] 브라이언은 전시관 뒤쪽의 대기 공간에서 끊임없이 손뼉을 치면서 혼자 원을 그리며 맴돌고 있었다. 프로센은 이렇게 말했다. "어려운 면담 상황이라면 저도 꽤 겪어 봤지만, 언뜻 봐도 사실상 의사소통 자체가 불가능해 보였죠."[34]

정신과 의사로서 그가 우선 할 일은, 인간 환자와 마찬가지로 보노보 브라이언의 전체 이력을 재구성해 보는 것이었다. 그는 영장류관 지하 주방에서 동물원 사육사와 수의사들과 첫 번째 사례 회의를 열고 브라이언이 밀워키 동물원에 오기 전에 어떤 경험을 했는지 최대한 정보를 수집해 보려 했다. 사육사들이 바나나와 수박을 잘게 잘라 보노보에게 줄 식사를 준비하는 동안, 프로센과 직원들은 이 유인원의 내력에 대해 토론했다.

그들은 브라이언의 과거가 그의 행동만큼이나 비정상적이었다는 것을 알아냈다. 애틀랜타에 위치한 에모리 대학 소유의 여키스 국립영장류연구소에서 태어난 브라이언은 일곱 살까지 쭉 혼자였다. 아비가 있긴 했지만 그는 브라이언을 위협하고 항문 성교를 했다. 항문 성교는 보노보가 하지 않는 유형의 성행위이고, 성폭력은 드문 일이다. 연구 대상이었던 브라이언의 아비에게도 틀림없이 정서적 문제가 있었을 것이다.

보노보 사회는 모계제다. 어린 보노보들의 성장에는 어미와 나이 든 암컷들의 역할이 매우 중요하다. 새끼들을 무리 전체가 보살피며 수컷 새끼들은 암컷 새끼에 비해 두 배나 오랫동안 어미들과 함께 지내면서 의사소통하는 법, 먹이를 나눠 먹는 법, 분쟁을 해결하는 법, 그리고 성적인 표현 방법 등을 배운다. 야생에서 수컷들은 보통 14, 15년간 어미와 가깝게 지낸다. 브라이언은 새끼 때 어미와 떨어져 아비와 함께 실험실에서 살았다. 그는 아무런 보살핌도 받지 못했고 다른 보노보들을 신뢰하고 관계 맺는 법을 가르쳐 줄 나이 든 암컷도 없었다. 그의 환경은 완전히 비자연적이었고 그의 초기 성 경험은 — 아비가 폭력적으로 그를 올라타려 하면서 — 정신적 외상을 초래했다.

브라이언의 피스팅 습관은 여키스 시절의 어느 시점에 생겨났다.[35] 그곳에서 머무는 기간이 끝나 갈 무렵, 그는 심각한 출혈이 있을 정도로 너무 자주 격렬하게 피스팅을 했다. 일이 이 지경에 이르자 여키스 연구원들은 그의 생존을 걱정한 끝에 아비로부터 그를 격리해 8개월간 혼자 두었다. MRI 촬영 결과 오랜 피스팅으로 직장과 결장 조직이 두꺼워진 것을 제외하고 다른 신체 이상은 없었기 때문에 프로작과 발륨을 투여했다. 하지만 피스팅은 계속됐고, 결국 연구원들은 도움이 될 만한 곳으로 그를 이관하기로 결정했다.

밀워키 카운티 동물원은 아픈 보노보들을 치료하는 곳으로 유명하다.[36] 그 이유 중 하나는 바버라 벨이 수십 년 동안 이 유인원들에 대해 쌓아 온 경험 덕분이었지만, 오랫동안 이 동물원의 보노보 무리를 이끌어 온 친절하고 착실한 한 쌍의 보노보 로디와 마링가 때문이기도 했다. 콩고에서 포획된 이 둘은 두 살 때 암스테르담으로 가던 선원에게 팔렸다. 그들은 1986년, 밀워키 동물원에 도착한 후 25년 이상 벨이 보노보 집단(미국에서 사육되고 있는 보노보 중에서는 가장 큰 규모다)을 관리하는 데 조력자 역할을 했다. 벨과 이 보노보 무리가 정서적 이상이 있는 유인원을 잘 치료한다는 명성이 퍼지면서, 브라이언처럼 문제가 있는 보노보들이 속속 그곳에 도착했다.

모든 보노보들이 서로 잘 어울려 지내는 것은 아니며, 그들도 서로 간의 관계에서 발생하는 다양한 문제들을 관리하는 건 어려운 일이다. 때로 보노보들은 사태의 해결 방법에 대해 자기들 나름의 견해를 형성한다. 동물원의 보노보 무리는 규모가 크고 이 유인원들의 개성과 선호도 워낙 다양하기 때문에 모두를 전시관에 함께 두지는 않는다. 그날그날 보이지 않는 놀이 구역에 남는 보노보들과, 사람들이 볼 수 있는 전시 영역에 나가는 보노보들이 달라진다. 사육사들이 선택해 준 무리가 마음에 들지 않으면, 보노보들은 스스로 무리를 형성해서 다른 곳으로 가기를 거부하고 친구들 곁에 머물고 싶어 한다. 짝은 자주 바뀐다. 벨은 이런 측면에서 자신이 하는 일이 마치 "폭발성 강한 화학물질들을 섞는 것 같다"고 말한다.

브라이언의 불안한 상태를 견뎌 줄 만한 보노보는 키티라는 마흔아홉 살의 눈과 귀가 먼 암컷과, 콩고에서 온 스물일곱 살의 수컷 로디뿐이었다. 브라이언은 키티가 자신의 털을 골라 주는 것을 허락했고, 그 대신 이 늙은 암컷 보노보가 야외 영역으로 나가는 길을 찾도록 도와줬다. 로디는 브라이언이 공황 상태에 빠져 움직이지 못할 때 손을 잡고 놀이 구역으로 나갈 수 있게 도와주었고, 브라이언 옆에 앉아서 그를 안심시키느라 식사를 미룰 때도 있었다. 한번은 사육사들이 브라이언을 위해 마련해 둔 간식 꾸러미를 더 어린 수컷이 훔쳐 간 적이 있었다.[37] 그러자 로디는 자신의 간식을 그의 꾸러미 안에 넣어 불안해하는 브라이언에게 건넸다.

그러나 이런 작은 친절들만으로 브라이언의 증세가 호전될 순 없었다. 몇 시간씩 토하는 것도 여전했고, 피스팅도 계속 했다. 또 자신의 강박장애 의식儀式에 대한 집착도 너무 심해서 이런 의식들을 처음부터 끝까지 모두 거치지 않으면 끼니도 거부했다.[38]

"저는 브라이언의 자학 행동을, 극도로 불안한 상황 속에서 자신을 안심시키려는 시도로 보기 시작했어요." 프로센은 이렇게 말했다. 비록 상처를 입히는 방식이지만 브라이언은 자신을 만지면서, 다른 방식으로 위안을 얻거나 자신의 삶을 통제할 방도가 없는 세상에서 조금이라도 사태를 호전시키려 애쓰고 있는 것 같았다. "사람으로 치면 사회공포증에 해당하죠. 위험의 경중을 가리지 못하고, 자신이 처한 환경을 이해하지 못하고, 뭐가 자기한테 도움이 되는지 위험한지도 정확히 해석하지 못하는 거예요."

프로센이 취한 첫 번째 조치는 브라이언에게 낮은 용량의 항우울제를 처방해서 그가 자신의 공포와 불안, 강박에 대처할 수 있게 돕는 것이었다. 과거에 프로작이 듣지 않았기 때문에, 그는 팍실을 처방했다. 그가 기대한 효과는 브라이언이 본격적으로 치료 과정을 시작할 수 있을 만큼 오랫동안 긴장을 푸는 정도였다. 때로는 사육사들이 팍실에 발륨을 추가해 투여하기도 했다. 그러나 이는 그의 공황과 불안이 극심한 시기, 짧은 기간에 국한됐다. 벨에 따르면, 팍실은 그의 근원적인 불안을 제거해 "한때는 증세가 부분적으로 사라졌다." 식사 시간 전에 길게 이어지던 의식과 같은 "강박행동을 일부 멈출 수" 있었다.

"그래도 약물 치료는 효과가 꽤 있어서 다른 보노보들이 브라이언의 실제 모습, 즉 작고 멋진 보노보의 모습을 보기 시작했어요. 일단 자기 세계 속의 모든 소란에서 벗어나자, 이 아이는 몇 가지 사회적 행동을 배우기 시작했고, 천천히 자기 삶을 회복하기 시작했죠."[39]

치료가 본격적으로 시작됐다. 프로센, 벨, 그리고 사육사들은 브라이언의 세계를 안전하고 예측 가능한 곳으로 만드는 작업에 착수했다. 모든 식사는 같은 시각, 같은 장소에 놓았다. 점심을 먹은 후에는 매일 조용하고 평온한 시간이 주어졌다. 사육사들도 목소리를 낮췄고, 항상 동일한 일과가 반복되도록 최선을 다했으며, 칭찬을 아끼지 않았다. 새로운 물건을 그의 환경에 들일 때에는 천천히 움직여서 그가 보고 만지고 냄새를 맡아 자기 속도에 맞춰 익숙해지게 했다. 매일 주어지는 훈련 시간은 짧았고, 사육사들은 긍정적인 말로 훈련을 끝냈다. 프로센은 브라이언이 갇혀 사는 동물이기 때문에 어떤 면에서 인간 환자보다 치료가 쉬웠다고 했다. 그와 사육사들이 브라이언의 환경과 일상을 완벽하게 통제할 수 있었기 때문이다. 예를 들어 브라이언은 변화를 몹시 두려워했기 때문에 매일 매일의 활동 일정을 절대 바꾸지 않았다. 동물원의 다른 보노보들은 유연하고 느긋하며 모든 종류의 새로운 경험에 개방적이었지만, 브라이언에게는 상상도 할 수 없는 일이었다.

벨은 이렇게 말했다. "브라이언을 또래보다 훨씬 어린 보노보 새끼들과 한 조로 묶어서 놀이 행동을 가르쳐 봤어요. 두세 살 된 보노보와 짝을 지어 배울 수 있게요. 아시다시피 애들을 유치원에 보내는 건 사회성을 기르려는 거잖아요. 브라이언은 성장을 위해 과거로 돌아가 적절한 놀이 행동들을 배워야 했죠."

브라이언의 치료 과정을 감독하면서, 프로센은 보노보와 그의 인간 환자들, 특히 발달 장애를 겪는 환자들 사이의 유사성에 매료됐다.

"예전에 같이 일했던 아주 성공한 사업가가 있어요. 그는 열두 살에 아버지를 잃고 말 그대로 하루아침에 성인처럼 행동해야 했죠. 이런 일은 정상적인 발달 과정이 아니라 모방 행동에 해당하죠. 그 남자는 일반적인 성장 과정, 그러니까 아버지를 멘토 삼아서 배워 나가는 그런 과정에서는 배울 수 없는 것들을, 아주 빠르게, 효과적으로 해낸 것처럼 보였어요. 그 결과는 나중에야 나타났죠. 자기 사업을 하는데, 일을 배워 나가는 단계의 직원들과 문제가 많았어요. 그리고 청소년기의 자기 아이들과도 잘 지내지 못했죠. 제가 급성 발달 장애acute developmental deficit라고 부르는 증세였습니다."

프로센은 브라이언을 인간 환자의 털북숭이 복사판이라고 봤다. 그는 브라이언이 마치 서너 가지 다른 나이대에 있는 것처럼 행동하는데 그것이 중증 발달 장애 때문이라고 확신했다. 브라이언은 특정한 훈련 상황은 꽤 잘 헤쳐 나가지만, 자신이 훨씬 성숙한 행동을 요구하는 새롭고 낯선 환경에 처했다는 것을 아는 순간 완전히 엉망이 됐다. 어린 시절에 한 번도 접하지 못했던 다 자란 암컷과의 상호작용은 그에게 극도의 불안감을 야기했다. 이것은 무리의 다른 보노보들에게는 혼란스러운 일이었다. 브라이언은 외견상 여덟아홉 살의 젊은 수컷으로 **보였지만**, 발달 정도로는 대여섯 살처럼 행동했기 때문이다. 그나마도 안정적이지 못했다. 어느 순간 자신감 있는 젊은 청년이었다가, 다음 순간 갑자기 암컷의 젖을 먹으려 했다. 이는 당연히 다른 보노보들에겐 짜증나고 혼란스러운 일이었다. 그는 뜻대로 되지 않으면 보복으로 자기 발가락을 물어뜯었다. 로디만이 믿음직스럽게 그를 구해 주러 왔다.

프로센은 브라이언이 자학 행동에서도 살아남을 수 있었던 건 바로 이런 나이 든 수컷의 친절과 격려 때문이었다고 믿는다. 또 다른 한편으로 보노보들은 발달 장애 극복에 관한 한 사람보다 훨씬 회복력이 강할 수 있다고 생각한다. 침팬지를 연구하는 또 다른 정신의학자에 따르면 그 이유는 이렇다.

마틴 브륀 박사는 한때 실험에 이용되면서 정신적 외상을 입은 침팬지 열 마리를 치료한 후 네덜란드의 생추어리로 퇴역시켰다. 그는 그들이 수년간 학대를 당했음에도 불구하고 다른 침팬지들과 함께 보내는 시간, 더 건강한 식단과 항우울제 복용, 환경 풍부화 활동 등을 통해 머리 흔들기, 자학, R/R 습관 등에서 비교적 빨리 회복할 수 있었다는 데 깊은 인상을 받았다.[40] 브륀은 만약 사람이 실험실과 같은 비정상적인 환경에서 성장했다면 침팬지처럼 빠르게 회복하지 못했을 것이라고 본다. 그는 새로운 상황과 사회집단, 환경에 유연하게 적응하는 인간의 능력이 항상 좋은 것만은 아닐 수 있다고 했다. "침팬지가 아니라 인간이 지구를 차지하고 있는 이유가 그런 적응력 때문이겠죠. 하지만 다른 한편으로, 거기에도 대가가 따르겠죠. 정신장애를 겪는 이들의 숫자가 늘어나고 있는 게 아마 그런 대가가 아닐까요."[41]

벨과 프로셴은 보노보에 대해 기존의 학자들과는 견해가 다르다. 보노보에게는 나름의 유연성이 있으며, 인간이 그들로부터 배울 점이 있다는 것이다. 브라이언을 돕는 과정을 다룬 공동 논문에서 그들은 이렇게 썼다. "처음에는 매우 '이상한' 보노보였던 브라이언이 세상을 좀 더 침착하게 보기 시작했다. … 그는 이제 활짝 웃는다. 나는 인간과 달리 보노보를 비롯한 영장류의 경우 발달 과정이 다시 시작될 수 있음을 인정해야 한다고 생각한다. 만약 이것이 사실이라면, 보노보의 발달 장애 치료에 대한 연구는 인간 영장류 연구에도 기여할 수 있을 것이다."[42]

불안정한 자학 증상을 나타내며 발달 지체 상태로 밀워키 동물원에 도착한 지 4년 만인 2001년, 브라이언은 우두머리 암컷 두 마리가 이끄는 그룹에서 사회적 신호들을 정확하게 읽고 보노보 사회의 관습에 따라 우아하게 행동할 수 있게 되었다.[43] 무리에서 막 출산을 한 어미 보노보는 그를 신뢰해서 열흘밖에 안 된 갓난 새끼를 손가락으로 부드럽게 쓰다듬게 해줬다. 1년 후 그는 훨씬 큰 보노보 그룹들과도 편안하게 지냈다. 로디는 때로 그에게 무리의 지휘를 맡기기도 했다. 열여섯 번째 생일을 맞은 2006년, 브라이언은 마침내 자신의 나이에 걸맞은 행동을 하게 되었다. 로디가 늙고 쇠약해지면서 괄목할 만한 힘의 역전 현상이 일어나자 브라이언은 무리의 우두머리가 되었다.

벨은 이렇게 말했다. "둘은 여전히 잘 지내고 있어요. 하지만 역할이 역전됐죠. 먹는 것도 브라이언이 먼저고 로디가 그다음이에요. 솔직히 말하자면, 저는 로디가 더 이상 우두머리 자리를 바라지 않는다고 생각해요."[44]

이제 브라이언은 우두머리 암컷들의 관심과 애정을 즐기기도 한다. 벨은 그가 새끼들을 보살피도록 허락받았을 때 가장 행복해 했다고 말한다. 지난 몇 년간 그는 자기 새끼들의 아버지 노릇도 잘 해냈다. 벨은 그가 팍실을 끊은 게 몇 년 전인지는 기억하지 못하지만 다른 보노보들과 팍실을 나뉘 먹기 시작하면서 끊었다는 건 알고 있다(이는 프로센이 자신이 처방을 해준 다른 대형 유인원들에게서도 관찰한 현상이었다). 벨은 웃으면서 이렇게 말했다. "브라이언이 마약 운반책이 됐을 때, 우리는 투약을 중단했죠. 주기적으로 퇴행을 보이기도 하지만, 그런 경우는 아주 드물어요. 암컷과 새끼들한테 친절하게 하고 잘 지내고 있어요."

직원들은 브라이언이 항상 무리에서 가장 온순한 구성원들과 함께 있을 수 있도록 하는 등, 그의 사회적 관계를 계속 세심하게 관리하고 있다. 브라이언의 하루는 예측 가능한 상태로 유지되며, 그에게는 새로운 환경에 적응할 시간을 충분히 준다. 프로센은 이따금 브라이언이 정말 주위 유인원들에게 공감을 느끼는지 아니면 교묘하게 로디를 모방하는 것인지 의구심이 들기도 한다. 그는 내게 이렇게 말했다. "브라이언은 극도로 비정상적인 성장 과정에서 기인한 공감 능력 결핍일지도 몰라요. 약간 사이코패스 기질이 있을 수 있어요. 보노보니까 인간만큼 그렇게 폭력적이지는 않은 거죠."

그사이 브라이언은 더 성장해 이제 근육질의 젊은 수컷이 되었다. 그를 격렬하게 퇴짜 놓곤 했던 암컷들도 이제는 그에게 관심을 보였다. 2012년, 로디가 심장 비대증으로 죽은 후 브라이언의 우두머리 역할은 확고해졌다.[45] 또 브라이언은 무리 안에 새로운 동맹을 형성했는데, 벨은 그가 "난폭 운전자 같은 접근 방식을 버렸다"고 했다.

지난 15년간 프로센과 벨은 다른 동물원들로부터 수많은 정신과 상담 요청을 받았다.[46] "'수컷이 암컷을 갈기갈기 찢고 이런저런 행동을 했어요. … 얘가 미쳤어요!' 사육사들이 이러면서 열한두 살짜리 수컷을 어떻게 좀 하고 싶다는 전화를 하곤 해요. 그때가 걔들을 붙잡아야 할 때에요. 그 시기 수컷들은 더 보살핌과 안내를 필요로 하거든요. 우리는 브라이언 덕분에 정말이지 축복 받았죠. 무척 이상한 방식이긴 했지만, 브라이언은 우리 동물원에 주어진 선물이었어요. 브라이언과 저는 무척 조심스럽지만 애정 어린 관계를 유지하고 있어요. 브라이언은 여전히 권총 같은 존재이긴 해요. 전 그가 절 다치게 할 수 있다고도 생각해요. 하지만 우리는 여전히 브라이언에게서 배우고 있고, 앞으로도 그럴 거예요."

브라이언의 치료는 유명한 성공 사례가 됐지만, 프로셴은 그것을 자신의 공으로 보지 않는다. 벨과 다른 사육사들의 노력이 정말 영웅적이었고, 브라이언을 실제로 변화시킨 것은 동물원의 보노보 무리이며, 로디와 키티가 브라이언의 진짜 치료사들이었다고 그는 생각한다.

"공감은 국경도, 종의 장벽도 없이 보편적이며 언제나 유효해요. 저는 동물원에 온 이후에야 공감이 우리보다 훨씬 앞서 보노보가 지녔던 능력이라는 사실을 발견했어요."

4

우리를 비춰 주는 동물

내가 지금까지 했던 가장 미친 짓은
명령을 따른 것이다.
팻 바커, 『갱생』

세상의 모든 생물은 우리에게
책과 그림,
그리고 거울과 같다.
1200년경 알랭 드 릴

만약 올리버가 21세기 초가 아니라 19세기 말에 살았다면 어땠을까? 빅토리아시대 사람들이, 침실 창문가에서 입에 거품을 가득 물고 공황 상태에 빠져 있는 그를 봤다면 미친개로 착각해 그 자리에서 쏴죽였을지도 모른다. 그로부터 수십 년 후인 20세기 초에 태어났다면, 아파트 창문에서 뛰어내린 것에 주목한 신문기자, 애견가, 목격자들이 그의 행동을 치명적인 향수병이나 상심heartbreak으로 기록했을 것이다.

지난 150년 동안 우리가 기이한 행동을 하는 동물에게 붙여 줬던 이름표는 사람에게 적용했던 명칭과 상응하는 경우가 많았다. 사람에 대한 진단명과 마찬가지로 동물에 붙은 병명도 결코 안정적이지 않았다. 수의사, 동물원 사육사, 자연학자, 농부, 반려동물 보호자, 그리고 의사들은 **히스테리**hysteria, **멜랑콜리**melancholia처럼 오래된 명칭에서부터 **강박장애, 기분 장애**mood disorders 같은 최근의 명칭에 이르기까지 다양한 용어를 인간이 아닌 동물에게도 적용해 왔다. 진단은 고래뼈 코르셋이나 엘리자베스 주름 칼라의 유행처럼 왔다 갔다 했다. 다시 말해서, 새로운 유행에 더 잘 어울리는 진단, 사람들이나 의사들이 더 적절하다고 느끼는 진단이 나오기까지 인간과 여타 동물을 그 속에 어정쩡하게 우겨 넣었던 것이다.

예를 들어, 20세기 들어 정신 건강이 점차 치료의 대상이 되고 의료화되면서 향수병이나 상심과 같은 사례가 증가했다. 점점 다양한 형태의 정신이상을 치료하는 의사들이 전문가가 되었고, 치료 과정이 환자와 의사 사이의 개별적 관계에 점점 더 중점을 두게 되었다. 20세기 중엽부터 이런 의사들은 "정신의학자"psychiatrist로 불리기 시작했다.[1]

다른 동물의 마음을 이해하려는 노력에도 이와 같은 인간의 정신 건강에 대한 관념의 변화가 반영됐다. 사람들은 동물들의 영문 모를 행동을 이해하기 위해 쉽게 가져다 쓸 수 있는 개념, 언어, 추론 등을 사용한다. 심각한 상심이나 향수병 같은 병명들은 지금 시점에서 보면 고색창연한 느낌을 주지만, 지금의 인터넷 중독이나 주의력 결핍 증후군과 같은 것들도 22세기나 23세기쯤에는 구식으로 들릴 것이다. 이처럼 과거 동물들의 정신 이상 사례들과, 향수병이나 심한 상심, 멜랑콜리, 히스테리, 광기 등의 질환을 우리가 어떻게 다른 동물들과 연결해 왔는지를 살펴본다는 것은 인간 정신병의 역사에 거울을 들이대는 것과도 같다. 그리고 그 거울에 비친 모습이 항상 보기 좋은 것만은 아니다.

미친 코끼리, 미친 개, 미친 사람

수세기 동안 사람들은 동물이 광기를 나타내는 이유를 찾기 힘들어 혼란스러워 했다. **광기**madness라는 단어조차 여러 가지 다른 의미로 사용됐다.[2] 16세기에 **광기**는 "제정신이 아니"insane라는 뜻으로 흔히 쓰이는 말이었고, 18세기 영국에서는(그리고 북아메리카에서는 그보다 좀 늦게) "분노"anger를 뜻하는 말이 되었다. 19세기 후반부터 20세기 초까지 이상하거나 공격적으로 행동하는 모든 동물은, 공수병[광견병]에 걸렸든 아니든 간에, 광기로 간주되었다. 19세기 후반이 돼서야(그리고 어떤 경우엔 그 이후에야) 미친 동물은 정신병이 아닌 신체적 질병의 희생자로 여겨졌다.

공수병에 걸린 개는 특히 공포의 대상이었는데, 그 질병이 처음에는 증상이 없거나 때로는 걸린 사람의 몸 안에 수개월 동안 잠복해 있다가 갑자기 참기 힘든 고통과 죽음으로까지 진전되기 때문이었다. 또한 이 질병이 두려운 까닭은 사람들이 주요 매개체라고 생각하는 동물이 인간의 가장 가까운 친구였기 때문이다.[3] 오늘날 우리는 19세기 말 도시 거주자들 사이에 만연했던 이 전염병에 대한 공포를 상상하기 어려울 것이다. 당시만 해도 아직 모든 개가 오늘날과 같은 모습의 반려견이 아니었다. 그때도 일부는 우리가 지금 흔히 공원에서 볼 수 있는, 털을 곱게 다듬은 종들과 비슷했지만(이리와 같은 성향을 가진 개들은 대체로 늘어진 귀에 커다란 눈망울을 한 개들로 개량되었다) 19세기 말과 20세기 초에 개들은 훨씬 자유롭게 돌아다녔고 원하는 대로 할 수 있었다. 그로 인해 옴에 걸리거나 일찍 죽거나 굶주리는 등의 대가를 치렀지만 말이다. 그들이 공수병에 걸릴 확률은 놀라울 정도로 높았고, 이를 막기도 훨씬 힘들었다. 미친개는 어디든 있을 수 있었고, 공수병에 대한 공포가 종종 실제 공중보건상의 위험에 비해 부풀려지기도 했지만, 그래도 그것은 실재하며 사람들을 짓누르는 공포였다.[4]

미친개에 대한 대중의 불안은 다음과 같은 선동적인 신문 표제들에서 잘 나타났다. "미친개들이 날뛰다: 공수병에 대한 공포가 코네티컷 주를 휩쓸다" "미친개가 집을 점령하다" "교외 지역은 미친개의 죽음을 원한다. … 광견병에 걸린 개가 복도를 돌아다니는 동안 가족들은 방문을 걸어 잠그고 있었다."[5]

1885년에 루이 파스퇴르가 처음 공수병에 대한 백신 접종을 시작한 후에야 이 질병에 대한 폭넓은 이해가 이루어졌고 감염에 의한 질병이라는 생물학적 설명으로 이어졌다. 파스퇴르 이전에 공수병의 증상은 흔히 감염 증세가 아닌 "발광"發狂으로 간주되었다. 역사가 해리엇 리트보에 따르면, 공수병은 운이 나빠서 걸리는 병일 뿐 아니라 감염된 동물이 마땅히 받아야 할 벌, 비위생적이어서, 죄를 지어서, 욕정이 과해서, 혹은 성적 불만족 때문에 걸리는 병으로 여겨졌다.[6] 영국에서는 특히 빈곤층의 반려동물이 공수병에 걸릴 위험이 높다고 생각됐지만, 배불리 먹고 응석받이로 자란 상층계급의 반려동물도 이 병에 걸렸다.

또한 이 감염증은 개가 다른 동물에게 옮기거나 다른 동물이 개에게 옮기는 병이라고 여겨졌다.[7] 특히 말이 미친개에 물리는 일이 자주 있었는데, 이 경우 그 말은 격리돼 공수병의 징후가 나타나는지 기다려야 했다. 때로는 미친개에게 물린 말을 그냥 쏴죽이기도 했다. 20세기 초에는 [캘리포니아주] 데스밸리에서 미친 코요테에게 물린 당나귀가 마스티프종 개를 죽이고 이어서 말의 목덜미를 물고는, 그 지역의 광부들까지 문 사건이 있었다. 몇 킬로미터 떨어진 곳에서 1890년에는 미친 스라소니가 말을 공격하고, 개를 한 마리 죽이고 다른 한 마리를 물어뜯고, 돼지 여러 마리에게 부상을 입히고, 소떼를 뒤쫓다가 결국 한 여성이 쏜 머스킷총에 사살당했다. 다른 사례로 서커스 동물의 경우를 들 수 있다. 시카고에서 마벨 호글이라는 소녀가 아버지와 함께 호기심 박물관을 찾았다가 원숭이에게 물렸다. 사람들은 그 원숭이를 공수병에 걸린 것으로 판단해 죽였다고 한다.

그렇지만 이런 동물들이 모두 공수병은 아니었다. 많은 사람들이 공수병인 경우와 정신이상인 경우를 모두 **광기**라는 말로 불렀기 때문에, 그 차이를 구분하는 게 항상 쉬운 일은 아니었다. 일찍이 1760년대에 올리버 골드스미스가 <미친개의 죽음을 애도하며>An Elegy on the Death of a Mad Dog라는 시를 썼을 때도 공수병 때문에 미친 것과 다른 형태의 정신이상 사이에 거의 차이를 두지 않았다.[8] 그 시에는 다음과 같은 구절이 있다. "이 개와 사람은 처음에는 친구였다네 / 하지만 시비가 붙자 / 개는 알 수 없는 목적을 위해 / 미쳐서 사람을 물었다네." 여기서 이 개가 허구든 아니든 간에, 공수병은 아니었다. 개가 사람을 문 것은 "분별을 잃었기" 때문이다.

어떤 동물에게 미쳤다는 꼬리표를 달아 주는 것은 비이성적인 분노를 설명하는 한 방식이었을 뿐만 아니라 그 동물의 이상한 행동, 공격성, 또는 히스테리, 멜랑콜리, 우울증, 향수병 등 그 밖의 정서적 이상을 기술하는 방식이기도 했다. 예를 들어 1890년, 바다 한복판을 표류하던 난파선에서 돼지 한 마리와 함께 발견된 작은 개는 상실감으로 미쳤다고 알려졌다.[9] 어떤 동물들은 평생에 걸친 학대로 인해 미쳐 버렸는데, 예를 들어 1903년 센트럴파크의 스마일스라는 코뿔소가 그랬다고 한다.[10] 센트럴파크나 버지니아주 윌리엄스버그✤ 등에서 말이 마차나 기수를 매달고 질주해서 인명 사고가 발생할 때면 흔히 미친 말의 짓으로 간주되었다.[11] "미친 말 병"equine insanity에 걸린 말들은 갑자기 마부나 기수를 공격해서 밟아 죽일 수 있었다. 이 외에 별나 보이는 동물의 행동을 설명할 때도 광기라는 말이 쓰였다. 1909년, 뉴올리언스 야구팀의 마스코트였던 원숭이 헨리는 상대팀 팬들의 도를 넘은 조롱에 미쳐 버렸다고 한다.[12] 헨리가 경기장 우리를 탈출해 관중석으로 난입하자 일대 소란이 일었고 경기는 7회말에 중단됐다. 1920, 30년대까지만 해도 미친 고양이들이 "난잡한 집단 교미"를 하며 우짖는 거라 여겨졌고, 도살장으로 끌려가던 중 미쳐 버린 소, 미친 앵무새, 그리고 제어하기 어려운 할리우드 영장류들에 대한 이야기도 있었다.[13] 무솔리니는 히틀러와의 회동이 있기 불과 몇 달 전인 1937년 3월, 리비아에서 환영식 퍼레이드에 참석한 와중에 미친 소의 공격을 받아 국제적인 뉴스거리가 되었다.[14] 무사히 탈출한 무솔리니는 파시스트 이탈리아를 지지해 준 리비아인들에게 상찬을 늘어놓았다.

✤ 부시 가든이라는 테마파크가 있으며, 그 안에는 하이랜드 마구간 등의 동물원이 있다.

이렇듯 다양한 동물들에게 광기를 부여하는 이야기는 많지만, 그중에서도 가장 오래 지속돼 온 이야기는 코끼리에 대한 것이다.[15] 1880년 『뉴욕타임스』에 실린, 전형적인 미친 코끼리 장르에 해당하는 기사를 보면, 어느 날 인근 마을을 공포에 떨게 한 인도코끼리 이야기를 전하고 있다.[16] 이 기사에 따르면 그를 쫓아간 경찰은 박살 난 건물, 짓밟힌 시체, 그리고 자신을 쫓아온 사람들을 공격하기 위해 되돌아온 코끼리를 발견했다. "[그 코끼리는] 단순히 사나운 정도가 아니라 완전히 '미쳐' 있었으며, 미친 사람처럼 교활하고 잔인했다." 기자는 계속해서 이렇게 썼다. "그러나 정신이상은 그 동물이 가진 지능을 입증하는 증거다. 갑작스레 돌변해 광기를 드러냈다는 것은 강력한 지력智力을 추정케 한다. 올빼미는 '바보'가 될 수도 있고 아예 태어날 때부터 천치일 수도 있지만 절대 미치지는 못한다. 올리버 웬델 홈즈[대법관]가 말했듯이 박약한 마음에는 그 마음을 해칠 만한 힘도 축적될 수 없다."

이론적으로는 코끼리도 공수병에 걸릴 수 있지만, 대부분은 신체적 질병이 아니라 열악한 대우나 학대에 대한 반발일 가능성이 높다. 이런 미친 코끼리들이 뉴스거리가 되는 것은 단순히 건물이나 차량을 부수고 사람을 짓밟기 때문이라기보다는, 보통 아주 극적인 방식으로 — 분노가 향하는 곳, 복수의 대상을 정확히 특정한다든지, 가장 파괴적인 일격을 가할 수 있는 적기가 찾아올 때까지 시간을 끄는 식으로 — 분노를 표출하기 때문이었다. 갇혀 사는 코끼리들은 갑작스레 폭력성을 터뜨려 조련사, 사육사를 공격하는 것으로 유명했다.[17] 이런 일은 너무 흔해서 19세기 이후에는 이런 유형의 사건을 나타내는 표현으로 '폭주하다'running amok✦라는 말이 등장했

✦ 이 단어는 말레이어 '아묵'에서 유래한 것으로, 꾹 참고 있다가 갑자기 폭력을 행사하는 사건을 뜻한다. 말레이시아 사람들은 사악한 호랑이의 영혼이 인간의 몸에 들어와 이런 극악한 행위를 유발한다고 생각해서 이런 사람에 대해 관용을

다. 이런 사건들은 19세기와 20세기엔 흔한 일이었고, 21세기인 지금도 여전히 일어나고 있는 일이다.[18]

1994년 8월 20일, 솜사탕과 땅콩을 먹고 있는 수천 명의 군중 앞으로 스무 살 난 암컷 아프리카코끼리 타이크가 입장했다. 그곳은 호놀룰루 블라이스델 경기장에서 열린 국제 서커스 공연 현장이었다. 타이크는 금빛 오각형 별모양의 머리 장식을 하고 있었고, 조련사 앨런 캠벨은 번쩍거리는 파란색 점프수트를 입고 있었다. 흔들리는 가정용 비디오카메라에 찍힌 영상에서도 타이크는 동요하는 것 같았다. 타이크는 밝은 조명이 비추는 원형 공연장 가장자리를 빠르게 원을 그리며 돌기 시작했다. 당황한 캠벨은 정신없이 맴도는 타이크를 제어하기 위해 막대로 찔렀다. 그러자 타이크는 큰 소리로 울면서 근처에 서있던 사육사를 바닥에 쓰러뜨렸다. 그리고 눈 깜짝할 사이에 앞무릎을 굽히더니 온몸의 무게를 실어 그를 바닥에 짓눌러버렸다. 그런 다음 그를 마치 가벼운 통나무처럼 발로 차며 바닥에 굴렸다. 캠벨은 타이크를 뒤쫓아 가면서 제지하려고 했다. 그러나 타이크는 캠벨까지 바닥에 쓰러뜨리고 사육사보다 더 세게 걷어차기 시작했고, 잠시 무릎을 꿇고 주저앉나 싶더니 그를 바닥에 내동댕이쳤다. 타이크가 다시 일어서자 캠벨은 축 늘어진 채 옆으로 쓰러졌다.[19]

"마치 코끼리가 발에 헝겊 인형을 매단 것처럼 보였어요. 그 남자 머리가 그렇게 움직였어요." 딸을 데리고 서커스를 보러 왔던 한 여성은 <동물이 공격할 때>라는 특집 텔레비전 쇼의 한 인터뷰에서 이렇게 말했다. "사

베풀었다고 한다. 현재는 말레이시아 문화 특유의 현상이라기보다는 정신병적 행동으로 여겨지고 있다.

람들이 동요하기 시작했어요. 무대에 가장 가까이 앉아 있던 사람들은 그
게 쇼의 일부가 아니라는 사실을 깨닫기 시작했죠. 뭔가 잘못됐다는 걸요."

앨런이 움직이지 않자 타이크는 다시 사육사에게 돌아가 그를 마지막
으로 한 번 더 차고 바닥에 굴렸다. 앨런은 이미 죽었거나 의식이 없는 상태
로 보였다. 군중은 비명을 지르며 공황 상태에 빠졌다. 사람들은 저마다 비
상구를 향해 서로 밀치며 내달렸다. 타이크는 육중한 나무 문 하나를 뜯어
내 6미터 밖으로 날려 보내고는 건물 바깥으로 뛰쳐나갔다. 타이크는 인근
주차장으로 향했고 경찰차가 뒤따라오자 근처 도로로 진입해 주변의 교통
을 마비시켰다. 경찰 병력이 더 투입됐고 경찰차 수십 대가 주변 도로에 뒤
엉켜서는 타이크를 향해 총을 겨눴다.

타일러 랠스턴은 와이마누가를 따라 운전하다가 타이크가 자신의 차
를 향해 달려오는 것을 목격했다. 랠스턴은『호놀룰루 애드버타이저』기자
에게 이렇게 말했다. "처음에는 정말 어리둥절했죠. 코끼리가 저한테 달려
오고 있고 경찰들이 그 뒤를 쫓고 있었으니까요."

그는 타이크가 서커스 광대를 쫓아 공터로 들어가는 것을 보고는 그
틈을 타 간신히 그 길을 벗어났다. 그 사이 다른 서커스단원은 철책 문 안에
그녀를 가둬 보려고 노력 중이었다. 그러나 타이크는 이 허술한 장애물을
손쉽게 뚫고 그에게 달려들어 다리를 박살냈다. 그러자 경찰이 발포를 시
작했다. "그때 전 '코끼리가 죽는 걸 보고 싶진 않은데' … 이런 생각을 하고
있었어요. 근데 좀 있다가 코끼리가 피투성이가 돼 제 옆을 지나갔어요."[20]

경찰은 타이크에게 여든 발 이상을 발사했다. 타이크가 뒤쫓았던 사람
들 중에서 조련사 앨런 캠벨은 목숨을 잃었다. 캠벨과 타이크의 사망 소식
이 빠르게 전해지기 시작하면서, 타이크에 대한 더 많은 이야기가 조명됐
다. 미국 농무부와 캐나다 사법당국의 기록에 따르면 몇 년 전 타이크는 다
른 서커스에서 공연을 했는데, 조련사가 공공연히 타이크를 때려서 비명을

지르고 매를 피하기 위해 세 다리를 구부려 무릎을 꿇을 정도였다는 사실이 밝혀졌다. 그 후 문제의 조련사가 옆을 지나갈 때마다 타이크는 비명을 지르며 다른 곳으로 몸을 피했다. 조련사는 타이크가 자신의 동생을 들이받으려 해서 벌을 준 거라고 주장했다.[21] 또한 타이크는 그전에도 두 차례 탈출한 적이 있었다. 1993년 4월, 타이크는 그레이트 아메리칸 서커스 공연 도중 펜실베이니아에 있는 자파 납골당의 문을 부수고 들어가 벽의 일부를 파손하고(그로 인해 약 1만 달러의 피해가 발생했다), 2층 발코니에 침입했다. 당시 조련사들은 타이크를 달래서 데려갔다. 같은 해 7월, 노스다코타주 박람회에서 공연을 하던 중 타이크는 다시 조련사의 통제를 벗어났고 코끼리 쇼 인부 중 한 명을 짓밟아 갈비뼈 두 대를 부러뜨렸다. 타이크는 호손 사 소속이었다. 존 쿠네오 2세가 운영하는 이 회사는 30년 이상 서커스 바르가스와 워커 브라더스 서커스를 비롯해 전 세계 서커스 공연이나 그밖의 연예 프로그램에 자사가 소유한 동물들을 대여해 온 곳이었다. 이 회사는 동물복지법 위반과 관련한 끔찍한 기록으로 악명 높았다. 2003년 미 농무부는 호손 사의 코끼리 한 마리를 압류했다. 코끼리 압류는 농무부 역사상 처음 있는 일이었다. 델리라는 이름의 이 암컷 코끼리는 피부 농양, 외상, 그리고 화학물질에 의한 중증 화상으로 고생 중이었다.[22] 한 조련사가 델리의 발을 희석시키지 않은 포르말린에 담갔기 때문이다. 1년 후 미 농무부는 쿠네오를 열아홉 건의 동물 학대, 방치, 혹사 혐의로 기소했고, 그는 열여섯 마리의 코끼리를 모두 방출해야 했다.[23]

학대 이외에 수컷 코끼리가 한바탕 광분하는 이유 중 하나는, 발정기로 설명할 수 있다. 이는 호르몬에 의해 촉발돼 수 주에서 수개월간 지속된다. 발정기 수컷은 공격성이 더 강해지고, 고집이 세지며, 페니스가 발기하고, 관자놀이에 있는 샘에서 끈적끈적한 물질을 분비한다. 때로 이런 상태의 수 컷들이 폭력적으로 변하면서, 발정기는 성적 광기가 한바탕 몰아치는 시기 로 묘사되곤 했다.

19세기 중엽 런던의 엑서터 체인지에서 살았던, 한때는 유순했던 아 시아코끼리 추니는 매년 "성적 흥분"으로 인해 공격성이 너무 강해진 나머 지 사육사들을 위협해 죽임을 당했다.[24] 1826년 3월에 있었던 그의 살처분 은 유혈이 낭자했고 너무나 오랜 시간이 걸렸다. 추니는 비소를 거부했고, 라이플로 세 발을 쐈지만 그를 더욱 날뛰게 만들 뿐이었다. 마지막 순간에 소집된 병사들이 군용 머스킷총으로 일제사격을 반복했음에도 목적을 달 성할 수 없었다. 결국 한 사육사가 칼로 최후의 일격을 가했다.

군다 역시 20세기 초엽에 브롱크스 동물원에서 한때 누구나 가까이할 수 있는 스타 코끼리였다.[25] 그러나 뉴욕동물학회의 윌리엄 호너데이에 따 르면, 군다는 성적으로 성숙해지면서 "가장 위험하고 골치 아픈 존재"가 되 었다. 6개월마다 반복되는 "광란의 발정기"는 그를 너무 난폭하게 만들어 군다는 매년 절반을 삼엄한 통제 아래 놓이게 됐다. 뉴욕 시민들 사이에서 그를 어떻게 처리할지를 둘러싼 논쟁이 벌어졌고, 그의 운명을 둘러싼 기 사와 사설, 그를 사슬로 묶어 두는 조치의 윤리적 문제, 살처분 가능성 등이 제1차 세계대전 직전의 뉴욕 언론을 달궜다.[26] 결국 군다는 유명한 코끼리 사냥꾼이자 박제사였던 칼 애클리가 근거리에서 쏜 총을 맞고 죽었다. 건 조 과정을 거친 그의 가죽은 뉴욕의 자연사박물관으로 옮겨져 오늘날까지 도 천문관 지하의 대형 금속 선반에 보관돼 있다. 광적 행동을 했다는 이유 로 사살된 군다는 다른 많은 코끼리들의 경험을 대표하는 것이었다. 그들 의 생존권은 그들을 가두어 관리하는 인간이 그들의 광기를 어떻게 인식하 느냐에 달려 있었다.

아시아코끼리 팁의 좌절

1889년 1월 1일, 열여덟 살 난 아시아코끼리 팁이 파보니아 페리선*에서 내려 뉴욕 23번가에 발을 디뎠다. 팁은 서커스단을 소유한 애덤 포어포가 — 그는 남북전쟁 당시 미국 정부에 말을 팔아 큰돈을 모았던 링링 브라더스 서커스의 경쟁자였다 — 뉴욕 시민들에게 주는 새해 선물이었다. 포어포의 쇼에는 러시아 곡예사와 와이오밍 카우보이, "코미디언 돼지, 당나귀, 개", 자전거 배틀, 야만인과 살아 있는 기형 인간 전시, 권투하는 캥거루 잭, 그리고 "아시아의 빛"으로 알려져 있던 흰 코끼리 등이 포함돼 있었다.[27] 이 쇼는 코끼리들이 공중에 설치된 와이어 위에서 두발자전거를 타고, 줄타기 곡예를 하고, 인간 복서를 때려눕히는 공연을 한다고 선전했다. 쇼에는 코끼리 팁도 포함돼 있었지만 몇 가지 이유로(포어포는 그것을 '아량'이라고 했다) 뉴욕시에 기증돼 최초의 공공 후피厚皮 동물이 되었다.

그 후 몇 년에 걸쳐 팁은 처음에는 사랑스러운 명물이었다가 나중에는 동물의 광포함을 보여 주는 표본이 되었고, 종국에는 자연학자, 대형동물 사냥꾼, 동물 수집가는 물론이고 수천 명의 뉴욕 시민들을 극단으로 분열시킨, 뉘우침 없는 범죄자가 되었다. 그러나 1889년 새해 오후의 팁은 평화로운 코끼리 같았다. 그의 등장은 센트럴파크의 동물 우리가 버젓한 동물원으로 변신하던 시기와 때를 같이했다. 그를 뉴욕시에 기증한 포어포에 따르면, 팁은 "양처럼 순했다."[28] 그의 가치는 8000달러에 달했고, 포어포 코끼리 쇼의 스타였다. 처음에 기자들은, 소매치기들을 고용해 자신의 쇼를 보러 온 군중의 주머니를 털게 할 만큼 부정한 사업가였던 포어포가, 설령 상당한 선전 효과가 있더라도 그 정도 가치가 있는 건강하고 잘 조련된 코끼리를 왜 포기했는지에 대해 의문을 제기하지 못했다. 필시 팁이 전혀

✦ 허드슨강을 따라 운항하며 뉴욕과 뉴저지 사이를 연결하는 페리선.

유순하지 않아서였을 텐데 말이다.

포어포는 팁을 전설적인 동물 수집가 칼 하겐벡*에게서 산 것이었고, 하겐벡은 이탈리아의 움베르토 1세 국왕에게서 산 것이었다. 팁은 아마도 다른 아시아코끼리들과 함께 포획돼 자신이 태어난 숲에서 어미와 떨어져야 했을 것이다. 어쩌면 갇혀 사는 암컷에게서 태어나 젖을 떼자마자 분리됐을 수도 있다. 어느 쪽이든 어린 나이에 처음엔 이탈리아로, 다음엔 독일로, 마지막에는 미국으로 가는 긴 여행은 무척 고된 여정이었을 것이다. 그는 계속해서 친했던 다른 코끼리나 사람들과 분리되는 경험을 했을 것이다. 먹이는 건초, 밀기울 사료, 때로는 포도주였고, 그가 천성적으로 좋아하는 풀이 아니었다. 진흙에서 뒹굴며 목욕을 하거나 강에서 수영을 즐길 수 없었을 것이고, 양동이나 호스로 물을 마시고 오랜 시간 쇠사슬에 묶여 단단한 바닥에서 지내면서 무릎과 발목에 가해지는 압력을 줄이기 위해 흔들흔들 몸을 움직였을 것이다. 그는 매질의 위협 속에서 훈련을 받았고, 두발자전거 타기 같은 묘기는 코끼리에게 쉬운 일이 아니었다. 성년이 되어 사춘기 호르몬이 관자놀이를 흐르기 시작하면서 암컷을 찾는 욕망을 부추기자 자신의 감금 상태에 대한 팁의 좌절감은 훨씬 더 커졌을 것이다.

센트럴파크 코끼리 하우스에서 지낸 처음 몇 년 동안, 구경거리로서 팁의 생활은 평온한 편이었다.[29] 그러나 1894년, 『뉴욕타임스』는 팁이 "바뀌지 않으면 죽어야 한다"reform or die고 선언했다.[30] 이 기사는 문제의 코끼리가 자기 성질을 다스리지 못하면 죽여야 하고, 뼈는 자연사박물관에 보내야 한다고 주장했다. 그의 사육사 윌리엄 스나이더는 코끼리가 미쳐서

✤ 독일의 야생동물 판매상으로 미국과 유럽의 동물원들에 야생에서 포획한 동물들을 공급했다. 철창 없는 우리로 구성된 현대식 동물원을 창안한 것으로도 유명하며, 최초로 인간 동물원을 만들어 동물 옆에 인간을 전시한 인물이기도 하다.

죽이려는 계획이 진행 중이며 단지 그 시기가 문제일 뿐이라며 팁을 처분해야 한다고 가장 시끄럽게 떠들어 댔다. 스나이더의 예감은 맞았다. 어느 날 아침, 팁에게 아침을 주려던 차였다. 팁은 자신의 엄니를 묶고 있던 쇠사슬을 끊고 기다란 코로 스나이더를 세게 내려쳐 바닥에 쓰러뜨리고는 밟아 죽이려 했다. 스나이더는 비명을 질렀고, 공원 경비원이 달려와서 그를 아슬아슬하게 구해 냈다.[31]

코끼리는 3년을 기다렸다가 다시 스나이더를 덮쳤다.[32] 어느 날 오후, 그날 일과를 끝내기 전에 스나이더는 팁의 발에 이미 채워져 있던 무거운 족쇄에 추가로 쇠사슬을 매두려고 우리에 들어갔다. 그 순간 스나이더는 팁이 공격할 태세를 갖추고 있음을 바로 직감했지만, 팁이 그가 빠져나오기 전에 엄니로 그를 후려쳤다. 그 일격에 스나이더는 벽으로 날아갔고, 코끼리는 바닥에 엎드려 있는 그를 물어뜯기 위해 재빨리 움직였다. 하지만 팁의 공격은 빗나갔고, 우리의 벽을 너무 세게 친 나머지 건물이 흔들렸다. 스나이더는 기어서 간신히 위기를 벗어났고, 코끼리에 대한 증오심은 코끼리가 죽는 걸 보겠다는 결심으로 굳어졌다.

센트럴파크 운영진은 일주일 동안 코끼리의 처리 방안을 놓고 고심했다. 일간지들은 그의 위태로운 처지를 다루면서 그를 살려 둘 것인지 죽일 것인지를 둘러싼 찬반양론을 실었다.[33] 이런 보도가 늘어날수록 팁의 우리 앞에 몰려든 관람객들도 늘어났다. 이 코끼리를 포어포에게 팔았던 야생동물 판매상 하겐벡은 죽여야 한다는 쪽이었다. 공원 운영진은 동물원의 명물인 팁이 없어졌을 때의 손실과 자연사박물관 특별 전시로 얻을 수 있는 이득을 놓고 저울질했다. 한 운영위원은 5년 동안 쇠사슬로 묶어 둔 게 팁이 포악한 성질을 갖게 된 이유일 순 있지만 이제는 너무 위험해져서 풀어 줄 방법이 없다고 지적했다. 핵심 쟁점은 두 가지였다. 팁이 스나이더 말고는 다른 사람을 위협한 적이 없는데, 과연 다른 사람도 위협할 것인가? 그리고 무엇보다 팁에게 자신의 사육사를 죽이려 한 데 대한 책임을 물을 수 있는가?

언론은 점점 팁을 미친 것으로 몰아갔지만, 그는 미쳤다기보다는 아마 좌절감이 더 컸을 것이다. 그가 공수병이 아니었음은 거의 확실했다. 그는 발정기였을지도 모른다. 아마 좌절감이 너무 심해지면서 자신의 상황을 타개하려 했을 것이다. 그가 상황을 바꿀 수 있는 가장 논리적인 방법은 자신을 이렇게 가둬 둔 사육사를 죽이는 것이라고 생각했을 수도 있다.[34]

센트럴파크 운영진과 마찬가지로 대중도 팁의 운명을 둘러싸고 논쟁을 벌였다. 코끼리가 미칠 수 있을 만큼 지능적이라는 기자들의 주장에 동조해 팁이 머리가 좋고 이해타산을 할 수 있다고 보는 사람들이 그의 죽음을 가장 소리 높여 요구했다. 팁의 죽음을 지지한 사람들은 그가 사육사 스나이더를 죽이려 계획하고 완벽한 기회를 기다렸다는 점에서, 자의식과 판단력을 가진 게 분명하다고 생각했다. 그들은 팁에게 "바뀌거나 죽거나"를 요구함으로써 그가 자신의 행동에 대해 책임질 수 있을 만큼 똑똑하고 제정신이라는 믿음을 드러냈다. 다른 진영은 새로 생겨난 동물권 단체와 활동가들이었다. 그들은 공원 운영위원회에 팁을 자기 행동에 대해 책임을 물을 수 없는, 불쌍히 여겨야 할 동물로 봐야 한다고 주장했다. 어떤 면에서 이 관점은 오늘날 심신미약 항변과 유사하다.

19세기 말과 20세기 초에는 동물 보호 단체를 설립하고 포획된 야생동물과 가축들을 비롯한 특정 동물들에 대해 좀 더 인도적인 대우를 촉구하는 새로운 동물권 옹호론자들의 물결이 일었다.[35] 1877년에 처음 출간된 『블랙 뷰티』*Black Beauty*[위문숙 옮김, 도토리숲, 2021]✦ 같은 책은 동물 보호에 대한

✦ 영국 작가 애나 슈얼이 쓴 책으로 블랙 뷰티라는 이름의 말의 비참한 삶을 1인칭 관점으로 서술해 동물에 대한 인도적 처우를 호소한 책이다.

이 같은 관점의 변화를 반영한 것이었다. 팁을 살려 두기 원했던 사람들은 애초에 그가 미칠 만한 지능을 갖추지 못했다고 생각한 것일 수도 있다.

1894년 5월 10일, 센트럴파크 운영진은 만장일치로 미친 코끼리를 죽여야 한다고 결정했다.[36] 그들은 팁이 포어포의 서커스에 있을 당시 네 명의 사람을 죽였고, 그 후 센트럴파크에서도 죽일 의도로 쫓아간 사람이 네 명 이상이었다고 주장했다. 그 외에도 팁의 탈출 시도, 엄청난 힘, 쉽게 파괴될 수 있는 코끼리 하우스의 시설, 팁이 항상 사람들에게 위험하다고 생각했다는 링링 브라더스 서커스단원의 증언 등이 근거로 제시됐다.

공원은 방문객으로 넘쳐 났다.[37] 경의를 표하고 싶어 하는 사람들이나 슬쩍이라도 그의 죽음을 엿보고 싶어 하는 사람들 모두 팁의 우리 앞에 모여 들었다. 그 주에 코끼리 우리 밖에서 찍은 사진에는 중절모를 쓰고 꽃샘추위를 막기 위해 어두운 색깔의 재킷을 입은 사람들이 기대에 찬 표정을 짓고 있는 모습이 담겨 있다. 첫 번째 집행 시도는 청산가리를 넣은 사과였다. 그는 거부했다. 마찬가지로 청산가리를 넣은 당근과 빵도 거부했다. 그 사이 수천 명의 사람들이 코끼리 우리 가장자리에 모여 극적인 일이 벌어지기를 기다리고 있었다. 소총을 가져온 자연사박물관 관계자들은 그 자리에서 팁을 사살하고 싶어 했다. 그러나 동물학대방지협회 대표가 허락하지 않았다. 사육사 스나이더가 젖은 밀기울로 가득 찬 커다란 냄비를 들고 나타났다. 스나이더는 청산가리 캡슐들을 밀기울에 섞어 커다란 공 모양으로 빚었다. 팁은 그것을 순식간에 먹어 치웠다. 몇 분 지나지 않아 그는 안절부절못하며 입에서 피를 뚝뚝 흘리기 시작했다. 그는 마지막으로 공원 잔디밭 쪽을 향해 있는 자신의 우리 뒤쪽을 통해 탈출을 시도했다. 그 서슬에 발목 하나에 묶여 있는 쇠사슬을 제외하고 모든 사슬이 끊어졌다. 이 마지막 사슬에 발이 걸려 넘어진 그는 바닥에 쓰러져 희미하게 울음소리를 내며 숨을 거두었다.

팁이 죽고 난 후 117년 만에 나는 그를 보기 위해 자연사박물관을 찾았다. 박물관이 개관한 1869년 이래 기증받은 모든 동식물, 광물, 유물들의 표본을 모아 놓은, 낡고 육중한 책자들을 샅샅이 뒤진 끝에 나는 팁에 대한 항목을 발견했다. 그는 1894년 사망한 다음날 박물관에 도착해 3891호 표본이 되어 있었다. 공식 기록에 따르면, 3891호 표본은 두개골과 하악골로 이루어져 있었고 그의 엄니는 박물관의 상아 수장고에 보관돼 있었다. 그의 골격도 박물관에 있긴 했는데, 도착 시점은 기록돼 있지 않았다.

며칠 후 나는 포유류 큐레이터를 따라서 좁다란 금속 계단을 올라가 지붕 아래 자리 잡은 좁고 답답한 수장고 1층에 도착했다. "아프리카코끼리는 여기, 아시아코끼리는 위층에 있어요." 그는 박물관이 소장 중인 코끼리 두개골 컬렉션을 가리켰다. 거대한 두개골들이 바닥을 따라 늘어선 트레이 위에 놓여 있었고, 지붕 누수로부터 보호하기 위해 플라스틱 시트로 덮여 있었다. 내가 처음 이름표를 살펴본 두개골은 시어도어 루스벨트와 그의 아들 커밋이 1909년에 죽인 어미 코끼리와 새끼 코끼리의 두개골이었다.

2층 천장에는 전구가 달랑 하나뿐이었다. 모든 표면이 먼지가 수북해 마치 회색 눈이 온 듯했는데 눈에 덮인 것과 똑같은 소음消音 효과가 있었다. 바닥에는 두개골들이 길게 줄지어 놓여 있었고, 그 사이에 한 세기 넘는 기간 동안 축적된 뼛조각들, 골화骨化된 턱과 눈구멍眼窩의 파편들이 쌓여 있었다. 가장 큰 두개골은 거의 내 허리까지 닿았다. 그 줄 맨 끝, 경사진 지붕 바로 밑에 팁이 있었다. 그의 두개골은 세월 때문에 구릿빛으로 변했고, 엄니가 있던 곳은 마치 놀란 듯 크게 벌어져 있었다. 사람들이 그의 사체를 수레에 싣고 인근 헛간으로 옮긴 뒤 등잔불 아래서 가죽을 벗겨 두개골을 닦아 전시하기 시작한 이래로 지금까지 그는 그곳에 있었다. 팁의 두개골을 보면서 나는 그가 공원에서 겪은 시련과 사후에도 표본으로 남아 끝나지 않고 있는 길고 기이한 임기任期에 대해 생각했다. 팁은 아시아코끼리 엘레파스 막시무스Elephas maximus의 표본일 뿐만 아니라 좌절된 정신의 표본이기도 했다. 그는 광견병에 걸렸거나 정말 미쳤기 때문이 아니라 자신을 제압하고 쇠사슬에 묶어 그의 감각적·사회적·육체적·감정적 세계를 비좁은 헛간으로 제한하려 했던 사람들에게 폭력적으로 행동했기 때문에 미친 것으로 간주됐다. 그의 비행은 우리가 그를 미쳤다고 생각하게 만들었고, 이로 인해 그 비행은 더 심해졌다. 팁은 우리가 이해하지 못하거나 두려워하는 대상을 단죄하려는 인간의 경향이 빚어낸 희생양이다. 1890년대 뉴욕은 코끼리가 복수심과 적개심에서 사람을 죽이고, 광기가 동물과 인간 사이를 넘나드는 세계였다. 팁이 자신의 행동의 대가로 받은 대우와 제약, 그리고 결국 그가 당한 처형은 광증의 원인에 대해 노심초사했던 그를 둘러싼 인간들의 불안을 반영한 것이었다.

동물도 향수병에?

다른 형태의 전염성 광기 역시 동물들을 괴롭혔다. 이 가운데 어떤 병들은 전서비둘기나 도도새 같은 멸종 동물들과 함께 사라졌다. 하지만 회향병homesickness과 향수병nostalgia은 인간뿐만 아니라 수족관의 바다사자부터 반려 오리에 이르기까지 상당히 많은 동물들을 죽음으로 몰아넣었다. 19세기부터 20세기까지도 향수병은 결핵이나 성홍열처럼 신체적 질병으로 여겨졌다. 이 질병은 병에 걸린 사람이나 동물을 쇠약하게 하고 죽음에 이르게 하거나 심지어 자살을 부추긴다고 알려졌다. 이 질병이 출현하는 과정은 도시화의 증가와 도시로 이주한 사람들이 가족과 떨어져서 느끼는 고립감, 전쟁으로 인한 정신적 외상, 그리고 기차 여행과 증기선으로 가능해진 새롭고 광범위한 이민移民 현상에 대한 두려움을 반영했다. **향수병**이라는 용어는 회향병과 같은 의미로 쓰였으며, 두 가지 모두 치명적인 질병으로 발전할 수 있다고 여겨졌다.[38] 예를 들어, 미국 남북전쟁 시기에 북군 의사는 5000명이 회향병에 걸렸으며, 이 병으로 죽은 사람이 74명에 이른다고 진단했다.[39] 어떤 군악대에서는 <홈 스위트 홈>Home Sweet Home 연주를 금지하기도 했는데, 이는 그 노래를 들은 병사들이 심한 향수병에 걸릴 것을 우려한 때문이었다. 전쟁이 끝난 후 미국에서도 농촌에서 도시로 이주하는 사람들이 많아지고 전 세계에서 수백만 명의 이민자들이 밀어닥치자, 이 질병은 더 흔해졌다.

아프리카계 미국인, 북아메리카 원주민, 그리고 인종과 상관없이 모든 여성은 특히 백인 남성보다 회향병에 더 취약한 것으로 여겨졌고, 많은 심리학자와 사회 평론가들은 이것이 다윈의 진화론이 작동하는 분명한 증거라고(즉, 회향병에 굴복하는 사람들은 문화적으로 덜 발달된 이들로, 적응력이 있고 강인한 사람을 선호하는 미국 사회에 부적합하다고) 생각했다.[40] 1906년에 한 자선단체 종사자는 이렇게 말했다. "향수병은 … 바람직한 이민자들을 골라내는 가장 효과적인 자연선택 도구다."[41]

인간이 아닌 동물들도 상실감, 갈망, 신체적 퇴화, 진화적 적합성 같은 개념에 휩쓸려 들어갔다. 많은 외래종들 역시 난생처음 고향에서 멀리 떨어진 곳에 살게 되면서 동물은 이런 류의 선입견을 비추는 편리한 거울 역할을 했다. 19세기 말엽에 인간의 여행을 전대미문의 규모로 가능하게 만든 운송 수단들이 동물에게도 똑같은 역할을 했기 때문이다. 새로운 정착지에 도착한 이런 동물들의 행동은 종종 인간 자신의 모습을 떠올리게 했다.

고릴라 존 대니얼의 기구한 삶

자연사박물관에 있는 팁의 최종 안식처에서 몇 층 더 내려가면 포유류 자료실이 있다. 문을 살짝 열면 포르말린 냄새가 은은하게 피어오르는 그곳은 사물함이 줄지어 늘어서 있는 전형적인 고등학교 복도와 흡사하다. 하지만 사물함이 아닌 저장고에, 교과서와 제본한 대수학 책들이 아니라 고릴라 두개골, 오랑우탄 가죽, 그리고 이빨이 종별로 정리돼 있는 작은 골판지 상자 같은 것들이 가득하다는 게 좀 다르다.

대형 유인원 구획의 한 열 끝에는 다음과 같은 표지가 붙은 사물함이 하나 있다. "G. 고릴라. 주형. 동물원. 자료 없음." 여기가 존 대니얼이 있는 곳, 정확히 말하면 영장류관에 전시돼 있지 않은 그의 일부가 있는 곳이다. 영장류관에서 그는 1921년부터 유인원 사상가 같은 자세로 앉아 박제된 피부와 유리로 된 눈으로 관람객들을 응시하고 있다. 1917년 가봉의 숲에서 포획된 후 런던의 백화점 쇼윈도로 옮겨진 서부로랜드 고릴라 존 대니얼의 기구하고 놀라운 삶은 회향병이나 향수병 같은 병명이 동물에게 어떤 식으로 적용되고 이해되는지를 실제 사례를 통해 완벽히 보여 준다.

존 대니얼은 슈퍼스타였다. 이제는 소수의 서커스 역사가와 골수 고릴라 팬들(이들은 스스로를 고릴라 애호가gorillaphiles라 부르며 가끔 여럿이 함께 휴가를 내 미국 전역의 동물원 고릴라들을 보러 다닌다) 말고는 더 이상 그를 기억하는 사람이 없지만 말이다. 1920년대에 존 대니얼은 놀라운 지능으로 유명세를 떨치며 과학적 연구의 대상이자 서커스 공연의 명물이었던 유인원에 대한 기존 관념을 뒤집어 놓았다. 그의 짧고 기이한 삶은 고릴라가 피에 굶주린 야수가 아니라, 친절과 사랑으로 대하면 잘 성장하고 그렇지 않으면 사람과 똑같이 감정적 스트레스를 받는, 다정다감하고 지적인 생명체라는 사실을 서구 세계에 처음으로 알려 주었다.

존은 1915~16년 사이 가봉에서 프랑스군 장교에 의해 어미가 사살되면서 포획됐다. 대략 두 살 때 그는 영국 정부가 실험 목적으로 주문한 일단의 원숭이 무리와 함께 배에 실려 영국에 왔다. 그를 구입한 사람은 동물 판매상 존 대니얼 햄린이었다. 그는 런던 이스트엔드에 있는 자신의 가게에서, 대영제국 전역에서 잡아 온 이국적인 동물들을 사고팔았고, 침팬지 티파티 — 바지와 셔츠를 차려입은 침팬지들이 무대 위에서 의자에 앉아 차를 마시는 이 쇼는 20세기 내내 서구 동물원들의 고정 레퍼토리였다 — 를 만들어 낸 장본인이기도 했다.[42] 햄린은 침팬지에게 옷도 입히고 저녁 식사도 함께하면서 집에서 자식처럼 키웠다고 전해진다.[43] 이런 침팬지들 중 한 마리는 햄린의 상점을 찾은 이들에게 문을 열어 주기도 하고 터덜터덜 걸어서 대기 중인 손님들에게 도와줄 사람을 찾아 주기도 했다고 한다. 가봉에서 도착한 어린 고릴라에게 그는 즉시 자신의 이름을 따서 햄린이라는 이름을 지어 주었고, 몇 달 후 크리스마스가 되면 좋은 구경거리가 될 것이라고 설득해 데리 앤 톰스 백화점에 팔아넘겼다.[44]

앨리스 커닝햄과 그녀의 조카 루퍼트 페니 소령은 백화점 쇼윈도에서 이 고릴라를 발견했다.[45] 그들은 호기심에 곧바로 고릴라를 사들여 런던 중심부에 있는 자신들의 집으로 데려왔다. 당시 존은 심한 감기에 걸려 있었는데, 커닝햄에 따르면, 그는 곧 쓰러질 듯 쇠약했으며 체중도 정상에 못 미쳤다. 또 커닝햄은 그가 외로움을 탄다면서 이렇게 기술했다. "얼마 지나지 않아 우리는 존을 밤에 혼자 놔둘 수 없다는 사실을 깨달았다. 매일같이 외로움과 공포로 거의 밤새 비명을 질러 댔기 때문이다!"

그녀는 존이 느끼는 공포가 백화점에서 판매원들이 퇴근한 뒤 밤새 혼자 남아 있었기 때문이라고 확신했다.[46] 백화점 직원은 앨리스에게, 하루 일과가 끝나고 짐을 싸기 시작하면 그가 울고불고했다고 말해 주었다. 앨리스와 루퍼트는 그가 마르고 병약해 보이는 게 이 야경증 때문이라고 생각했다. 그들은 루퍼트의 방과 붙어 있는 방에 그의 침대를 만들어 주었다. 존은 이 새로운 잠자리를 좋아했고, 밤마다 비명을 지르는 일도 그쳤다. 그는 점점 체중이 불어나며 성장하기 시작했다.

앨리스는 존이 마치 사람의 아이처럼 가족의 일원이 되기를 원했기 때문에 그에게 빗질을 하고, 포크를 쓰고, 유리잔으로 물을 마시고, 수도꼭지를 틀고 잠그고, 문을 여닫는 법을 가르치기 시작했다. 이 모든 것을 배우는 데는 6주밖에 걸리지 않았으며, 이후 그는 원하는 대로 집안을 자유롭게 돌아다녔다.

존은 식성이 까다로웠다.[47] 앨리스는 눈치채지 못했지만, 그는 어미와 함께였다면 여전히 모유를 먹을 나이였다. 고릴라는 보통 생후 세 살까지 젖을 먹는다. 존은 항상 우유를, 그것도 아주 많이, 또 난로 위에서 따뜻하게 데운 걸 원했다. 또 젤리, 특히 신선한 레몬 젤리를 아주 좋아했다. 그는 몇 시간씩 밖에 앉아 있어도 아무것도 만지지 않았지만, 장미는 항상 예외였는데, 앨리스에 따르면 "아름다운 장미일수록 더 좋아했"고 시든 장미는 절대 먹지 않았다.

존은 또 손님 대접을 좋아했고, 새로운 사람이 나타나면 마치 어린애처럼 흥분해 문을 열어 주고 손을 잡고 방안을 빙빙 돌며 안내했다. 그는 눈을 감고 여기저기 뛰어다니면서 테이블과 의자에 부딪히는 걸 좋아했다. 앨리스에 따르면, 그는 쓰레기통에 들어 있는 것들을 몽땅 끄집어내 사방에 흩뿌리곤 했으며, 치우라고 시키면 지루한 표정으로 다시 주워 담곤 했다.

어느 날 오후 앨리스가 외출하려고 밝은 색 옷을 입었다. 존은 으레 하듯이 그녀의 무릎에 올라앉았다. 그녀는 옷을 더럽힐까 봐 "안 돼"라고 말하며 그를 밀쳐 냈다. 성이 난 그는 바닥에 누워서 1분 정도 울다가는 바로 일어서더니 방안을 둘러보고는 신문을 집어 들어 그녀의 무릎에 펼쳐놓고는 다시 뛰어올랐다. 신문의 잉크가 옷에 묻긴 했지만, 그의 행동에 너무 감명을 받은 앨리스에게 그런 건 눈에 들어오지 않았다.

존의 능력에 대한 이야기가 영국과 미국 신문에 보도됐고, 인간과 흡사한 그의 본성에 대한 설명은 윌리엄 호너데이 같은 저명한 자연학자들의 관심을 끌었다. 뉴욕동물학회 회장이자 브롱크스 동물원장이었던 그는 1905년, 한 동물학회 회원의 어린 딸이 보낸 다음과 같은 편지를 받고는 뉴욕시에 고릴라를 들여오려 애쓰고 있었다. "아빠가 그랬어요. 제가 고릴라한테 [이름을] 줘도 된다고요. 제발 고릴라를 사주세요. 저는 '치즈'라는 이름을 지어 주고 싶어요."[48]

그러나 애석하게도, 동물원에 전시할 수 있을 만큼 오래 살 수 있는 고릴라를 사들이기는 쉽지 않았다. 존 대니얼 이전에, 갇혀 사는 고릴라의 죽음은, 향수병이나 심한 우울증 때문에 피할 수 없는 일로 여겨졌다. 고릴라가 말을 할 수 있다고 확신한 유명한 자연학자이자 동물 수집가 R. L. 가너 교수가 포획한 어린 암컷 다이나는 한 달 이상 살아남은 몇 안 되는 고릴라 중 하나였다.[49] 1893년 가봉 여행에서 가너는 자신의 이론을 검증해 보기로 했다.[50] 그는 "고릴라 요새"라고 이름 붙인 우리를 숲속에 세우고 그 속에 들어가 말하는 유인원이 다가오기를 기다렸다. 그런 일은 일어나지 않았지만, 가너는 한 침팬지와 친구가 되었고 그에게 모세라는 이름을 붙여 주고는 영어를 가르쳐 보려 했다. 이 역시 계획대로 되지 않았고 모세는 말을 하지 못했다. 그 후 1914년 여행에서 가너는 새끼 고릴라를 만났고, 다이나라는 이름을 붙여 준 뒤 뉴욕으로 데려왔다. 다이나는 병약했지만 11개월을 버텼다. 그동안 가너는 다이나에게 하얀 모자를 씌우고 빨간 벙어리장갑을 끼워서는 유모차에 태워 브롱크스 동물원을 정기적으로 산책했다. 그녀는 특히 물소 보는 걸 좋아했다고 전해진다.

존은 사람들 사이에서 잘 사는 것처럼 보인 첫 번째 고릴라였다. 많은 자연학자들은 그의 건강 비결이 식단이나 숙소 온도 등 환경의 물리적 측면 때문이 아니라는 사실에 놀라움을 금치 못했다. 오히려 그것은 애정 어린 가정생활 덕분인 것처럼 보였다.[51] 이런 점은 서구의 과학자들과 특히 동물원 관계자들에게 큰 충격을 줬다. 불과 3년 전만 해도 호너데이는 고릴라가 갇힌 상태에서 계속 살기는 불가능하다고 공언한 터였다.[52] 그는 다 자란 고릴라가 포획되면 "달랠 길 없는 야만적인 본성" 때문에 사육이 불가능하며, 새끼 고릴라를 "잡아 문명화"할 수 있다고 해도 얼마 지나지 않아 죽게 될 것이라고 보았다. 존은 잘 자라나서 이 모든 주장을 뒤집었다.

앨리스와 루퍼트는 그에게 어떤 묘기도 가르치지 않고 그의 정신을 자연스럽게 자극하며 2년 넘게 존 대니얼의 발달을 지원했다. 앨리스에 따르면 "그는 혼자서 쉽게 지식을 습득했다."[53] 그들은 우리나 사슬, 목줄 없이 평범한 승객과 마찬가지로 존을 기차에 태워서 시골 별장에 데려가곤 했다. 그는 정원과 숲을 좋아했지만 사방이 뚫린 곳은 두려워했다. 또한 다 자란 소와 양도 무서워했지만 송아지와 새끼 양은 좋아했다. 이따금 그들은 존과 함께 런던 동물원을 찾아 동물들을 관람함으로써 다른 방문객들의 감탄을 자아내곤 했다.[54]

존 대니얼은 계속 성장 중이었고 곧 커다란 수컷 고릴라, 즉 실버백*이 될 것이었다. 앨리스와 루퍼트는 100킬로그램이 넘는 다 자란 고릴라를 공공장소에 자유롭게 어슬렁거리도록 하기가 더는 어렵다는 걸 깨달았다. 또 존은 혼자 놔두면 심한 불안증에 시달려서 가족들이 돌아올 때까지 울부짖었다. 앨리스와 루퍼트는 자신들을 도와서 그를 돌봐 줄 사람을 물색했지만, 대부분 어린 고릴라를 육체적으로 훈련시키려 들었기 때문에 불가능한 일이었다. 앨리스에 따르면, 그들은 한 번도 존을 때린 적이 없었다. "그를 통제하는 유일한 방식은 너무 버릇이 없다고 말하며 밀쳐 내는 것이었다. 그러면 그는 바닥을 뒹굴면서 울다가 자기 발목을 잡고 머리를 우리 발 위에 얹으며 크게 뉘우치는 모습을 보였다."[55]

앨리스와 루퍼트는 그에게 새로운 보금자리를 찾아 주기로 결심했다.

✦ 고릴라 수컷은 다 자라면 등에 은백색 털이 나서 '실버백'이라 불린다.

그들이 왜 영국에서 적당한 곳을 찾을 수 없었는지는 분명치 않지만, 확실한 것은 존을 사겠다는 사람이 나타났다는 것이다.[56] 그는 자신이 플로리다에 있는 사설 동물원을 대표해서 왔다면서 존이 그곳에서 하고 싶은 건 다 하면서 야외 정원에서 생활하며 천수를 누릴 수 있을 것이라고 말했다. 그러나 그건 사실이 아니었다. 그가 링링 브라더스 서커스의 대표라는 사실을 앨리스는 너무 늦게 알아차렸다. 1921년 3월, 존은 뉴욕으로 가는 배에 실렸다. 뉴욕에 도착한 그는 구 매디슨 스퀘어 가든 건물의 춥고 외풍이 들이치는 탑에 갇혀 일반인들에게 전시됐다.

존 대니얼이 정신적으로나 육체적으로 상태가 안 좋다는 보도는 그가 미국에 도착한 직후부터 나오기 시작했다. 『뉴욕타임스』는 그가 향수병에 걸려 대부분의 시간을 "구석에 조용히 앉아 자신을 보러 온 군중 속에서 낯익은 얼굴을 찾으면서" 보낸다고 보도했다. 그는 "벤슨 씨[그를 영국에서 데려온 에이전트]가 나타났을 때에야 비로소 활기를 띠고 창살 사이로 손가락을 내밀어 친구와 악수를 나눴다."[57]

존이 매디슨 스퀘어 가든의 우리 안에서 느꼈을 외로움과 고립감은 정말 극심했을 것이다. 애초부터 고릴라 어미와 분리돼 털북숭이 인간 아이처럼 길러진 그는 네 살이었던 당시 발달 단계로도 인간과 비슷한 수준이었을 것이다. 그가 앨리스·루퍼트와 떨어져 지내게 됐을 때 느꼈을 그 감정은 난생처음 부모와 집으로부터 분리돼 낯선 사람들의 시선만 가득한 차가운 방에 놓이게 된 네 살배기 인간 아이가 느낄 법한 그런 것이었다. 존은 영국에 적응한 상태였다. 그에게는 문화가 있었다. 그는 고릴라식 사랑과 애정이 무엇인지 알고 있었다. 또 고릴라식 슬픔이 무엇인지도 알고 있었다.

곧 서커스 관람객들과 언론으로부터 이 어린 고릴라가 말 그대로 외로움으로 죽어 가고 있다는 이야기가 나오기 시작했다.[58] 앨리스는 이 소식을 듣자마자 바로 증기선을 타고 뉴욕으로 향했지만 제시간에 도착하지 못했다. 존 대니얼은 뉴욕에 도착한 지 3주 만에 세상을 떠났다. 『타임스』 기자들은 향수병, 감금, 그리고 부적절한 보살핌이 그를 죽음에 이르게 했다고 주장했다. 그의 실제 사인이 폐렴이라고 주장한 사람도 있었다. 존의 면역 체계가 외로움과 고립으로 약해졌을 수 있기 때문에 두 가지 모두 사실일 수 있다. 죽기 몇 주 전부터 그는 음식을 거부하고, 철제 침대 위에서 웅크린 몸을 담요로 가린 채 그를 보러 온 사람들을 외면했다.[59] 당시 서커스 단원 중 한 사람의 아내가 이마에 따뜻한 핫팩을 대주고 그가 그토록 갈망했던 관심을 주기 시작했을 때는, 이미 너무 늦은 뒤였다. 존을 알았던 링링 서커스단원은 그를 평범한 박물관 표본처럼 취급한 것이 문제였다고 지적했다. "존이 예전 습관을 유지할 수 있었다면 죽지 않았을 거예요."

그가 평소 습관을 유지할 수 없었던 것은 돈 때문이었다. 링링 브라더스 서커스는 뉴욕에서 존을 전시했던 3주간, 그가 무기력하고 침울한 상태로 벽만 바라보고 있었음에도 불구하고 그를 사오는 데 쓴 3만2000달러를 모두 회수할 수 있었다.[60] 만약 그가 죽지 않고 살아서 계속 같은 숫자의 관객을 끌어들였다면, 그는 서커스 측에 1920년대 당시 액수로 매년 50만 달러를 벌어 줬을 것이다. 이는 지금으로 치면 560만 달러에 해당한다.

앨리스는 사랑하는 고릴라 존의 죽음으로 분명 망연자실했을 테지만 유인원에 대한 관심은 수그러들지 않았다. 존 대니얼이 죽고 얼마 지나지 않아 그녀는 또 다른 새끼 고릴라를 사들였고 그에게 존 술탄이라는 이름을 붙여 줬다. 존 술탄 역시 그녀의 런던 아파트와 시골 별장에서 지냈지만, 이번에 앨리스는 그에게서 눈을 떼지 않았다. 그녀는 링링 브라더스 서커스와 계약을 맺고 존 대니얼 2세라는 이름으로 고릴라를 전시하는 데 서명했지만, 그에 대한 소유권을 유지하면서 그녀가 항상 동행하는 조건을 달았다. 또 호텔에서 함께 지내야 하고 자동차·기차·배를 타고 이동할 때도 다른 서커스 동물들처럼 우리에 가두지 않고 그녀 옆 조수석에 앉혀야 한다고 요구했다.

　존 대니얼 2세와 앨리스는 1924년 4월 24일, 미국에 도착했다. 당시 그는 세 살이었다. 존 대니얼 1세가 우리 속에 갇혀 선박의 화물칸에 실려 대서양을 건넜던 것과 달리, 존 대니얼 2세는 앨리스와 함께 특실에 머물렀다. 미국에 도착한 후에는 웨스트 34번가와 브로드웨이에 있는 호화로운 맥알핀 호텔에 함께 투숙했고, 그곳에서 그는 옥상에서 놀며 운동하는 것이 허락됐다. 이 고릴라는 대니얼 1세처럼 서커스에서 전시됐지만, 이번에는 앨리스가 옆에 있었고 일과가 끝나면 택시를 타고 함께 호텔로 돌아갔다. 그와 앨리스는 자연사박물관을 찾았고, 그곳에서 이 어린 고릴라는 박제가 된 존 대니얼 1세의 섬뜩한 모습을 보았다. 유명한 영장류 학자인 로버트 여키스가 그날 그들을 만나러 박물관을 찾았다.[61] 이때 유명한 대형동물 사냥꾼이자 박제사인 칼 애클리도 동행했는데, 그는 자연사박물관의 극적인 디오라마를 책임지고 있는 인물로, 그가 만든 디오라마 중에는 아프리카 포유류관에 희미한 화산 그림을 배경으로 굳은 자세를 하고 서있는 산고릴라 가족도 있었다. 맥알핀 호텔에서 존 대니얼 2세를 만난 『뉴욕타임스』 기자는 이렇게 썼다. "윌리엄 제닝스 브라이언은 존을 보러 오지 않았을 테지만, 다윈 선생에게 존은 틀림없이 소중한 진객珍客이었을 것이다. 그는 … 다윈이 확언하고 브라이언이 부인한 모든 것을 눈으로 증명해 주고 있다."[62] 제닝스 브라이언이 미국 공립학교에서 진화론을 가르치는 것을 강력하게 반대했던 전설적인 스콥스 원숭이 재판은 존이 영국으로 돌아가고 불과 몇 달 뒤 열렸다.✦

✦ 1925년 7월에 열린 스콥스 재판에서 창조론을 옹호하는 검찰 측을 대변했던 윌리엄 제닝스 브라이언은 윌슨 행정부에서 국무장관을 지내고 세 차례나 민주당 대선 후보로 지명됐던 거물 정치인이었다. 재판에서 스콥스는 100달러의 벌금형을 선고받았으나, 내용상으로는 진화론을 강의한 교사

존 대니얼 2세는 서커스단에서 활동하며 미국과 유럽 전역을 여행할 때나 영국에서 앨리스와 함께 지낼 때나 장난기 많고 순진한 친구로, 주위에 사람이 너무 몰려들면 "신경성 긴장"을 일으키는 경향이 있었다. 그는 쇼가 없는 막간엔 광대들과 어울리며 긴장을 풀었고, 어린 아이들에게 친절했으며, 아주 가끔 앨리스를 깨물기도 했다.[63] 런던에서 그의 주치의를 맡았던 열대 질환 전문가의 관심에도 불구하고, 그는 1927년에 사망했다. 그의 시신도 박제가 됐는지, 아니면 첫 번째 고릴라가 박제돼 연구 대상이 된 것을 잘 알았던 앨리스가 글로스터셔의 시골집 인근에 묻어 줬는지는 모르겠다.[64]

죽은 지 거의 한 세기가 지난 지금도 뉴욕 시민들은 여전히 존 대니얼 1세를 볼 수 있다. 그의 박제된 시신은 자연사박물관 3층의 유리 캐비닛 안에 있다. 그의 옆에는 인간이 키운 또 다른 유인원 침팬지 메시가 전시돼 있다(메시의 "아버지"는 유명한 비교 해부학자이자 고릴라 사냥꾼이었던 해리 레이븐 Harry Raven이다).[65] 존에게 붙은 명판에는 "고릴라속屬 고릴라"라고만 적혀 있어서 그의 파란만장한 삶에 대해 아무것도 이야기해 주지 않는다. 위층에 위치한 저장고에는 그의 두개골과 뼈 말고도 손글씨로 쓴 꼬리표가 달린 작은 오렌지색 틴케이스가 하나 있다. 그 속에는 그의 젖니가 들어 있는데, 아마도 존의 젖니가 빠졌을 때 앨리스가 썼던 케이스로 그가 죽고 나서 박물관에 기증한 것 같았다. 흘려 쓴 손글씨는 아름답고 정성스러웠다. 그의 작은 젖니는 세월의 흐름에도 불구하고 살짝만 변색돼 있었다.

스콥스를 변호한 클래런스 대로우 변호사가 브라이언을 압도했으며, 이는 미국 전역에 라디오로 생중계돼 과학적 여론을 환기하는 데 큰 성과를 거두었다.

하지만 테네시주가 "공립학교에서 인간을 원숭이의 후손이라고 가르칠 수 없다"는 버틀러법을 폐지한 것은 42년 뒤인 1967년의 일이고, 지금도 남부 지역에서는 가끔 이와 관련해 개신교 근본주의자들이 논쟁을 재점화하곤 한다.

존의 영국 생활과 뒤이은 미국행은 제1차 세계대전의 여파 속에서 전개된 일이었다. 전쟁의 심리적 영향은 이전에는 생각할 수 없을 정도로 컸다.[66] 390만 명의 미국인이 참전했고, 그중 72퍼센트가 징집병이었다. 많은 병사들이 향수병에 걸렸고, 전선에서 정서적 문제로 치료를 받아야 했다. 지속적인 향수병은 그 자체로도 위험하지만 급성 신경쇠약, 즉 "감정적 포탄 충격shell shock"✛의 지표이기도 했다. 전시뿐만 아니라 전후에도 한동안 신문들은 향수병에 대한 기사를 쏟아 냈고, 전선에 있는 병사들의 정서적 고통을 덜어 줄 악기를 사기 위한 모금 행사를 진행하기도 했다.[67] 또한 향수병은 병사들의 탈영 원인을 비겁함이 아닌 다른 데서 찾는 설명에 이용되기도 했다. 전선에서 나가 있는 남편과 멀리 떨어져 있는 전쟁 신부들도 향수병으로 인해 가스를 마시거나 샌프란시스코만에 아기를 안고 뛰어들었다.[68]

향수병이 새로운 병은 아니었다. 『옥스퍼드 영어사전』에 이 말이 처음 등재된 것은 1748년이지만 50여 년 만에 향수병으로 인한 사망 사례가 급증했고, 제1차 세계대전 시기부터는 향수병으로 진단받는 숫자도 늘어났다. 도시에 처음 온 시골 소년들이 특히 향수병에 취약한 것으로 여겨졌지만, 1904년 시카고 국제박람회를 찾은 게이샤부터, 향수병에 시달리다 못해 자신에게 따뜻한 말을 건네는 앵무새를 훔친 남자에 이르기까지 향수병은 많은 사람들을 괴롭혔다.[69]

다른 동물들도 회향병이나 향수병으로 죽어 갔다. 1892년, 루이지애나주 인디펜던스시 인근의 한 농장에 철도로 운송돼 온 노새의 사례도 있다.[70] 3주 후 이 노새는 다시 테네시주에 나타났는데, 회향병에 걸려 무려 645킬로미터를 걸어서 집으로 돌아간 것이었다. 시카고에서는 향수병으

✛ 포탄 충격은 전쟁에서 병사들의 외상 후 스트레스 장애를 낳는 중요한 요인 중 하나다. 특히 제1차 세계대전이 참호전으로 장기화되면서 병사들은 언제 자신의 참호에 포탄이 떨어질지 모른다는 공포에 시달렸다.

로 울부짖는 개들에 대한 기사가 신문을 장식했고,[71] 미국-스페인 전쟁* 기간 동안 포획된 미 해군 함정의 원숭이 마스코트 조코는 자신이 원래 속해 있던 스페인 함정의 선원들을 너무 그리워한 나머지 독을 삼키려 했다고 하며, 결국 배 위에서 지독한 회향병으로 죽었다고 한다.[72] 같은 해, 링링 브라더스 서커스단의 점보를 대체하기 위해 나무 상자에 담겨 영국에서 뉴욕으로 운송되던 아프리카코끼리 징고는 먹이를 거부하다가 선상에서 죽었다.[73] 그의 시신은 배 밖으로 던져졌고, 그의 죽음은 향수병으로 인한 사망으로 보도됐다. 존 대니얼의 죽음 직후에는, 콩고라는 어린 암컷 산고릴라가 플로리다 남부에 위치한 존 링링의 저택에서 죽었다.[74] 콩고는 영장류학자인 로버트 여키스가 오랫동안 연구했던 고릴라였다. 『뉴욕타임스』는 다음과 같은 애도 기사를 실었다. "무엇이 그를 죽음으로 몰았는지는 밝혀지지 않았지만, 외로움과 상심, 그리고 같은 고릴라들과의 친밀한 관계에 대한 갈망 때문이었을 가능성이 다분하다.[75]

심지어 새들도 향수병에 걸리는 것으로 여겨졌다. 제1차 세계대전이 막바지로 치닫고 있을 때, 샌프란시스코에 사는 한 소년의 가족은 주택에서 아파트로 이사하면서 뒤뚱이라는 이름의 반려 오리를 포기할 수밖에 없었다.[76] 소년은 뒤뚱이를 골든게이트 공원에 데려가 놓아줬다. 며칠 후 『샌프란시스코 크로니클』은 이 오리가 끝없이 울며 사라진 동반자를 찾아다니다가 향수병으로 죽었다고 보도했다. 이 기사 옆에는 다음과 같은 기사가 실려 있었다. "부상에 낙담한 병사, 창문 밖으로 뛰어내리다."

존 대니얼은 20세기 초 인간들과 마찬가지로 고향을 떠나 쉽게 적응하지 못하는 향수병에 시달리는 동물들로 가득 찬 방주에 타고 있었던 셈이다. 동물들도 이런 질병에 걸릴 수 있다는 사실은 노새나 고릴라 같은 동물

✤   1898년, 쿠바 독립 문제를 둘러싸고 벌어졌던 전쟁으로 미국이 승리했다.

들도 자아가 있고 고향을 벗어난 자신의 상황을 이해할 수 있다는 생각이 널리 받아들여지고 있었다는 뜻이기도 했다.

또한 회향병이나 향수병으로 인한 사망에 대한 이런 보도들은 때때로 백인 남성을 다른 모든 인간이나 동물보다 우위에 두는 인종적 위계를 정당화하는 근거로 활용되기도 했다. 이는 특정 인종이나 동물을 정서적으로 더 취약한 것처럼 보이게 만드는 오만하고 부당한 시도였다. 20세기 초에 미국으로 데려와 브롱크스 동물원의 유인원관에 한동안 전시됐던 아프리카 피그미족 남성 오타 벵가가 그런 사례 중 하나다.[77] 그는 1916년, 버지니아주 린치버그에서 스스로 목숨을 끊었다. 그의 죽음은 치명적인 향수병의 결과, 즉 미국 생활에 적응하지 못한 그의 무능력의 증거로 간주됐다.

동물의 마음이 무너질 때

19세기 말과 20세기 초에 걸쳐 수수께끼 같은 행동이나 불의의 죽음에 흔히 갖다 붙이던 또 다른 인기 병명은 상심heartbreak이었다. 향수병과 마찬가지로 상심은 사람과 동물 모두에게 영향을 미치는, 치명적일 수 있는 의학적 문제로 여겨졌다. 또 당시 사람들은 상심을 그 자체로도 좋지 않을 뿐만 아니라 우울이나 여타 다른 형태의 정신이상으로 이어지는 관문이라 생각했다. 이 주제를 다룬 1888년의 한 논문은 이렇게 주장했다. "이 나라를 비롯한 모든 나라의 정신병원들이 이런 감정적 소용돌이에 의해 정신적으로 만신창이가 된 사람들로 가득하다."[78]

21세기의 관점에서 평가하자면, 상심으로 인한 사망은 대부분 자살로 볼 수 있을 것이다.[79] 그러나 20세기까지만 해도 자살을 상심 때문이라 하는 것이 사회적으로 훨씬 더 용인될 만한 설명이었으며 생명보험금을 받기도 더 쉬웠다. 일부 회의론자들이 부검을 통해 이를 부인했지만, 언론은 그런 사연들을 숨 가쁘게 보도했다. 정확히 같은 순간에 심장이 멎어 버린 연인, 애인이 바람 나 달아나 버린 후 그렇게 된 사람, 시장이 붕괴하거나 투자금을 탕진하고 그렇게 된 은행가, 갑자기 자식을 잃고 그렇게 된 부모 등이 그런 예다.[80] 심지어 브리검 영*의 부인 중 한 명은 외도를 했다고 남편으로부터 비난받은 후 이 병에 걸렸다고 한다. 슬픈 노병과 패잔병이 된 장군들도 이 병에 굴복했고, 엘리스 섬**에 갇혀 오도 가도 못하는 이민자들도 마찬가지였다. 남편이 싱싱 형무소[뉴욕의 최고 보안 등급 교도소]에서 복역 중인 여성들, 그리고 인도 공주도 상심으로 죽었다고 알려졌다.

이와 같은 진단에는 흔히 잘못된 행동이나 비뚤어진 사랑이 치러야 할 대가라는 권선징악적 훈계의 의도가 포함돼 있었다. 그것은 또한 이상한 행동, 즉 아직 우울증이나 자살 충동 등으로 의료화되지 않은 감정적 고통에 생리학적 근거를 부여하는 편리한 방법이기도 했다(사실 우울증이나 자살 충동도 똑같은 방식으로 의료화되었다). 그리고 가장 결정적인 이유는, 이런 이야기들이 재밌었다는 것이다.

향수병과 마찬가지로 대중 언론이나 때로는 과학 저널도 상심에 빠진 동물들의 이야기를 다뤘는데, 그중 상당수는 개였다. 물론 상심으로 인한 개의 죽음이 새로운 현상은 아니다. 고대부터 주인이 세상을 떠난 후 상심과 슬픔으로 죽어 간 충성스런 사냥개들은 칭송의 대상이었다.[81] 스카이 테리어 품종의 그레이프라이어스 바비는 빅토리아시대 에든버러에서 고인이 된 주인의 무덤을 14년이나 지키다 죽었다고 알려져 있다.[82] 동물 친구가 먼저 죽어서 세상을 떠난 개들도 있다. 1937년, 테디라는 이름의 독일셰

✦ 미국 모르몬교 2대 회장으로 아내가 20명이 넘었다.

✦✦ 허드슨강 하구에 있는 엘리스 섬은 19세기 말부터 20세기 중엽까지 배를 타고 미국으로 건너온 전 세계 이민자들이 입국 심사를 받기 위해 반드시 거쳐야 하는 곳이었다.

퍼드는 말 친구가 죽자 식음을 전폐하고 사흘 동안 마구간에서 꼼짝 않고 있다가 숨을 거뒀다.[83]

이처럼 충직한 개를 비롯한 반려동물들 외에도 19세기 말과 20세기 초의 상심에 빠진 동물들에 대한 이야기는 동물원과 서커스 동물에 대한 이야기가 많았다. 이는 아마도 이 동물들이 사람과 가깝게 살았고 저녁상에 오를 운명도 아니었기 때문일 것이다.[84] 아무래도 장차 스테이크나 닭가슴살이 될 동물들이 사람과 마찬가지로 상심에 빠질 수 있다고 보기는 힘들었을 것이다. 1880년대 말에서 1930년대 중반 사이에, 센트럴파크에 살았던 과묵한 코뿔소 봄비, 눈먼 바다사자 트루디, 그리고 짝꿍이 죽은 후 강제 급식마저 거부했던 워싱턴 D.C.의 황제펭귄 등이 상심으로 죽었다고 알려졌다. 야생동물들 역시 죽음에 이를 정도의 상심에 시달리는 것으로 알려져 있긴 했지만, 대부분의 경우 이는 감금 상태와 연관돼 있었다.[85] 20세기에도 사자에서 명금류에 이르기까지 많은 동물들이 갇힌 상태에서 오래 살지 못하는 이유를 상심에서 찾았다.[86] 1966년 당시 나무라는 이름의 범고래는 산 채로 포획된 두 번째 범고래였다. 시애틀 해양 수족관으로 이송된 그는 수조 옆면을 머리로 들이받고 큰 소리로 비명을 질러 대는 모습이 목격되곤 했으며 그의 울음소리에 이따금 [워싱턴주 북서부의] 퓨젓 사운드 만灣을 지나가던 범고래들이 화답하기도 했다. 그는 그물에 엉켜 익사했는데, 『뉴욕타임스』는 이를 상심으로 인한 죽음이라고 표현했다. 나무와 같이 지내도록 하기 위해 막 포획해 두었던 범고래 새끼는 대신 샌디에이고의 씨월드로 보내졌고 이 새끼가 1대 샤무✦가 되었다.[87]

20세기의 많은 동물원 사육사들이 자신들이 담당하는 일 속에 내재한

✦ 샌디에이고 씨월드는 전 세계 최초로 범고래 쇼를 운영한 수족관이었다. 이곳에서 공연을 하는 범고래를 '샤무'라 한다.

외로움, 슬픔, 상심의 위험과 그에 따른 생리적 문제에 대해 이야기했다. 1927년부터 1953년까지 샌디에이고 동물원장을 역임한 벨 벤츨리는 이렇게 지적한 바 있다. "고독은 대부분의 동물들에게 우울을 유발한다. 순전히 외로움 때문에 시들어 가거나 죽기도 하는데, 동물들 간의 기묘한 우정 가운데 상당수도 이런 외로움으로 설명할 수 있다."[88] 1924년 베를린 동물원에서는 이런 종류의 우정을 통해 원숭이가 우울증에서 벗어날 수 있었다. 사육사들이 그에게 고슴도치를 붙여 줬던 것이다.[89]

회색곰 모나크의 권태

2012년에 보수 공사를 위해 전시물이 다른 곳으로 옮겨질 때까지, 샌프란시스코에 있는 캘리포니아과학아카데미California Academy of Sciences[자연사박물관]의 카페테리아 바로 바깥에는 커다란 수컷 회색곰의 박제가 서 있었다. 관람객들은 자신들이 전설의 곰을 지나치고 있다는 사실도 모른 채, 수프나 조각 피자를 사러 가는 길에 무심코 이 곰이 들어 있는 유리장 앞을 지나쳤다. 살아 있을 때보다 죽어서 더 안아 주고 싶은 모양새를 한 이 곰의 박제된 모습은 불편한 느낌을 준다. 그것은 마치 그 광포함을 마지막 한 방울까지 짜버리고 탄산음료로 만들어 놓은 것 같다. 그의 얼굴은 어색한 미소를 띠고 있는데, 마치 빨리 벗어나고 싶은 사람과 이야기를 나눌 때 나오는 찡그린 표정 같다. 더 문제는 곰은 사실 웃지 않는다는 것이다. 그의 박제 중에서 유일하게 정직한 부분은 너무 자라서 아래로 휘어진 발톱이다. 그는 분명 많이 걷지 못했던 곰이니 말이다.

그의 이름은 모나크로, 1911년에 골든게이트 공원의 우리 안에서 죽은 후 지금까지 이 아카데미에 전시돼 있다. 1950년대에 모나크의 박제된 몸은 캘리포니아 주기州旗를 재도안할 때 모델 중 하나였다.[90] 주의원들이 기존 깃발 위의 곰이 위엄 있는 모습이 아니라 털북숭이 돼지처럼 보인다고 판단했기 때문이었다. 그 이후로 모나크의 초상은 사각팬티와 은행 로고부터 여행용 머그컵과 문신에 이르기까지 여기저기 인쇄되어 수백만 번 복제됐다. 그러나 이 곰이 실제로 살아 숨 쉬는, 발톱을 휘두르던 동물이었음을 아는 사람은 거의 없으며, 한때 극심한 권태와 치명적인 상심으로 고통받았음을 아는 사람은 더더욱 드물다.[91]

　모나크는 캘리포니아 회색곰으로서는 유일하게 전시용으로 박제된 사례로, 골드러시 전후에 캘리포니아주에서 일어난 급격한 생태적·사회적 변화뿐만 아니라, 19세기 중반까지 샌프란시스코 사람들의 야생에 대한 태도가 어떻게 변화해 왔는지를 보여 준다. (팁과 존 대니얼에 대해 그랬듯이) 미국인들이 모나크의 우리를 지나치거나 그에 대한 신문 기사를 읽으며 그의 행동을 이해하는 방식에는 자신들이 살던 시대의 시대상이 반영돼 있었다. 모나크는 이제 막 중성화되기 시작한 야생성의 상징으로, 그의 정신 건강에 대한 우려에는 아메리카 원주민과 모나크 같은 무시무시한 포식자를 학살하고 제거함으로써 점점 더 '길들여지고' 있던 야생에 대한 당시 사회의 새로운 낭만적 태도가 투영돼 있었다.[92]

19세기 후반까지만 해도, 캘리포니아의 숲과 초원, 그리고 강기슭에는 회색곰들이 우글거렸다. 방법만 알면 잡기도 꽤 쉬웠다. 1858년에 캘리포니아 주도州都인 새크라멘토의 한 보안관은 야생 회색곰 한 마리를 15달러 50센트에 팔았고,[93] 훈련된 곰 한 마리의 가격은 20달러 50센트였다. 1831년 캘리포니아에 처음 와서 나파 밸리에 정착한, 덫 사냥꾼 조지 욘트는 이렇게 말했다. "곰들이 평원, 계곡, 산, 심지어는 캠핑장까지 여기저기 많아서 하루에 대여섯 마리씩 죽인 적도 있었고, 하루에 50~60마리 보는 건 흔한 일이었다."[94]

1850년대 유명한 곰 사냥꾼이자 동물쇼 기획자였던 그리즐리 애덤스는 훈련된 곰 두 마리 레이디 워싱턴, 벤 프랭클린을 데리고 여행하면서 샌프란시스코 동물원에서 십수 마리 곰을 전시했다.[95] 벤 프랭클린이 잡힌 건 아직 젖먹이 새끼였을 때여서 애덤스는 그를 강아지 여러 마리를 막 출산한 그레이하운드에게 맡기고, 사슴 가죽으로 만든 벙어리장갑을 발에 끼워서 곰 발톱에 개가 다치지 않게 했다. 벤은 애덤스가 고기를 먹이기 시작할 때까지 수주일 동안 그레이하운드에게 젖을 얻어먹었다. 두 마리 곰은 애덤스와 수백 킬로미터를 여행하면서 쇠사슬로 마차에 묶여 있을 때도 있었고, 마차 옆을 자유롭게 걸어 다니기도 했으며, 이따금 개까지 다 같이 마차 안에서 지낼 때도 있었다. 레이디 워싱턴은 짐을 나르고, 썰매를 끌고, 통나무를 옮겼으며, 두 마리 모두 애덤스가 회색곰을 비롯한 동물들을 사냥하는 것을 돕고 함께 식사를 했다.

1860년대까지만 해도 기차역에서는 포획된 곰들이 사슬에 묶이거나 우리에 갇힌 채 묘기를 부리거나 기차를 기다리는 승객들이 주는 사탕이나 케이크를 먹는 모습을 볼 수 있었다(어떤 곰은 플루트를 연주했다고도 한다).[96] 사람들은 곰들이 황소와 싸우는 모습을 보기 위해 티켓을 구입했다. 심지어 일부 캘리포니아인들은 곰을 반려용으로 기르기도 했다. 여배우이자 무용수였던 롤라 몬테즈는 그라스 밸리에 있는 자신의 별장 정문에 커다란 회색곰 두 마리를 사슬로 묶어 놨다. 그러나 19세기 말쯤이 되자 곰은 거의 눈에 띄지 않을 정도가 되었다. 죽지 않은 곰들은 점점 깊이 숨어들었고, 포획된 곰을 구하기는 더 어려워졌다.[97] 불과 몇 년 전만 해도 어디에서나 볼 수 있었던 동물이 이제는 거의 자취를 감춘 것이다.

캘리포니아의 괴짜 신문 재벌 윌리엄 랜돌프 허스트는 곰이 점점 희귀해지는 상황을 기민하게 주시했다.[98] 그는 그토록 카리스마 넘치는 동물의 멸종이 임박했다는 사실을 가지고 독자들의 관심을 끌어 볼 수 있겠다고 판단했다. 1889년, 그는 사냥과 포획 경험이 있는 신문기자 앨런 켈리를 고용했다. 회색곰을 잡아 "일간지의 제왕[모나크]"Monarch of the Dailies으로 알려져 있던, 자신이 소유한 신문『샌프란시스코 이그재미너』의 마스코트로 삼기 위해서였다. 허스트는 캘리포니아주에 남은 마지막 회색곰을 잡았다는 이야기가 구독자 수를 늘려 주기를 바랐다. 그는 그 곰에게 신문사의 별명을 따서 모나크라는 이름을 붙일 계획이었다.

켈리는 벤투라 카운티의 산타 파울라 뒤편 언덕에서 사냥을 시작했다. 그러나 곰들은 그의 덫을 피해 갔다. 몇 달이 되도록 그는 곰 한 마리 잡지 못했다.[99] 켈리가 속한 신문사의 편집장은 그를 해고했다. 그러나 그는 굴하지 않고 사냥을 계속했다. 몇 달 후 한 멕시코인이 로스앤젤레스 카운티의 샌게이브리얼 산에서 덫으로 잡은 거대한 회색곰을 켈리에게 팔겠다고 했다.[100] 곰은 나무 덫을 벗어나려고 날뛰었고, 통나무를 물어뜯고, 벽에 몸을 던졌다. 곰은 일주일 내내 격노하며 먹이조차 건드리지 않았다.[101] 다리 하나에 쇠사슬을 감는 데만 꼬박 하루가 걸렸다. 마침내 곰은 얼기설기 만든 썰매에 실렸다. 썰매를 끈 건 겁에 질린 말들이었다. 그 이후 샌프란시스코까지의 긴 여정은 짐마차와 철도를 이용했다.

우드워즈 가든(샌프란시스코 미션 디스트릭트에 있는 놀이공원)에서 열린 전시 첫날, 『샌프란시스코 이그재미너』에 실린 잔뜩 과장된 포획 기사에 혹한 2만 명의 사람들이 모나크를 보겠다고 몰려들었다.[102] 관람객들이 흥미를 잃을 때까지 5, 6년간 모나크는 철창에 갇혀 있었다. 허스트는 1895년에 모나크를 새로 생긴 골든게이트 공원에 기증했다. 모나크가 도착한 직후 공원 운영진은 신문물이었던 자전거가 말을 놀라게 하거나 충돌 사고를 일으키지는 않을까 하는 걱정 등 곰보다 더 시급한 문제들 때문에 여념이 없었다. 모나크가 도착했다는 소식은 운영위원회의 연례 보고서에 고작 두 문장으로 실렸을 뿐이다. 『샌프란시스코 이그재미너』가 선사한 커다란 선물이 처음에는 "낯선 환경에 반발하며 탈출을 시도했지만 지금은 자신의 운명에 순응하는 듯하며 매우 인기 있는 명물이 되었다"는 내용이었다.

그러나 시간이 지남에 따라 모나크는 눈에 띄게 침울해져 갔다. 1903년이 되자, 그는 우리 한가운데 구덩이를 파고 들어가 하루 종일 나오지 않았다.[103] 그는 구덩이 안에 누워 커다란 머리를 앞발에 괴고 멍하니 창살 밖을 내다봤다. 주변의 바위가 관람객들의 시선을 가려 주는 것이 마음에 들었는지, 아니면 그냥 구덩이의 흙이 주는 서늘함을 즐긴 것인지는 모르겠다. 그러나 2월의 샌프란시스코는 조금도 덥지 않아서 그것은 서서히 오랜 시간에 걸쳐 이루어진 변화의 증거처럼 보였다. 공원 운영진은 모나크가 언제부턴가 "원래의 모습"이 아니었고 극도의 권태에 시달리고 있는 것 같다고 했다. 또 다른 곰들과 함께 자유롭게 살던 과거의 삶을 그리워하고 있는 것이며 상심으로 죽을 위험에 처해 있을지도 모른다고 주장했다.[104]

사실 1903년까지만 해도 자연에서라면 수십 평방마일에 달하는 서식지에서 풀, 열매, 설치류, 유충, 물고기, 때로는 대형 사냥감까지 다양한 먹이를 먹을 수 있었을 이 회색곰이 작은 철창 속에서 그리고 나중에는 그보다 좀 크지만 황량한 우리에 갇혀 14년을 산 것이었다. 자유롭게 살며 스스로 먹잇감을 찾던 곰에서 완전한 감금 생활, 전혀 다른 식단, 제대로 움직일 수도 없고 시끄러운 인간들로 가득한 환경, 그리고 이따금 바람결을 타고 오는 공원의 들소떼 냄새가 고작인 생활로의 극적인 변화는 그의 행동을 변화시키기에 충분했다. 그러나 사람들이 그의 행동을 해석하는 방식은 보통 곰보다는 인간 중심적인 경우가 많았다.

하지만 샌프란시스코 시민들 또한 공원에서 모나크의 우리를 지나치고, 신문에서 그에 대해 읽고, 그의 퀭한 눈빛의 이유를 이해하려 노력하면서 변하고 있었고, 적어도 그들을 둘러싼 세계는 분명 변화 중이었다. 모나크가 포획되고 갇혀 살던 처음 몇 년간 도로, 수로, 철도, 그리고 증기선 등이 엄청나게 건설됐다. 휘트니의 조면기繰綿機를 비롯한 새로운 발명은 농업에 일대 혁명을 일으켰다. 미국 역사상 처음으로 도시인구가 농촌인구를 앞질렀고, 이런 도시들은 업튼 싱클레어가 『정글』(1906)에서 생생하게 묘사했듯이 무척 불안한 장소가 되어 가고 있었다. 서부의 황무지는 목초지, 농장, 방목지, 그리고 대도시와 도시들에 자리를 내줬고, 아메리카들소는 사라졌으며, 늑대 무리는 그 숫자가 크게 줄어들었고, 캘리포니아 회색곰 같은 동물들은 멸종할 지경이었다. 원주민은 학살당했고 남은 땅에서도 쫓겨나 채광, 벌목, 농경, 방목지 확보 등 개발의 물결을 막을 수 없었다.

집약적인 채광과 벌목, 그리고 제조업의 성장과 더불어 일어난 엄청난 변화는 19세기 말, 미국을 경제 강국으로 만들었다.[105] 모나크가 샌프란시스코에서 복무한 지 7년째가 되던 1896년, 역사가 프레더릭 잭슨 터너는 개척 시대의 종말을 선언했다.[106] 그는 변경 개척으로 미국은 다른 곳이 되었을 뿐만 아니라 더 나은 곳이 되었다고 주장했다.

미국의 황무지와 야생동물들은 오랫동안 토머스 제퍼슨과 같은 사람들에게 국가적 자긍심의 상징이었지만 점점 더 많은 미국인들이 이런 자부심의 원천을 보호해야 한다고 느끼기 시작한 것은 1880, 90년대에 이르러서였다.[107] 모나크가 골든게이트 공원에서 앞발로 머리를 괴고 엎드려 있을 때, 존 뮤어는 캘리포니아주의 산등성이를 탐사했고 시에라 클럽[자연보호단체]을 창설했다. 많은 사람들이 새로 설립된 오듀본 협회Audubon Society✤에 가입했고, 터너, 루스벨트, 뮤어, 기포드 핀쇼[미국의 초대 산림청장이자 정치가] 등은 미국의 자연이 사라지고 있고, 이런 손실이 (주로 백인 남성 중심의)

✤ 조류와 그 서식지를 보호하기 위해 1905년에 설립된 비영리 환경단체로 단체명은 미국 조류학의 아버지 제임스 오듀본의 이름을 딴 것이다. 해마다 회원들이 새들의 숫자를 세는 버드 카운팅 전통으로 유명하다.

국가적 성격에도 영향을 미칠 것이라며 한탄했다. 그리고 글레이셔 국립공원부터 요세미티 국립공원까지 새로운 국립공원들이 속속 설립됐다.

지나간 개척 시대에 대한 향수 속에서 경제적 여유가 있는 남성들은 애디론댁Adirondack[북아메리카 인디언]의 영지나 그레이트플레인스 등에서 가이드와 함께하는 캠핑, 사냥 등의 야외 활동으로 관심을 돌렸다. 모나크가 공원에서 보낸 마지막 해인 1910년, 어니스트 톰슨 시턴은 소년 개척자들에게 기술을 가르치고 그들이 너무 도회화되지 않도록 하기 위해 미국 보이스카우트를 설립하는 데 힘을 보탰다. 부유한 도시 관광객과 운동을 좋아하는 사람들은 고급 산장, 리조트, 수렵 감시관, 공원 경비원 등을 갖춘 새로운 국립공원을 찾았다. 미국 서부에 대한 관념은 점점 더 목가적으로 변해 갔다.

그러나 이런 일이 일어나기 위해 역사는 정화되어야 했다. 요세미티와 옐로스톤 같은 곳들이 유해하고 더러운 도시의 해독제로 여겨질 수 있었던 것은 야생이 더 이상 전쟁이 벌어지는 곳이거나 동물 포식자가 가득한 곳이 아니었기 때문이다.[108] 황무지는 이제 경제적 여유가 있는 사람들에게는 재충전의 장소가 될 수 있었다. 이런 장소를 보호하려는 노력은 어떤 의미에서 미국의 기원 신화, 그리고 미국을 존재하게 만든 개척자들을 보호하려는 시도였다.[109] 이런 새로운 황무지 관념에 내재한 모순을 모나크보다 더 잘 보여 주는 사례는 없었다. 한때 골든게이트 공원 관람객들 같은 인간은 쉽게 먹어 치웠을 맹수가 이제는 우리에 갇혀 있었다. 그 거대한 몸집은 줄어들었고, 발톱은 쓰지 않아 휘어졌다. 그를 찾는 것은 몬태나의 리조트를 찾는 것보다 훨씬 적은 비용으로 즐길 수 있는 오락거리였다. 회색곰은 캘리포니아 사람들에게 더 이상 위협이 되지 않았기 때문에, 모나크는 향수를 자아내는 회색곰 최후의 상징, 동정의 대상이 될 수 있었다. 공원 운영진은 모나크의 무기력하고 무감각한 모습, 슬픈 표정을 보고 이 늙은 마스코트의 짝으로 암컷 곰 한 마리를 잡아 오라고 지시했다.

하지만 애석하게도 1903년에 캘리포니아에는 더 이상 회색곰이 남아 있지 않았다. 암컷 곰은 아이다호에서 덫에 걸려들었다. 암컷 곰이 든 운송 상자가 모나크의 우리 옆에 내려지자, 모나크는 일어서서 땅을 파고 공기의 냄새를 맡았다. 한 목격자에 따르면 이 새로 온 암컷은 정말 말 그대로 "'곰처럼 성이 나'cross as a bear 있었다.[110] 그녀는 사납게 굴며 사진사들에게 반감을 드러냈다. … 어쩌면 늙은 모나크는 권태로 죽는 게 더 나을지도 몰랐다." 하지만 둘은 꽤 잘 지냈고, 짝짓기의 결과 1904년 크리스마스 직전에 새끼 곰 두 마리가 태어났다.

그러나 모나크가 나타냈던 정신질환의 기미는 "아내" 몬태나(언론에서 그녀를 그렇게 불렀다)의 도착과 새끼들의 성공적인 출산에도 불구하고 완전히 사라지지 않았다. 사람들이 모나크에게서 인간과 흡사한 권태를 보았던 것처럼, 새끼 중 한 마리가 사흘 만에 죽었을 때 『샌프란시스코 크로니클』은 이번엔 품행이 바르지 못한 그의 짝꿍 몬태나가 새끼를 학대한 정황을 발견했다. "방치와 삶에 대한 혐오가 결합되면서 불쌍한 어린 새끼가 죽었다."[111] 그것은 부자연스럽고 이기적이며 태만한 어미가 새끼를 전혀 보살피지 않았다는 멜로드라마 같은 이야기였다. 그러나 사실은 달랐다. 공원 관리자들이 몬태나에게 새끼에 대한 책임감을 일깨워 줄 요량으로 새끼를 떼어 놓았던 것이다. 새끼가 병이 나서 죽자, 그들은 "마음이 상해 죽었다"라고 보고했다.

해가 갈수록 모나크에 대한 관심은 점차 식어 갔지만, 예외가 하나 있었다. 1906년 지진과 대화재로 도시 전체가 연기만 피어오르는 잿더미로 변해 버린 후 한 화가가 샌프란시스코의 폐허 위에 고질라처럼 올라앉은 곰의 모습이 담긴 포스터를 만들었을 때였다. 등에 화살을 맞고도 이빨을 드러내며 으르렁대는 곰의 모습은 주민들에게 힘을 내서 폐허가 된 도시를 재건하라고 촉구했다.

그로부터 4년이 흘렀다. 모나크는 사육 곰과 야생의 곰을 통틀어 캘리포니아에서 아직 생존해 있는 유일한 회색곰으로 확인되었지만 오래 버티진 못했다.[112] 포획된 지 22년 만인 1911년, 공원 관리자들은 모나크가 너무 늙었다고 판단해 그를 안락사했다.[113] 그의 가죽은 노동절에 맞춰 공원 박물관에 전시될 것이라고 공표됐다. 박제를 만드는 데 들어간 두개골을 제외한 나머지 뼈가 인근에 묻혔다. 후일 그 뼈들은 다시 파헤쳐져 세척을 거친 후 UC 버클리의 척추동물 박물관에 기증됐고, 지금까지 그곳에 보관돼 있다. 존 대니얼, 팁, 그리고 그 이전의 수많은 동물들과 마찬가지로 모나크도 표본이 된 것이다. 그러나 존 대니얼이나 팁과 달리, 모나크가 그토록 오래 살 수 있었던 것은 그 자신의 인내심, 건강, 투지와 운 덕분이었다. 정확히 말해 그는 잘 살진 못했지만 어쨌든 살아남았던 것이다.

어린 시절에 내가 가장 좋아했던 책 중 하나는 E. B. 화이트의 소설 『샬롯의 거미줄』이었다. 내가 자란 목장은 성질 고약한 미니어처 당나귀 맥의 집이자 헛간 고양이, 닭, 그리고 때로는 염소, 몇 마리 토끼, 보통 크기의 당나귀, 그리고 미드나이트라는 조랑말의 집이기도 했다. 나는 응당 그런 생각에서 벗어나야 할 시기가 지난 후에도 오랫동안 내가 없을 때면 이 동물들이 수다를 떨고 서로 옥신각신한다고 확신했다. 난 당나귀 우리 옆이나 닭장 뒤편으로 아주 살금살금 조용히 접근할 수 있다면, 그 현장을 잡을 수 있을지도 모른다고 생각했다. 물론 성공한 적은 없지만 만약 그럴 수 있다면 분명 말하는 돼지 윌버가 상심에 대해 하는 이야기 같은 소리를 들었을 거라 확신했다.

이 책의 말미에 나오는 극적인 장면에서, 윌버는 죽어 가는 거미 친구

샬롯의 알들을 구하려 한다. 그는 이기적인 쥐 템플턴에게 지붕으로 빨리 올라가 알주머니를 구해 달라고 애원한다.

윌버가 절박하게 말했다. "템플턴, 얘기 그만하고 서두르지 않으면, 모든 걸 잃게 될 거야. 그러면 난 상심으로 죽을 거야. 제발 올라가 줘!"

템플턴은 다시 짚단에 누웠다. 그는 굼뜬 동작으로 앞발을 머리 뒤쪽에 고이고, 다리를 꼬아서 완전히 느긋하게 휴식을 취하는 자세를 잡았다.

"상심으로 죽을 거야." 그는 윌버의 말을 흉내 냈다. "애처로워 어쩌나!"[114]

허구 속 동물조차 상심으로 죽을 수 있다는 생각을 비꼬기 시작한 것이다.

올리버가 아파트에서 뛰어내린 직후 내가 만약 동물행동심리학자에게 그의 다친 몸보다는 마음의 상처(상심)를 어떻게 해야 하는지 물었다면 그는 과연 뭐라 말했을까. 아마도 기사라면 다음과 같은 제목이 달렸을지 모른다. "사랑에 굶주린 개가 가족을 찾아 건물에서 뛰어내리다" "15미터 높이에서 간신히 살아나다" "수의사의 진료비 청구서에 개 주인 절망하다".

정말 기이하게도, 상심으로 죽었다는 동물들의 이야기가 처음 나온 후 오랜 시간이 지났지만 이런 생각은 끈질기게 사라지지 않고 있다. 지금도 동물들의 원인 불명의 죽음을 설명하기 위한 방편으로 이런 이야기가 간간이 튀어나온다. 대부분의 수의사들이 차트에 "상심"이라 적진 않겠지만, 상심으로 죽어 간 동물들에 대한 이야기는 우울증이나 기분 장애 같은 좀 더 현대적인 질병에 시달리는 동물에 대한 이야기와 더불어 여전히 존재한다.

2010년, 뉴질랜드 동물원에서 15년간 떨어져 본 적 없던 늙은 수컷 수달 두 마리가 한 시간 만에 죽는 사건이 발생했다.[115] 아팠던 것은 그중 한 마리였다. 사육사들은 두 번째 수달이 상심으로 죽었다고 믿었다. 동물행동학자 마크 베코프도 동물의 상심에 대해 썼다. 그는 『동물의 감정』에서 한 수의사가 자기 아버지에게 선물한 펩시라는 이름의 미니 슈나우저 이야기를 한다. 개와 노인은 절친이 돼 수년간 음식, 의자, 침대까지 공유하며 살았다. 그런데 아버지가 여든이 되던 해에 자살을 하자 펩시는 점점 쇠약해지더니 집안에만 틀어박혔다. 반려인의 죽음 이후 펩시는 회복하지 못했고, 결국 죽었다. 수의사는 그 원인이 상심이었다고 확신했다. 즉, 반려인이 세상을 떠난 후 삶의 의욕을 잃은 것이다.[116]

2011년 3월, 상심에 대한 또 다른 가슴 아픈 사연이 인터넷을 떠들썩하게 했다. 왕립육군수의군단Royal Army Veterinary Corps 소속의 영국군 태스커 일병이 아프가니스탄 헬만드 지역에서 벌어진 총격전에서 사망했다. 그의 개 테오는 폭발물 냄새를 맡도록 훈련받은 스프링어 스패니얼 혼종견으로 이 모든 과정을 지켜보았다. 테오는 다친 곳이 없었다. 그러나 목격자에 따르면 태스커가 죽은 후 몇 시간 뒤, 테오는 반려인의 죽음으로 인한 스트레스와 슬픔으로 치명적인 심장 발작을 일으켰다.[117]

오늘날의 이런 이야기들은, 과거 상심에 빠진 동물에 대한 이야기와 마찬가지로 동물에 대한 이야기인 동시에 동물에 대해 이야기하는 사람들에 대한 이야기이기도 하다. 우리는 개나 수달의 머릿속이나 가슴속에 들어가 있는 자신을 상상한다. 우리는 자신의 감정과 공포를 **그들에게** 투영함으로써 그들의 행동을 이해한다. 이는 틀림없이 일종의 의인화지만 나름 타당한 방식일 수 있다. 인간으로서 우리는 소중한 누군가를 잃은 후 쇠약해지고 죽어 가는 모습을 상상할 수 있다. 우린 대부분 이런 일을 겪은 누군가를 알고 있다.

2000년대 초, UCLA의 심장 전문의 바버라 내터슨-호로위츠는 극심한 흥

통과 심전도 이상을 특징으로 하는 다코쓰보 심근증[상심 증후군] 환자를 처음 접했다. 그녀는 혈전이나 심장병을 예상하고 환자를 수술실로 급히 데려가 혈관 조영술을 실행했다. 그러나 관상동맥을 막고 있는 건 없었다. 이들에게는 심장마비가 온 것이 아니었다. 심장의 유일한 이상은 좌심실에 전구 모양으로 돌출한 부분이 혈관의 강한 수축을 막고 있는 것뿐이었다.

일본의 심장 전문의들이 1990년대 중반 이 증후군에 이런[다코쓰보라는] 이름을 붙인 것은 둥글납작한 조직이 일본 어부들이 문어를 잡을 때 쓰는 통발을 연상시켰기 때문이다.[118] 심장 근육에서 늘어지고 부풀어 오른 부위는 심실 수축을 불규칙하고 약하게 만들어 간헐적으로 경련하듯이 혈액을 펌프질한다. 이것이 갑작스런 심장 이상으로 쓰러져 응급실에 실려 온 사람들이 나타내는 흉통의 원인이다. 그러나 바버러 내터슨-호로위츠를 놀라게 한 건 다코쓰보가 심장 질환이나 선천적 결함이 아니라 극심한 스트레스와 감정적 고통에 의해 발생한다는 것이었다. 대개 사람들은 사랑하는 사람이 죽거나, 자신이 감옥에 가게 되거나, 평생 모은 돈을 잃거나, 지진에서 살아남은 후 심장 수축이 약해져서 병원을 찾았다. 내터슨-호로위츠는 캐서린 바워스와 함께 쓴 『의사와 수의사가 만나다』에서 이 새로운 진단이 정신 건강과 심장 건강 사이의 강한 연관성을 나타내는 증거로, 많은 의사들이 "의학적 사실이라기보다는 은유적 표현"쯤으로 생각했던 양자의 인과관계를 입증해 줬다고 쓰고 있다.[119] 이들은 공중보건과 관련한 몇 가지 흥미로운 통계를 제시했다. 가령 1991년 걸프전 당시 스커드 미사일 공격에 공포를 느꼈던 이스라엘 사람들 가운데 심부전 발생률이 증가했는데, 이는 실제 미사일 타격보다 미사일에 대한 공포와 공황 상태가 더 많은 사람들을 죽였을 수 있음을 시사한다.[120]

알카에다의 9·11 테러 당시, 심박계를 단 미국 전역의 환자들을 살펴봤더니 심박수가 200퍼센트나 증가해 생명을 위협하는 수준이었다. 또

1998년 월드컵에서[16강전] 잉글랜드가 막판 승부차기 끝에 아르헨티나에 패했을 때, 그날 하루 영국 전역에서 심장마비 환자가 25퍼센트나 늘어났다. 그 이후 유럽에서 이루어진 많은 연구들이 관중이 받는 스트레스와 심장 건강 사이의 상관관계를 입증해 주었다. 얄궂게도 "서든데스"✚ 방식으로 승부를 가리는 경기는 팬들에게 특히 위험한 것으로 나타났다.[121]

2005년 봄, 내터슨-호로위츠는 심부전증에 걸린 스피츠부벤이라는 황제타마린을 봐달라는 수의사의 요청을 받고 로스앤젤레스 동물원을 방문했다. 이 작은 원숭이는 양쪽이 휘어진 아주 길고 흰 콧수염을 가지고 있어서 어린 암컷들도 마치 늙은 현자賢者처럼 보인다. 내터슨-호로위츠는 그중 한 마리를 만나자마자 사람 환자 대하듯 눈을 맞추면서 달래려 했다. 그러자 수의사가 그녀를 저지하면서 그러면 타마린 원숭이가 "포획근병증"capture myopathy을 일으켜 삽관을 할 겨를도 없이 죽을 수 있다고 경고했다. 아주 예민한, 포식자의 먹잇감이 되는 동물들, 가령 사슴, 설치류, 조류, 그리고 스피츠부벤 같은 작은 영장류 등은 포식자의 이빨에 물리거나, 사냥꾼의 덫에 걸리거나, 수의사와 눈을 마주치기만 해도 금방 흥분해서 아드레날린과 기타 스트레스 호르몬이 과다 분비될 수 있는데, 이는 펌프 작용을 하는 심실에 손상을 일으킬 정도로 위력을 발휘해 심장 수축이 너무 약해진 결과 혈액 순환이 멈추고, 그로 인해 사망에 이르기도 한다는 것이다. 포획근병증이 처음 알려진 것은 한 세기 전의 일로 사냥꾼들에 의해서였다. 얼룩말이나 무스[북아메리카산 큰사슴] 같은 몸집이 큰 사냥감들은 사냥꾼들이 실제로 목표물을 맞추지 못했음에도 오랜 추격전 끝에 죽는 경우가 있었다. 그 이후로 겁에 질린 동물들의 돌연사가 동물의 왕국 곳곳에서

✚ 운동경기에서는 연장전에서 먼저 득점한 팀이 이기는 경기 방식을 뜻하는 동시에 돌연사를 뜻한다.

목격되기 시작했다. 해저에서 저인망에 잡힌 노르웨이 바닷가재부터 헬리콥터를 이용한 토지관리국의 동물 몰이로 공포에 질린 야생마, 그리고 1990년대 중반 코펜하겐 공원에서 열린 콘서트에서 덴마크왕립관현악단이 바그너의 오페라 <탄호이저>를 연주할 때 이를 들은 여섯 살짜리 오카피가 불안해하며 우리를 탈출하려다 결국 죽음에 이른 경우 등이 있었다. 오카피를 진찰한 수의사는 포획근병증을 의심했다.[122]

그간 사람들이 정신질환(그리고 반대로 정서적으로 건강한 상태)을 설명해 온 다양한 방식들을 살펴보면, 우리가 어떤 식으로 우리 인간의 정신과 마음을 이해해 왔는지 알 수 있다. 이는 감정적 트라우마와 생리학을 분리하는 것이 무익할 뿐만 아니라 질병을 역사와 분리해서 생각하는 것 역시 불가능함을 보여 준다. 앞선 세대가 정신이상, 회향병, 향수병, 그리고 상심을 보았다면, 오늘날 수의사와 의사들은 불안증과 기분 장애, 강박장애, 우울증, 그리고 포획근병증을 보고 있다. 말이 끄는 소방차나 깜박이는 가스등이 한때 많은 사람과 그 반려동물들을 공포에 떨게 했지만, 오늘날은 전혀 그렇지 않은 것처럼 말이다.

5
프로작을 먹는 동물들

삶은 동물에게 결코 녹록치 않다.

커트 보니것

2007년, 리얼리티 티브이 스타 애나 니콜 스미스가 프로작이 포함된 처방약을 과다 복용했을 때, 애나의 반려견 슈가파이도 프로작을 먹고 있었다.[1] 자크 시라크 전 프랑스 대통령이 기르던, 몰티즈와 비숑 프리제의 혼종견 수모도 마찬가지였다.[2] 보통 땐 사교적인 이 작은 백구는 시라크가 집무를 볼 때도 늘 붙어 다녔고, 번쩍거리는 대통령 전용 시트로앵의 뒷좌석에 타고 파리 시내를 돌아다닐 때도 시라크의 무릎 위에 있는 모습이 목격되곤 했다. 그런데 시라크가 니콜라 사르코지에게 정권을 내주고 가족과 함께 대통령궁을 떠나자 수모는 식욕을 잃었다. 또 무기력한 모습의 수모는 행동도 예전과는 달라졌다. 시라크의 부인 베르나데트는 엘리제궁의 넓은 정원에 익숙했던 수모가, 대통령 퇴임 후 이사한 아파트에 적응하지 못해서 불안하고 우울해 하는 것 같다고 생각했다. 수의사는 수모에게 프로작을 처방했지만, 시라크가 병원에 가야 할 정도로 심하게 두 번이나 물린 뒤 결국 시골 농장으로 보내졌다(그 후로는 아무도 물지 않았다고 한다).

슈가파이나 수모의 사례가 이례적인 일은 아니다. 프로작 네이션Prozac Nation✢은 수십 년간 인간이 아닌 동물들에게도 시민권을 제공해 왔다. 동물

✢ 엘리자베스 워첼Elizabeth Wurtzel의 자전적 회고록의 제목이기도 하다.

용 프로작은 그 맛과 형태도 다양해 반려동물 보호자와 수의사들은 얼마든지 원하는 맛을 선택할 수 있다.[3] 멸치 맛, 사과 맛과 당밀 맛, 바나나 맛과 마시멜로 맛, 쇠고기 맛, 두 배의 쇠고기 맛, 닭고기 맛, 산딸기 맛, 딸기 맛, 수박 맛, 노루발풀 맛 등을 고를 수 있고, 두 배의 쇠고기 맛이 충분하지 않으면 세 배도 가능하다. 구르메드Gourmed라는 이름으로 판매되는 씹어 먹는 알약부터 알약을 삼킬 수 없거나 삼키지 않으려는 동물을 위한 주사제, 물약, 피부에 바르는 젤에 이르기까지 형태도 다양하다.

이 모든 것에서 놀라운 점은 우리가 동물에게 향정신성 약물을 투여한다는 게 아니라, 1950년대 비인간 [실험]동물에서 시작돼 인간에게 전달되던 의약품 개발의 고리가 끊어지고, 이제는 동물이 **우리 인간**에게 적응하는 걸 돕기 위해 동물에게 향정신성 약물을 투여하고 있다는 것이다. 다른 생명체에게 정신과 약을 먹인다는 것은 인간과 비인간 동물들 사이의 정서적(그리고 신경화학적) 유사성을 암묵적으로 인정한다는 뜻이기도 하다. 동물행동심리학자 니컬러스 도드먼의 말대로, 이것은 인간의 약을 먹는 동물들의 이야기가 아니라, **동물의 약을 먹는 인간들**의 이야기라 할 수도 있다. 소라진 같은 항정신병제부터 발륨 같은 가벼운 신경안정제와 항우울제에 이르기까지 지금 쓰이고 있는 향정신성 의약품은 거의 대부분이 20세기 중반에 개발된 것들로, 동물들이 애초부터 실험 대상이었다.

워첼은 동명의 책에서 우울증에 빠져 있던 젊은 시절을 솔직하게 묘사해 큰 인기를 끌었다. 유명한 항우울제인 프로작의 효능과 부작용을 잘 담아낸 책으로 알려져 있다.

관리자 원숭이와 항정신병제의 출현

20세기에 접어들기 전까지 대부분의 소동물 진료는 반려동물 상점 주인의 몫이었다.[4] 사람들은 반려동물에게 처방전 없이 살 수 있는 약을 주거나 인간 자신을 치료할 때 사용했던 근거 없는 민간요법(죽이나 소고기 스튜)을 적용했다. 가령, 마그네시아유와 피마자유는 개와 사람 모두에게 변비 치료제로 사용됐다. 기침 시럽과 캐모마일 증기 목욕은 사람과 동물 모두의 호흡기 감염을 치료하는 데 사용됐다. 개 전용 옴 치료제와 구충제를 사료 가게나 동네 약국에서 구입할 수 있게 된 것은 1910년경이었다. 고양이에게는 같은 약을 양만 줄여서 줬다. 일부 반려인들은 카나리아를 위한 천식 치료법 같은 것들이 포함된 책들의 도움을 받아 집에서 직접 약을 조제하기도 했다.

비인간 동물들이 (인간과 더불어, 어떤 경우는 인간보다 먼저) 향정신성 약물의 시대를 맞이하게 된 것은 혁신적인 일군의 신약들이 이용 가능해진 1950년대에 이르러서였다. 1950, 60년대 내내 실험동물들은 새로운 향정신성 의약품을 만드는 데 없어서는 안 될 중요한 역할을 담당했다. 원숭이·생쥐·고양이는 불안증이나 정신병, 기타 정신적 문제들에 대한 비진정형 nonsedative 의약품 개발에 있어 중요한 인간 대리자들이었다. 신약에 대한 동물들의 감정 반응과 행동 반응은 질병 자체를 규명하는 데도 도움을 주었다.

1950년 5월, 뉴저지주 한 작은 제약 회사의 연구원 헨리 호이트와 프랭크 버거는 메프로바메이트라는 물질에 대해 특허를 출원했다.[5] 두 사람은 이약이 생쥐의 근육을 이완하고 성미가 급하기로 악명 높은 실험실 원숭이를 진정시키는 것을 보고 깊은 인상을 받았다. "우리에게 붉은털원숭이와 자바원숭이가 스무 마리 정도 있었는데, 아주 사나워서 만지려면 두꺼운 장갑을 끼고 안면 보호구를 써야 했다. 그런데 메프로바메이트를 주사한 뒤로는 상냥하고 기민한 아주 착한 원숭이가 되었다. 전에는 사람들이 있는 곳에선 먹지도 않았는데, 이제는 사람 손에 있는 포도를 가져가 먹었다. 정말 인상적이었다." 이와 같이 메프로바메이트가 원숭이에게 일으킨 이완 효과에 자극을 받은 연구자들은 그것이 인간의 정신분석에서도 효과적인 보완재가 될지 모른다고 생각했다.

같은 시기 다른 회사에서도 쥐의 긴장 완화 실험을 하고 있었다.[6] 1940년대 후반에서 1950년대에 프랑스 제약 회사 롱프랑의 약사들은 항히스타민제를 개발 중이었다. 1951년, 한 제약 회사의 약사가 이런 신약들 중 하나인 **클로르프로마진**이 행동에 미치는 영향을 조사했다(이전에는 화합물이 사람이나 동물의 **행동**에 미치는 영향을 반드시 검사할 필요는 없었고, 독성만 확인했다).[7] 쥐들에게 항히스타민제를 투여하고 플랫폼 위에 먹이가 놓여 있는 우리에 넣었다.[8] 먹이에 도달하려면 쥐들은 밧줄을 타고 올라가야 했다. 밧줄을 타고 오르지 않으면 전기 충격을 줬다. 그러나 약물을 투여한 쥐들은 줄을 타고 오르지 않았다. 심지어 전기 충격을 받는다는 것을 학습하고도 올라가지 않았다. 롱프랑 연구진의 흥미를 끈 것은 쥐들이 완전히 무관심해 보였다는 점이다.[9] 쥐들은 전기 충격**이나** 먹이에 관심이 없었다. 진정제를 맞았거나 움직일 수 없어서가 아니었다. 쥐들은 정신적으로나 신체적으로나 완전히 멀쩡했다.

이 쥐들의 무관심은 스위스 캐나다 미국의 다른 연구자들의 호기심을 자극했고, 곧 이 신약을 인간의 심장 수술, 전쟁터, 정신과 진료에서 얕은 진정제로 쓸 수 있을지 테스트가 진행됐다. 그러나 이 약을 통해 정신의학에 극적인 변화를 일으킬 준비가 되어 있던 곳은 역시 프랑스였다. 1950년대 초 파리의 생트안 병원 의사들은 섬망, 조증, 착란, 그리고 정신이상 환자에게 클로르프로마진을 투여하기 시작했다. 이 약물은 다른 진정제들처럼 환자들을 진정시키거나 잠들게 하지 않았다. 오히려 클로르프로마진을 복용한 환자들은 쥐들처럼 깨어 있으면서도 바깥세상에 무관심했는데 또 필요할 때에는 관여가 가능했다. 이 약은 생트안 병원을 비롯해서, 얼마 지나지 않아 다른 많은 정신병원에서도 수년간 긴장성 혼수상태에 빠져 있던 환자들을 깨어나게 했다.[10]

리옹 출신의 한 이발사가 그 전형적인 사례였다.[11] 이 이발사는 정신병으로 몇 년간 입원해 있었고, 주변의 움직임과 사람들에 대해서 전혀 반응이 없었다. 클로르프로마진을 몇 차례 투여하자 그는 혼수상태에서 깨어나 의사에게 자신이 누구인지, 어디에 있는지 알고 있으며 집에 가고 싶다고 말했다. 그런 다음 예리한 면도칼과 물, 수건을 요청한 다음, 직접 완벽하게 면도를 했다. 수년간 기이한 자세로 꼼짝도 않던 또 다른 환자도 단 하루 만에 이 약물에 반응했다. 그는 병원 직원에게 인사를 하고, 당구공을 달라 하더니 저글링을 했다. 시설에 오기 전 그가 곡예사였다는 게 밝혀졌다.

1954년에 롱프랑 사는 클로르프로마진의 미국 라이선스를 스미스클라인 사에 팔았고, 스미스클라인이 이 약물에 소라진이라는 이름을 붙였다.[12] 처음엔 구토 방지제로 판매됐지만 그때쯤에는 그 약이 정신병 환자에게 놀라운 효과가 있다는 걸 모두가 알고 있었다.[13] 이 신약은 놀랍게도 출시 첫해에 7500만 달러의 매출을 달성했다. 많은 주립 정신병원에서 모든 환자들이 이 약을 투여받았고, 병원을 나와 독립적으로 살 수 있게 된 정신병 환자들을 담당할 외래 병원들이 잇따라 생겨났다.

수의사와 연구자들은 곧 몇몇 동물 환자들에게 항정신병제를 투여하기 시작했다. 1968년에 나온 한 학술지 논문은 새로운 정신과 약물이 동물의 신경과민 불안 두려움 공포 갈등 공황 공격성 동요 흥분 등에 대한 치료제로뿐만 아니라 번식 목적으로 정액을 채취하기 전에 쓰는 이완제로도 얼마나 유용한지를 잘 요약하고 있다.[14] 보고에 따르면, 새끼 돼지를 잡아먹는 "동종 포식" 돼지들에게도 클로르프로마진은 효과가 있었다.[15] 곧이어 동종 포식 닭과 꿩을 치료하는 데 레세르핀과 같은 새로운 항정신병제들이 시야를 제한하는 플라스틱 안경(방향감각을 잃게 하거나 다른 무리들을 잡아먹으려는 식욕을 감퇴시키기 위해 닭의 작은 머리에 묶어 놓는 안경)과 함께 사용되기 시작했다.[16]

스미스클라인 사가 클로르프로마진 라이선스를 사들이고 1년 후, 호이트와 버거는 오늘날 밀타운이라고 불리는 자신들의 신약에 관한 영상을 제작했다.[17] <메프로바메이트(밀타운)가 동물 행동에 미치는 영향>The Effect of Meprobamate(Miltown) on Animal Behavior이라는 제목의 이 영상에는 세 가지 다른 상태에 놓인 붉은털원숭이들 — 사납지만 정신은 온전한 원숭이, 바르비투르산염을 맞고 의식이 전혀 없는 원숭이, 메프로바메이트를 먹고 차분하지만 의식이 깨어 있는 원숭이 — 이 나온다. 이 영상은 1955년 4월 샌프란시스코에서 개최된 미국실험생물학회연합 회의에서 상영됐다. 이 영상은 호이트와 버거가 이 약의 구매를 제안한 와이어스 연구소의 경영진은 물론 청중들의 마음을 사로잡았다. 하지만 호이트와 버거는 여전히 이 신약의 이름을 정하지 못하고 있었다. 어느 날 저녁 식사 자리에서 이 고민을 투덜거리자 친구가 이렇게 말했다. "세상은 진정제가 필요하지 않아. 안정이 필요해. 그러니까 신경안정제라고 부르는 게 어때?"

한편, 월터리드 육군연구소Walter Reed Army Institute의 신경정신과 과학자들은 본격적으로 신경안정제의 시대를 열어 줄 두 번째 동물실험을 진행 중이었다.[18] 연구진은 원숭이 두 마리를 같은 우리에 가두고 서로 반대편에 있게 한 후, 20초마다 발에 충격을 줬다. 한 마리는 "관리자 원숭이"*로 지

✤ 이 실험은 제2차 세계대전에 참전한 미군 중 위궤양으로 사망하는 사람들이

정되어 20초마다 곁에 있는 레버를 누르면 두 원숭이 모두를 전기 충격으로부터 보호할 수 있었다. 자신과 우리 안에 갇힌 동료를 보호해야 할 책임을 맡은 원숭이는 자신이 전기 충격으로부터 둘을 모두 구할 수 있음을 금방 학습했지만, 실험이 반복되면서 점점 더 불안해하다가 결국 죽고 말았다. 하지만 관리자 원숭이에게 신경안정제를 주자 원숭이는 레버를 침착하게 눌렀고 성공률도 높았다. 연구진은 책임을 맡은 원숭이에게 효과가 있다면 책임을 맡은 남성들에게도 효과가 있을 것이라는 결론에 도달했다(하지만 누가 더 스트레스를 많이 받는지에 대해선, 예를 들어 남성 신문기자인지, 사업가인지 등에 대해선 의견이 분분했다). 제약 회사들은 이 연구 결과에 달려들었고, 얼마 지나지 않아 로슈 연구소는 신경안정제가 긴 하루 일과를 마친 가장家長과 그 가족들이 서로 잘 지내도록 해줄 것이라고 암시하는 <맘 편한 아내>The Relaxed Wife 같은 홍보 영상을 내보냈다.

1950년대는 인간과 향정신성 의약품 산업 사이에 새로운 연결 고리가 형성된 중요한 시기였으며, 이 고리는 결국 집에서 키우는 반려동물과 동물원 동물로까지 확장되었다.[19] 『뉴스위크』『타임』『코스모폴리탄』『레이디스 홈 저널』같은 잡지들은 기적의 약에 관한 글들로 도배됐다. 필자들은 여성의 외도, 불감증, 불확실성을 약으로 고칠 수 있다고 주장했다. 역사학자 조너선 메츨Jonathan Metzl에 따르면, 1950년대 정신분석이 인기를 끌면서 여성의 정신 건강이 남성에게 직접적으로 영향을 미치며, 특히 정신과적 증상은 어머니와 공유했던 어린 시절 경험의 결과라는 관념이 대중화됐다. 약은 여성들로 하여금 자식과 남편에게 더 잘하게 만들 수 있었다. 따라서

많아서 스트레스와 위궤양의 상관관계를 밝히기 위해 이루어졌다. 관리자 원숭이는 자신뿐 아니라 다른 원숭이까지 책임져야 하는 부담을 지면서 십이지장 궤양으로 사망한 반면, 평사원 원숭이라 불린 다른 원숭이는 이런 부담이 없었기 때문에 아무 피해도 입지 않았다.

대중매체에서 신경안정제가 필요한 대상으로 가장 빈번하게 거론된 이들은 미혼 여성과 정조 관념이 없는 여성, 전시에 얻은 일자리를 지키고 싶은 여성, 남편의 성적 접근을 거부하는 여성들이었다.

이런 약품 마케팅은 독신 여성과 레즈비언, 그리고 자기주장이 강한 여성들을 병적인 것으로 여기는 기존 관념에 바탕을 두고 있었다.[20] 히스테리가 이들에게 내려지는 가장 흔한 진단이었으며, 1940년대에 『현대 여성: 잃어버린 성』Modern Women: The Lost Sex 같은 책(이 책은 가정을 떠나고 싶어 하는 여성들이 심한 병에 걸렸다고 주장했다)들에서는 독신 여성과 직장 여성, 그리고 엄마가 되지 않기로 선택한 여성들이 병리적 존재로 묘사됐다. 신경안정제가 나오자, 이런 위험한 상태가 알약 하나로 해결될 수 있었다.[21] 이 약들은 새로운 형태의 행동 통제를 약속해 주었고, 곧 이 약을 맨 처음 시험했던 동물들에게도 처방되기 시작했다.

1950년대 중반 이전에는 약물 치료가 아니라 대화 요법이 정서장애 환자들의 불안증 극복을 돕는 표준적 방법이었다.[22] 메프로바메이트의 등장과 급속한 보급으로, 이런 접근은 조금 변화했다. 많은 정신분석가들은 이미 그전부터 정신질환의 생물학적 원인들을 이해하려고 노력 중이었다(프로이트 역시 관심이 있었다). 밀타운이 대화 요법의 대체재가 아니라 보조제라는 게 입증되자, 새로운 생물학적 정신의학에 대한 관심이 고조됐다. 심지어 『의사 처방 지침서』Physicians' Desk Reference✤에도 이 약이 환자들의 정신을 또렷하게 하고 심리치료에 더 잘 적응하게 만든다고 언급됐다. 밀타운은 1955년에 출시되어 미국 역사상 가장 빠르게 팔린 약이 되었다.[23] 제

✤ 미국 내에서 가장 일반적으로 처방되는 의약품에 대한 정보를 총망라한 자료집으로 1947년 처음 발간되었고, 지금까지도 매년 업데이트해 출간되고 있다. 제약회사의 제품 설명을 가져오기 때문에 제약회사로부터 수재료를 받는다.

약 회사에서 발행한 의사 참고용 매뉴얼에서는 기업가들 사이에 만연해 있는 불안증의 위험성이 강조됐다.[24] 로슈 연구소가 펴낸 매뉴얼『불안증의 양상들』은 생계를 부양하는 남성들이 불안증을 방치한 채 힘들어 하고 있으며 직장 내 스트레스 요인을 없애기는 매우 어렵다고 엄중히 경고하면서 다음과 같이 주장했다. "의사가 시도해 봐야 할 일은 '약물 요법'을 통해 환자의 인생관과 자신의 가치에 대한 태도를 바꿔 보는 것이다."

밀타운이 발매된 지 불과 2년 후 미국 경영진을 대상으로 실시된 설문조사에 따르면, 응답자의 3분의 1이 신경안정제를 복용하고 있는 것으로 나타났다.[25] 그중에서 절반은 상습 복용자였고, 4분의 3은 이 약이 직무 수행에 도움이 된다고 주장했다. 1950년대 미국인들은 호기심 속에 이 약을 반겼다. 밀타운에 대한 이야기를 들은 — 이제는 '정서 아스피린' '평화의 알약'이라는 별칭으로 통했다 — 환자들은 의사들에게 직접 약을 요구했다. 원숭이와 경영진에서부터 시작된 선풍적 인기는 곧 할리우드로 옮아갔다. 루실 볼✛은 [남편] 데시 아르나즈와 싸운 뒤 촬영장에서 커피에 이 약을 넣어 마셨다. 남편 험프리 보가트가 사망한 후 로렌 바콜은 이 약을 처방받았다. 극작가 테네시 윌리엄스는『이구아나의 밤』을 집필하는 동안 밀타운을 복용했다. 곧이어 모든 사람이 이 약을 원하게 되었다. 심지어 군대에서도 마찬가지였다. 1958년부터 1960년까지 미군은 수백만 달러를 들여 공군 조종사부터 재향군인병원 환자에 이르기까지 이 약을 투약했다. 정신과의사들도 이 약을 자가 처방했다. 운동선수들도 복용했다. 존 F. 케네디 대통령도 불안과 대장염으로 이 약을 복용했다. 아이들은 불안과 동요 때문에 이 약을 먹었다.[26] 몇몇 개들도 차멀미, 과다 활동성, 공격성, 수줍음을

✛ 1951년부터 방영된 시트콤 <왈가닥 루시>I Love Lucy의 주인공 역할로 최고의 인기를 누렸던 코미디 배우.

치료하기 위해 이 약을 먹었다. 1957년까지 3600만 건 이상의 밀타운 처방전이 발급됐고, 10억 정의 알약이 생산됐다. 당시 미국에서 발급된 전체 처방의 3분의 1이 신경안정제였다. 메슬의 말대로, 이 약은 불안이 무엇이고 누가 불안에 시달릴 수 있는지에 대한 개념 자체를 재정립했다.

밀타운 광풍이 가져온 또 하나의 흥미로운 결과는 — 적어도 약을 개발 중이던 프랭크 버거와 같은 과학자들 사이에서 — 정신적 고통의 원인을 모자 관계, 억압된 무의식의 갈등, 손상된 인간관계에서 찾는 프로이트 이론에서 벗어나 대뇌변연계 문제 등 생물학적인 것으로 설명하려는 변화가 나타났다는 점이다. 후일 버거는 만약 약물이 불안을 치료할 수 있다면, 그것은 어머니와 겪었던 과거 경험보다는 생리학적 문제의 결과일 가능성이 더 높다고 주장했다.[27] 이런 약들이 비인간 동물에게도 효과가 있다는 사실 역시 이런 생물학적 주장을 더 설득력 있게 만드는 데 기여했을 것이다.

그러나 1960년 중반에 이르러 밀타운의 중독성이 밝혀지면서 약에 대한 관심도 시들해졌다.[28] 1967년 식품·의약품·화장품법 개정에 따라 밀타운은 남용 관리 대상 중 하나가 됐다.[29] 하지만 밀타운이 제약업계에 미친 영향은 오래 지속됐다. 업계 최초의 라이프스타일 약품*으로서 밀타운이 거둔 성공은 리브리엄·발륨·자낙스 같은 벤조디아제핀 계열 약품과 다양한 항우울제들이 상용화될 수 있는 길을 열어 주었다.[30] 역사학자 안드레아 톤Andrea Tone이 주장했듯이, 밀타운의 인기는 약물이 유행이 될 수 있음을 보여 주었다. 어쨌든 한동안은 모두가 그 약을 먹는 것처럼 보였고, 이로 인해 특정 종류의 약물이 사회적으로 용인될 수 있었던 것이다.

같은 시기에 비인간 동물을 대상으로 다른 향정신성 의약품도 개발 중

✦ 질병을 치료하는 것이 아니라 일상생활의 질을 향상시키는 약을 뜻한다. 신경안정제 이외에도 발기부전제, 발모제, 비만 치료제 등이 이에 해당한다.

이었다.[31] 1957년, 호프만 라 로슈 제약 회사에서 근무하던 한 화학자가 새로운 화합물 Ro 5-0690을 발견했다. 쥐를 대상으로 한 "경사진 스크린테스트"inclined screen test에서 이 화합물은 놀라운 결과를 보여 주었다. 쥐들은 실험 약물을 투여받은 후 머리를 아래쪽으로 두고 비스듬한 스크린 위에 놓였는데, 약물을 투여받지 않은 쥐는 돌아서서 스크린 꼭대기로 돌진한 반면, 약물을 투여한 쥐는 천천히 미끄러져 바닥으로 내려갔다. Ro 5-0690을 투여한 쥐들은 근육이 이완된 상태에서 스크린 바닥으로 미끄러져 내려 갔지만, 신경안정제를 먹은 쥐들과 달리 내내 기민하고 활동적인 모습이었다. 또 이 쥐들은 찔러도 걷는 데 아무런 문제가 없었다.

또 이 신약은 "고양이 검사" — 제약업계에서 널리 행해지던 검사로 고양이들에게 약을 먹인 다음 목덜미를 잡고 행동 반응을 관찰했다 — 도 통과했다.[32] Ro 5-0690을 투약한 고양이들은 별다른 저항 없이 흐느적거리며 잡혀 있었는데, 이는 원래 사나웠던 탓에 특별히 선택된 고양이들도 마찬가지였다. 연구진에 따르면, 놀랍게도 유달리 까탈스럽던 고양이들이 Ro 5-0690 복용 후 붙임성 있고 장난기 많은 고양이로 바뀌었다. 연구진은 같은 고양이들에게 소라진, 밀타운, 페노바르비탈을 투여한 후 반응을 비교했다. 새로운 약물은 밀타운에 필적하면서도 효능은 훨씬 강력했다. 또 시중에 나와 있는 다른 어떤 제품보다 독성이 적고 무기력해지는 증상이 덜했다. 수감자들을 대상으로 한 (윤리적으로 문제가 있는) 연구를 비롯해 인간을 대상으로 한 임상 실험 결과 Ro 5-0690은 불안·동요·공격성을 줄이는 데 탁월한 효과가 있는 것으로 나타났다. 로슈 제약은 1960년에 이 약을 출시하면서 (['평정'을 뜻하는] '이퀼리브리엄'equlibrium이라는 단어에 착안해) 리브리엄이라 명명했다.

고양이 쥐 인간에게 모두 사용 가능한 이 이완제는, 1963년 호프만 라 로슈 사가 두 번째 블록버스터급 벤조디아제핀 계열 약품인 "발륨"을 출시하기 전까지 미국에서 가장 많이 판매된 약이었다.[33] 이후 발륨이 최초로 매출 1억 달러를 기록한 제약 브랜드가 되었고, 이는 1968년에서 1981년 까지 서구에서 가장 널리 처방된 약품이었다. 발륨과 리브리엄 같은 벤조 디아제핀 계열 약품과 그 유용성을 처음 입증해 준 동물들이 호프만 라 로 슈 사를 세계에서 가장 수익성 높은 기업 중 하나로 만든 것이다.

뻐꾸기 둥지의 얼리 어답터들

실험 대상이 아닌 **환자**로서 정신과 약물을 투여받은 최초의 비인간 동물은 윌리 비라는 고릴라였다. 20세기 중반 여성들에게 불안을 잠재우고 현 상 황에 순응하도록 신경안정제를 처방한 것처럼, 윌리에게도 착하게 행동하 고 일상생활에 가해지는 엄격한 제약에 불만을 표시하지 않도록 이 약을 먹였다.

윌리 비는 조지아주 애틀랜타에서 유명한 서부로랜드 고릴라였다. 19 60년대 어느 해에 콩고에서 포획될 당시 젖먹이에 불과했던 그는 애틀랜타 동물원으로 보내져 39년을 살았는데[34] 그중 27년은 타이어로 만든 그네와 텔레비전이 있는 실내 우리에서 홀로 지냈다. 당시 애틀랜타 시장 윌리엄 베리 하츠필드의 이름을 따서 윌리라 불린 이 고릴라는 수많은 신문 기사 와 텔레비전 프로그램의 소재였고, 애틀랜타 축구팀 '애틀랜타 실버백'의 마스코트이기도 했다. 2000년 2월, 윌리가 죽자 8000명의 사람들이 그의 추모식에 참석했다.

당시 애틀랜타 동물원에서 수의사로 일하던 멜 리처드슨에 따르면, 윌 리는 1971년 겨울에 갇혀 있던 우리의 유리창을 깨는 바람에, 유리를 철창 으로 교체할 때까지 6개월간 훨씬 작은 우리로 옮겨졌다. 멜은 이렇게 말했 다. "윌리는 몸무게가 약 180킬로그램 정도였는데 그 우리는 너무 작았어요. 윌리가 일어서서 양팔을 쭉 뻗으면 한 번에 우리 양편에 손이 닿을 정도 였죠." 수의사들은 윌리가 6개월을 견딜 수 있도록 약물을 투여하기로 결정하고 윌리가 아침에 마시는 코카콜라에 소라진을 넣었다. 멜에 따르면, 윌리는 보호시설에 수용된 사람들과 같은 약물 반응을 보였다. 그는 멍한 눈으로 우리 안을 느릿느릿 왔다 갔다 했다. 멜은 "윌리가 고릴라라는 것 말 고는 영화 <뻐꾸기 둥지 위로 날아간 새>에 나오는 사람들을 보는 것과 같 았"다고 했다.

그 이후 할돌(할로페리돌의 상품명)과 같은 인간용 항정신병제가 전 세 계 동물원과 수족관 동물들에게 투여됐다. 이런 약물들은 노랑목아마존앵 무 같은 조류의 포획 공포증을 완화하는 데 사용되기도 했다.[35] 할돌은 붉 은목왈라비가 갇힌 상태에 익숙해지는 과정을 수월하게 해주는 데 사용됐 다. 갇혀서 지내는 새끼 흑곰이 혼자 우리에 옮겨진 뒤, 분리불안을 치료하 는 데에도 할돌이 투여됐다. 씨월드는 공연을 하는 캘리포니아바다사자한 테도 이 약을 먹었다. 식스플래그스 마린월드Six Flags Marine World는 강박적 으로 먹이를 토하는 어린 암컷 바다코끼리에게 항정신병제를 투여했다. 톨 레도 동물원에서는 불안증에 시달리는 그랜트 얼룩말, 영양, 타조 한 쌍, 습 지 원숭이 맥신에게 할돌이 사용됐다.[36] 사육사들은 맥신이 자기 딸과 사이 좋게 지내기를 바랐지만 그렇지 못했다. 수의사에 따르면 항정신병제는 톨 레도 동물원의 극락조 트러블과 그녀의 자매 더블트러블에게 도움이 됐다. 이들 두 마리는 심하게 자기 깃털을 뽑는 증상이 있었지만, 할돌을 투여한 지 사흘 만에 깃털 뽑기를 멈췄다. "정말 놀라운 관리 도구예요. 이게 바로 우리가 이 약을 바라보는 관점이죠. 단지 증세를 약화시키기만 해도 우리 를 편하게 해주니까요." 포유동물 담당자는 톨레도 신문기자에게 이렇게 말했다.

이런 항정신병제가 포획된 동물들을 좀 더 "다루기 쉽게" 만드는 데 사용된다는 사실은 시설 입소자들에게 투여된 항정신병제나 1950년대 주부들에게 처방된 신경안정제에 대한 논쟁을 떠올리게 한다. 1960년대 들어 정신병원에서 약물이 남용되고 있다는 폭로 기사가 나오면서 정신의학이 "화학적 구속복 입히기"의 일환으로 보일 정도가 되자 반反정신의학 운동이 전개되었고[37] 이에 따라 항정신병제도 정신질환의 해결책이 아니라 오히려 그 근원으로 간주되기 시작했다. 켄 키지는 자신의 소설 『뻐꾸기 둥지 위로 날아간 새』에서 정신 병동을 수감자들이 항정신병제로 정신이 흐릿해진 채 다리를 질질 끌며 이리저리 돌아다니는 억압적인 장소로 그렸다.[38]

1965년경부터 약 10년간 정신질환자의 치료와 감금 문제에 대한 대중의 관심이 높아지면서 정신의학 분야에도 변화가 나타났다. 역사학자 데이비드 힐리가 지적했듯이, 정신의학은 전기충격요법을 비롯해 자기 분야에서 행해 오던 많은 치료법이 악마화되는 것을 목격했다.[39] 그러나 제약 회사들은 바람직하지 않은 행동을 제거하는 데 약물을 이용하는 것을 계속 옹호했다. 1970, 80년대 제약 회사들이 의사들을 대상으로 만든 광고를 보면, 젊은이들의 반사회적이고 폭력적인 행동을 억제하는 데 항정신성 "행동 조절"제를 사용하라고 촉구하고 있다.[40] 30년이 훨씬 지난 지금까지도 정신과 약물은 수감자의 행동을 통제하고, 정신과 치료를 위해 강제 수용된 환자들을 관리하기 위해, 그리고 자신의 감정 폭발을 억누르기 위해 약을 먹어야 한다는 압박을 느끼는 사람들에 의해 여전히 사용되고 있다.[41]

'화학적 구속복 입히기'보다는 좀 덜 가혹한 용어인 '행동 조절'behavior control은 비인간 동물의 돌봄과 치료에도 적용되고 있다. 그렇다고 해서 행동 조절이 도움이 되지 않는다는 뜻은 아니다. 가령, 항정신병제 항우울제 항불안제는 여러 가지 이유로 실험실에서 풀려날 수 없는 연구용 영장류에 사용되고 있다.[42] 몹시 고통스러워하며 자신을 물어뜯고 축 처져 있는 원숭이들에게 항정신병제나 항불안제를 투여하는 건 그것이 약물을 투여하지 않는 것보다는 온정적인 선택이기 때문이다. 또 다른 사례로, 오하이오주에 무리 중 다른 고릴라가 수술이나 기타 치료를 위해 진정제를 맞으면 극도로 흥분하는 수컷 고릴라에게 발륨을 투여한 경우가 있다. 그런데 발륨은 고릴라를 진정시키는 데는 효과가 있었지만 신경성 설사가 멈추지 않았다.[43] [하지만] 이 동물들의 관리자는 향정신병제를 처방하는 것이 동물의 고통을 완화할 수 있는 유일한 방법이라고 판단했다.

멕시코 과달라하라 동물원의 열여섯 살 암컷 고릴라는 먹이도 거부하고 구토와 심각한 설사 증상을 나타냈다.[44] 수의사가 보기엔 우울증 같기도 했다. 배설물 표본에서 살모넬라균 감염을 확인한 사육사들은 이 고릴라가 다른 고릴라를 감염시키지 않고 치료받을 수 있도록 새끼를 비롯한 무리의 다른 고릴라들과 이 암컷 고릴라를 떼어 놓았다. 살모넬라균이 사라질 때까지 이 고릴라는 열흘 동안 혼자 지냈다. 열흘째 되는 날, 그녀는 한 번에 몇 시간씩 피가 날 때까지 손가락과 발가락을 물어뜯기 시작했다. 심지어 새끼와 무리가 있는 우리에 다시 합사한 뒤에도 계속 자신을 물어뜯어 깊은 상처가 났다. 수의사들은 이 고릴라에게 할돌을 투여하기 시작했다. 담당 사육사에 따르면, 이 고릴라는 결국 물어뜯기를 멈췄고, 향정신병제의 양을 점차 줄여 나간 결과 6개월 뒤에는 할돌을 완전히 끊었다. 그 후 고릴라는 자해를 하지 않았다.

보스턴 동물원의 고릴라 지지를 치료한 경험 이후 수의사 헤일리 머피와 정신과 의사 머프슨은 갇혀 있는 다른 고릴라들에게도 향정신제를 사용하고 있는지 알아보기 위해 고릴라가 있는 미국과 캐나다의 동물원들을 대상으로 설문 조사를 했다. 그 결과, 설문에 응답한 31곳 가운데 거의 절반이 고릴라들에게 향정신제를 주고 있었다. 가장 많이 처방된 약은 할돌(할로페리돌)과 발륨(디아제팜)이었지만, 클로노핀 졸로프 자낙스 부스파 프로작 아티반 베르세드 멜라릴도 시도됐다.[45]

머프슨의 책상 위에는 가족사진과 나란히 보스턴 고릴라 무리의 사진들이 놓여 있다. 그는 매년 의대생들을 데리고 동물원들을 순회하며 유인원의 정신건강을 살핀다. 지지 이후 머프슨은 미국의 다른 동물원들에서 발모벽이나 식분증 같은 문제를 가진 많은 고릴라들을 치료했다. 그는 발모벽의 경우 인간 환자와 마찬가지로 루복스와 셀렉사를 처방하며 용량도 똑같이 준다.

간혹 유인원들이 여행 스트레스를 견디도록 약을 주기도 한다. 1996년, 보스턴에 살던 빕이라는 이름의 서부로랜드 고릴라 수컷이 그곳의 암컷들에게 인기가 없자 시애틀의 우드랜드파크 동물원으로 옮겨지게 됐다(이는 사육 고릴라 개체군의 유전적 다양성을 관리하기 위한 미국 동물원수족관협회 프로그램의 일환이었다). 빕은 비행기를 타야 했기 때문에 사육사들은 안정제를 놓고 그를 운송용 상자에 실으려 했다. 하지만 빕은 상자 근처에도 가지 않으려 들었기 때문에 그를 싣기까지 예상보다 더 오랜 시간이 걸렸다. 마침내 빕은 보스턴 로건 국제공항에서 여객기 화물칸에 실렸고, 사육사 샤나 아벨스는 기내에 자리를 잡았다. 몇 시간 뒤, 중서부 상공 어딘가를 날고 있는데 빕의 진정제 약효가 다 떨어져 버렸다. 빕은 춥고 어두운 화물칸에서 깨어났고, 자신이 어디에 있는지 몰라 놀라고 당황했다. 아벨스는 기내에서 빕이 가슴을 치며 고함을 지르는 소리를 들을 수 있었다. 조종사도 그 소리를 들었고 겁에 질렸다. 비행기가 유타주 상공에 이르렀을 때 조종사는 고릴라가 풀려날지 모른다는 불안감에 예정에 없던 솔트레이크시티에 착륙했다. 잠깐 동안 빕의 상태를 점검한 뒤, 비행기는 다시 활주로로 향했다. 그러나 빕이 화물칸에서 머리를 찧는 소리가 크게 들리자, 조종사는 다시 터미널을 향해 비행기를 돌렸다. 조종사는 더 이상 빕과 함께 비행하려 들지 않았다. 결국 빕과 사육사는 활주로에 내려졌다.[46] 빕을 진정시키기 위해서 아벨스는 으깬 발륨을 바른 바나나를 먹이고는 시애틀까지 나머지 여정에서 그들을 태워 줄 트럭을 기다렸다. 빕은 민간 여객기에 탑승이 허용된 마지막 고릴라가 되었다. 그 이후로 고릴라들은 특송 업체 페덱스를 통해 운송됐다.

씨월드 같은 놀이공원의 돌고래 고래 바다사자 바다코끼리 등 해양 생물들도 우울이나 불안 증세를 나타내거나 강박적 구토나 옆구리 빨기* 같은 이상행동을 보인다고 수의사가 판단하면 향정신성 약물을 투여받는다.[47] 또한 돌고래들을 빕처럼 다른 수족관이나 놀이공원에 보낼 때에도 이동하는 동안 흥분하지 않도록 약물을 투여한다.

이런 시설들이 이 같은 사실을 쉬쉬하는 데는 그만 한 이유가 있었다.[48] 특히 2010년에 올랜도 씨월드의 조련사 돈 브랜쇼가 범고래 틸리쿰에게 죽임을 당하는 비극적 사건이 발생한 뒤에는 더욱 그랬다. 범고래가 이처럼 끔찍한 공격을 감행하게 된 동기는, 사회성이 강한 이 거대한 포식자를 가족과 떼어 놓고 참담한 감금 상태를 유지한 데서 비롯된 극심한 스트레스 때문인 것으로 밝혀졌다. 감금 상태에서 번식을 통해 탄생한 틸리쿰의 새끼들도 불안에 시달렸다. 틸리쿰의 수컷 새끼 두 마리가 공격적 성향을 나타내자 — 한 마리는 태어난 지 9일 된 새끼와 교미를 시도했다 — 씨월드는 항불안제를 처방했다.[49] 새끼들과 강제로 분리된 다른 어미 범고래들에게도 항불안제를 처방했을 것이다.[50]

정신질환 징후를 나타내는 동물에게도 향정신성 약물을 준다는 사실이 알려지면, 비록 인간에게는 일반적인 관행이 되었다 할지라도, 업계에 대한 달갑지 않은 비판을 불러올 수 있다. 해양 포유류 조련사와 사육사들 중 상당수는 고용주와 비밀 유지 계약서를 쓰며, 복잡한 대외 홍보 프로토

✤ 도베르만에서 많이 나타나는 강박 증상으로 몸을 둥글게 말고 자신의 옆구리를 빠는 행동을 가리킨다. 한 번 시작하면 몇 시간씩 계속하기도 한다.

콜들이 이들을 대중으로부터 보호해 준다. 많은 경우 나는 대외 홍보 부서의 반대로 이들이 동물들에게 항우울제, 항정신병제, 항불안제, 강박증 치료제를 사용한다는 사실을 발설할 수 없었다. 동물원이나 테마 파크, 수족관 유리벽 너머의 고릴라 오소리 기린 벨루가 왈라비가 전시 동물로서의 삶을 견뎌 내기 위해 발륨이나 프로작, 항정신병제를 먹고 있다는 사실은 이곳을 찾는 사람들에게 그리 반가운 소식이 아닐 것이다. 수십 년간 미국의 동물 전시 시설과 군軍의 해양 포유류 프로그램 등에 자문을 해주면서 연구를 수행해 온 해양 포유류 수의사 둘은 내게 항우울제와 항정신병제가 통상적으로 사용되지만 누구도 그런 이야기를 하지 않을 것이라고 말해 주었다. 그리고 심지어 자신들도, 공개를 전제로 한다면, 그 주제에 대해 함구하겠다고 했다.

소수의 공개된 사례로는 강박적 구토를 치료하기 위해 항우울제를 투여 받은, 셰드 수족관의 네 살 난 벨루가 이야기가 있다.[51] 이 흰돌고래는 훈련이 끝난 후, 물고기를 통째로 토하기 시작해 체중이 위험할 정도로 감소한 상태였다. 수족관 수의사가 항우울제를 처방해 주자 구토 빈도가 줄어드는 것처럼 보였다. 이 어린 돌고래는 체중이 불어난 뒤에도 계속 항우울제를 먹고 있다.

항우울제antidepressant라는 말은 심리학자 맥스 루리가 1952년에 처음 쓴 말이지만 이 용어와 그것이 지칭하는 화학물질이 유행하기까지는 상당한 시간이 걸렸다.[52] 대략 1900년에서 1980년까지 우울증은 신경과민이나 불안증과는 반대로 희귀 질환으로 간주됐다.[53] 1950년대 이전에 유럽에서는 우울증이 멜랑콜리＊로 이해됐다.[54] 당시 심각한 중증 우울 인격 장애를 가진 사람들 가운데 입원을 하는 경우는 100만 명당 50~100건에 불과했다.

2002년, 우울증을 앓는 이들은 100만 명당 10만 명꼴인 것으로 나타났으며, 우울 증상과 관련한 보고는 25만 건 이상이었다. 역사학자 에드워드 쇼터는 이와 같이 우울증 사례가 1000배나 증가한 원인이 항우울제 때문이라고 주장했다.[55] 즉, 우울증을 치료하는 것처럼 보이는 항우울제가 나타나기 전까지는 우울증이라는 개념이 일반적이지 않았다는 것이다.

항우울제, 특히 프로작은 1990년대 대중문화에 등장하면서 약을 복용하면 건강이 좋아진다는 이미지로 자리 잡았다. 갑자기 세로토닌이 대화의 주제로 부상했고, [정신의학자 피터 D. 크레이머의] 『프로작에 귀 기울이기』 [1997] 같은 책들은 이 신약이 가져올 혜택에 대해 이야기했다.[56] 새로운 약물에 관한 논의에는 인간이 아닌 동물들도 포함됐고, 항정신병제·항불안제와 마찬가지로 항우울제가 빈번히 투여된 동물은 대부분 영장류였다. 로스앤젤레스 동물원의 수컷 오랑우탄 민야크가 호흡기 감염으로 짝짓기에 관심을 잃고 무기력해지자, 정신과 의사는 그에게 항우울제 레메론을 처방했다.[57] 이 약은 그의 성욕과 식욕을 모두 자극했다. 2년 후 민야크는 아빠가 되었지만, 그 후에도 약을 끊지 못했다.

톨레도 동물원의 암컷 고릴라 조하리는 프로작을 처방받았다.[58] 사육사가 보기엔 생리전증후군 증상 같았기 때문이다. 사육사는 생리 주기를 기준으로 조하리가 무리의 다른 고릴라에게 상해를 입히는 횟수를 추적해서,

---

❖ 그리스 자연철학에서는 인간의 네 가지 체액(혈액, 점액, 황담즙, 흑담즙)의 균형이 깨져서 흑melan담즙chloé이 너무 많아지면 슬프고 우울한 상태가 된다고 여겼다. 중세 때까지 주로 부정적으로 묘사되던 이 개념은 르네상스 시기부터 낭만적 의미를 부여받기 시작한다. 이때부터 예술가나 천재 지식인에게는 거의 반드시 멜랑콜리함이 수반되는 것처럼 표현되었고, 다양한 예술 작품에 이런 인식이 반영되었다. 수전 손택이 『은유로서의 질병』에서 "멜랑콜리아에서 그 매력을 뺀 것이 우울depression"이라고 표현한 것은 서양 문화에서 멜랑콜리에 부여한 이미지를 단적으로 보여 준다(『정신의학신문』 2017/07/10 참조).

생리 전주에 가장 공격성이 높다는 것을 발견했다. 항우울제를 복용하고 한 달 뒤에 조하리의 폭력성은 멈췄다. 그 뒤 조하리가 임신을 하자 동물원 직원들은 임신에 따른 호르몬 변화와 수유가 조하리의 생리전증후군을 완화해 주기를 바라며 프로작을 끊었다. 그러자 조하리가, 사육사에 따르면, "정신병자처럼 변했다." 결국 그녀는 다시 약을 복용하게 되었다.

1990년대 중반 타블로이드 신문들이 센트럴파크 동물원의 북극곰 거스가 몇 개월 동안 하루도 빠짐없이 열두 시간씩 8자를 그리며 강박적으로 헤엄을 치고 있고 동물원은 그를 돕기 위해 행동심리학자에게 2만5000달러를 지불했다는 소식을 전하자[59] 단박에 거스 이야기가 뉴욕을 휩쓸었다. 거스는 『뉴스데이』 표지를 장식했고,[60] 데이비드 레터맨이 거스에 대한 농담을 했으며, 『뉴욕타임스』에는 사설이 실렸고, "조울증" 곰이 등장하는 시사만평이 미 전역의 신문을 장식했으며, 더 트래지컬리 힙The Tragically Hip이라는 캐나다 밴드는 <거스를 힘들게 하는 건 뭘까?>What's Troubling Gus?라는 곡을 썼다. 이런 관심은 대부분 농담조였지만, 거스는 그 시대의 상징이기도 했다. 조울증이 유행하기 시작한 건 1990년대였다.[61] 사례가 늘어나면서 한두 살 난 아이들까지 졸지에 우울증 진단을 받고 기분 안정제를 처방받을 정도로 발병 연령의 문턱도 낮아졌다.

동물원 홍보 책임자는 거스의 이야기가 많은 사람들을 사로잡은 이유에 대해 이렇게 말했다. "왜 우디 앨런은 늘 상담 치료를 받고 있잖아요. 뉴욕 사람들은 다 신경증 환자라는 생각 때문이 아닐까요."[62] 뉴스 보도에 이어 미 전역에서 거스의 안부를 묻는 전화가 빗발쳤다.[63] 상황은 복잡했다. 거스는 약 4695제곱미터 넓이의 우리에서 살았는데, 이는 거스가 북극에 살았다면 누비고 다녔을 크기의 0.00009퍼센트도 안 되는 좁은 공간이었다. 또한 거스는 태어날 때부터 갇혀 있었다 하더라도 여전히 포식 충동을 느끼는 포식 동물이었다. 사실 1988년 오하이오 동물원에 처음 왔을 당시 거스의 최애 놀이는 풀장 수중 창에서 아이들을 쫓아다니며 놀라게 하는 것이었다. "거스는 애들이 비명을 지르며 깜짝 놀라 달아나는 모습을 보고 좋아했어요. 그건 놀이였죠." 동물원 직원은 기자에게 이렇게 말했다. 그러나 동물원 측은 거스가 아이나 부모를 놀라게 하는 것을 원하지 않았고, 관람객들이 창에서 멀리 떨어지도록 장벽을 세웠다. 그러자 얼마 지나지 않아 거스는 8자를 그리며 끝도 없이 헤엄치기 시작했다.[64]

거스의 신경증 행동을 완화해 주기를 바라는 마음에서 동물원 측은 영화 <프리윌리>에서 윌리를 연기한 범고래를 훈련시킨 조련사 팀 데스먼드를 고용했다.[65] 데스먼드는 얼음 덩어리 안에 넣은 고등어나 생가죽으로 싼 닭고기처럼, 먹는 데 더 오랜 시간이 걸리는 먹이 퍼즐을 주는 방식으로 거스에게 새로운 할 일을 부여해서 그의 강박행동을 줄일 수 있었다. 또한 동물원은 거스의 전시관에 고무로 된 폐타이어 같은 물어뜯을 장난감을 설치해 둠으로써 거스가 맹수 흉내를 낼 수 있게 해주었다.[66] 또 프로작도 먹였다. 거스가 이 약을 얼마나 오래 복용했는지, 그리고 그것이 그에게 새로 제공된 전시관이나 놀이 시간만큼 효과적이었는지는 알 수 없지만, 결국 거스의 강박적인 헤엄치기는 (완전히 사라지진 않았지만) 점점 줄어들었다.

2013년 8월, 거스는 안락사를 당했다.[67] 당시 그는 스물일곱 살로 수술이 불가능한 종양을 지닌 상태였다. 내가 거스를 마지막으로 만나러 갔을 때, 그는 더 이상 신경질적으로 헤엄을 치고 있진 않았다. 대신 그는 고기가 든 갈색 종이봉투를 찢어서 열고 있었다.

북극곰이 야생에서 누렸던 것과 같은 삶은 극히 일부조차 재현이 불가능하기 때문에 동물원 동물들 가운데 항우울제를 가장 많이 복용하는 동물은 북극곰일 것이다.[68] 하지만 다른 곰들도 항우울제를 복용한다.

압디는 1992년 한겨울에 튀르키예의 쿠레 산맥에서 태어난 불곰 수컷이다.[69] 사냥꾼들이 압디의 어미를 총으로 쐈을 때, 그는 어미 옆에 있던 작은 새끼였다. 그들은 이 새끼를 반려용으로 길렀다. 2년간 압디는 짧은 사슬에 묶인 채, 햇빛과 비, 추위를 피할 데도 없이 바깥에 방치됐다. 결국 압디는 오두막 안 콘크리트 바닥 우리로 옮겨졌는데, 그 후 8년간은 갈라진 지붕 틈으로 들어오는 햇빛만 볼 수 있었다. 마을 사람들은 어두운 구멍으로 먹이를 던져 줬지만 우리를 청소하거나 밖으로 나오게 해주진 않았다. 압디는 말라 갔고 기생충에 감염됐으며, 털은 윤기 없이 칙칙했고 군데군데 빠져 있었다. 이런 환경에서 10년 이상을 보낸 뒤, 카라카비 곰 생추어리Karacabey Bear Sanctuary에서 압디를 구출해 생추어리의 실내외 겸용 시설로 옮겼다. 생추어리에서 한 달을 지낸 후, 운영진은 그를 사회화하기 위해 다른 곰들과 함께 지내도록 했다. 그러나 압디는 다른 곰들을 보고 너무 겁을 먹은 나머지 자기 우리를 벗어나지 않았다. 운영진은 압디를 더 작은 구획으로 옮겨 다른 곰들과 육체적 접촉은 하지 않지만 볼 수는 있게 해주었다. 6개월 후 그는 몸무게가 불었고, 털가죽도 두꺼워져서 곰다운 모습이 되었다. 그러나 여전히 압디는 다른 곰들을 끔찍이 무서워했다. 생추어리 운영진을 더욱 걱정시킨 것은 그가 끊임없이 서성이는 모습이었다. 이따금 다른 곰들을 압디에게 데려와 인사를 시켰지만, 압디는 아는 척도 하지 않고 계속 우리 안에서 왔다 갔다 했다. 시간이 흐르면서 압디의 서성이는 행동은 조금 완화됐지만, 여전히 거의 대부분의 하루를 좁은 원을 그리며 걸었다. 생추어리 측은 항우울제가 그가 기운을 차리고 새로운 생활에 적응하는 데 도움을 주기 바라면서 플루옥세틴을 투여하기로 결정했다. 6개월간 매일 아침 그가 가장 좋아하는 건포도 호두 빵 안에 숨겨 약을 투여했다. 몇 개월에 걸쳐 천천히 압디의 서성이는 행동이 줄어들었다. 이후 약을 끊는 데 또 2, 3주가 걸렸고, 그런 다음 생추어리 직원들은 압디를 넓은 구획으로 옮겨서 28마리의 다른 곰들과 합사했다. 1년 전만 해도 그가 끔찍이도 두려워하던 일이었다.

10년 이상이 지난 현재 압디는 잘 지내고 있다.[70] 진부한 표현으로 들리겠지만, 그는 호기심 많은 곰이다. 최근 사진에는 연못 가장자리에서 쓰러진 통나무를 살피는 데 열중하고 있는 압디의 모습이 담겨 있다. 생추어리 직원은 내게 이렇게 소식을 전해 주었다. "물론 압디가 그렇게 큰 트라우마를 극복하는 게 쉬운 일은 아니었을 겁니다. 오랫동안 다른 곰은 쳐다보지도 못했잖아요. 어쩌면 스스로 원치 않아서였을 수도 있고, 두려워서일 수도 있겠죠. 그는 혼자 있는 쪽을 택했던 겁니다. 오랜 시간 사회화 과정을 거친 후에야 압디는 자신이 다른 곰들과 같은 곰이라는 사실을 이해하게 된 것 같아요. 이제는 한 무리로 보여요. 과거의 기억이 완전히 지워지진 않았겠지만요."

정신과 약을 먹는 개들

동물들 가운데 향정신성 약제의 가장 큰 소비자는 동물원 동물이 아니라 우리와 가장 가깝게 지내는 반려동물이다. 20세기 초에 동물에게도 [인간이 먹는] 미음을 주는 치료법을 적용했듯이, 이제 우리는 개 고양이 카나리아에게 우리가 먹는 것과 같은 약물을 주고 있다. 2001~10년 미국의 보험 가입자들 가운데 약물 처방을 받은 추세를 조사한 결과, 다섯 명 중 한 명이 한 가지 이상의 정신병 약물을 먹고 있다는 사실이 밝혀졌다.[71] 2010년 현재 미국인들은 항정신병제에 160억 달러 이상을 쓰고 있고, 항우울제에 110억 달러, 그리고 주의력 결핍 과잉 행동 장애ADHD를 치료하는 약물에 70억 달러 이상을 지출하고 있다.[72] 질병통제센터Centers for Disease Control의 최근 연구에 따르면, 정신과를 찾는 사람들 가운데 87퍼센트가 약을 처방받고 있다.[73]

프로작을 처방받은 애나 니콜 스미스의 슈가파이와 자크 시라크의 수모는 정신과 약물을 비롯한 동물을 위한 약물 시장이 호황을 누리고 있다는 지표다. 미국의 반려동물 약제 시장은 2011년에 66억8000만 달러에서 2015년에 92억5000만 달러로 급성장했다.[74] 조에티스 사는 세계에서 가장 큰 동물용 약제 생산 업체다. 화이자의 자회사이기도 했던 조에티스는 2013년 1월에 주식을 상장해 첫 번째 주식 공모로 22억 달러를 끌어모았다. 이것은 페이스북 이후로 미국 기업들 중에서 가장 큰 신규 상장 규모다.[75] 일라이 릴리 사가 소유한 동물용 의약품 업체 엘란코는 연간 매출이 14억 달러에 달하는 세계에서 네 번째로 큰 규모의 수의 의료 업체다.[76]✦ 최근 릴리 사의 동물 분야 성장 속도는 사람을 대상으로 한 일반 의약품 부문을 추월했다. 화이자의 동물용 의약품 연간 매출은 39억 달러에 달하며, 그중 반려동물 의약품은 40퍼센트를 차지한다.[77]

플루옥세틴과 같은 동물 행동 치료제의 총 매출은 산정하기 힘들다. 그 이유는 많은 반려인들이 CVS 케어마크나 월그린✦✦ 같은 데서 원래 인간용으로 나온 약의 복제약을 사주기 때문이다. 따라서 개 고양이 앵무새를 위한 프로작 발륨 자낙스 그리고 그 밖의 약국에서 파는 약들의 판매량은 사람을 대상으로 한 같은 약들의 판매량과 묶어서 합산되고 있다.

또 반려동물용 의약품 산업은 불황에도 끄떡없는 산업으로 알려져 있다. 불황기에도 미국인들의 반려동물에 대한 지출은 오히려 **증가**했다.[78] 한 시

✦ 2019년, 일라이 릴리로부터 분사했으며, 같은 해 (업계 5위였던) 독일의 제약회사 바이엘로부터 동물 의약품 부문을 사들이면서 업계 2위로 올라섰다.

✦✦ CVS 케어마크는 미국 최대의 의약품 회사이고, 월그린은 약국 체인으로 처방약과 일반 의약품뿐만 아니라 건강식품과 화장품 등을 판매한다.

장 조사 업체는 최근 사람들의 반려동물 사랑이 "불경기 지출 축소에 대한 훌륭한 완충제"라고 평가했다.[79] 이 업체의 보고에 따르면, 부유층과 중산층을 막론하고 많은 반려동물 소유주들은 인간 가족에 대한 지출보다 반려동물에 대한 지출을 제한할 가능성이 더 낮았다. 이는 가장 최근의 경기침체기뿐만 아니라 과거 대공황 시기에도 마찬가지였다.[80] 역사학자 수전 존스에 따르면, 당시 사람들은 자기 개·고양이가 먹을 것을 확보하기 위해 엄청난 희생을 감수했다.

향정신제는 특히 많은 수익을 올리고 있다. 2012년에 암 치료제 다음으로 가장 많은 돈을 벌어들인 약은 항우울제와 안정제, 기타 정신 건강 약물들이다.[81] 사람들은 통증 치료제보다 향정신제에 더 돈을 쓰고 있으며, 향정신제 시장은 매년 전 세계적으로 10~20퍼센트씩 꾸준히 증가해 왔다. 이는 심지어 최근의 금융 위기 상황에서도 마찬가지였다. 이들 약품의 마진율은 수천 퍼센트 이상이며, 데이비드 힐리가 주장했듯이 무게당 가치는 금을 능가한다.

사람과 동물 모두를 대상으로 한 이들 향정신성 블록버스터의 개발과 마케팅에 대한 투자 규모는 그것이 치료하는 질병을 사람들이 어떻게 생각하고 있느냐와 관련돼 있다.[82] 이런 약을 생산하는 기업은 자신들의 재정적 성공을 위해 안간힘을 쓴다. 이는 인간 스스로에게, 그리고 그들의 반려동물에게 점점 더 약의 복용을 장려하고 있다는 뜻이다. 미국에서 약물 사용이 오늘날과 같은 인기를 누리게 된 데는 역사적으로 두 가지 결정이 핵심적이었다.[83] 우선 1951년에 식품의약청은 (식품의약품법에 추가된 더럼-험프리 수정 조항을 통해) 새로운 약물 처치를 처방전에 의해서만 가능하게 만들었다. 그전까지 사람들은 대체로 자신이 필요한 약품을 처방전 없이 스스로 알아서 구매해 복용했다. 이런 결정에 대한 비판론자들은, 이로 인해 일반 시민들이 처방전을 발행할 권력을 가진 소수집단에게 완전히 의존하게 되었다고 주장했다. 1997년에 이루어진 식품의약청의 두 번째 결정은 소비자에 대한 직접 광고를 제한하는 규정을 완화해 제약 마케팅의 범람을 불러왔고, 프로작과 같은 새로운 합성 화합물로 쉽게 치료 가능한 질병의 증후와 증상을 빠르게 선전하기 시작했다.[84]

인간이 아닌 동물에 대한 향정신제 사용의 가장 열렬한 옹호자 중 한 명인, 터프츠 대학 동물행동 클리닉의 행동심리학자 니컬러스 도드먼은 이렇게 말했다. "사람들이 저한테 붙여 준 별명 중 하나가 수의학계의 티모시 리어리✦예요."[85] 리어리처럼 도드먼은 『개 행동 교정』 같은 책과 논문, 워크숍을 통해 다른 수의사와 동물 반려인들이 자신의 방법을 따르게 하면서 일종의 전도사 역할을 했다.[86]

도드먼은 자신이 총괄했던 각종 연구들이 — 그중 일부는 일라이 릴리 같은 제약 회사들의 지원을 받은 것이었다 — 프로작으로 동물의 분리불안과 강박증을 완화할 수 있으며 공격성과 그 밖의 "문제" 행동도 감소할 수 있음을 입증해 준다고 주장한다. 그는 강박적인 도베르만 핀셰르와 꼬리 물기를 계속하는 테리어에서부터 우리나 여물통을 물어뜯는 말, 자신의 털을 뜯는 고양이에 이르기까지 모든 증상을 항우울제와 향정신성 약제로 치료한 결과들을 발표했다.[87]

자신의 저서 『개 행동 교정』에서 도드먼은 향정신제가 "근원적으로" 개의 문제를 치료해 준다고 주장했다.[88] 하지만 그는 이를 행동 교정 훈련과 병행하는 게 더 성공적이라고 보았다. 그는 목표는 되도록 빠른 시일 안에 투약을 멈추는 데 있다고 말했다. 그렇지만 어떤 경우에는 약을 끊었을 때 불안 우울 공포 공격성이 되살아날 수도 있기 때문에 그런 경우 오히려

✦ LSD 등 환각 물질을 자아 확장의 도구라고 전도하며 1960년대를 풍미한 심리학자.

무기한 약물을 복용하는 게 좋을 수 있다고 했다.

　도드먼은 매우 다양한 종류의 향정신제를 처방하고 있으며, 그의 방법을 자신들의 치료에 적용한 많은 수의사들도 마찬가지였다.[89] 그는 개의 우울증, 공포증, 그리고 공격 성향을 나타낸 일부 사례에서 삼환계 항우울제(엘라빌과 토프라닐)를 처방했다. 그러나 그는 프로작 졸로프 팍실 셀렉사 렉사프로 루복스 같은 선택적 세로토닌 재흡수 억제제SSRIs가 동물의 이상 행동을 치료하는 묘약에 가장 가깝다고 했다. 그는 발륨이 불안증을 치료하는 데 도움이 된다고 믿었지만, 이제는 이 약이 마치 알코올처럼 억제력을 완화해서 개들의 공격성을 높이고, 그들을 포악하게 만들 위험이 있다고 확신했다. 게다가 발륨은 중독성이 있었다. 그러나 도드먼은 그것이 여전히 극심한 공포증을 — 올리버의 폭풍우 공포증과 같은 — 치료하는 데는 유용하다고 생각했다.

　도드먼은 1981년에 미국으로 이주해✤ 터프츠 대학 수의학과의 마취과 교수가 되었다. 이곳에서 그는 향정신제가 인간의 정신의학을 변화시켰듯이 수의 치료 방식도 변화시킬 수 있지 않을까 생각하기 시작했다. 그는 1980년대 후반 수의학 학술대회에서 처음으로 자신의 생각을 공유했고, 후일 『뉴욕타임스』 기자와의 인터뷰에서 이렇게 말했다. "그날 방 안에 있던 사람들은 모두 입을 다물지 못하더군요. '저 이상한 남자는 대체 누구지?' 이러는 것 같았죠."[90] 30년이 지난 지금 미국의 동물용 향정신성 의약품 산업은, 주로는 그의 수많은 성공담에 힘입어, 번창하고 있다.

　도드먼은 터프츠 대학 수의학과 학장이 프로작을 두고 행동심리학계의 이버멕틴이라고 한 이야기를 떠올리면서 이렇게 말했다. "이버멕틴이 나오기 전까지 수의사들은 개나 고양이, 농장 동물들의 기생충 치료에 사

✤ 도드먼은 영국에서 성장했으며 스코틀랜드에서 수련의 생활을 했다.

용할 구충제를 선택할 때 신중해야 했습니다. 이버멕틴이 나온 후에는 사실상 모든 기생충 치료에 이 약 하나면 끝이게 된 거죠. 제 말은 프로작 같은 SSRIs가 있어 너무 다행이라는 거예요."[91]

도드먼의 동료인 니콜 코텀은 터프츠 대학 클리닉을 찾는 사람들의 50~60퍼센트가 자신들의 개 고양이 새를 위한 약을 원한다고 말한다. "저희 고객의 대부분은 첫 진료 이후 다시 오지 않습니다. 약을 더 타가야 하는 경우를 제외하면 말입니다. 행동 교정과 약을 모두 처방받아도 대개는 약만 먹이죠."

반려견 문제에 간단히 약을 처방하는 방법은 유혹적이고, 솔직히 말하면 보통 유용하다. 나는 경험을 통해 이를 알고 있다.

올리버가 창문에서 뛰어내린 후 처음 발륨 처방을 받은 것은 동물병원에서였다. 두 번째는 그의 행동심리학자였다. 앞에서도 이야기했듯이, 우리는 폭풍이 몰아치기 30분 전에 올리버에게 발륨을 먹여 천둥번개가 내리칠 때쯤이면 약에 취해 그것을 알아차리지 못하도록 했다. 또 그에게 미리 녹음된 천둥과 빗소리를 들려 주라는 처방도 받았다. 이때 그가 침착하게 반응하면 쓰다듬어 주라는 것이었다. 이 모의 폭풍우 훈련은 올리버가 몇 시간 동안 CD를 평화롭게 들을 수 있을 때까지 1분씩 시간을 늘리면서 계속됐다. 행동심리학자는 올리버의 분리불안 증세에 대해 프로작을 처방하면서 효과가 나타날 때까지 몇 주가 걸릴 것이며 행동 변화가 나타나면 자신에게 알려 달라고 말했다. 우리는 조마조마하면서 그를 지켜봤지만, 올리버는 더 행복해지거나 차분해지지 않는 것 같았다.

그러나 발륨은 도움이 됐다. 이 약은 폭풍우 공포증을 완화해 줬다. 유일한 문제는 주드와 내가 모두 집 밖에서 일을 하고, 워싱턴 D.C.에서는 여름에 뇌우가 오후에 잘 발생한다는 것이었다. 우리 둘 다 개에게 약을 주러 폭풍우가 치기 30분 전에 집에 올 순 없었다. 주 5일을 올리버는 오후의 날

씨 불안을 혼자서 감당해야 했다. 우리는 그의 민감도를 둔화하려고 녹음된 폭풍 소리를 틀어 주려 했지만, CD는 약에 비해 효과가 덜했다. 올리버는 가짜 천둥소리를 성가셔 하기만 했다. 그는 은근히 무시하는 태도로 청취 훈련을 견뎌 냈다.

행동심리학자는 올리버의 분리불안에 발륨을 써보라고도 하면서 우리에게 집을 떠나기 30분 전에 투약하라고 했다. 그리고 우리가 외출했다 들어오는 행동을 그가 다르게 받아들이도록 다시 교육해 보라고 했다.

그 행동심리학자가 개략적으로 설명한 행동 치료와 훈련 과정은 다음과 같다. 주드와 내가 앞문으로 다가가지만 떠나지는 않는다. 문손잡이도 건드려서는 안 된다. 우리는 올리버가 불안한 움직임을 멈출 때까지 이 행동을 반복해야 한다. 다음 단계는 현관문에 가서 문손잡이를 만진다. 이 행동에도 올리버가 심드렁해져서 반응을 하지 않으면, 우리는 손잡이를 돌리고 문을 열지만 문으로 나서지는 않는다. 이런 여러 단계를 거쳐 결국은 우리가 집을 떠나도 올리버가 불안해하지 않게 될 것이라고 그녀는 약속했다. 문제는 이런 훈련이 몇 달은 아니더라도 몇 주는 걸리며, 그 와중에도 우리는 여전히 문을 통과해 나가야 한다는 것이었다.

우리는 노력했다. 최선을 다했다. 솔직히 말하자면, 최선을 다한 건 잠시뿐이었다. 그 훈련은 우리한테나 올리버한테나 다 진 빠지는 일이었다. 올리버는 주드와 내가 집을 나가기 전에 거치는 여러 단계들을 너무 잘 알고 있었기 때문에 "쟤들이 날 놔두고 나가려 하는구나" 하는 불안을 낳는 여러 단서들 가운데 하나라도 없애 볼라 치면 다른 단서를 가지고 알아차렸다. 예를 들어, 열쇠를 집어 드는 걸 안 한다 해도 도시락을 싼다든가 외출복을 입는 등의 다른 단서가 있는 것이다. 올리버는 기능장애와 정신장애가 있기는 했지만 바보는 아니었다.

나는 때로 노트북 가방을 우리 건물의 공용 현관에 놔두곤 했다. 올리버가 그 가방만 봐도 신경을 곤두세우고 내가 떠나지 않을까 감시를 시작해 서성거리고 심하게 헐떡였기 때문이다. 또한 그는 여행 가방에도 민감하게 반응했다. 신발을 신는 동작에도, 외투 옷장을 열어도 마찬가지였다. 올리버의 불안을 잠재우기 위해선 아무 옷도 걸치지 않고, 점심 도시락이나 열쇠나 가방도 챙기지 않은 채, 신발도 안 신고, 의외의 시간에, 창문을 통해 나가야 했다.

나와 마찬가지로 많은 사람들이 자신과 반려동물의 습관을 변화시키는 데 이렇게 많은 시간을 들일 수는 없다. 즉, 이 방법은 효과적이지가 않다. 때로는, 올리버에게 먹였던 프로작처럼, 약도 소용이 없거나 효과가 충분치 않았다. 불행하게도 여기까지가 인간이 동물에게 할 수 있는 마지노선이다. 이것도 안 되면 인간은 그들을 포기하거나 안락사한다. 행동심리 약물은, 만약 효과가 있다 해도, 이처럼 죽음에 이르는 결말을 간신히 피하게 해줄 정도에 불과하다.

도드먼에 따르면, 대부분의 개·고양이들이 "함께하기 어렵다"는 이유로 보호소로 가거나 안락사를 당한다. 실제로 매년 600~800만 마리의 개·고양이가 유기된다. 미국동물학대방지협회에 따르면, 그중에서 370만 마리가 안락사 처리된다.[92] 손님에게 으르렁거리는 공격적이고 불안한 개들과 침대보에 오줌 스프레이를 멈추지 않는 고양이들이 보호소에 맡겨지는 가장 흔한 유형이다. 도드먼은 이런 행동을 하는 개·고양이의 구세주가 약물 치료라고 주장한다.[93] 하지만 약물만 쓰는 방법이 행동요법이나 행동요법과 약물을 병행하는 요법만큼 효과적일지는 불확실하다. 반려동물에게 향정신제를 사용하는 것은 회복으로 가는 간이역일 수도 있지만 가스실로 가기 전의 임시방편일 수도 있다.[94]

엘리제 크리스텐슨도 향정신제 옹호자다. 그녀는 그 이유를 이렇게 설명했다. "사람과 달리 동물 환자들을 위한 입원 치료 시설은 없습니다. 만약 창문에서 뛰어내려 길거리로 돌진한 개가 있다면, 자해하지 않도록 약을 많이 투여할 수밖에 없죠."

개에게 다량의 약물을 투여하는 게 사람에게 다량의 약물을 투여하는 것과 똑같지는 않다. 개의 간은 더 많은 약물을 감당할 수 있다. 많은 개들이 사람을 죽일 만큼의 항불안제를 투여받는 이유가 그 때문이다. 크리스텐슨은 이렇게 말했다. "지금 골든리트리버 환자가 있는데, 네 시간마다 발륨을 80밀리그램씩 투여하고 있어요." 이 정도 양을 사람에게 투여하면 다리를 절거나 긴장증에 걸릴 정도지만, 리트리버에게는 극도의 공황 발작을 일으키지 않게 해주는 정도에 불과하다.

크리스텐슨이 보기엔 고객들 상당수가 반려동물과 똑같은 약을 먹고 있지만, 반려동물의 약에 손을 대는 사람은 많지 않다. 고객들에게 개들은 훨씬 고용량을 먹어야 한다는 점과, 반려동물을 돕고 싶어서 자신을 찾아온 것임을 확실해 해두기 때문이다. 그녀는 이렇게 말했다. "반대로 자기가 먹는 약을 반려동물에게 주는 경우가 훨씬 더 흔해요." 다행스럽게도 그렇게 해도 대개 별반 문제가 없다. 사람의 용량이 반려동물보다 훨씬 낮기 때문이다. 반려동물이 내과적 문제를 앓고 있는 고객들은 동물에게 약을 주려고 자기가 처방전을 받기도 한다. "반려동물의 정신질환 때문에 찾아온 고객들은 그렇지 않다는 게 좀 흥미로워요. 보통 제가 따로 처방해 주기를 기다리죠."

그러나 크리스텐슨은 장기적으로 보면 약물만으로는 충분치 않다고 생각한다. 최적의 치료를 위해서는 행동 훈련과 약물 치료가 병행되어야 한다는 점을 그녀는 분명히 했다. 이는 치료가 이루어지는 동안엔 그 동물이 가진 공포와 불안을 촉발하는 요인을 모두(그것이 진공청소기 소리든 혼자 있는 것이든) 없애야 한다는 뜻이다. 그녀는 이렇게 말했다. "이런 요인에 노출되지 않도록 해주면 그것에 대한 두려움을 줄여 줄 수 있어요." 나는 올리버를 다시 훈련하려 했던 경험을 이야기해 주었다. 그러자 그녀는 이런 일들이 말은 쉬워도 실행은 어렵다는 점을 인정했다.

최근에 그녀는 브루클린에 사는 신경증 개를 치료했다. 그 개는 공포와 불안 때문에 낯선 사람들을 무는 경향이 있었다. 개는 보호자와 함께 보도를 걷기만 해도 스트레스를 받았고, 보호자는 사람들과 안전거리를 유지하게 하느라 애를 먹었다. "보호자는 지나가는 사람들에게 개가 물지도 모르니 그냥 가달라고 말했지만, 사람들은 개를 쓰다듬지 못하게 한다고 보호자에게 화를 내곤 했어요." 해결책으로 보호자는 [브루클린에서 차로 1시간 거리에 있는] 화이트 플레인스의 마당 있는 집으로 이사를 했고, 지금은 시내로 출퇴근하고 있다. 그녀의 개는 훨씬 안정을 찾았다. 크리스텐슨은 대부분의 보호자들에게 이런 요구가 과하다는 것을 알고 있다. "만약 제가 뉴욕시에서 한 가지를 바꿀 수 있다고 하면, 저는 사람들이 보도에서 개를 마주치면 모르는 사람처럼 대하도록 할 거예요. 가령 사람 가족과 함께 길을 걸을 때, 누군가 낯선 사람이 다가와서 내 가족을 쓰다듬어도 좋다고 생각하는 사람은 정말 이상한 사람이잖아요."

이런 지적 덕분에 나는 스스로를 "애견인"dog people이라고 칭하는 사람들을 다시 생각하게 되었다. 자신을 이런 식으로 기술하는 많은 이들이 몸을 수그리며 자신들이 알지 못하는 개만의 공간으로 들어가서, 자신감 넘치는 손을 코앞까지 뻗거나, 머리나 궁둥이 부위를 쓰다듬곤 한다. 이런 사람들은 어찌 보면 스스로 여자를 존중한다고 하는 남자들과 좀 닮았다. 즉, 스스로 애견인이라고 말해도 사실이 아닐 수 있는 것이다.

크리스텐슨은 고객들에게 자신의 예민한 동물들과 도시의 보도를 산책할 때는 개를 쓰다듬으려 할 수 있는 사람들과 개를 떼어 놓는 방패 역할을 하며 걸으라고 조언한다. 인간이 반려동물의 치유 동물이 되는 것이다.

크리스텐슨이 업스테이트 뉴욕의 전원 속에 위치한 코넬 대학에서 수의대 학생이자 레지던트로 지내던 시절에는 고객들에게 행동 훈련을 하면서 반려견의 불안 요인을 제거하라고 조언하기가 훨씬 쉬웠다. 예를 들어, 홀로 남겨지면 공황 상태에 빠지는 개가 보호자와 함께 갈 수 있는 곳이 더 많았기 때문이다. 그러나 뉴욕시에서 하루 종일 개와 함께 지낼 순 없었다. 도시의 많은 수의사들과 마찬가지로 그녀는 동물이 시간이 훨씬 오래 걸리는 치료 과정 중에도 공포와 불안을 덜 수 있도록 약물에 더 의존하게 되었다. "제 진료실을 찾는 개 보호자들을 보면 상당수가 이미 거의 감정적 붕괴 직전의 상태예요. 너무 지쳐서 뭐든 해줬으면 하는 상태인 거죠.

그녀는 고객 대부분이 행동 훈련에 하루 4~5분 이상을 투자하는 게 불가능하다는 것을 알게 됐다. 이상적으로는 하루에 15분씩 두 차례를 권할 수 있지만, 대부분의 경우 불가능하다. 나는 올리버를 재훈련하려 했을 때 겪었던 실망스러운 결과에 대해 이야기하면서 도저히 어찌할 수 없을 때 사용하는 확실한 방법이 차를 이용하는 것이었다고 말해 주었다. 올리버는 스바루에 혼자 놔두면 안정을 찾았다. 그래서 나는 올리버 같은 불안증이 있는 개를 위한 애견 호텔을 열면 어떨까 생각해 보기도 했다. 개가 쉬고 있는 차까지 음식과 물을 날라 주고 산책도 시켜 주는 친절한 직원들을 갖춘 주차장을 완비한 그런 곳 말이다.

놀랍게도 그녀는 내 방법이 결코 정신 나간 꿈이 아니라고 말했다. "실제로 많은 행동심리학자들이 개를 혼자 둬야 할 때 자동차를 이용하라고 권해요. 사는 지역이 기후가 온화하고 보호자가 주의를 잘 기울이기만 한다면, 또 그런 행동이 불법이 아닌 곳이라면 좋은 해결책이 될 수 있습니다." 그녀는 올리버 같이 신경증이 있는 개들이 차 안에서 안정감을 느끼는 것은 우리가 미처 깨닫지 못한 사이에 그들이 차 안을 편안한 곳으로 느끼도록 훈련시켰기 때문이라고 했다. 적어도 처음부터 개를 차 안에 오랫동안 혼자 놔두는 사람은 없을 것이고, 그래서 개들은 차 안에 혼자 있는 시간이 좀 늘어난다 해도 보호자가 항상 돌아온다는 사실을 서서히 학습하게 된 것이다.

올리버 브레이트먼 씨, 약 받아 가세요

개들이 지금과 같은 몸과 마음을 갖게 된 이유는 그들이 우리와 함께 있는 것을 좋아하는 경향 때문이다. 지난 1만5000년 동안 우리는 개들에게 먹이를 주고 예뻐하고 교배해 왔다. 반려인과 오랜 시간 떨어져 있는 걸 더 힘들어 하는 개들은 바로 이런 개들이다. 오늘날 올리버 같은 개들이 겪는 불안증은 우리가 개의 특정한 특성들, 즉 보호자와 함께 있는 것을 좋아하고 시간을 보내고 싶어 하는 특성을 높이 평가하고 선택해 온 결과다.

오늘날의 반려견들은 침팬지 햄과 좀 비슷한 구석이 있다. 햄은 1961년, 사람을 우주 공간으로 보내도 되는지를 알아보기 위해 우주로 보내졌다. 오늘날 도시와 교외의 가정집들에 거주하고 있는 많은 개들은 외계의 낯선 땅에 사는 셈이다. 개들이 하루 종일 운동도 못 하고 다른 개들과 어울리지도 못하며 자신의 개다움 — 독일 사람들이 '본성 추구의 즐거움'Funktionslust이라고 부르는 것, 즉 인간이나 동물이 자신이 잘하는 것을 할 때, 예를 들어 치타가 전속력으로 달릴 때나 박쥐가 밤하늘에 초음파를 쏘며 날 때 느끼는 즐거움 — 을 표출할 수 없는 상황에서도 혼자 잘 지내는 동물로 진화하기에는 시간이 충분치 않았다. 개들은 달리고 냄새 맡고 무언가를 쫓고, 무작정 돌아다니는 본성을 가진 동물이다. 그들 대다수는 물고기 사체 위를 뒹굴고, 쓰레기통에서 솜뭉치를 끄집어내고, 자신이나 다른 누군가의 생식기를 핥으면서 가장 큰 행복을 느낀다.

많은 보호자들은 인간의 관점에서 개를 좋아할 뿐, 개의 관점에서 좋아하는 것은 원하지 않는다. 우리는 일을 마쳤을 때 개들이 우릴 보고 반기는 모습을 보고 감동하지만, 일을 할 때 개들이 원을 그리며 뛰어다니고, 격렬하게 꼬리를 흔들고, 아무 곳이나 앞발로 할퀴는 것은 좋아하지 않는다. 그 대신 우리는 그들이 곤히 잠들어 있는 모습, 조용히 털을 고르는 모습, 혹은 거실에서 창문 밖에 있는 무언가를 갈망하지 않은 채 물끄러미 바라만 보는 모습을 원한다. 이런 기대는 공정하지 않다. 처음에는 특이한 성격 때문에 흥미롭고 매력적이라 생각했지만 점점 그 점이 나를 미치게 만들었던 남자들이 생각난다. 하지만 그것은 내 문제였다. 나를 사랑에 빠뜨렸다고 그 남자를 비난할 수는 없는 것이다. 개가 개라고 해서 개를 탓할 수 없는 것도 마찬가지다.

도시나 교외에 사는 개들은 대부분 하루 중 극히 잠깐 동안만 자기 모습을 찾도록 허락된다. 샌프란시스코 외곽에 사는 내 주변을 볼 때 이른 저녁, 해 지기 직전이 그런 순간이다. 그때가 되면 수천 개 꼬리의 집단적 흔들림과, 문 앞에서 기대에 차서 헐떡거리는 소리를, 그리고 바깥으로 나왔을 때 그들이 맛보는 크나큰 환희를 느낄 수 있다. 나왔다! 그들은 내 집 주변의 보도로 홍수처럼 쏟아져 나온다. 그들은 쌓인 울분을 터뜨리고, 오줌을 누고, 냄새를 맡고, 마치 수상스키 선수처럼 자신의 뒤쪽에 매달린 보호자들을 끌면서 내달린다. 공원에 오면 사람들은 둘러서서 공놀이를 하거나 한가롭게 담소를 나누고, 다른 개의 궁둥이에서 자기 개를 떼어 놓기 위해 이름을 불러 댄다. 30분에서 한 시간이 지나면 집에 돌아가 저녁을 먹고, 얼마간 응석을 부리고, 어쩌면 사람들과 함께 텔레비전을 보고, 그런 다음 침대로 간다. 그러나 이 정도로는, 설령 아침에 이런 시간이 또 주어진다 해도, 개들이 개로서 할 일을 다 하기에 충분치 않다.

많은 사람들이 택할 수 있는 대안은 개를 기르지 않는 것이다. 도시에 살며 직장에 다니는 사람들은 대부분 자신의 개가 좋아한다고 농장으로 이

사할 수 없다. 개가 혼자 있는 것을 싫어해도 개와 함께 집에 있으려고 직장을 그만둘 수는 없다. 물론 다른 선택지가 있지만, 쉬운 일은 없다. 가령 개를 산책시켜 주는 사람을 고용해서 하루에 한두 번 집에 오게 할 수 있을 것이다. 그러나 돈이 많이 든다. 매일같이 개를 풀어 줄 수 있는 공원 근처의 아파트로 이사할 수 있지만, 거래가 쉽지 않거나 당신이 거주하는 집이 잘 팔리지 않을 수 있다. 지금 개와 함께 지낼 다른 개를 구할 수도 있지만, 집주인이 한 마리의 반려견만 허락하는 경우도 있다. 돈을 좀 들여 땅콩버터로 속을 채운 장난감이나 개들이 좋아하는 뼈다귀를 마치 부활절 달걀처럼 주변에 숨겨 놓고 집을 나설 수도 있지만, 당신이 그 위치를 까먹을 수도 있다. 이것이 현실이다. 우리는 우리 개를 사랑하고, 최선을 다하려고 애쓰지만, 종종 실패한다. 진실은, 전 세계에서 쏟아지는 번쩍거리는 호화로운 장난감들을 모두 합쳐도, 목줄 없이 일상적 자극을 만끽하며 사는 삶, 그리고 개나 사람을 비롯한 다른 동물들과 함께 많은 시간을 보내는 즐거움과 비교할 수 없다는 것이다. 이것이 대부분의 사람들이 직장으로 출퇴근하는 삶을 살기 전에 개들이 누렸던 삶이다. 그리고 바로 이것이 개들이 자신의 앞발을 진물이 나도록 핥거나 소파를 찢는 행동을 하지 않게 만드는 삶이다.

개들이 아무것도 하지 않으면서 오랜 시간을 보내게 되면 에너지가 남아돌아 침대 귀퉁이에 몸을 웅크리고 있는 것만으론 행복과 만족을 느낄 수 없다. 그들의 에너지는 어디론가 발산돼야 하는데, 튼튼하지 못한 개일수록 불안이나 강박에 빠지기 쉬우며, 그 결과는 광증으로 나타난다. 이 광기에 대한 진단명은 다양하며, 그중 가장 흔한 것이 분리불안이다. 제약 회사들은 이 점에 주목했고, 심지어는 그 병의 개념을 정립하는 데 일조했다.

미국에는 7800만 마리 이상의 반려견이 존재하며 이는 화이자나 일라이 릴리 같은 회사들의 거대한 시장이다.[95] 2007년, 일라이 릴리는 화학적으로 프로작(2001년에 라이선스가 만료됐다)과 동일하지만 프로작과 달리 쇠고기 향이 나고 씹을 수 있는 레컨사일을 발매하면서 개의 분리불안 치료용으로 식품의약청의 승인을 받았다. 동시에 일라이 릴리는 자신이 자금을 댄 연구 결과를 토대로 미국 개의 17퍼센트가 분리불안에 시달리고 있다고 주장했다.[96] 2008년에 이루어진 이 연구는 미국의 전체 개 중에서 14퍼센트가 이 병을 앓고 있다고 보았다.[97]

릴리 사의 레컨사일 웹사이트에는 강아지가 약을 핥고 있는 모습이 나온다.[98] 이것은 개를 소유한 사람들이 죄책감을 느끼게 하는 좋은 마케팅이다. 그리고 이런 문구가 화면 위쪽에 플래시 애니메이션으로 등장한다. "나는 그가 나와 함께 있기 위해 물건들을 물어뜯는 것이 아닐지 생각합니다. 나는 내 잘못이 아닌지 의문이 듭니다." 그리고 수의사가 남부 특유의 느린 말투로 침 흘리기, 파괴적인 물어뜯기, 서성거리기, 우울증, 식욕부진, 과도한 짖기, 그리고 "털 핥기" 등 분리불안 증상의 긴 목록을 읽어 나간다. 수의사가 말하는 동안, 어린 골든리트리버가 비싸 보이는 하이힐에 상처를 내고 있다.

이 사이트의 예전 버전에는 이런 커다란 배너가 있었다.[99] "분리는 불가피합니다. 하지만 이제 불안은 없습니다." 그리고 개 짖는 신호음과 우울해 보이는 비글의 모습이 들어 있는 화면이 나타났다. 이 사이트도 행동 훈련과 함께 레컨사일을 복용할 때 분리불안 치료 효과가 높다는 연구로 연결됐다. 개 242마리를 대상으로 한 이 연구는 2007년에 『수의학 요법』에 실렸고, 연구비는 릴리 사가 지원했다.[100] 여기서 개들은 두 그룹으로 나뉘어졌다. 하나는 쇠고기향이 나는 위약僞藥을 투여받고, 다른 한 그룹은 실제 약을 복용했다. 또한 두 그룹은 모두 행동 훈련을 거쳤다. 그 결과 모든 개의 불안증이 완화됐는데, 레컨사일을 복용한 개들의 72퍼센트, 그리고 위

약을 복용한 개들의 50퍼센트가 증세가 호전됐다. 이 연구는 분명 약의 효능을 암시하는 것이지만, 그보다는 행동 훈련의 중요성을 보여 주는 측면이 더 크다.

1998년에 노바티스 사가 개발한 클로미캄도 있다. 이 약의 중요한 성분인 클로미프라민은 이 회사의 인간 전용 항우울증/강박증 치료제 아나프라닐과 주성분이 같다. 그러나 클로미캄은 동물 전용으로 식품의약청의 승인을 받았다. 노바티스는 클로미캄을 개의 분리불안증 치료제라고 설명했지만, 인간의 경우와 마찬가지로 그 외의 증상에도 빈번하게 이용된다. 이 약이 여행 불안을 완화해 줄 수 있는지 알아보기 위해, 서로 다른 세 시기에 비글 24마리를 트럭에 태워 한 시간 동안 이동하는 이상한 실험이 수행됐다.[101] 실험 결과는 결정적인 결론에 이를 만한 증거를 제공하지는 못했지만, 비글들은 평상시보다 침을 덜 흘렸다. 이 약은 개들의 꼬리 쫓기와 코카투 앵무새의 깃털 뽑기를 완화하는 데 더 효과가 있었다.[102]

용량에 따라 클로미캄 상자에는 노란색 래브라도, 골든리트리버, 또는 잭 러셀 테리어가 그려져 있다. 이 개들은 만족스럽고 똘망똘망한 얼굴에 혀를 편안하게 늘어뜨리고 있는 모습이다. 소형견에게 드는 약값은 1년에 약 600달러다.[103] 그보다 큰 개는 대용량이 필요하고 그만큼 비용도 더 든다. 또한 웹사이트는 클로미캄 정제가 신경안정제나 진정제가 아니며 개의 성격이나 기억에 영향을 미치지 않는다고 사람들을 안심시키고 두려움과 죄책감을 다독이면서 이 약이 동물에게 "정상적인 삶을 돌려주는" 데 도움을 줄 것이라고 말한다.

반려동물에 대한 약물 사용을 가장 거리낌 없이 비판하는 사람 중 한 명이 수의사이자 행동심리학자인 이언 던바다. 그는 시리우스 반려견 훈련소를 운영하고 있으며 『어린 개에게 흔한 묘기를 가르치는 법』How to Teach a New Dog Old Tricks을 비롯해서 많은 책을 집필했다. 그는 전 세계에서 훈련 교실과 워크숍을 이끌고 있고, <던바와 함께하는 개들>Dogs with Dunbar이라는 영국 텔레비전 시리즈의 사회를 맡기도 했다.[104] 그는 자신이 행동 이상을 치료하기 위해 한 번도 약에 호소하지 않았다고 말한다. "약은 전혀 불필요합니다. 약을 쓰면 바로 효과가 나타나고 만병통치라고 선전을 하지만, 사실이 아닙니다."[105]

그는 개를 향정신제로 치료하는 것은 인간의 건강관리에 대한 무책임한 접근 방식을 그대로 반영한 것이라고 본다. 던바는 약보다는 보호자가 반려동물의 문제가 되는 행동에 보상을 주지 않는 등의 행동 교정 훈련을 통해 그들 스스로 행동을 바꾸도록 해야 한다고 말한다.[106] 던바는 한 인터뷰에서 이렇게 말했다. "사람들이 자기 개에게 문제가 있다고 하면 저는 보통 이렇게 말해요. '그 문제를 친구라고 생각해 보세요. 그러면 거기서 많은 걸 배우게 될 거예요.'"

하지만 어떤 문제들은 결코 친구가 될 수 없기도 하다. 올리버의 프로작과 발륨 처방전으로 약을 사러 갔을 때, 나는 그에게 식품의약청이 승인한 개 전용 약을 주지 않았다. 레컨사일이 쇠고기 향이 나고 씹어 먹을 수 있어도 마찬가지였다. 내가 살던 지역의 약국에는 복제약이 있었고, 15분이면 적당한 용량을 처방받을 수 있었다. 나는 올리버가 향이 어떤 것이든 상관하지 않고, 치즈 덩어리에 넣으면 알약이라도 먹을 수 있다는 것을 알고 있었다. 나는 약국의 처방전 투입 창구에 수의사에게 받은 처방전을 넣었다. 약사가 창구에서 "올리버 브레이트먼 씨"라고 부르니 웃음이 나왔다. 그녀는 내게 (환자의 프라이버시를 위해) 아무 표시도 없는 봉투를 건네주면서 약에 대해 질문이 있는지 물었다.

"이긴 제 개한테 줄 거예요." 나는 말했다.

그녀가 대답했다. "아, 그런 분들이 많더라고요."

프로작 바다

인간이 아닌 동물에게 향정신제를 먹이는 것이 좋은 생각인지 아닌지를 둘러싼 논쟁은 핵심에서 벗어나기 십상이다.[107] 어떤 면에서 우리에게는 선택의 여지가 많지 않다. 이런 약들은 우리 주변에 넘쳐 나고 우리의 일용할 양식의 일부가 되었다. 미국에서는 2010년 한 해에만 2억 건의 항우울제 처방전이 발급됐다. 이 약에 들어 있는 유효 성분 중 상당 부분은 소변으로 배출되거나 여분의 알약 형태로 화장실 변기에 버려진다. 폐수처리장은 약물을 걸러 낼 시설을 갖추고 있지 않기 때문에, 이런 약품들은 우리가 사용한 물이 최종적으로 닿는 곳에 그대로 도달한다. 바다 강 호수에 흘러 들어가고, 다시 우리의 상수도로 나오는 것이다. 『환경독성학과 화학』저널의 최근 호를 보면, 우리가 마시는 물, 강물, 그리고 피라미류의 체내에 다양한 항우울제와 그 대사 물질이 섞여 있음을 알 수 있다.[108] 연구자들은 이것이 수생동물에게 어떤 의미인지 알아보려 노력 중이다.

한 실험에서 프로작에 노출된 배스는 수조 안에서 먹이를 먹지 않더니 결국 수면 위로 떠오르기 시작했다.[109] 다른 연구는 프로작이 새우에게 미치는 영향을 조사했다.[110] 폐수는 새우가 살기 좋은 강어귀와 연안 지역에 모인다. 이는 새우를 비롯해 그곳에 사는 생명체들이 모든 마을과 도시에서 배설된 약물 속을 떠다니고 있다는 뜻이다. 항우울제에 노출된 새우는 빛을 향해 헤엄칠 확률이 빛에서 멀어질 확률보다 다섯 배 높아서, 물고기나 새들에게 잡아먹힐 가능성이 훨씬 높았다.

『환경 과학과 기술』에 발표된 또 다른 최신 연구에 따르면, 양식 닭의 깃털에서 다수의 향정신제 성분이 발견됐다.[111] 우모분羽毛粉은 닭의 깃털을 빻아서 만든 식이 보충제로 돼지 소 물고기, 심지어 닭에게도 먹인다. 2012년 우모분 표본을 검사해 본 결과, 2005년에 동물에게 이용이 금지된, 시프로Cipro와 같은 항생물질에 양성반응을 나타냈다. 게다가 놀랍게도 우모분 표본의 3분의 1이 플루옥세틴(프로작), 아세트아미노펜(타이레놀의 유효 성분), 그리고 항히스타민(알레르기약 베나드릴의 유효 성분)을 함유하고 있었다. 가금류를 키우는 많은 농부들이 닭·오리의 불안감을 줄이고 안정시키기 위해 베나드릴 타이레놀 프로작을 준다. 스트레스를 받거나 불안을 느끼는 닭들은 빨리 성장하지 않고, 안정적인 닭보다 고기도 부드럽지 않다. 닭들이 더 활기차고 오랫동안 깨어 있으면서 더 많이 먹고 알을 더 많이 낳게 하기 위해 녹차 가루나 커피 과육 형태로 카페인도 먹인다. 이런 가금류에게는 자극 요인을 없애기 위해 불안-완화 약이 필요할 수 있다.

기자 니콜라스 크리스토프에 따르면, 가금 농부들 스스로도 자신들이 가금류에게 무엇을 먹이고 있는지 항상 잘 알고 있는 건 아니다. 대규모 농업 기업들은 자신들에게 닭을 공급하는 양계 농부들이 자신들이 독점하는 사료.혼합물을 먹이도록 요구하며, 농부들은 그 혼합물에 무엇이 들어 있는지 모를 수 있다.[112] 새우의 경우처럼, 이런 사료가 가금류에게, 그리고 궁극적으로 닭을 먹는 우리 모두에게 어떤 영향을 미칠지는 밝혀진 바가 없으며 미심쩍은 구석이 있다.

6

줄리엣이 앵무새였다면

| 동물의 자살에 대한 생각들 |

나는 인간이 어떤 조건에서 자살을 선택하는지 이제 좀 알 것 같다. 그것은 외로워서가 아니라, 세상이 나를 내치기 전에 내가 세상을 내치겠다는 뜻이다.

팸 휴스턴, 『내용물이 움직였을 수도 있다』

저리 불협화음을 내며 곡조도 맞지 않게 노래하는 건 종달새라오.

윌리엄 셰익스피어, <로미오와 줄리엣> 3막 5장

찰리는 청금강앵무로 플로리다에서 어린 시절을 보냈다. 새끼 때는 인간 가족과 함께 여기저기를 돌아다니며 가족의 일원으로 여겨졌다. 하지만 그 시절도 끝이 났다. 대여섯 살 때 첫 번째 보호자가 세상을 떠나면서 찰리는 앵무새 사육 시설로 보내졌다. 앵무새, 특히 금강앵무는 50년 이상 살 수 있기 때문에 이런 식으로 고아가 되는 일이 흔하다. 이런 경우 때론 새가 상실감으로 큰 충격을 받기도 한다. 그러나 찰리는 첫 번째 상실을 그럭저럭 잘 이겨 냈고 사육 시설에서 다른 앵무새들과 빠르게 친해졌다.

그런데 이렇게 새 친구들과 지내기 시작한 지 얼마 되지 않아 찰리는 다른 친구 하나와 함께 도둑질을 당했다. 찰리는 결국 시설로 돌아왔지만, 다른 한 마리는 그렇지 못했다. 큰 충격을 받은 찰리는 깃털을 물어뜯기 시작했다. 그녀의 깃털 뜯기는 매우 격렬해서 몇 달 후 찰리는 꼬리와 머리에 깃털 몇 개만 남은 벌거숭이가 되었다. 시설은 찰리를 탬파 동물원에 기증했다.

앤 사우스콤은 이 동물원의 사육사였다. 아이 같은 목소리에 손도 자그마한 앤은 다정하고 꼼꼼하게 동물들을 보살피는 사육사로 고릴라 지지를 돌봤던 바로 그 사람이다. 나는 한번은 그녀가 까불어 대는 다람쥐를 몇 초 만에 진정시키는 모습을 본 적이 있었다. 앤은 이 다람쥐가 새끼일 때 둥지에서 떨어져 있는 걸 구조해 메리라는 이름을 붙여 줬다. 메리는 현재 앤의 집 남는 방에 마련된 다람쥐 궁전에서 살고 있다. 35년 넘게 앤은 노아가 방주에 실은 것만큼이나 다양한 종류의 동물들과 함께하며 동물원 사육사이자 연구 보조원으로, 그리고 야생동물의 야생 복귀를 돕는 재활가로 활동해 왔다. 1970, 80년대에는 인류학과 유인원 언어 연구의 일환으로 테네시 대학의 한 트레일러에서 오랑우탄 찬텍을 키우는 일을 돕기도 했다. 그녀는 그에게 수어를 가르치면서 찬텍이 우유를 컵에 따르고 트레일러를 청소하는 모습을 관찰하고, 이따금 그를 앞세워 대학 서점에 가서 찬텍이 막대 사탕을 사먹는 모습을 촬영했다. 이 연구의 선임 연구자인 린 마일스에 따르면, 30년이 지난 지금도 찬텍은 수어로 자신을 "오랑우탄 사람"이라고 소개한다.[1]

또한 앤은 수어로 말하는 고릴라 마이클과 그보다는 덜 유명한 그의 짝 코코와 한동안 같이 지냈다. 그전엔 자신의 앞뜰 분수에서 부상당한 수달에게 마트에서 사온 금붕어를 이용해 사냥하는 법을 가르친 적도 있고, 고아가 된 새끼 흑곰, 스라소니, 새끼 침팬지, 인공 보철 부리를 가진 독수리, 올빼미들과 토끼들, 그리고 수많은 다람쥐들을 보살폈다. 그리고 자신에게 맡겨진 앵무새들도 돌봤다. 하지만 그중 어느 동물도 찰리만큼 처참한 상태는 아니었다.

앤은 이렇게 회상했다. "찰리는 깃털을 너무 뜯어서 거의 발가숭이였어요. 꼭 통구이가 되기 직전의 털 뽑힌 닭을 보는 것 같았죠. 저는 찰리를 집으로 데려와 상태를 개선할 수 있을지 살펴보기로 했습니다."

처음에 앤은 찰리에게 칼라를 씌워 줬다. 그것이 깃털 뜯기를 어렵게 해 뜯는 속도를 늦춰 줄 것 같아서였다. 그러나 소용없었다. 침술도 시도해 보고 허브도 줘봤다. 그러나 찰리는 계속 자기 깃털을 뜯었다.

"밤에는 제 방에서 재웠어요. 악몽을 꾸는 것 같았거든요. 밤에 횃대에 앉아 눈을 감고 잠들어 있을 때도 작게 꽥꽥 소리를 내곤 했어요."

낮에는 찰리를 바깥에 내놨다. "뒷마당에 큰 나무가 있는데, 제가 집 주변에서 다른 일을 하고 있는 동안엔 그 나무의 낮은 가지에 찰리를 올려 놓곤 했어요. 야외 활동을 좀 즐기라고요. 찰리는 밖에 있는 걸 좋아했지만 가끔 나무에서 떨어지기도 했죠. 깃털이 전혀 없어서 날 수 없었거든요. 하지만 그래도 땅 위를 걸어서 다시 그 나무 그 가지 위로 올라갔어요."

딱 한 번 예외가 있었다. 쇼핑을 하러 나간 사이 찰리를 나무 위에 혼자 둔 것이다. 그녀가 자리를 비운 시간은 한 시간이 채 못 됐다.

"집에 돌아와 보니 찰리가 죽어 있었어요."

앤은 다시 그때를 떠올리며 곤혹스러워 했다. "너무 슬펐어요. 땅 위로 솟아 있던 가느다란 금속 막대에 찔려 있었죠. 제가 핑크색 플라스틱 플라밍고를 잔디밭에 장식해 놨거든요. 대체 어떻게 거기 찔린 걸까요? 플라밍고 몸통이 떨어져서 금속 막대만 남아 있었나 봐요. 제가 장을 보러 간 사이에 찰리가 정통으로 그 막대 위로 떨어진 거예요. 막대가 가슴을 완전히 관통했어요. 미친 소리 같겠지만, 저는 찰리가 스스로 그럴 수 있는 능력이 있었다고 생각해요. 찰리는 아주 영리한 새였어요. 그리고 즐겨 앉던 나무도 아주 컸고, 마당도 넓어서 항상 그 두 곳에서 놀았고요. 만약 정말 자해나 자살을 원했다면, 의도적으로 그렇게 했을 수도 있다는 거예요. 누가 알겠어요? 이게 의인화라는 건 알고 있어요. 근데 우연이라 보기엔 정말 이상하잖아요. 떨어질 만한 곳이 사방 천진데, 하필이면 그 작은 막대 위로 곧장 떨어졌으니까요."

인간과 마찬가지로 앵무새들도 자기 깃털을 뽑는다고 죽지는 않는다. 찰리 이야기가 흥미로운 까닭은 그녀가 벌거숭이가 되도록 깃털을 뽑았기 때문이라기보다는 그녀의 죽음을 둘러싼 정황이 무척 기이했기 때문이다.

인간 이외의 동물에게 자살할 능력이 있는지 여부는 동물의 정신이상을 이야기할 때 가장 성가신 문제라 할 수 있다. 이 주제는 고대 이래 철학자들의 관심을 끌었다. 아리스토텔레스는 속임수에 넘어가 자기 어미와 짝짓기를 했다는 것을 깨닫고는 심연에 몸을 던진 스키타이 종마 이야기를 했다.[2] 기독교인들은 대개 자살 이야기에 눈살을 찌푸리지만, 자기 살을 떼어내 새끼들을 먹인다고 알려진 펠리컨은 동물로 환생한 예수, 자기희생의 상징이었다. 심지어 존 던John Donne은 17세기에 펠리컨을 "죽음에 대한 자연적 열망"의 표상이라고 읊었다.

영어에서 '자살'이라는 말은 1732년 처음 기록에 등장했을 때부터 죽으려는 의도로 자신을 의도적으로 해한다는 뜻이었지만,[3] 그 행위가 무엇인지를 정확히 정의 내리기는 점점 더 어려운 일이 되었다. 『정신질환의 진단 및 통계 편람』DSM 5판(2013)에 자살은 포함돼 있지 않지만 자살 행동 장애는 있다.[4] 최근 2년간 자살을 시도했다가 스스로 포기했거나 저지당한 경우 이 질병으로 진단받는다. DSM에서는 정치적이거나 종교적인 이유로 일어난 자살을 자살 행동 장애에 포함시키지 않는다. **자살 의도가 없는** 자해 진단은 죽으려는 의도는 없으면서 고의적으로 자신을 칼로 긋고 불로 지지고 찌르고 때리거나 "과도하게 문질러서" 상해를 가하는 사람에게 적용된다.

사람이 아닌 동물들 사이에서 나타나는 자해 행동에 대해서는 — 심한 물어뜯기와 문지르기에서 반복적인 머리 돌리기까지 — 동물행동심리학자 수의사 생리학자 정신의학자 등에 의해 폭넓게 논의가 이루어져 왔다.[5] 『북아메리카 정신병 클리닉』에 발표된 1985년 논문 「동물의 자해 행동과 자살 모델들」에 따르면, 자살하는 사람과 동물은 비슷해서 양쪽 모두에서 자해 충동 연구가 가능하다. 제1 저자인 국립보건원의 재클린 크롤리와 공동 저자인 국립보건원 임상 연구 책임자는 자살이 복잡한 인지 작용을 요하는 인간 특유의 행동이긴 하지만 야생 상태에서나 실험실에서 인간이 아닌 동물들도 자해로 죽음에 이를 수 있다면서 이렇게 썼다. "자해와 자살 행동이 동의어는 아니지만, 대개 둘 사이의 경계는 모호하다."[6]

이 연구가 발표되고 20년이 넘은 후에도 비인간 동물을 모델로 인간의 자해 행동을 이해하고 인간에게 적용 가능한 치료법을 도출해 보려는 시도는 계속됐다.[7] 그중 국립보건원 연구자들에 의해 이루어진 2009년 연구를 보면, 자살 성향의 문제를 다루면서 다음과 같이 쓰고 있다. "자살은 인간을 대상으로 연구하기에도 복잡한, 매우 복합적인 행동으로 동물 모델에서 그것을 완벽히 재현하는 건 불가능하다. 그러나 강한 종간 유사성을 보여 주는 특성들과 동물 모델에서 인간의 자살을 연상케 하는 것들을 조사함으로써, 동물 모델은 선택적 세로토닌 재흡수 억제제SSRIs가 젊은이들의 자살 충동이나 행동과 연관되는 메커니즘을 밝혀낼 수 있다."[8] 즉, 실험동물 연구가 젊은 층에서 나타나는, 자살 충동과 특정 항우울제 사이의 관계를 이해하는 데 도움을 줄 수 있다는 것이다. 저자들이 지표로 삼았던 실험동물의 특성과 행동에는 공격성, 충동성, 과민성, 절망감, 무력감 등이 있다.[9]

어떤 면에서 이들의 연구는 인간과 여타 동물의 정서적 삶이 연속선상에 놓고 볼 수 있을 만큼 유사하다고 보았던 윌리엄 로더 린지, 찰스 다윈, 조지 로마네스 같은 빅토리아시대 자연학자들의 연구를 21세기에 확인한 것이라 할 수 있다. 동물의 과민성이나 설치류의 절망감에 대한 오늘날의 연구들을 보면, 적어도 국립보건원처럼 신뢰할 만한 기관의 몇몇 연구자들의 경우, 자해를 고의적인 자살과 (스스로 물어뜯거나 베는 등의) 덜 치명적인 행동 사이의 연속선상에 위치한 것으로 보고 있으며, 동물에게 실제로 자살할 능력이 있다고 보고 있진 않다. 인간만이 생각하고 계획할 수 있는 독특한 자해의 방식은 존재하지만, 인간만이 자해가 가능한 것은 아닌 것으로 보인다.

서구의 정신의학이나 심리학에서는, 의도적 자살 행위가 가능하려면 특정한 형태의 자의식이 있어야 한다고 본다. 우리는 인간에게 자의식이 있다는 건 알지만, 다른 동물에게도 자의식이 있다는 건 증명하지 못했다. 그러나 찰리에게는 나름대로 자의식이 있었을지도 모른다. 그럼에도 불구하고 찰리가 나무에서 떨어지면 자기 삶이 끝난다는 점을 이해하고 있었는지는 물론이고, 어느 **정도로** 자의식적이었다고 할 수 있는지는 알 수 없다. 하지만 이런 수수께끼들에도 불구하고 찰리가 자신이 처한 상황을 견딜 수 없어서 무언가를 하겠다는 인지적 결단을 내렸다고 볼 가능성은 여전히 충분하다. 그래서 더 이상은 스스로를 보호하는 데 관심이 없었던 것이다.

베아트리즈 레예스-포스터는 센트럴 플로리다 대학교의 인류학과 교수로서 사회문화 인류학으로 박사 학위를 받았다. UC 버클리 대학원 시절에 그녀는 멕시코 유카탄반도 마야 공동체의 자살 예방 노력을 연구했다. 이후에는 마야족 환자들이 정신과 의사와 상호작용하는 방식을 관찰하기 위해 공립 정신병원 중증 병동에서 근무하기도 했다.

나는 지금까지 참석했던 회의 중 가장 우울할 것이라 예상했던 학술회의에서 베아트리즈를 만났다. 막스 플랑크 사회인류학 연구소가 개최한 자살과 행위성 워크숍Suicide and Agency Workshop은 11월 말 독일 할레의 쌀쌀하고 어두운 분위기 속에서 열렸다. 하지만 베아트리즈를 비롯해 이 회의에 참석한 인류학자들은 대부분이 발랄하고 유머가 넘치는 사람들로 자살이라는 자신들의 연구 주제에 대해 괴로워하는 기색은 별반 없어 보였다. 어느 날 오후 베아트리즈는 나를 한쪽으로 불러내더니, 동물의 자살에 대한 내 관심이 자신이 유카탄에서 보았던 것을 떠올리게 한다고 말했다.

대부분의 마야족 가정에서는 닭 칠면조 개를 기른다. 부유한 집에서는 돼지 소 오리 거위 비둘기처럼 흔히 쓸모없다고 여겨지는 가금류를 기르기도 했다("유카탄 사람들은 어떤 이유에선지 이런 종류의 가금류를 즐겨 먹진 않았다"). 대다수 마야인들은 생활이 빈곤했기 때문에, 돈을 들여 자신들의 닭 칠면조 개를 수의사에게 데려가는 일은 없었다. 이런 동물들 중 하나가 아파서 먹지 않거나 무기력한 모습을 보이면 사람들은 흔히 그 동물이 '슬픔에 빠졌다'se puso triste고 말한다. 어떤 동물의 죽음이 임박한 것 같으면, 가족들은 그 동물이 '[삶에 대한] 의욕을 잃었다'no tiene ganas고 말하곤 했다. 베아트리츠는 이렇게 말했다. "그런 말을 들으니 삶이 마치 지쳐 쓰러지지 않으려는 일종의 발버둥 같더라고요. 죽음도 방치나 학대의 결과가 아니라 일상적인 것으로 받아들여지고요. 어떤 동물이 슬픔에 빠져서 의욕을 잃으면, 사람들은 이제 그럴 때가 됐다고 단순하게 생각했어요."

이따금 마야 사람들에게도 비슷한 일이 일어났다. 베아트리츠는 자신이 일하던 유카탄반도 중부의 작은 마을에서 한 노인에게 일어난 일을 전해 주었다. 가족들에게 엉클 토마스라고 불리던 그는 70대 후반에 뇌졸중으로 몸이 마비돼 일을 할 수도, 자신의 옥수수 밭에 갈 수도 없게 되었다. 그는 사람들에게 자신이 쓸모없다고 이야기하기 시작했다. 어느 날 그는 스스로 목을 졸라 죽으려 했지만, 힘이 부족했다. 베아트리츠는 이렇게 말했다. "토마스 아저씨의 가족들은 슬퍼하긴 했지만, 그의 행동에 대해 특별히 도움을 요청하지는 않았어요." 그들은 엉클 토마스가 더 이상 자살 시도를 하지 못하도록 노력했지만, 어느 날부터 그는 식사를 거부하기 시작했다. 처음에 가족들은 음식을 먹으라고 설득했다. 하지만 엉클 토마스가 절대 뜻을 굽히지 않을 것임이 확실해지자 그들은 설득을 멈췄다.

"재단하기 좋아하는 사람들이라면 아마 이런 상황을 두고 노인이 쓸모없어졌을 때 어떤 대우를 받는지를 보여 주는 끔찍한 사례라고 생각하겠죠. 근데 저는 그런 관점이 오히려, 어떤 대가를 치르더라도 목숨은 유지해야 한다는 지극히 근대적인 이해에서 비롯된 것은 아닌가 싶기도 해요. 가축들의 삶이 나아질 수 없는 것처럼 엉클 토마스의 삶도 더 나아질 여지가 없잖아요. 산다는 건 본래 고달픈 거고 우리 모두 언젠가는 슬픔triste에 빠져 '삶의 의욕'ganas de vivir을 잃는 시점이 오잖아요. 그때가 찾아오는 거죠. 저는 그런 깨달음이 가능하다고 생각해요. 우리 모두 죽음의 순간이 찾아오잖아요. 이런 종류의 죽음도 자연스러운 일인 거죠."

모든 사람이 토마스 아저씨처럼 죽음의 동기가 명확한 것은 아니다. 돌연사는 더욱 혼란스럽다. 미국자살학회American Association of Suicidology에 따르면, 죽을 때 유서를 남기는 사람은 대여섯 명 중 한 명에 불과하다.[10] 친구나 가족, 정신건강 전문가들도 왜 죽었는지, 심지어 그것이 의도적이었는지조차 알 수 없는 것이다. "나무를 차로 들이받은 건 사고일까요?" "풍경을 보고 감탄하다 미끄러진 걸까요, 아니면 뛰어내린 걸까요?" "실수로 수면제를 너무 많이 먹은 걸까요, 아니면 의도적으로 많이 먹은 걸까요?"

　토마스 아저씨처럼 분별 있는 성인이 의료 처치나 식사를 거부한다면, 그것은 아주 느리게 자살을 시도하는 것이다. 좀 더 충동적으로 행동한 다른 사람들, 그러니까 높은 곳에서 뛰어내리거나 다가오는 차에 몸을 던진 사람도 그 충격이 치명적일지 아닐지 명확하게 계산하지 못했을 수 있다. 이런 사람들은 죽으려고 작정한 걸까, 아니면 올리버처럼 공황 상태에서 고통을 끝내기 위해 뭔가 해야 한다는 압도적 충동에 사로잡힌 걸까? 이토록 많은 인간의 죽음에 대한 수수께끼를 풀기 위해 동물도 자살이 가능하다는 것을 증명해야 한다는 게 아니다. 그보다는 어떤 생명체든 그들 자신에게 유리한 해석이 주어져야 한다는 것이다.

전갈도 자살이 가능할까?

2010년에 역사 속의 동물 자살 현상에 대한 설득력 있는 관점을 확립한 사람은 영국의 과학사학자 에드먼드 램스덴과 덩컨 윌슨이었다. 그들의 논문 「자살의 본질: 과학과 자기 파괴적인 동물」은 동물이 자살 행동을 할 수 있는지를 구체적으로 밝히지 않았음에도 불구하고 비상한 관심을 불러일으켰다.[11] 그들의 주장은 역사에 기술된 동물 자살 이야기가 자기 파괴에 대한 사람들의 지배적인 태도를 반영하고 있다는 것이었다.

그들은 이렇게 썼다. "과학자와 사회단체는 동물의 자살을 이용해 자기 파괴적인 행동을 이해하고 정의하며 … 인간과 자연의 관계를 만회하거나 규탄하면서 해결하고자 했다."[12] 즉, 동물의 자살에 대한 설명은 과학자, 자연학자, 일반 대중에게 인간과 자연의 관계를 성찰하게 해주었을 뿐만 아니라, 꼭 인간에 대해 이야기하지 않고도 인간의 자기 파괴에 대해 생각할 수 있는 수단을 제공해 주었다. 동물 자살에 대한 논의는 동물의 상심과 향수병 사례에서 볼 수 있듯이 사람들이 무의식적으로라도 자신의 고통에 대해 숙고할 수 있는 기회를 준 것이다.

빅토리아시대는 이런 종류의 탐구가 이루어지기 좋은 무척 흥미로운 시대였다.[13] 이 시기에 사람들은 낭만적인 자기 소멸과 스캔들에 매료돼 있었다. 또한 자살은 불명예스러운 것으로 여겨지기도 했다. 영국에서는 가족이 자살했을 경우 그 증거를 숨기려고 안간힘을 썼다. 자살은 불법이고 비도덕적인 것으로 간주됐을 뿐만 아니라, 자살한 "죄인"의 자산은 국왕에게 귀속되고 사체는 교회 묘지에 묻힐 수 없었기 때문이다.[14]

이런 관심은 다른 종의 자살로까지 확장됐다. 윌리엄 로더 린지는 『하등동물의 정신』의 한 장 전체를 이 주제에 할애했다.[15] 그는 동물이 자살하는 데는 노령, 상처받은 감정, 육체적 고통, 정신적 고통과 육체적 고통의 결합, 절망감, 갇혀 사는 데서 오는 좌절감, 우울, 인간의 잔인함, 자기희생

(대개 새끼를 위한 부모의 희생) 등 아홉 가지 이유가 있다고 보았다. 그는 (개 말 노새 당나귀 낙타 라마 원숭이 바다표범 사슴 전갈 황새 수탉 큰흰죽지오리 등) 16종의 동물에서 자살로 추정되는 스물네 가지 이상의 사례를 수집했다. 린지의 연구는 자살에 대한 빅토리아시대 사람들의 태도 변화를 잘 보여 준다. 자살은 도덕적 문제일 뿐만 아니라 의학적 문제이기도 하다는 점을 이해하게 된 것이다.[16]

그렇지만 빅토리아시대의 자연학자들이 모두 동물의 자살 개념을 받아들인 것은 아니었다. 영국의 과학계에서 동물의 자살에 의혹을 제기한 가장 유명한 사례는 1881년 [동물행동학자] 콘위 로이드 모건의 경우다. 그는 전갈이 불길에 휩싸였을 때 정말 자살이 가능한지를 실험해 보기로 했다. 그는 "전갈이 자살 성향을 조금이라도 가지고 있다면 자기 파괴에서 안식을 찾을 수 있도록 유도하는 … 충분히 잔혹한" 실험을 설계했다. 그는 전갈을 병에 넣어 가열하고, 산酸으로 태우고 전기 충격을 가하는 등 "화를 돋우고 괴롭히는 과정"을 진행했다.[17] 모건은 전갈이 독침으로 자기 등을 찌르는 광경을 목격했다. 그러나 그는 이 행동을 자극을 제거하기 위한 본능적인 행동이라고 설명하면서 그렇지 않다고 생각하는 사람을 "관찰을 제대로 못 한 것"이라고 다소 거만하게 비난했다.

동물의 자살을 반증하려는 모건의 노력은 동물에게 지능과 이성이 있다고 생각한 린지와 조지 로마네스 같은 자연학자들의 연구에 대한 반작용이었다. 다윈의 친구이자 진화론의 열렬한 지지자이며 **비교 심리학**이라는 용어를 최초로 사용한 로마네스는 동물의 마음에 대한 자신의 연구에서 다윈과 린지에 대해 썼다. 모건의 전갈 실험이 있은 지 2년 후 그는 『동물의 정신적 진화』를 발표하면서 다윈이 죽기 전에 썼던 본능에 대한 논문을 부록으로 실었다.[18] 상상력에 대한 또 다른 장에서는 "사냥개를 피하는 여우와 늑대의 잘 알려진 잔꾀" 등 동물의 지능과 창조성을 보여 주는 다양한 사례를 다루었고, 동물의 꿈과 망상에 대한 린지의 연구를 인용하기도 했다. 말 새 사냥개 코끼리 등이 자는 동안 나타내는 무의식적 행동, 즉 씰룩거리거나 꽥꽥거리거나 칭얼거리거나 달리는 등의 행동을 로마네스는 상상력의 근거로 제시했다. 다시 말해서, 자면서 앞발을 흔들거나 코를 씰룩거리는 사냥개의 행동을 사냥을 **상상**하는 것으로 본 것이다. 또한 그는 유리병에 강한 애착을 느껴 구애 행동을 보이는 비둘기처럼 동물의 이상 행동을 유발하는 일종의 정신적 오작동, 즉 '불완전한 본능' '본능의 착란'에 대해서도 이야기했다. 로마네스는 린지나 다윈과 마찬가지로 정신이상이 "동물들에게서도 드물지 않은 일"이라고 보았다.[19]

한편, 자살이 범죄라는 생각은 점차 자살이 질병이며 사람들의 생활환경 때문에 발생할 수 있는 문제로 보는 관점에 자리를 내줬다.[20] 이탈리아의 정신의학자 엔리코 모르셀리는 자살이 무의식에 의해서도 일어날 수 있다고 주장하면서 1879년에 출간한 『자살: 비교 도덕 통계학 에세이』에서 인간의 자살 동기가 당사자도 알지 못하는 "비밀스러운 원인" 때문일 수 있다고 썼다.[21]

비인간의 자살이라는 주제는 사회학자 에밀 뒤르켐이 1897년에 획기적 저서 『자살론』를 출간하면서 학문적 탐구의 중심에서 더 밀려났다.[22] 뒤르켐은 당대의 자살과 관련한 통계를 근거로 자살의 원인이 개인의 내적 혼란보다는 사회적 문제의 결과라고 주장했다. 그는 동물의 자살을 본격적으로 다룬 건 아니었지만, 자신을 찌르는 전갈부터 먹이를 거부하는 유기견까지 그간 보고된 모든 동물 자살 사례에는 고의성이나 사전 계획의 증거가 충분하지 않다고 주장했다. 전갈이 소총 쓰듯 자기 꼬리를 쓴 게 아니고, 개가 올가미 쓰듯 밥을 굶은 게 아니라는 것이다.

같은 해에 정신의학자 헨리 모즐리는 정신의학 저널 『마인드』에 기고한 글에서 동물의 자살에 대한 린지의 연구가 의인화의 덫에 빠져 있다고 비판했다. 그는 새끼들이 물에 빠져 죽은 후 갈라진 나뭇가지에 스스로 목을 맸다고 알려진 고양이의 행동에 대한 린지의 분석을 문제 삼았다.[23]

1903년에 모건은 훗날 "모건의 공리"[절약의 법칙]로 알려지게 되는, 동물의 정신적 능력에 대한 종전의 입장을 되풀이했다.[24] 이는 현대사에서 의인화에 대한 가장 유명한 경고로, 1930년대까지 동물의 행동을 대체로 무의식적 과정의 결과로 보는 급진적 행동심리학자들에게 강한 영향을 미쳤다. 모건은 오컴의 면도날을 조금 비틀어서 이렇게 썼다. "동물의 행동이 정신적 진화와 발달이라는 척도에서 더 하등한 과정으로 충분히 설명될 수 있다면, 결코 고등한 정신적 과정의 관점에서 해석되어서는 안 된다."[25] 그는 동물의 자살을 구체적으로 언급하진 않았지만, 사람이 아닌 동물에게 본능으로 설명될 수 있는 것 이외의 행위능력을 부여하지 않았다.

이처럼 행동심리학자들 사이에서 동물의 자살에 대한 회의론이 팽배했음에도 불구하고, 세기 전환기에 영국과 미국의 대중은 그 어느 때보다 동물의 자살에 대한 이야기에 목말라 있었다. 모건·뒤르켐·모즐리 등이 동물의 자살 가능성을 부정하던 시기 전후에도 언론과 대중서(소설과 논픽션)에는 동물의 자살에 대한 내용이 계속 실렸고 이런 이야기는 20세기까지 계속됐다.[26]

1881년 『뉴욕선』에 실린 기사는 이런 이야기의 전형에 해당한다.[27] 이 기사는 개미 전갈 거미 뱀 돼지 개 불가사리의 자살 충동에 대해 길게 다루며 불가사리는 잡히자마자 다리를 떼어 내 자살한다고 썼다. 저자는 대부분의 동물 자살이 잡히지 않거나 고통을 피하려는 의도에서 이루어지는 것으로 추정될 수 있다고 주장했다. 이런 이야기들은 사회적으로 적절한 죽음의 방식, 자기희생에 대한 도덕적 교훈, 적절한 젠더 역할, 포획과 감금의 윤리 등에 대한 사람들의 견해를 투영한 것이자, 헷갈리는 동물의 행동을 인간이 이해할 수 있는 용어로 설명하려는 노력이었다.

사자 렉스는 이런 수수께끼 같은 동물 중 하나였다. 링링 브라더스 서커스단의 일원이었던 렉스는 1901년, 우리 한구석에서 목을 맨 채로 발견됐다. 자기 목사슬에 질식한 것이다. 사육사의 말에 따르면, 렉스의 자살은 자신보다 젊은 수컷과 있었던 창피한 싸움 때문이었다. "아시겠지만, 사자는 사교계 여성만큼이나 허영심이 강해요. 그렇게 오랫동안 우두머리였는데 모두 앞에서 싸움에 지고 상처를 입었으니 상심이 컸겠죠. 걔한테 뭐든 가장 좋은 것만 주고 애정도 듬뿍 줬지만 소용없었어요. 렉스는 더 이상 예전처럼 당당하게 고개를 들고 다니지 않더라고요. 우리 뒤쪽에서 침울하게 어슬렁거리다가 결국 어느 날 자살했습니다."[28]

19세기 말과 20세기 초에 영국과 미국에서 가장 흔히 보도된 동물 자살의 사례는 개와 말이었다.[29] 개는 영장류 동물과 더불어 인간과 가장 밀접한 관계에 있는 동물이었다.[30] 또 개와 말은 주변에서 흔히 찾아볼 수 있는 동물이기도 해서 그들의 복지에 대한 관심도 점차 높아지고 있었다. 이 시기 영국의 왕립동물학대방지협회 같은 단체들은 동물에 대한 보다 인도적 대우를 위한 운동에 힘을 실어 주기 위해 자기희생적인 개들에 대한 이야기를 대중화했다.[31] 말의 경우, 유명한 자연학자들이 보통 고귀한 존재로, 때로는 사람보다 더 고귀한 것으로 묘사했기 때문에 말이 기수들과 같은 종류의 정서적인 문제로 고통받을 수 있다는 주장이 그리 이상하게 들리진 않았을 것이다.[32]

1905년 2월, 워싱턴주 남부의 한 지방 고등법원은 말 한 마리가 자살했다는 판결을 내렸다.[33] 마구간에서 빌려온 이 말은 진창길에서 마차를 끌다가 수렁에 빠졌다. 마부에 따르면, 풀어 주려고 했지만 말은 도대체 벗어나려 들지를 않았다. 마부는 도움을 청하기 위해 자리를 떴고, 그 사이 도로에 물이 범람해 말은 익사했다. 마주는 마부를 고소하고 그의 과실을 비난했지만, 법정에서 "예전부터 그 말이 간혹 삶에 대해 아무런 관심도 없는 것처럼 보였다"고 인정했다. 법원은 그것이 "동물의 분명한 자살 사건"이라고 판결했고, 마주는 패소했다. 이외에도 말이 고의로 버스 앞으로 뛰어들거나 철교에서 뛰어내리려 했다는 이야기가 있었다.[34]

이런 이야기들은 분명 자기희생, (렉스의 경우) 남성성, 포획과 감금의 윤리, 그리고 사회적으로 용인 가능한 죽음의 방법 등에 대한 도덕적 교훈을 반영하고 있다. 그러나 이는 비록 관찰자에 의해 왜곡되고 부풀려졌다 해도, 실제 동물 행동에 대한 기록이기도 하다. 흔히 사람들은 동물의 죽음을 하나의 원인으로 설명하려 들기 때문에, 자살 가능성이 있는 개 말 사자에게 일종의 합리성을 확장시킨다. 동물 자살 회의론자들이 그런 생각을 불식하려고 안간힘을 썼지만 사람들은 자살하는 동물들의 이야기를 계속 찾아냈다.

돌고래 플리퍼의 자살

돌고래 조련사에서 동물 보호 활동가로 변신한 릭 오배리는 1970년대부터 돌고래의 자살을 주장해 왔다.[35] 일부 활동가들 사이에서도 평가가 엇갈리는 그는 일본 다이지太地 마을의 돌고래 도살을 다룬 다큐멘터리 <더 코브>The Cove의 주인공이기도 하다. 한번은 국제포경위원회 회의에 항의하는 의미로 돌고래 도살 장면이 재생되는 티브이 모니터를 착용하고 시위를 벌이기도 했다. 그는 미 해군이 공연이나 연구에 사용할 목적으로 사육 돌고래들을 풀어 주려다 투옥된 적도 있었다.

또한 오배리는 오늘날 씨월드 같은 놀이공원에서 이루어지는 돌고래 쇼 — 이런 쇼에서 돌고래들은 꼬리로 춤을 추고, 몸을 비틀며 공중제비를 돌며, 지시에 따라 울음소리를 내고, 싸구려 애니메이션이 재생되는 대형 스크린을 배경으로 시끄러운 팝 음악에 맞춰 조련사를 이리저리 끌고 다닌다 — 에 대해 어느 정도 책임이 있는 인물이기도 하다. 오배리는 미국의 1세대 돌고래 조련사들 중 한 명으로 명성을 떨쳤다. 1960년대에 그는 3년간 방영된 인기 티브이 시리즈에서 플리퍼 역을 연기한 돌고래들을 훈련시켰다. 이는 이후 20년간 수십 개국에서 재방송됐다. 심지어 오배리는 쇼에 등장하는, 돌고래들이 갇혀 있는 인공 호수의 가장 자리에 위치한 집에서 살았다. 플리퍼는 곧 세계에서 가장 유명한 돌고래가 되었고, 클리넥스가 뽑아 쓰는 휴지의 대명사가 된 것처럼 돌고래의 대명사가 되었다.

그런데 플리퍼는 한 마리가 아니었다. 오배리의 책『돌고래의 미소 뒤편』에 따르면, 플리퍼 역을 연기한 것은 훈련된 돌고래 다섯 마리였다.[36] 플리퍼는 1950, 60년대 가족 오락물의 전형으로, 항상 마지막에는 악당이 붙잡히는 줄거리로 위안을 주었다. 플리퍼를 가장 자주 연기한 돌고래는 캐시라는 이름의 암컷으로 오배리와 특히 친했다.

쇼가 진행된 처음 몇 년간 오배리는 캐시나 다른 돌고래들의 복지에 대해 아무런 의구심도 품지 않았다. 그는 새로 얻은 명성과 날로 늘어나는 은행 잔고를 즐겼고, 플리퍼의 인기가 높아지면서 전 세계적으로 우후죽순 생겨난 돌고래 공연 시설들에 판매할 돌고래를 잡기 위해 포경선에 올랐다. "분명 제가 그 당시 전 세계에서 가장 보수가 센 조련사였을 거예요. … 매년 포르쉐가 한 대씩 들어온다면 누구라도 자기만족에 빠지기 쉽죠. … 저는 완전히 무감각해져서 마치 이런 상황이 계속 이어질 것처럼 생각했어요. 정말 무식했던 거죠."[37]

쇼가 끝나고 얼마 지나지 않아 캐시가 있던 마이애미 해양 수족관에서 걸려온 전화 한 통을 받으면서 오배리의 모든 것이 바뀌었다.[38] 캐시의 상태가 좋지 않다는 것이었다. 캐시는 일정도 바뀌고, 돌보던 직원도 바뀐 채 자신이 알고 있던 다른 돌고래들과 멀리 떨어진 철제 수조 안에 혼자 고립돼 있었다. 오배리가 수족관에 도착해서 보니 캐시는 햇빛에 그대로 노출돼 검은 물집으로 뒤덮여 있었고 극도로 쇠약한 상태로 수조 위를 무기력하게 떠다니며 거의 숨을 쉬지 않았다.[39] 오배리는 옷을 입은 채 바로 물속으로 뛰어들었다. 그의 말에 따르면 캐시는 오배리의 품으로 헤엄쳐 들어와 숨을 거두었다. 그는 이렇게 말했다. "캐시는 자살했어요. … 돌고래와 고래는 무의식적으로 호흡하는 게 아니라 매번 의식적으로 호흡을 해요. 그래서 언제든 원치 않으면 삶을 끝낼 수 있어요. 캐시도 그렇게 한 거예요. 다음 숨을 들이마시지 않기로 한 거기 때문에 자살이나 자기-유도 질식이라고 불러야 해요. 그 사건을 계기로 제 자신을 돌아보게 되었죠."[40]

캐시는 1970년 4월 22일에 죽었다. 마침 그날은 제1회 지구의날Earth Day✦이었다. 미 전역에서 2000만 명의 시민이 항의 표시로 방독면을 쓰고 푸른색 펜과 물감으로 급하게 그린 플래닛어스Planet Earth 포스터를 들고 시위에 참석했다.[41] 일주일 후 이 새로운 환경 운동과 캐시의 가슴 아픈 죽음에서 영감을 받은 오배리는 바하마로 가 돌고래를 가둬 둔 그물을 끊었다. 그 돌고래는 그가 마이애미 해안에서 포획해 비미니의 레너 해양 연구소Lerner Marine Lab에 팔아넘긴 돌고래였다. 그러나 돌고래는 오배리가 뚫어 놓은 구멍으로 빠져 나가려 들지를 않았다.[42] 그는 발각돼 체포됐지만 그 후에도 단념하지 않았다.

캐시가 의도적으로 자살한 것인지는 알 수 없다. 그러나 그녀가 죽는 모습을 지켜본 트라우마는 오배리의 삶을 바꿔 놓았다. 이제 그에게 포르쉐는 없다. 그는 다른 해양공원과 수족관에서 캐시와 같은 죽음이 일어나지 않도록, 자신이 출발을 도왔던 바로 그 사업을 뿌리 뽑는 데 지난 40년을

✦ 1969년 1월 28일, 미국의 정유 회사 유니언 오일이 캘리포니아주 샌타바버라 해안 근처에서 일으킨 원유 유출 사고를 계기로 만들어졌다. 제1회 지구의날 시위는 지금까지도 일일 시위로는 가장 큰 규모의 시위로 기록되고 있다.

바쳤다고 내게 말했다. 나는 오배리의 이야기가 감동적이긴 했지만, 고래류와 일했던 다른 사람들도 돌고래가 의도적으로 자살할 수 있다고 믿는지 알고 싶었다. 난 당시 미국 휴메인 소사이어티 해양 포유류 분과의 책임자였던 나오미 로즈에게 전화를 걸었다. 브리티시컬럼비아 대학에서 수컷 범고래의 사회동학 연구로 박사 학위를 받은 그녀는 국제포경위원회의 과학위원회 위원이었으며, 해양 포유류의 건강과 포경, 환경 변화 등의 영향을 평가하는 여러 기구들에서 활동하고 있었다.

그녀는 갇혀 사는 고래와 돌고래의 자살은 가능한 일이라고 보며 이는 강박적 패턴으로 헤엄을 치거나 수조 벽에 머리를 들이받는 등의 자학 행위들과 같은 맥락에 있다고 말한다.[43] 캐시의 죽음이 자살이라고 생각하는지 묻자, 그녀는 충분히 가능하다고 했다. 그러면서 내가 한 번도 생각해 보지 않았던 점을 지적해 주었다. 그것은 우리가 수족관에서 보는 돌고래와 고래들은 정신적으로 가장 튼튼한 개체일 수 있다는 것이었다. 우리는 살아남은 고래들만 보고 있는 것이다.

"줄무늬 돌고래 같은 원양 종들의 전체 스펙트럼을 살펴보면 이해에 도움이 될 겁니다. 이들은 수천 마리씩 무리를 지어 살죠. 포획해서 수조에 가둘 수야 있지만, 아침에 오면 모두 죽어서 물위에 떠있는 모습을 보게 될 걸요. 거두고래도 비슷해요. 걔들은 기껏해야 1, 2년쯤 살다 죽을 거예요. 20년간 씨월드에 살았던 거두고래 버블스는 아주 드문 예외죠. 수족관이나 해양공원에서 흔히 볼 수 있는 큰돌고래 범고래 벨루가 같은 것들은 회복력이 강한 동물들입니다. 갇혀 사는 상태를 견뎌 내는 거죠."[44] 그러나 로즈는 때로는 이렇게 튼튼한 동물들도 생을 포기해 버릴 수 있다고 확신했다. 이는 보통 섭식이나 다른 동료들과의 관계를 거부하면서 스스로 죽어가는 심한 우울증의 형태로 나타난다.

빠르게 번지고 있는 종양을 치료하지 않은 우울증 환자의 경우, 사망

증명서에는 사인이 암이라고 적힐 수 있겠지만 사실 숨은 원인은 우울증이라 해야 할 것이다. 앞서 언급했듯이 인간의 자살에는 식사를 중단하거나 약을 먹지 않거나 혹이 만져져도 의사의 진료를 거부하는 식의 소극적인 행동부터 총기를 사용하거나 고층 건물에서 뛰어내리는 등의 적극적인 자발적 죽음에 이르기까지 다양한 행위가 포함돼 있다. 방법이나 기간만큼이나 그 동기와 이유, 사연도 제각각이다. 비인간 동물도 스스로를 파괴하는 특유의 방식이 다양하게 존재할 수 있다. 스스로에게 치명적 상처를 입힐 수 있는 도구가 상대적으로 적고, 자신의 목적을 계획할 수 있는 인간과 같은 정교한 인지 능력은 부족할지라도 그들 역시 자해가 가능하고 실제 자해를 하기도 하며, 때로는 죽는다.

흔히 사람들은 동물이 끔찍하고 벗어날 수 없는 생활 조건에 처해 있을 때, 자기희생처럼 보일 때, 또는 20세기 초의 사례들처럼 지배적인 사회적 가치를 수호하는 편리한 방편이 될 수 있는 경우에만 그 행동을 자살로 해석하는 경향이 있었다. 또 그 행동이 당혹스러울 정도로 비논리적이거나 그것을 설명할 과학적 합의가 없는 경우에도 자살이라는 설명이 뒤따르곤 했다. 이런 자살 이야기는 개별 동물의 자살에 대한 산발적 신문 보도나 돌고래 캐시와 같은 이야기에서가 아니라 전 세계 해변으로 헐떡이는 몸을 끌어올린 돌고래와 고래들이 반복적으로 목격되면서 정점에 이르렀다.

집단 자살?

캐시가 제1회 지구의날에 죽은 것은 우연이 아닐 수 있다. 자살하는 동물에 대한 20세기와 21세기의 다양한 설명들은 자기 파괴에 대한 사회적 태도의 투영일 뿐만 아니라 환경 독소와 정신질환 사이의 연관성에 대한 보도, 군사적 초음파 사용이 해양 포유류에 미치는 예기치 못한 결과, 아직은 알려지지 않은 온난화의 영향 등에 대한 불안감을 반영한 것이기도 하다.

두 마리 이상의 해양 포유류가 산 채로 해안으로 밀려오는 좌초 사건은 고대부터 목격돼 왔던 일로, 그림, 사진, 신문 기사, 그리고 최근에는 동영상으로 기록돼 있다.[45] 1577년에 제작된 플랑드르 지방 작가의 판화 작품을 보면 거대한 향유고래 세 마리가 해안의 모래사장에 얹혀 죽어 가는 모습이 그려져 있다. 세 마리 모두 입을 벌리고 있으며 고통으로 몸부림치는 것처럼 보인다. 파도를 타고 더 많은 고래들이 해안을 향해 몰려오면서 분수공 밖으로 숨을 내뱉는다. 해변 위편 절벽에서는 사람들이 삼삼오오 모여 이 모습을 지켜보고 있고, 멀리 커다란 선박이 몇 척 보인다. 20년 후 네덜란드에서 있었던 좌초 사건을 그린 그림에는 집채만 한 고래가 해변에 올라와 있고, 엘리자베스 칼라를 한 여성들, 타이즈를 신은 남자들, 신기해하는 개들, 그리고 말 위에서 걱정스런 눈빛으로 사태를 지켜보는 귀족 두 명이 등장한다. 하지만 이 같은 좌초 현상을 과학적으로 집계하기 시작한 것은 훨씬 나중의 일로 19세기 말이 되어서야 이루어졌다.[46]

미국에서는 1930년대부터 언론에 인간과 고래의 자살을 비교하는 기사가 자주 실렸다.[47] 1937년에 『뉴욕타임스』에 실린 「자살하는 고래의 수수께끼」라는 제목의 기사에서 기자는 남아프리카에서 범고래 50마리가 왜 뭍으로 올라왔는지 이해하기 위해 고군분투한다.[48] 10년 후에는 44마리의 고래가 거친 바다에서 헤엄쳐 나와 "명백한 집단 자살의 형태로 … 의도적으로 해안에 올라왔다."[49] 『뉴욕타임스』는 이번에도 자살을 거론했다. "과거에도 여러 차례 고래들이 설명할 수 없는 '할복'풍으로 플로리다 해변에 스스로 올라온 적이 있었다." 자살로 보이는 고래의 행동은 자해에 그치지 않고 일본군을 떠올리게 했던 것이다.

특히 1950년 스코틀랜드에서 일어난 대규모 좌초 사건은 너무나 의도적인 것으로 보여 목격자들 사이에서 자살 논의를 촉발했다.[50] 한 목격자에 따르면, 무려 274마리의 거두고래들이 해변으로 밀려와 "얕은 물속에 거대한 바윗돌처럼 쌓여 있었다. … 검은 피부의 이 거대한 포유류들은 꼬리를 거칠게 철썩거리고 섬뜩한 울음소리를 내면서 숨을 헐떡였다." 어부들이 깊은 물속으로 예인했지만, 열두 마리 이상의 새끼들이 어미와 함께 있으려고 계속 해안으로 되돌아왔다. "새끼들은 마치 '어뢰처럼' 해안으로 되돌아왔어요." 목격자가 말했다. 그들의 날카로운 울음소리는 해변에 있는 어미들의 더 깊은 포효에 대한 화답처럼 들렸다. 런던 자연사박물관의 한 관계자는 고래의 자살이라는 관념을 불식하려는 듯, 거두고래들이 "군집 생활을 하는 무리"이며, 무리의 우두머리가 우연히 좌초한 뒤 다른 돌고래들이 맹목적으로 그 뒤를 따라와 빚어진 현상이라고 말했다.

고래학자들은 돌고래와 고래의 자살에 대한 보고에 점점 더 회의적인 반응을 보였고, 그들의 죽음이 알려지지 않은 다른 원인에서 비롯됐다고 주장했다.[51] 예를 들어, 1973년 사우스캐롤라이나 찰스턴 인근에 거두고래 24마리가 좌초하자, 스미소니언 박물관의 과학자들이 사체 부검을 위해 도착했다. 이 박물관의 포유류 큐레이터는 한 기자에게 "자살설은 생각해볼 수 있는 일이지만 현재로선 증거가 전혀 없다"고 말했다.[52] 해양 포유류 과학자들 사이에 이루어진 유일한 합의는 이와 관련해 아무런 합의도 없다는 것이었다.

비과학자들은 그다지 회의적이지 않았다. 미국에서 돌고래와 고래의 집단 자살에 대한 보도는 1960, 70년대 내내 신문을 장식했다.[53] 좌초에 대한 보도는 전반적으로 늘어나는 추세였다. 일반 대중이 고래의 자살 보도에 개방적이었던 이유 중 하나는, 인간이 아닌 동물도 보호받을 가치가 있다는 신념이 높아졌기 때문일 것이다. [54] 1960년대 중반부터 고래와 돌고래는 "고래를 구하라"Save the Whale 캠페인과 고래의 노랫소리를 담은 음반, 현대식 포경에 대한 비판적 보도 등을 통해 새로운 환경 운동의 얼굴이 되었다.

역사가 에티엔 벤슨에 따르면, 이 동물들에 대한 연민이 대중적으로 확산되면서 야생 돌고래와 고래를 전시 목적으로 포획하는 행위를 둘러싼 논쟁과 1972년 해양포유류보호법의 제정에 영향을 미쳤으며, 고래학 분야에서 지금도 사용되는 추적 방법과 장치들이 보급됐다.[55] 19세기 후반 인간과 가까웠던 탓에 더 공감의 대상이 되었고 자살도 가능한 것으로 여겨졌던 개와 말처럼, 이런 고래류가 공감 대역으로서 담당했던 역할은 실제로 고래가 자살을 했는지 여부와 관계없이 고래의 자살에 대한 보고를 좀 더 그럴싸하게 만들었을 것이다.

거의 40년이 지난 지금까지도 고래의 좌초 원인을 둘러싼 의구심과 혼란은 사라지지 않고 있다.[56] 잠재적 원인에 대한 신빙성 있는 이론으로는 군용 수중 음파탐지기, 원유 탐사, 대형 선박들이 운항하면서 내는 해양 소음, 고래류의 건강과 행동에 영향을 미치는 오염 물질, 대규모 기후변화와 그에 따른 바람·조류·수온의 변화, 질병, 고래가 육지로 올라오게 하거나 얕은 물에 갇히도록 혼란을 주는 지형 등이 거론되고 있다. 이런 스트레스 요인들은 고래류의 사회성·문화·성격·의사소통에 대한 최근 연구와 결합해 보면 지금까지 나온 이야기들 가운데 가장 설득력 있는 설명이 될 수 있을 것이다.[57] 그중 하나로 고래류가 사회적 결속력이 매우 강해서 해양 소음, 오염 물질, 질병 등으로 상처를 입은 무리의 구성원을 따라 건강한 고래들까지 좌초하게 된다는 설명이 가능하다.[58]

동물의 자살과 관련한 학술회의라고 할 만한 것이 있다면, 해마다 열리는 태평양몽크바다표범 및 고래류 응급 구조 요원 회의Hawaiian Monk Seal and Cetacean Responders Meeting가 될 것이다. 참석자들은 대부분이 보수를 받지 않는 자원봉사자들로 미국의 태평양이나 대서양 해안, 알래스카 또는 하와이

제도 인근의 좌초 지점 근처에 사는 사람들이다.[59] 이들은 서로 연락망을 구축해 놓고 틈틈이 해변을 찾아 이상한 행동을 하는 바다표범 돌고래 고래를 조사한다. 해양 생추어리, 국립해양대기청, 수산청, 해안경비대, 하와이 대학 등에서 일하는 응급 구조원들은 보수를 받지만, 대부분은 무보수다. 이들은 젖은 수건과 물 양동이로 해변에 올라온 돌고래들의 몸을 식히고, 수분을 유지해 주며, 유아용 수영장에 넣어 주기도 한다. 또 탈진한 바다표범 주변에 말뚝과 테이프로 보호 울타리를 쳐놓고 곁을 지키면서 해수욕을 하는 사람들에게 목소리를 낮추고 좀만 더 물러나 달라고 요청하는 일도 한다.

나는 해양 포유류가 스스로 목숨을 끊을 수 있는지 알아보기 위해 2010년 하와이 힐로에서 열린 회의에 참석했다. 도착하자마자 나는 마치 히스테리에 대해 논의 중인 상담사들의 회의에 온 듯한 기분이 들었다. 내가 대화를 나눈 과학자와 좌초 응급 구조원들은 하나같이 **자살**이라는 말을 듣고 싶어 하지 않았다. 그들에게 자살이라는 말은 썩어 가는 바다표범의 사체보다도 더 고약한, 의인화의 악취를 풍기는 것 같았다. 나는 돌고래나 고래가 그려진 티셔츠와 스포츠 샌들을 신고 피부가 검게 그을려 있는 참석자들에게 좌초한 해양 동물들이 자살한 거라 생각하는지 묻고 다녔다. 고개를 삐딱하게 기울이며 MIT 박사과정생이라고 적힌 내 이름표를 미심쩍은 눈초리로 쳐다보는 이도 있었고, 그냥 가버리는 이들도 있었다.

어쨌든 나는 그곳에 남아 며칠간 발표를 들으면서 가수 닐 영의 집 앞 바위에 박힌 향유고래 사체에 대한 긴 보고를 포함해, 좌초에 대해 몇 가지 놀라운 사실을 알게 되었다. 무엇보다도 내가 알고 있다고 생각했던 건 모두 사실이 아니었다. 좌초한 고래나 돌고래는 실제로는 두 가지 끔찍한 운명 중 그나마 나은 쪽을 고른 것이었다. 한 구조대원은 내게 이렇게 물었다. "고속도로를 건너려다 버스에 치였는데, 도로 옆으로 기어갈 수 있다고 상상해 보세요. 당신이라면 누군가가 다시 고속도로 한가운데로 옮겨 놓기를 원하겠어요?" 내가 평소 생각했던 것과는 반대로, 뭍에 올라온 돌고래나 고래는 절대 다시 물속으로 끌고 들어가서는 안 되는 것이었다. 해안은 구명조끼처럼 그들이 숨을 쉴 수 있게 해주는 역할을 해줄 수 있기 때문이다. 돌고래와 고래는 저절로 물에 뜰 수 있는 동물이 아니다. 이들이 호흡을 위해 표면에 머물려면 많은 노력이 필요한데 힘이 약한 경우 가라앉기 쉽다. 이를 제대로 조절하지 못하면 익사할 수 있다. 설령 스스로 해안에 올라오는 것이 결국엔 치명적일 수 있다 해도 물에 가라앉아서 호흡을 못 하면 더 빨리 죽게 된다. 탈진하거나 병에 걸리거나 다친 고래는 익사하는 대신 바위나 해안에 좌초하는 경우가 많다. 그중 일부는 회복해서 물속으로 돌아갈 수 있다. 그렇지만 앞에서 언급했듯이, 무리 중에서 아파 보이는 건 두세 마리에 불과한데도 무리 전체가 해안에 상륙해 있을 때도 있다.

　고래학자 리처드 코너는 이런 현상이 사회적 동물이 광활한 해양 환경에 적응해 온 방식과 연관돼 있다고 주장했다. 고래류를 제외하고 포식자로부터 숨을 공간이 없는 장소에서 진화한 포유류는 없었다. 돌고래와 고래는 굴속으로 피신할 수도 없고 나무에 오르거나 동굴 속에 숨을 수도 없다. 위험에 직면했을 때 그들이 할 수 있는 건 오직 서로의 뒤에 숨는 것뿐이다. 이는 고래의 사회 세계가 진화하는 데 영향을 미쳐 서로를 신뢰하고 소통하며 협력하는 능력이 더욱 중요해졌을 수 있다.[60] 이는 또한 일부 좌초 현상에 건강한 개체들이 포함되는 이유를 설명해 준다. 건강한 고래도 병든 동료를 두고 떠날 수 없어 좌초할 수 있는 것이다. 이런 설명들에는 흥미로운 긴장 상태가 반영돼 있다. 이 동물들이 지각과 지능, 의도성을 가진다는 점은 인정하지만 해양 포유류 학자들이 보기엔 이들의 좌초 행동이 자살이라 부를 만한 수준은 아닌 것이다.

　1997년, 아일랜드에 좌초한 흰줄무늬 돌고래 19마리 중 병이 든 것은 한 마리뿐이었다.[61] 울혈성 심부전으로 사망한 이 돌고래는 무리 중에서 가장 나이가 많고 몸집이 컸다. 좌초된 돌고래들이 모두 병에 걸려 있었지만, 증상이 눈에 띄지 않았을 수도 있다. 아니면 고래학자 할 화이트헤드가 주장했듯이, 건강한 동물들이 나이 든 동료에 대한 감정적 유대 때문에 좌초했을 수도 있다.

고래나 돌고래가 인간처럼 자신을 개별적인 의식, 자아, 신체를 가진 개체로 생각하지 않기 때문일 수도 있다. 예를 들어, 범고래가 된다는 것은 "나"가 아니라 "우리"가 되는 것일지도 모른다. 아픈 동료를 따라 좌초하는 것은 사람의 경우처럼 의식적인 선택이 아닐 수 있다.

힐로의 청중석에 앉아서 연구자와 자원봉사자들이 일반 대중에게 고래의 좌초가 바다 속에서 익사하지 않기 위한 선택일 수 있으며 따라서 물속으로 다시 밀어내서는 안 된다는 것을 어떻게 교육시킬 것인지 논의하는 모습을 지켜보면서 나는 베아트리츠가 말한 '삶의 의욕'ganas de vivir에 대해 생각했다. 이 회의 참석자들은 **자살**이라는 말을 쓰지 않았지만, 좌초가 고래들의 의도적 **선택**이며, 그들을 그대로 놔둬야 하는 이유도 바로 그 때문이라는 것을 인식하고 있었다. 이들의 태도는 고래가 명백하게 죽을 의도로 그랬다는 것은 아니더라도, 고래가 의도를 가지고 한 행동이었음을 인정하는 것 같았다.

2010년 힐로 회의 이후 군용 음파탐지기의 사용과 좌초 행동의 연관성을 논하는 많은 연구 결과들이 발표됐다.[62] 미 수산청과 미 해군은 2010~12년 사이에 캘리포니아만 한 크기의 북서 훈련 해역에서 이루어진 해군 활동으로 인해 해양 포유류에 65만 건의 피해가 발생한 것으로 추정된다는 보고서를 발표했다.[63] 이에 지구정의Earthjustice와 천연자원보호협회National Resource Defense Council 등 환경 단체와 아메리카 원주민 단체가 연합해 해양 야생동물 보호에 실패한 수산청을 고소했다. 캘리포니아 해안에서 벌어진 해군 실험으로부터 해양 포유류를 보호하기 위한 비슷한 법적 소송들은 지금도 진행 중이다.[64] 2013년 7월 『영국왕립학회보』에 게재된 해양 포유류와 인공 소음의 상관관계에 대한 최신 연구에 따르면, 대왕고래는 군용 수중 음파탐지기를 피해 달아나느라 먹이 활동을 비롯한 여타 활동을 방해받으며, 이에 따라 좌초할 가능성도 높아진다.[65]

이런 연구, 법정 기록, 언론 기사들은 자살을 언급하고 있지는 않지만 사실 굳이 그럴 필요도 없다. 이는 고래가 포경의 대상이 아닌 보호 활동의 초점이 된 이래로 고래를 둘러싸고 제기되었던 우려의 목소리가 되풀이되고 있는 것이기 때문이다. 자살하는 고래류에 대한 과거의 보고들을 뒷받침했던 동기와 공감이 오늘날 소음과 기후변화가 고래의 행동에 미치는 영향을 입증하려는 노력을 촉발하고 있는 셈이다. 과거의 "고래를 구하라" 운동이 이제는 "고래를 음파탐지기에서 구하라"로 바뀌었을지 모르지만, 그 기저에 흐르는 "고래를 사람으로부터 구하라"라는 메시지는, 그들의 죽음이 자살이든 아니든, 여전히 계속되고 있는 것이다.

조지 메이슨 대학의 해양 과학자 크리스 파슨스는 십 년 넘게 고래류의 행동을 연구해 왔다. 최근 플로리다에서 발생한 거두고래의 좌초 행동을 설명할 방법을 찾던 중 그는 이렇게 말했다. "꼭 달려오는 차에 뛰어드는 사람을 보는 것 같아요. 대체 왜 그랬을까? 어디가 아팠나? 정신착란 같은 게 일어난 걸까? 아니면 차 소리를 못 들었거나 보지 못한 걸까?"[66] 어쩌면 죽고 싶었을지도 모른다.

바다의 미친 모자장

강력한 신경독소인 수은이 17세기 모자 제조업에 도입됐다. 토끼 가죽을 뜨거운 질산수은에 담그면 뻣뻣한 겉털을 부드럽게 함으로써 펠트 공정에서 모피 층을 쉽게 뭉칠 수 있었기 때문이다. 모자 장인들은 환기가 잘 되지 않는 방에서 일하며 엄청난 양의 신경독에 노출됐다. 19세기 후반에 이르러서는 이들 사이에 수은중독 증상이 너무 흔해져서 "모자장의 떨림"hatter's shakes이나 "모자장처럼 미쳤다"mad as a hatter 같은 표현이 일상적으로 쓰였다. 그러나 모자 장인들의 증상이 단지 몸을 떠는 것만은 아니었다.[67] 수은에 중독된 그들은 지나치게 수줍어하고 자신감이 부족했으며, 매우 불안해했다. 또한 병적으로 두려움에 떨었고 비난을 받으면 분노를 폭발시켰다.

오늘날 사람들이 수은에 노출되는 가장 흔한 원인은 모자 제작이 아니라 우리가 먹는 생선이다.[68] 무기 수은은 화산에서 방출되는 등 주변 환경에서 자연적으로 발생할 수 있지만 대부분은 석탄 연소와 같은 인간 활동에 의해 생성된다. 박테리아, 균류, 식물성 플랑크톤은 바다 밑바닥에 가라앉아 있는 무기 수은을 섭취해 메틸수은으로 변환시킨다. 이윽고 이런 미생물들은 어류와 다른 해양 생물들의 먹이가 되고, 수은은 먹이사슬을 따라 올라가면서 점점 더 축적돼 돌고래·상어·고래 같이 가장 크고 수명이 긴 해양 포식자의 몸속에서 독성 농도가 최고치에 도달한다.

이렇게 섭취된 수은은 대부분 소화관에서 흡수돼 혈류로 유입된 후 전신으로 확산된다. 인간과 여타 동물들의 경우 수은은 혈액-뇌 장벽*을 쉽게 통과해 뇌에 축적된다. 또 태반을 통과해 태아의 혈액·뇌·신체에도 축적될 수 있다. 성인의 경우, 수은은 시각 피질과 소뇌의 뉴런 손실을 유발한다는 점에서 그 피해는 집중적이지만 다소 제한적이다.[69] 발달 중인 뇌에서는 손상이 더 광범위하고 파괴적이다. 태아와 영유아의 경우 노출 수준이 높으면 청각 장애, 실명, 뇌성마비, 정신지체, 마비 등을 일으킬 수 있다. 제한

✦ 중추신경계통의 미세혈관 구조는 혈액 속의 물질 중 선택된 일부 물질만 뇌 속으로 이동할 수 있도록 하는 특성이 있다. 혈관과 조직이 매우 촘촘하게 그물을 형성해 해로운 물질이 뇌로 도달하는 것을 막는 것이다.

적인 노출로도 학습과 언어장애, 주의력 장애 같은 미묘하지만 골치 아픈 문제를 일으킬 수 있다. 또한 정신과적 문제를 유발하기도 한다. 『신경정신의학 및 임상 신경과학 저널』에 실린 최근 논문에 따르면, 만성 수은중독은 불안과 소심증, 그리고 "조롱에 대한 병적인 두려움"pathological fear of ridicule (이는 모자장에 대한 수백 년 된 전설을 뒷받침해 준다)을 초래할 수 있다.[70]

수은이 해양 포유류에 미치는 영향은 상세히 연구되지 않았지만, 좌초한 돌고래와 고래, 외해의 건강한 고래, 그리고 점박이 바다표범과 북극 바다표범에서 채취한 조직 샘플에 대한 몇 가지 연구가 있다.[71] 또한 고래 고기를 먹는 패로 제도 주민들 같은 인간 집단을 대상으로 한 연구에서는 역추적을 통해 동물의 수은 수치를 알아내는 것도 가능했다.[72] 지난 몇 년간 독성학자들은 주로 수은이 함유된 물고기를 먹는 이빨고래·바다표범·바다사자·북극곰의 체내에 높은 수치의 신경독이 함유돼 있다는 사실을 밝혀냈다.[73] 점박이 바다표범의 경우 이런 오염은 면역 반응 저하와도 관련이 있다.[74] 인간의 수은 노출은 신경계 문제를 일으키고 일부는 정신과적 영향을 미치는 것으로 알려져 있기 때문에, 릭 오배리의 주장처럼, 해양 포유류도 고유의 신경계 장애를 겪을 수 있으며, 이는 좌초 행동을 조장할 수 있다.

수은이 인간을 비롯한 동물들에서 정신질환을 일으키는 유일한 환경 독소는 아니다.[75] 이런 연구들은 자살과 직접적 관련은 없다 해도 인간과 비인간 동물의 정신 건강과 환경 독소 사이의 연관성을 규명하는 독성학 연구의 일부라 할 수 있다.

납, 망간, 비소, 유기인산염계 살충제는 모두 인간의 정신질환 발병률 증가와 실험동물의 이상행동과 관련이 있는 것으로 밝혀졌다.[76] 인간을 대상으로 한 연구에 따르면, 납에 노출된 공장 노동자들은 우울증 혼란 피로 분노에 시달리는 비율이 높았다.[77] 납에 노출된 어린이를 대상으로 한 연구에서는 반사회적 행동과 주의력 문제가 증가한 것으로 나타났다. 망간 중독은 식욕부진, 불면증, 심신 쇠약을 야기하는 것으로 알려져 있다. 또한 독소에 노출된 사람들은 끝없이 웃거나 울고 충동적으로 달리거나 춤추고 노래하고 말하고 싶어 하는 강한 충동을 느낀다는 보고도 있다. 만성 비소중독은 현기증과 설사부터 우울증과 편집증적 망상 사고에 이르기까지 온갖 증상과 관련돼 있다.

쥐를 대상으로 한 실험에 따르면, 납 비소 수은 등의 독성 물질에 노출된 설치류는 이상행동을 보이며 앓다가 결국 죽음에 이르는 것으로 나타났다.[78] 야생 상태에서 이런 독소와 이상행동 사이의 잠재적 관계를 이해하기는 더 어렵다. 그러나 독소가 아닌 기생충에 의해 유발된, 다른 생물의 자기 파괴적인 행동에 대해서는 몇 가지 잘 입증된 사례가 있다.

자기 파괴 감염증

1990년대 초부터 체코의 과학자 야로슬라프 플레그르는 이따금 자신이 하는 위험천만한 행동이 — 혼잡한 도로에서 경적을 울려 대는 차들 사이를 누비거나, 여전히 위험한 시기에 체코 공산당 지도부에 대한 경멸을 무모하게 드러내거나, 주변에서 총성이 울리는데도 태연자약하게 있다거나 하는 — 자신의 성격 때문이 아니라 감염 때문은 아닐까 궁금증이 들기 시작했다.[79] 당시 플레그르는 마침 진화생물학자 리처드 도킨스의 책에서 개미의 신경계를 감염시켜 개미를 자살 드론으로 변모시킴으로써 자신의 재생산 주기를 안정화하는 편형동물의 자연사를 읽은 뒤였다. 개미는 원래 포식자를 피해 땅속에 머리를 묻는데, 편형동물에 감염된 개미는 극도로 무모해져서는 이런 평소 행동과 정반대로 풀잎 끝까지 올라가 턱으로 풀잎을 꽉 물고 있다. 그러면 지나가던 양을 비롯한 방목 가축의 먹잇감이 되기 쉬워지는데, 그렇게 해서 가축의 몸속으로 들어간 편형동물은 번식이 가능해지는 것이다.

플레그르는 자신이 이런 무모한 개미의 인간 버전은 아닌가 고민했다.[80] 비슷한 방식으로 숙주를 조종하는 톡소포자충 연구에 특화된 생물학과에 들어간 그는 본인이 그 원충에 감염돼 있음을 확인한 후 그 기생충의 생애 주기와 그것이 행동에 미치는 영향을 연구해 보기로 했다. 흔히 T. 곤디 또는 톡소라고 불리는 이 기생충은 감염된 고양이의 배설물을 통해 외부로 배출된다. 이후 설치류 돼지 소 등이 풀을 뜯거나 먹이를 먹을 때 흙을 통해 기생충이 몸속으로 유입된다. 톡소충은 몸 전체로 퍼져 나가 뇌와 다른 조직으로 분산된다. 인간도 이 기생충에 감염될 수 있는데, 고양이 화장실을 통해서나 동물의 배설물에 오염된 농산물, 감염된 동물의 익히지 않은 고기를 먹어서 노출되는 경우가 많다. 플레그르는 미국인보다 고기를 덜 익혀서 먹는 프랑스인의 경우 감염률이 일부 지역에서는 55퍼센트에 달한다는 사실을 발견했다.[81] 미시간 주립 대학의 연구에 따르면, 미국인의 감염율은 10~20퍼센트 정도다. 그러나 이 기생충은 사람 쥐 돼지 등의 체내에서 생애 주기를 완성할 수 없으며 다시 고양이의 몸속으로 돌아갈 방도를 찾아야 한다. 톡소충 이야기는 바로 이 대목에서부터 그야말로 기괴해진다.

플레그르는 기생충이 숙주 동물의 행동을 변화시킴으로써 — 가령 설치류의 활동성을 높여 고양이의 주의를 끌기 쉽게 만든다 — 숙주를 고양이의 몸속으로 들어가는 배송 수단으로 만든다는 사실을 발견했다.[82] 플레그르의 연구를 기반으로, 런던 임페리얼 칼리지의 기생충학자 조앤 웹스터는 이 기생충에 감염된 쥐가 포식자들 앞에서 더욱 무모해질 뿐만 아니라 실제로 고양이 소변 냄새에 **끌리게** 된다는 사실을 발견했다. 웹스터는 다른 기생충학자와의 공동 연구를 통해 톡소충은 설치류의 뇌에서 도파민(쾌락과 관련된 신경전달물질로 수치가 너무 높아지면 뇌 손상과 조현병을 일으킬 수 있다) 생성을 증가시킨다는 사실을 입증했다. 연구진이 감염된 쥐에게 뇌 속의 도파민 수용을 차단하는 항정신병제를 투여하자 그 쥐는 더 이상 고양이에 끌리지 않게 되었다. 한편, 스탠퍼드 대학의 신경과학자 로버트 새폴스키와 그의 연구실 소속 박사 후 과정 연구원은 쥐의 자기 파괴적인 행동을 설명하면서 톡소충이 쥐의 뇌에서 공포 반응을 해체하고 새로운 [성적 흥분] 회로를 만들어 낸다는 것을 입증하는 동시에 실제로 쥐가 고양이 소변에 성적으로 끌리도록 만든다는 것을 보여 주며 이론을 확장했다. 기이하게도 톡소충은 감염된 수컷 쥐가 암컷 쥐에게 더 매력적으로 보이게도 하는데, 이는 기생충이 마치 성병처럼 수컷 설치류의 정자에서 암컷의 자궁으로 이동해 암컷과 새끼를 감염시킬 수 있기 때문에 생물학적으로도 멋진 속임수라 할 수 있다.[83]

수십 년간 우리는 이 기생충에 감염된 임산부가 유산이나 사산을 하고, 머리가 비정상적으로 크거나 작은 아기를 출산할 가능성이 높다는 사실을 알고 있었다.[84] 그러나 플레그르는 이 기생충이 사람의 행동에도 영향을 미쳐, 고양이에 매료되거나 자신의 목숨을 무모하게 여기게 되는 것은 아닌지 궁금했다. 그는 이 기생충에 노출된 사람들이 그렇지 않은 사람들보다 대형 교통사고를 두 배나 더 많이 저지른다는 것을 발견했다.[85] 이는 감염된 사람들이 더 위험한 운전자일 수 있다는 뜻이었다. 튀르키예와 멕시코에서 이루어진 후속 연구에서도 비슷한 결과가 나왔다. 최근에 플레그르는 이 기생충에 감염된 남성이 고양이 오줌 냄새를 좋아한다는 연구 결과를 발표했다.

톡소충 감염의 정신과적 영향은 훨씬 더 놀라웠다.[86] 1950년대 여러 연구들이 톡소 감염과 조현병 사이에 인과관계까지는 아니더라도 상관관계가 있음을 보여 주었다. 2011년 유럽 20개국에서 자살한 여성들을 대상으로 한 연구는 각국의 톡소충 감염률과 자살율 사이에 상관관계가 있을 수 있다고 지적했다. 이는 톡소충이 자살에 대한 생각과 행동, 그리고 살인 발생률과 관련이 있다는 다른 연구 결과와도 일맥상통한다. 그러나 톡소충 자체가 인형을 부리듯 사람을 조종해 적극적으로 자살을 재촉하는 것은 아닐 것이다. 오히려 범인은 그 기생충에 대한 인체의 신경화학적 반응, 기생충으로 손상을 입은 뇌 조직, 일부 기생충이 도파민 생성을 촉진하는 특성, 또는 이런 요인들이 결합한 무엇일 수 있다. 다시 말해, 톡소충이나 신경 손상을 유발하는 다른 무엇이 사람들에게 자살 생각이 들게 하거나 조현병을 일으킬 가능성을 높이는 것이다.

2012년 미시간 주립 대학에서 『임상 정신의학 저널』에 발표한 연구에 따르면, 톡소충 감염으로 인한 뇌염이 가장 유력한 원인일 수 있다.[87] 연구진 중 한 명인 레나 브룬딘에 따르면, "자살자와 우울증 환자의 뇌에서 염증의 징후를 발견한 연구들도 있고, 톡소포자충과 자살 시도를 연결 짓는 보고서들도 있다." 이 연구에 따르면, 기생충 검사에서 양성 반응을 보인 사람들은 자살 시도 가능성이 7배 더 높았다.

톡소충 이야기는 2010년 또 다른 종에서도 나타났다. 캘리포니아 해안에서 수달들이 대량으로 죽어 가기 시작한 것이다.[88] 그런데 더 이상한 일은 상어에게 공격받은 수달의 숫자가 지난 25년간 두 배로 늘었다는 점이다. 수달의 서식지에서 상어의 개체 수가 회복된 때문으로 부분적 설명이 가능했지만, 연구자들은 그것이 유일한 이유라고는 확신하지 못했다. 몇 년 전, UC 데이비스 수의과대학 교수이자 동물 기생충학자인 퍼트리샤 콘래드와 공동 연구진이 살아 있는 수달의 42퍼센트와 죽은 수달의 62퍼센트가 톡소충에 감염됐다는 사실을 발견한 바 있었기 때문이다.[89]

콘래드는 도시 인근에 사는 수달이 더 감염률이 높다는 사실도 발견했다.[90] 고양이 배설물이 포함된 유거수가 연안수에 유입되면서 수달이 기생충에 감염된 것으로 보였다. 톡소충 감염으로 중증 뇌염에 걸린 수달은 상어의 공격으로 사망할 확률이 약 4배 더 높았다. 북서 태평양 연안의 해양 포유류를 대상으로 한 2011년 연구에서도 돌고래 바다표범 바다사자에서 톡소충 감염률이 높은 것으로 나타났다.[91] 이 동물들은 상당수가 톡소포자충뿐만 아니라 주머니쥐의 배설물을 통해 확산되는 주육포자충에도 감염 돼 있었다. 이 유대류有袋類는 북서 태평양 연안으로 꾸준히 영역을 확장해 왔으며, 이 지역의 잦은 폭풍우로 인해 고양이 배설물과 마찬가지로 주머니쥐의 배설물이 바다로 유입됐다. 미국립알레르기·감염병연구소National Institute of Allergy and Infectious Diseases 연구진은 주육포자충이 감염된 동물의 면역 체계를 약화시켜 톡소충 감염의 증상을 악화시킨다는 이론을 제시했다. 그러나 수달이나 돌고래에서도 위험한 행동 — 상어를 도발하거나 다가오는 선박과 담력을 겨루거나, 그 밖의 수수께끼 같은 방식으로 스스로를 위험에 빠뜨리는 등의 — 을 일으키는지에 대한 연구는 아직 이루어지지 않았다.

바다사자처럼 미쳐

같은 태평양 연안에서 야생동물의 자기 파괴 행동처럼 보이는 또 다른 기이한 현상이 일어나고 있다. 수달이 술에 취한 털북숭이 선원처럼 행동하고 캘리포니아바다사자가 환경적인 영향에 의한 것으로 보이는 이상한 형태의 정신이상 증세를 나타내고 있는 것이다.

　어느 습한 겨울과 봄에 걸쳐 나는 샌프란시스코만이 내려다보이는 해양포유류센터에서 월요일마다 자원봉사를 했다. 그곳은 물범과 바다사자류를 다루는 국내 유일의 해양 포유류 병원으로 매년 수백 마리의 바다사자, 점박이 바다표범, 코끼리 바다표범을 치료하는 곳이었다. 이 병원의 수의사들은 세계적으로도 가장 숙련된 해양 동물 전문가들이었다.

자원봉사를 시작하고 얼마 지나지 않은 어느 날, 나는 어린 캘리포니아바다사자의 우리 옆을 지나가고 있었다. 그 바다사자는 3미터가 넘는 철조망 울타리를 정신없이 기어오르다가는 나를 흘긋 쳐다봤다. 그녀는 지느러미가 달린 발로는 딛을 곳을 찾지 못하고 연거푸 바닥으로 떨어졌다. 울타리 바깥쪽에 매달려 있는 이름표에 누군가가 "프렌지" Frenzy[광란이]라고 써놓은 게 보였다. 잘 어울리는 이름이었다. 탈출한 사례가 몇 번 있긴 했지만 — 한번은 이 시설이 개축되기 전에 바다사자 한 마리가 울타리를 벗어난 적이 있었는데, 다음날 아침 직원이 휴게실 소파 위에서 쉬고 있는 그를 발견했다 — 통상 바다사자들은 철조망 울타리를 기어오르려 하지 않는다.

프렌지는 산타크루즈 해안가에서 발견됐다. 목격자들은 그녀가 발작을 일으키면서 잘 움직이지 못하는 것을 보고 도움을 요청했다. 내가 프렌지를 만났을 때는 그녀가 해양포유류센터에 들어온 지 일주일도 안 된 시점이었다. 다이아제팜(발륨)으로 발작은 어느 정도 조절하고 있었지만, 계속해서 꿈틀거리는 건 멈추지 않은 상태였다. 그녀는 그러다 갑자기 움직임을 멈추고는 주변을 두리번거리더니 내가 볼 수 없는 무언가에 자극을 받은 듯 우리 문을 향해 달려가 짖으며 좌우를 살폈다 — 그것은 마치 다른 바다사자들이 먹이 주는 시간에 생선통을 든 자원봉사자나 직원이 왔을 때 하는 행동과 비슷했다. 그러나 생선통을 들고 온 사람은 아무도 없었고, 나는 그녀가 볼 수 없는 곳에 서있었다.

프렌지는 일종의 유령 자극에 반응하는 것 같았다. 짖고 싶고, 우리 벽을 기어오르고 싶고, 물속 깊숙이 잠수하고 싶은 열망이 거센 바람을 타고 온 구름처럼 그녀를 스쳐 지나가는 듯했다. 이런 행동이 비정상적인 것은 아니었지만, 그 방식이 이상했다. 그것은 마치 치매를 앓고 있는 할머니가 저녁을 준비하는 광경을 보는 것 같았다. 가스레인지를 켜고 냄비에 물을 채우기는 하는데 행동이 순서대로 이루어지지 않고 덜컥거리는 것처럼 말이다. 뭐가 잘못된 건지 꼭 집어낼 순 없지만, 분명 이상한 구석이 있었다.

프렌지의 차트를 훑어보니 수의사가 조류藻類 때문에 나타난 증상이라고 판단한 것을 알 수 있었다. 태평양 연안에서 파도타기나 수영, 해수욕을 즐기는 사람들은 흔히 적조, 즉 바닷물을 붉게 물들이는 조류 번식에 대한 안내와 함께 물에 들어가지 말라는 경고 문구를 보게 된다. 적조는 대부분 동물에게 무해하지만 수십 종의 식물성 플랑크톤과 남세균은 독소를 생성한다.[92] 그중 하나가 규조류인 수도-니츠시아 오스트랄리스Pseudo-nitzschia australis다. 이는 손톱 다듬는 줄처럼 생긴 작고 가느다란 생물로 도모산을 생성한다. 도모산은 적조기에 규조류를 먹는 조개류 정어리 멸치 등에 축적되며 이를 바다사자 수달 고래류 그리고 인간이 다시 먹게 된다.

도모산 중독증은 1998년 당시 해양포유류센터의 수석 과학자였던 프랜시스 걸랜드가, 해변에 좌초한 캘리포니아바다사자 수백 마리가 이상할 만큼 자신감 넘치고, 발작을 일으키며 탈수 증세를 보이는 모습을 발견하면서 처음 진단했다.[93] 사람이 신경독에 노출되면 기억상실성 패류 중독으로 알려진 증상을 야기한다.[94] 인간의 경우, 오염된 홍합이나 여타 조개류를 먹고 구토와 설사 증세를 나타낼 수 있다. 일부는 정신이 혼미해지거나 기억을 잃고, 잠시 동안 방향감각을 잃기도 한다. 드물게 혼수상태에 빠지는 경우도 있는데, 소수의 경우, 대개 노인이나 어린이, 당뇨병이나 만성 신장 질환이 있는 사람에게 도모산이 영구적인 인지 장애를 일으킬 수 있다.

프렌지와 같은 바다사자는 주 사냥터가 어디냐에 따라 이 독소에 장기간 노출될 수 있다.[95] 도모산이 뇌에 지속적으로 유입되면, 말 그대로 미쳐서 자기 파괴적인 행동을 나타낼 수 있다. 대개 이런 증상은 잠깐에 그친다. 해양포유류센터는 구조한 동물에게 수분을 공급하고 오염되지 않은 신선한 물고기를 먹여 몸에서 독소를 배출하고 항경련제를 투여한다. 바다사자가 기력을 회복하면 인간 조력자들과 지나치게 친해지기 전에(자원봉사자들은 지나치게 사회성이 높고 호기심 많은 동물들과 눈을 맞추거나 만지거나 직접 말을 걸지 않도록 해야 한다) 재빨리 바다로 방류된다. 하지만 장기간 산에 노출된 바다사자는 다시 바다로 돌아갈 수 없다. 이들 중 상당수는 방향감각을 잃어서 예전처럼 깊이 잠수하거나 오래 물속에 있을 수 없으며, 병적인 무모함과 같은 다른 문제에 시달릴 수 있다. 연구자들은 이런 문제의 원인을 해마 — 학습, 기억, 공간 탐색 등과 관련된 뇌 영역 — 에 생긴 이상에서 찾았다.[96] 바다사자의 기이한 행동과 정신병적 증상은 이런 해마 손상을 통해 설명될 수 있다.

최근 해양포유류센터와 모스랜딩해양연구소 연구진은 이 독소가 행동에 미치는 장기적인 영향을 좀 더 알아보기 위해 오랫동안 독소에 노출된 바다사자 여러 마리를 풀어 줬다.[97] 연구진은 바다사자에게 무선 송신기를 부착해 움직임을 추적했다. 결과는 심란했다. 정상적으로 잠수가 가능한 바다사자는 거의 없었고, 대부분이 이상한 방향으로 헤엄쳤다. 한 마리는 먹이를 먹거나 쉬기 위해 멈추지도 않고 곧장 먼 바다로 향했고, 하와이쪽으로 가던 도중에 전파 송신이 중단됐다. 연구진은 그 바다사자가 너무 지쳐서 더 이상 가지 못하고 굶어 죽었을 것으로 추정했다. 또 다른 암컷은 살리나스강을 따라 4킬로미터를 헤엄쳐 아티초크 밭과 양상추 농장이 있는 광활한 내륙으로 향했다. 이 암컷은 열흘 동안 빙글빙글 돌며 오로지 헤엄만 쳤다.

괴이할 정도로 자신만만한 행동을 보이는 바다사자도 있었다.[98] 해양포유류센터에서 방생한 바다사자 CSL 7096는 극도로 공격적이어서 서핑대회에 참가한 서퍼들을 물속으로 밀어 넣으며 성가시게 했다. 와일더라는 별명을 가진 또 다른 바다사자는 샌프란시스코 마리나 해안에 상륙한 뒤 경찰차 위에 올라가서는 45분 동안 내려오지 않았다.[99]

사람의 경우, 해마는 주변 환경을 탐색하는 데 도움을 줄 뿐만 아니라 불안에 대한 반응을 조절하는 중요한 역할을 한다.[100] 해마는 스트레스 호르몬에 반복적으로 노출되면 매우 민감해지며, 여러 뇌 영상 촬영 연구에 따르면 외상 후 스트레스 장애, 중증 우울증, 경계선 성격 장애 같은 특정 정신질환을 앓는 사람들도 해마에 이상이 있는 것으로 나타난다. 이런 연구 결과가 바다사자와 관련해 어떤 의미인지는 알 수 없지만, 안타깝게도 녹조와 그들의 정신 건강 사이의 관계를 조사할 기회는 점점 더 많아지는 것 같다. 세계보건기구와 미국 국립해양대기청에 따르면, 해수 온도가 상승하면서 규조류의 개체 수가 증가할 수 있다고 한다.[101]

기후변화가 우리의 정신적·육체적 건강에 미치는 영향을 미리 경고한다는 점에서 프렌지와 같은 바다사자들은 지느러미가 달린, 신종 광부의 카나리아일 수도 있다. 1980년대 중반까지만 해도 광부들은 치명적인 일산화탄소 수치를 알려 주는 경보기로 작은 새장에 카나리아를 넣어 어두운 갱도로 내려갔다.[102] 새가 죽으면, 사람도 즉시 지상으로 올라오지 않는 한 죽게 된다. 광부들은 카나리아가 횟대에서 떨어지는 것만으로도 위험 신호라 여겼다. 경찰차 위에 태연하게 앉아서 쉬고 있는 바다사자 역시 그런 경고 신호로 봐야 할 것이다.

에필로그
| 귀신 고래가 인간을 용서할 때 |

하나의 반려종은 있을 수 없다. 반려가 되려면 최소한 두 종이 있어야 한다.
도나 해러웨이, 「반려종 선언」

다른 동물에게 가장 도움이 되는 방법은 보통 상식적인 데 있다. 그러나 이를 깨닫기 위해 때로는 가장 그럴 법하지 않은 곳으로 여행을 떠날 필요가 있다.

내가 피 사로테를 처음 만난 것은 태국 북동부에 위치한 수린에서 외국 자원봉사자들과 함께 물 양동이를 들고 땀에 흠뻑 젖은 채로 질척거리는 들판을 가로지르고 있을 때였다. 우리는 반타클랑 마을에 사는 굶주린 코끼리 수백 마리의 먹이가 될 대나무 묘목을 심고 있었다. 하지만 나는 우리가 떠나고 나면 과연 누가 이 애처로운 작은 식물에 물을 줄 것인지 의구심이 들었다. 관개 사업은 외국인들을 위해 일부러 만들어 낸 일거리 같았다. 날씨는 덥고, 난 대체 내가 여기서 뭘 하고 있는 건지 의문이 들기 시작했다. 내가 알고 싶은 건 대나무가 아니라 코끼리였다. 특히 다루기 까다롭거나 사람을 죽인 적이 있는 문제 코끼리에 대해 알고 싶었고, 코끼리를 잘 다루기로 소문난 반타클랑 사람들이 이런 코끼리를 어떻게 온순하고 행복하게 만드는지 궁금했다. 우리 일행을 돌봐주기로 한 마훗 중 한 명으로 피 사로테가 나타났을 때, 난 그에게 코끼리 막대나 갈고리가 없다는 것을 알 아차렸다. 이런 모습은 처음이었다. 난 투덜거리기를 멈추고 들판을 가로 질러 우리 쪽으로 걸어오고 있는 그를 바라보았다.

그 옆에는 코끼리 두 마리가 느른한 모습으로 걷고 있었다. 둘은 이따 금 걸음을 멈추고 땅에서 풀을 뜯거나 머리 위쪽 가지에서 나뭇잎을 한 입 뜯어 먹었다. 그중 매 부아라는 이름의 일흔여덟 살 된 암컷 한 마리는 부드 러운 눈과 깃발처럼 펄럭이는 튼튼한 귀를 가지고 있었다. 나중에 나는 그 녀가 1932년, 피 사로테의 할아버지 집에서 태어났다는 사실을 알게 되었 다. 할아버지가 세상을 떠나자 사로테의 아버지가 매 부아를 물려받았고, 결국 그마저도 죽은 후 사로테에게로 넘어간 것이었다. 만약 매 부아가 더 오래 산다면 그의 아들들에게 상속될 것이었다. 매 부아는 이미 그 아들들 을 잘 알고 있었다. 사로테는 매 부아를 "할머니"라 불렀고, 그의 아버지가 그랬듯 평생 단 하루도 떨어져 본 적이 없었다. 매 부아는 한 번도 맞거나 묘 기를 부리도록 훈련을 받은 적이 없었다. 또 매 부아가 낳은 새끼 여섯 마리 도 모두 사로테의 가족이 되어 마을의 코끼리 유모 대여섯 마리와 함께 어 미 매 부아가 키우고 있었다.

그날 사로테와 함께 있던 다른 코끼리는 여섯 살 된 암컷 눈 니잉이었 다. 나이가 더 많은 매 부아가 차분하고 신중한 데 비해 눈 니잉은 시끄럽고 제멋대로였다. 눈 니잉은 내가 물병이 비어 있음을 보여 줄 때까지 계속 내 물병 뚜껑을 열려고 하다가는, 임시 동물병원 위층으로 올라가 진료소에 방치돼 있던 바나나를 훔쳐 먹었다. 또 눈 니잉은 사로테를 격하게 아꼈다. 누구든 사로테와 함께 걸으려면, 눈 니잉의 반대편에서 조심해서 걸어야 했고, 그러지 않으면 눈 니잉이 커다란 머리를 들이밀기 시작해 사로테의 곁을 확보할 때까지 몸 전체를 밀고 들어왔다. 이 코끼리의 화를 돋우지 않으면서 사로테가 안아 줄 수 있는 사람은 그의 아내가 유일했다.

마흔세 살의 사로테는 햇살 아래서 코끼리를 찾느라 눈을 가늘게 뜬 탓인지 눈가에 주름이 깊게 패어 있었다. 그는 끊임없이 농담을 했고, 종종 코끼리에 대해서도 농을 했는데, 그럴 때면 코끼리의 몸에 자연스럽게 가만히 몸을 기댔다. 그러면 코끼리는 코로 그의 손을 잡거나 그에게 슬쩍 몸을 기대는 식으로 반응했다. 내가 피 사로테를 만난 날, 눈 니잉은 그와 함께한 지 4개월밖에 안 된 상황이었는데도 거의 말없이 의사소통을 해서 평생 알고 지낸 사이처럼 보였다. 눈 니잉은 사로테가 가는 곳이면 어디든 따라다니며 끊임없이 찍찍댔는데 그것은 마치 그의 관심과 애정을 테스트하는, 일종의 코끼리 음파탐지기 같았다.

눈 니잉과 사로테가 매일 하는 물놀이를 하러 진흙 연못에 갈 때면, 그는 눈 니잉을 향해 고개를 돌려 간신히 들릴까 말까 한 작은 목소리로 이렇게 말했다. "눈 니잉, 어서 가서 수영해." 그러면 눈 니잉은 조용히 물속으로 들어갔다. 연못을 떠날 때가 되면 다른 마훗들은 코끼리를 불러서 구슬리고 때로는 물속으로 들어가 데리고 나오기도 하고, 쇠로 만든 고리를 머리 위로 흔드는 이도 있었다. 하지만 사로테는 연못가에 앉아서 눈 니잉을 향해 고개를 끄덕이거나 이름을 속삭였고, 그러면 눈 니잉이 빠른 걸음으로 물 밖으로 나와 그의 곁으로 다가왔다.

수린에서 묘목을 심고 물 양동이를 채우다가도 나는 이따금씩 고개를 들어 사로테가 어디 있는지 살폈다. 그는 보통 탁 트인 들판의 유일한 그늘인 눈 니잉의 네 다리 사이에서 쉬고 있었다. 사로테가 코끼리 배 아래서 양반다리를 하고 앉아 있으면 눈 니잉은 풀을 뜯었고 그의 모자 끝이 눈 니잉의 배를 스치며 간질였다.

넉 달 전만 해도 눈 니잉은 배 아래 앉는 것은 물론이고 아무도 감히 가까이 갈 수 없었다. 눈 니잉의 공격성 때문에 지난번 그녀를 돌봤던 마훗은 눈 니잉이 자신을 죽이거나 크게 다치게 할까 봐 겁에 질려 있었다. 태국 남동부의 차암 지역에서 사로테의 사촌이 키우는 코끼리에게서 태어난 눈 니잉은 첫해를 어미와 함께 보냈다. 관습에 따라 그녀는 코끼리 수도승이 준 이름이 적힌 세 개의 사탕수수 조각 중 하나를 집어 들어 스스로 이름을 정했다. 인근에 살던 사로테는 그녀의 마훗은 아니었지만 이 새끼 코끼리와 어미를 자주 봤다. 눈 니잉이 한 살이 되자 훈련이 시작됐다. 눈 니잉은 코끝으로 붓을 잡고 그림 그리는 법을 배웠고, 커다란 훌라후프를 돌렸다. 서커스 코끼리가 되기 위한 훈련이었고, 묘기를 배운다는 건 녹초가 될 만큼 힘든 과정이었다. 한동안 마을 한가운데 위치한 초라한 먼지투성이 서커스 링에서 그림을 그리고 축구공 차는 묘기를 연습시키다가 눈 니잉이 네 살 되던 해, 사로테의 사촌은 그녀를 치앙마이시 외곽에 있는 코끼리 캠프에 임대했다.

눈 니잉은 캠프가 고용한 마훗과 2년을 일하며 함께 지냈지만 순조롭지 않았다. 눈 니잉이 여섯 살이 되었을 무렵, 수린에 있는 가족들은 눈 니잉이 위험하기도 하고 마훗과 캠프를 찾는 관광객 모두에게 골칫거리가 되고 있다는 소식을 들었다. 그녀는 훈련받은 묘기를 부리는 걸 좋아하지 않았고 종종 완강히 공연을 거부했다. 실망한 캠프 측은 사로테의 아픈 사촌을 불러 그녀를 데려가라고 했다. 사로테가 코끼리를 잘 다루는 것을 알고 있던 사촌은 그에게 눈 니잉을 회수해서 좀 더 유순하게 만들 수 있을지 판단해 달라고 부탁했다. 사로테는 눈 니잉을 장난기 많은 새끼로 기억하고 있었기 때문에 살인마가 아니라 그저 외롭고 비참한 상태여서 그런 걸 거라고 생각하고 있었다. 캠프에 가서 보니 눈 니잉은 나이에 비해 작고 야윈 상태였지만 사로테를 보더니 기뻐했다. 그는 눈 니잉을 데리고 수린으로 돌아가는 긴 여행길에 오르며, 이 어린 코끼리를 서커스에서 일하게 하지 않고도 먹여 살릴 수 있기를 바랐다.

집에 도착해 사로테가 가장 먼저 한 일은 눈 니잉을 매 부아에게 소개한 것이었다. 나이 든 코끼리와의 교제가 그녀에게 도움이 될 것이라 믿었기 때문이다. 얼마 전 매 부아는 불안에 시달리던 또 다른 코끼리를 도와준적이 있었다. 마을에서 한 암컷이 새끼를 처음 낳았는데 수유를 거부할 뿐만 아니라 새끼를 죽이려 들었다. 새끼가 태어나던 날 밤, 어미가 새끼를 해치지 못하도록 마훗 40명이 날카로운 나무 막대를 들고 새끼를 지켜야 할 정도였다. 어미는 사슬까지 끊고 그 작고 겁에 질린 새끼에게 달려들어 밟아 버리려 했다. 몇 시간 후 사람들은 다시 어미에게 새끼를 맡겨 봤지만, 어미는 코로 새끼를 후려쳐 의식을 잃게 만들었고, 결국 사람들이 이 작은 새끼 코끼리를 소생시켜야 했다. 이 코끼리의 소유주이자 노련한 마훗이었던 피 퐁은 피 사로테에게 새끼를 잘 돌보고 차분하기로 소문난 매 부아가 좀 도와줄 수 있겠냐고 물었다.

사람들은 어미 코끼리를 쇠사슬로 나무에 묶고, 새끼를 어미가 닿을 수 없는 곳에 서있는 매 부아에게 맡기고는 뒤로 물러서서 지켜보았다. 매 부아는 코로 새끼를 쓰다듬더니 새끼를 데리고 천천히 어미 주위를 빙빙 돌았다. 그러다가는 코로 새끼를 안내하며 젖이 잔뜩 불어 있는 어미의 가슴으로 데려가 먹으라고 재촉했다. 새끼는 젖을 먹었다. 매 부아는 새끼가 스스로 젖을 먹을 수 있을 때까지 곁에 머물며 새끼를 지키고 두 코끼리를 모두 편안하게 해줬다. 마침내 피 퐁은 어미의 사슬을 풀어 줬다. 매 부아는 2주간 밤낮으로 어미와 새끼 곁을 지켰고, 그때부터 그 둘과 결코 멀리 떨어지지 않았다. 2년 후 두 코끼리가 다른 주로 팔려 가게 되자 매 부아는 사슬을 끊고 그들을 따라가려 했다. 그들이 떠난 후 며칠 동안 그녀는 마지막으로 그 둘을 봤던 곳으로 달려가 계속해서 그들을 불러 댔다.

피 퐁은 이렇게 말했다. "어미가 새끼와 떨어지면 슬퍼하죠. 이모도 마찬가지예요. 새로운 코끼리 친구를 찾아 줄 때까진 울음소리 때문에 잠을 못 잘 겁니다."

눈 니잉이 마을로 돌아오고 며칠 후 피 사로테, 매 부아와 함께 셋은 함께 물가로 나가 풀을 뜯었다. 오후에는 사로테가 눈 니잉을 목욕시키고, 그녀를 데리고 마을 주위를 돌아다녔다. 석양이 지자 그는 그녀를 매 부아 곁에 묶어 놓고 둘에게 풀과 파인애플 꼭지를 먹였다. 추운 밤에는 불을 피워 그들을 따뜻하게 해주었고, 벌레가 많은 밤에는 모깃불을 놓아 연기로 벌레를 쫓아 주었다. 피 사로테는 매일같이 눈 니잉을 쓰다듬어 주고, 격려하고, 간식을 먹이고 자신의 식사를 나눠 줬으며, 그녀가 우스운 동작을 하면 웃어 주고, 가볍게 장난을 쳤다. 그의 아이들도 눈 니잉을 찾아와 똑같이 놀아 주었고, 친구와 사촌들도 마찬가지였다. 그는 따뜻하게 말할 때도 있고 엄하게 말할 때도 있었지만, 항상 애정 어린 태도로 일관했다. 얼마 지나지 않아 눈 니잉은 체중이 불기 시작했고, 찍찍대는 소리로 애정 표현을 시작했다. 매 부아와 완전히 친해지진 못했지만 눈 니잉은 새로운 삶과 일상에 행복하게 안착했다.

사로테는 이렇게 말했다. "이제 눈 니잉은 자기가 소중한 존재라는 걸 알아요. 얘도 날 사랑하고 나도 얠 사랑해요."

또 눈 니잉은 사로테를 신뢰한다. 사로테는 불안에 시달리는 불행한 코끼리가 행복해지도록 하는 데 애정 다음으로 중요한 것은 신뢰 쌓기라고 믿는다. "가령 눈 니잉은 사슬에 매이는 걸 좋아하지 않지만, 밤에는 제가 그렇게 해야 한다는 걸, 그래야 제가 잠을 자고 다른 가족을 만날 수 있다는 걸 알고 있습니다. 매일 아침이면 제가 사슬을 풀어 주러 올 거라는 걸 잘 알고 있어요."

어느 날 밤, 우리는 모닥불 주변에 둘러앉아 사토라 불리는 쌀로 빚은 현지 막걸리를 양철 컵에 담아 마시고 있었다. 불가엔 사로테의 딸이 잠들어 있었다. "내가 쟤만 할 때, 여긴 지금과 전혀 다른 곳이었어요." 사로테가 이렇게 말할 때 그의 뒤쪽에서는 매 부아와 눈 니잉이 어둠 속에서 부드럽게 사각거리며 풀을 씹는 소리가 들려왔다.

사로테와 반타클랑의 주민들은 구에이족으로 수세기에 걸쳐 이 지역에서 살아 온 소수민족이다. 코끼리는 이들의 가족이자 수입원인 동시에 신성한 존재로, 탄생과 죽음을 공동체의 중요한 행사로 여기는 구에이 문화의 중심이다. 수천 년 동안 구에이 코끼리 샤먼들은 길들인 코끼리를 타고 숲으로 들어가 멧돼지 가죽으로 만든 올가미로 매년 30~40마리의 야생 코끼리를 잡았다. 여러 날이 소요되는 이 원정은 엄격하게 통제됐고, 참여하는 남자들은 신중하게 선발됐다. 이 기간 동안 원정대원들은 구에이 말을 쓰는 것이 금지됐고, 그들만이 아는 비밀 언어로—그 말을 배우는 데만 몇 년이 걸렸고 숲에서만 사용됐다—의사소통을 했다. 이렇게 잡은 코끼리들은 구에이족이 운송 수단으로 쓰거나 시암['태국'의 옛 이름]의 왕들에게 전쟁 코끼리로 팔려 갔다. 나중에는 태국 정부와 영국 기업들이 벌목에 쓰기 위해 이 코끼리를 사들였다.

이 지역의 광활한 숲은 야생 코끼리의 고향일 뿐만 아니라 자바 코뿔소와 수마트라 코뿔소, 물소, 야생 소(밴팅, 구아, 쿠프레), 호랑이, 표범, 아시아 야생 들개, 그리고 수많은 초식동물의 서식지이기도 하다. 이처럼 야생동물이 많았기 때문에 구에이족은 굶주린 동물로부터 자신들이 수확한 쌀을 지키기 위해 축대를 높이 쌓고 집을 지었다.

1961년, 마지막 야생 코끼리가 포획되기 전까지만 해도 수린 지역의 생태계는 건강하게 유지되고 있었다. 하지만 20세기 말이 되자 숲과 그것이 지탱하고 있던 동물들이 사라졌다. 거대한 논이 풍경을 지배하게 되었고, 간혹 살아남은 나무들만 드문드문 눈에 띄었다. 피 사로테가 십대 때 코끼리들은 항상 숲에서 풀을 뜯어 먹고 살지만 이제 구에이족 역사상 처음으로 사료를 사야 했다. 많은 사람들이 코끼리를 팔았고, 남은 코끼리들은 더 이상 풀어놓을 숲이 없어 사슬에 묶여 있어야 했다.

　그들을 둘러싼 풍경의 변화만큼이나 구에이족의 문화도 극적으로 변화했다. 수세대에 걸쳐 야생 코끼리를 포획해 훈련시켰던 남자들은 이제 소규모로 논농사를 짓고 사냥을 하거나, 대규모 쌀 농장에 일자리를 구했고, 코끼리와 함께하며 쌓아 온 어마어마한 기술은 트레킹이나 서커스 공연용 코끼리를 훈련시키는 일에 썼다. 일부는 코끼리를 데리고 거리로 나가 도시 사람들에게 코끼리를 만지거나 사탕수수를 먹일 수 있게 해주고 돈을 받거나 구걸을 하기도 했다. 사로테가 갔던 길이 바로 이 길이었다. 사로테는 열한 살 때부터 함께 지내던 커다란 엄니를 가진 수컷 코끼리 잔 조우를 데리고 구걸에 나섰다. 사로테가 택할 수 있는 다른 방법은 잔 조우를 관광 캠프에 팔거나 임대하는 것뿐이었지만 그는 이를 거부했다. 그리고 그는 잔 조우와 함께 10년간 태국 전역을 누볐다. 밤이면 같은 마을 사람들과 그늘막을 쳐놓고 잠을 잤고 코끼리도 그 발치에서 잠이 들었다. 그렇게 걸으면서 사로테는 4개 국어를 유창하게 구사하게 되었다(그가 그렇게 말한 것은 아니지만, 코끼리 언어가 그가 능통한 다섯 번째 언어다). 여정에는 그의 아버지와 매 부아도 함께였고, 그들은 돈을 내는 손님들에게 코끼리를 태워 줬다. 사로테는 슬픈 어조로 거리에서 지내던 시절을 이야기했다. 그는 잔 조우가 병에 걸려 집에서 멀리 떨어진 객지에서 죽음을 맞은 후 구걸을 완전히 그만뒀다.

　코끼리 포획과 샤먼의 오랜 전통을 가진 구에이족 남자들 중에서 코끼리를 데리고 나가 구걸을 하고 싶어 하는 사람은 없다. 그 일은 사람과 코끼리 모두에게 모욕적이고 위험하고 불쾌한 일이다. 가족과 멀리 떨어져 있어야 하는데다, 코끼리에게 필요한 먹이나 깨끗한 물을 찾기도 쉽지 않다. 사로테는 그래도 있는 힘껏 반타클랑으로 돌아오긴 했지만, 일자리가 부족한 현실과 코끼리들이 이로 인해 감수해야 하는 것들에 대해 안타까워했다. "남자들은 도시에서 구걸을 그만두고 집으로 돌아왔지만, 여기서 코끼리들은 하루 종일 사슬에 묶여 있어야 합니다. 그래야만 논에서 일자리를 얻을 수 있으니까요. 코끼리에겐 좋지 않은 일이죠."

문득 나는 피 사로테의 코끼리들 저마다의 삶에 그 주변에서 일어난 극적인 변화가 그대로 반영돼 있다는 생각이 들었다. 매 부아에게도 일거리가 많지 않은 시기가 찾아왔다. 필요할 때만 그녀는 자신과 새끼들을 가족처럼 돌봐 주는 사람들을 도왔고, 일을 안 할 때는 근처 숲을 자유롭게 노닐며 내키는 대로 새끼들을 돌보기도 하고 다른 코끼리들과 어울리기도 하며 지냈다.

마찬가지로 인간 가족의 집에서 태어났지만 눈 니잉이 들어선 세계는 전혀 달랐다. 사로테와 그의 코끼리들이 마주한 문제는 많았다. 하지만 그럼에도 불구하고 사로테는 눈 니잉을 도울 수 있었다. 그는 이 어린 코끼리를 감정적·육체적 고비에서 구출해 건강을 회복시켰고, 공격성 때문에 격리될 뻔한 상태에서 구해내 애정과 사교성이 넘치는 코끼리가 될 수 있도록 했다.

2년 만에 나는 사로테와 그의 코끼리들을 보기 위해 다시 마을을 찾았다. 파인애플, 바나나, 오이가 가득한 픽업트럭을 타고 마을에 도착하니 길가에 묶여 있던 코끼리들이 코를 들어 올리며 우리의 냄새를 맡았다. 사로테는 내가 마침내 눈 니잉의 마훗이 되기 위해 돌아왔다고 놀려 대며 함박웃음으로 맞아 줬다. 그는 매 부아를 파인애플 밭이 우거진 파타야의 친구들과 지낼 수 있도록 남쪽으로 보냈다고 했다. 그는 매 부아가 은퇴할 때가 되었다고 생각했고, 수확이 끝난 밭에서 상품성이 없어 버려진 파인애플을 마음껏 먹을 수 있는 그곳이야말로 적당한 장소였다.

눈 니잉은 내가 마지막으로 봤을 때보다 키가 30센티미터 이상 자라 있었고, 몸무게도 많이 늘어 풍선처럼 부풀어 오른 모습이었다. 일곱 살짜리 코끼리들이 으레 그렇듯 팽팽하고 둥글고 튼튼해 보였다. 그녀는 사로테 근처에서 행복하다는 듯이 그르렁댔고, 여전히 둘 사이에 누구도 끼어들지 못하게 했다. 우리가 잠시 수다를 떨고 있는데, 갑자기 눈 니잉이 날카롭게 찍찍대는 소리를 냈고, 길 건너편에서 다른 코끼리 한 마리가 달려오기 시작했다. 눈 니잉과 비슷한 크기에 넙적한 머리통, 살집 좋은 건강한 모습의 녀석은 걸음 소리도 우레와 같아서 곧장 우리를 향해 달려오는데 땅이 흔들리는 게 느껴질 정도였다.

피 사로테는 내가 움찔하며 겁을 내는 모습을 보고 웃었다. "저 녀석은 텡 모에요. 태국말로 수박이라는 뜻이죠. 수박이 무섭다고 하지는 말아요."

알고 보니 녀석은 우리가 아니라 눈 니잉을 향해 달려온 것이었고, 둘은 만나자마자 우렁찬 울음소리를 터뜨렸다.

2년 전만 해도 다른 코끼리들에게 무관심하고 감정을 잘 드러내지 않던 깡마른 코끼리 눈 니잉에게 이제 코끼리 친구가 생긴 것이다. 사로테의 말에 따르면 지난 6개월 동안 텡 모와 눈 니잉은 떨어질 줄 몰랐다. 텡 모는 사랑스러운 다섯 살짜리 코끼리로 좀 극성맞긴 해도 눈 니잉에게만은 애정이 넘쳤다. 그는 명령에 따라 앉고 다리를 올리는 훈련은 받았지만, 주인은 그가 서커스에서 일하는 건 바라지 않았기 때문에 그림, 축구, 훌라후프 등은 가르치지 않았다.

새로운 코끼리 친구가 생겼다고 사로테를 제쳐 둘 눈 니잉이 아니었다. 이제 눈 니잉은 어딜 가든 두 남자를 대동했다. 그녀는 둘 다에게 찍찍거렸고, 어느 한쪽과도 떨어지려 하지 않았다. 사로테가 돌아서서 근처 연못을 향해 걸어가자 코끼리 두 마리가 그의 양옆으로 다가와 보조를 맞췄고, 그의 머리 위쪽으로 서로 코를 뻗으면서 만족스럽게 그르렁거렸다. 이

후피 동물 두 마리와 사람으로 이루어진 샌드위치는 느릿느릿 유칼립투스 숲으로 걸어 들어갔다. 사로테는 발밖엔 안 보였는데 여덟 개의 다리 사이로 언뜻언뜻 그의 다리가 비쳤다.

나는 지난번 방문에서 사로테와 나눈 대화가 떠올랐다. 우리는 생후 3주 된 코끼리 새끼 옆 그늘에서 책상다리를 하고 앉아 있었고, 어미는 새끼가 잠든 모습을 조심스레 옆에서 지켜보고 있었다. 어미의 자세는 흡사 눈 니잉이 들판에서 쉬고 있는 사로테를 지켜보던 모습을 떠올리게 했다. 이따금 새끼가 꿈속에서 달리기라도 하는 듯 발을 움직이거나 찍찍거리면 어미는 코를 뻗어 자고 있는 새끼를 토닥였다.

"여기서 코끼리는 아주 중요해요. 가족과 다름없죠. 우리에게 코끼리가 없었다면 이 마을도 없었을 거예요. 저도 없었을 테고요. 지금까지 늘 우리는 서로를 도우며 살아 왔어요. 작년에 강물이 범람했을 때도 그랬고요. 물이 너무 깊어서 사람들이 논으로 벼를 가지러 갈 수 없었거든요. 그래서 코끼리들이 우리를 도와줬어요. 우리한테 트럭이 없었을 때처럼 같이 일한 거죠."

나는 이 기묘한 동반자 관계에 뭔가 유익한 점이 있는지, 그리고 그 점이 눈 니잉에게 도움이 됐을지 궁금했다. 인간과의 관계와, 같은 코끼리와의 관계가 **모두** 눈 니잉의 치료에 효과가 있었을까? 한번은 사로테에게 눈 니잉처럼 문제가 있는 코끼리를 치료할 수 있었던 비결이 뭔지 물었다. 그는 "자이 디"Jai dee라고 말하며 가슴에 손을 얹었다. 문자 그대로 번역하자면 "상냥한 마음"good heart이라는 뜻이지만 여기엔 그 이상의 의미가 있다. 그것은 좋은 의도, 진심, 그리고 내가 결코 정확히 파악할 수 없는 더 신비로운 무언가를 뜻한다.

그는 이렇게 말했다. "당신이 자이 디를 가지면 동물도 그걸 알아요. 그리고 동물들도 자이 디를 갖게 될 거예요."

이는 그 반대로도 말할 수 있다. 수린에서는 많은 이들이 인간이 자이디가 없으면 코끼리도 거칠어질 수 있다고 믿는다. 코끼리가 별다른 이유도 없이 심술궂거나 적대적이라면 마훗도 심술궂고 불친절해질 수밖에 없다. 사로테를 비롯해 코끼리와 관련된 구에이족 사람들, 그리고 내가 태국의 여러 지역에서 만난 많은 마훗 수의사 조련사들은, 한결같이 적어도 정신 건강의 측면에서 인간과 코끼리 사이의 경계에는 구멍이 많다고 생각하고 있었다. 감정 의도 공감 같은 것들이 좋은 쪽으로든 나쁜 쪽으로든 전달될 수 있다는 것이다. 정서적 경험이 공유된다는 이런 믿음은 사로테와 그 동료들, 가족의 일상에 스며들어 있어서, 어느 마훗에게 어떤 코끼리를 맡길지 또는 코끼리와 마훗이 감정적으로 맞지 않는 것 같을 때 계속 일을 맡길 것인지 같은 실질적인 결정에 영향을 미친다.

코끼리 수도승은 내게 이렇게 말했다. "다른 동물을 이해하려면 먼저 자기 자신을 이해해야 해요." 그의 입에서 동물의 마음에 대한 어떤 거창한 선언이라도 나오기를 기대하며 절 계단에 앉아 있을 때만 해도 내가 몰랐던 것은, 이 진실이 역으로도 성립한다는 것이었다. 수세기에 걸쳐 인간은 다른 동물을 관찰하고, 함께 일하고, 친구 삼고, 가두고, 우리에 넣고, 덫으로 잡고, 사육하고, 찬양하고, 괴롭히고, 모욕하고, 두려워하고, 동일시하고, 의심하고, 들볶고, 연구하고, 약을 주고, 치료해 왔는데, 보통 그 목적은 우리 자신, 즉 우리의 뇌 화학, 행동, 사고 과정, 감정, 정신적 갈등을 더 잘 이해하는 데 있었다.

구에이족 사람들이 내게 확신시켜 줬듯이, 적어도 정신 건강과 우리가 그것을 이해하는 방식에 관한 한 인간과 다른 동물들 사이의 벽은 생각보다 훨씬 투과성이 클 것이다. 어떤 면에서 이는 현대 미국인들이 영위하는 건강하지 못한 삶이 우리 개·고양이의 건강하지 못한 삶에도 그대로 반영되어 우리에게 되돌아오는 것이라는 반려견 훈련사 이언 던바의 주장과 크게 다르지 않다. 또 그것은 정신병이 인간과 다른 동물 사이에 전염될 수 있다고 보았던 19세기의 관념을 떠올리게도 한다. '자이 디'는 이런 생각의 긍정적 버전에 해당한다. 피 사로테가 말했듯이 "누구나 자이 디를 가질 수 있다." 진정한 행복은 불행만큼이나 전염성이 높을 수 있다. 그런 면에서 고맙다, 개들아.

정신병을 앓는 동물들을 봤을 때 가장 고무적인 측면 중 하나는, 온갖 악조건에도 불구하고 많은 동물들이 건강을 되찾고 잘 지내게 되거나 어느 정도 최소한의 회복력 같은 걸 보여 준다는 것이다. 보노보 브라이언은 로디와 키티, 사육사들과 약물, 그리고 엄격하게 통제된 환경의 도움으로 상태가 호전됐다. 지지는 다른 암컷 고릴라의 도움과 그녀를 돌봐 준 사람들의 힘겨운 노력으로 원기를 회복했다. 모샤는 이제 라디를 따라 이리저리 뛰어다니고, 한적한 오후 내내 찍찍거리며 즐거워한다. 그사이 멀리 남쪽의 눈 니잉도 텡 모와 서로에 대한 애정으로 그리고 사로테에 대한 애정으로 진흙탕 속을 뒹굴며 티격태격한다. 최근에 우리 집 당나귀 맥도 상태가 좀 호전됐다. 이제는 자기 몸이나 쇠울타리를 예전처럼 심하게 물어뜯지 않으며 훨씬 편안해 보인다. 엄마와 엄마의 반려자 두 분이 울타리를 넓혀 줘 풀을 뜯을 수 있는 공간이 넓어지면서 엉겅퀴를 뜯어먹느라 바빠졌기 때문이다. 또 두 분은 언덕 꼭대기, 맥이 참견할 수 있는 위치에서 이른 저녁 맥주를 즐겨 마신다. 이로써 맥은 해질녘이 되면 피크닉 테이블이 닿을 듯 말 듯한 위치에 서서 자기가 그토록 궁금해 하던 인간 활동의 일원으로 참여할 수 있게 된 것이다.

어떤 동물들은 자신을 돌보는 인간 보호자들에게 두서너 번의 기회를 준다. 분명 올리버도 주드와 내게 그랬다. 첫 번째 가족은 그에게 실망을 안겨 줬지만 어쨌든 올리버는 우리에게 애정을 주었다. 개들도 희망을 품을 수 있다면, 올리버가 그랬던 것일 수도 있고, 아니면 올리버가 워낙 대책 없이 친근한 단순한 성격이어서 그랬을 수도 있다. 불안 강박 공포 등 올리버를 괴롭혔던 게 뭐든지 간에, 그런 것들은 그가 나름의 방식으로 사랑을 표현하는 걸 막지 못했다.

올리버가 죽고 몇 년 후 나는 야생동물 생물학자이자 동물행동심리학자인 토니 프로호프와 함께 멕시코 바하로 가서 '팡가'라고 하는 작은 낚싯배 밖으로 손을 내밀었다. 고래를 만나고 싶어서였다. 불안증에 시달리는 쇼핑몰 돌고래를 진찰한 적이 있었던 프로호프는 해양 포유류, 특히 "혼자 사는 사회성 고래류"의 행동과 의사소통에 대해 연구 중이었다.[1] 이런 고래들은 같은 종끼리 무리지어 살지 않고 혼자 생활하며, 같은 종보다 사람과 더 잘 어울린다. 프로호프는 전 세계를 돌아다니며 이처럼 독특한 행동을 나타내는 고래류를 연구했다. 캐나다 동부의 고아 벨루가 새끼 큐가 그런 예인데, 큐는 사람들과 같이 놀고 노래하는 것을 더 좋아한다. 내가 프로호프와 함께 바하에 간 이유는 큐와 같은 혼자 사는 사회성 고래류가 아니라 친절한 쇠고래ballenas amistosas를 보기 위해서였다. 프로호프는 내가 이 석호에서 배 옆으로 손을 뻗어 물을 튀기고 있으면 고래들이 우리를 알아차릴 것이고, 운이 좋으면 자신을 만지게 해줄 것이라고 했다.

칼리포르니아 쇠고래는 여름을 북극에서 작은 무척추동물을 먹으며 보낸다.[2] 늦은 가을이나 초겨울이 되면 번식할 준비가 된 암수 고래들이 바하 태평양 연안의 얕고 따뜻한 석호까지 8000킬로미터를 이동해 짝짓기를 하고 새끼를 낳아 기른다. 19세기 중반과 20세기 전반에 걸쳐 계절에 따라 모여드는 이런 고래 무리는 포경업자들의 표적이었다.[3] 찰스 멜빌 스캐먼 같은 포경 선장들은 최신 포경 기술을 이용해 고래를 철저히 연구하고 그들의 생태에 대해 상세한 기록을 남겼다.[4] 그는 이런 지식을 이용해 석호에서 작살로 새끼 고래를 사냥했다. 이는 진짜 경품인 어미를 유인하기 위한 책략으로 어미 고래가 포경꾼들로부터 새끼를 구하려고 배로 돌진해 왔기 때문이다.

쇠고래의 반격이 얼마나 맹렬했던지 포경꾼들은 이들을 "귀신 고기" devil fish라 불렀다.[5] 고래는 사람을 죽이고 그들이 탄 배를 부쉈다. 1863년 샌프란시스코의 한 기자는 이렇게 썼다. "귀신 고래를 잡다가 목숨을 잃은 이들의 숫자는 여타 고래잡이 해역에서 고래를 잡다 희생된 사람들을 모두 합친 것과 맞먹었다."

그러나 이 고래의 사나움도 그들을 구하지는 못했다. 1900년대 초에 살아남은 칼리포르니아 귀신 고래는 2000마리도 안 됐다.[6] 1930, 40년대 에 보호조치가 마련되면서 개체 수는 서서히 회복되기 시작했다.[7] 그런데 1972년 어느 겨울날 아침, 이상한 일이 벌어졌다.

친구들 사이에선 파치코라 불리던 멕시코 어부 프란시스코 마요랄은 산 이그나시오 석호 한가운데서 팡가를 타고 낚시 중이었다. 그런데 갑자기 배가 움직이지 않는 게 느껴졌다. 같이 있던 친구도 마찬가지였다. 마치 상륙이라도 한 것처럼 석호 한가운데서 오로지 배만이 가만히 움직임이 없었다. 이들은 자신들이 커다란 암컷 고래의 등에 올라타 있음을 깨달았다. 고래는 배 밑으로 좀 더 들어와서는 배를 살짝 들어 올렸다 부드럽게 내려 놓았다. 고래는 파치코 바로 옆 수면 위로 머리를 내밀고 그와 눈을 맞췄다. 파치코는 잠시 기다렸다가 손을 뻗어, 처음에는 손가락으로, 그다음에는 손바닥 전체로 고래를 만져 보았다. 몇 초 후 고래는 천천히 다시 물속으로 사라졌다.

얼마 지나지 않아 이 석호 전체에서 비슷한 보고가 잇달았다. 고래들 은 마치 대화라도 나누고 싶은 듯 호기심이 가득했고 또 장난기가 넘쳤다. 고래들이 새끼를 낳는 바하의 다른 석호 오호 데 리에브레에서도 같은 행동을 하는 고래들에 대한 보고가 쏟아져 들어왔다.

현재 이 지역 대부분의 어부들처럼 철마다 고래 관람 가이드를 하고 있는 파치코의 아들 라눌포에 따르면, 그의 아버지가 고래한테 다가가기 전까지만 해도 "모두가 고래를 피해 다녔"다.[8] 그러나 '우정 어린'amistosa 첫 만남 이후 모든 것이 변했다. 어부들은 석호 어디서나 손을 넣기 시작했고, 그러면 고래들이 헤엄쳐 다가와 거대한 머리를 사람의 손 아래로 밀어 넣었다. 고래들은 몸을 뒤집으며 눈을 맞추고, 숨구멍에서 안개 자욱한 입김을 배 위로 내뿜었다. 40년이 지난 지금 어부들은 고래가 이런 행동을 해도 놀라지 않게 되었다. 익숙해졌기 때문이다. 오늘날 이 석호에 서식 중인 고래의 10~15퍼센트가 사교적인 특성을 나타내며 그중에는 새끼를 가진 어미가 압도적으로 많다.[9] 고래가 석호에 있는 겨울철이면, 어부들은 고기잡이를 중단하고 고래 관람 가이드와 보트 운전사가 되어 생태 관광객이나 연구자들을 데리고 "친구들"을 보러 다니며 괜찮은 수입을 올린다. 이들은 고래를 보러 온 관광객들에게 쇠고래는 눈을 맞추는 것을 좋아하니 선글라스를 벗으라고 말한다.

3월 초의 어느 오후 산 이그나시오 석호에서 나는 어미 고래 한 마리와 그 새끼와 한 시간 넘게 같이 있었다. 10미터가 족히 넘는 길이의 어미는 촐랑거리는 새끼를 데리고 우리가 탄 팡가로 천천히 다가왔다. 어미는 한 번의 빠른 동작으로 새끼를 자신의 머리 위로 밀어 올리더니 물속에 손을 넣고 기다리고 있던 우리 쪽으로 밀쳐 냈다. 어미는 이런 동작을 몇 번이나 반복했고, 그럴 때마다 새끼는 어미의 넙적한 이마에서 굴러 떨어지며 거품을 일으키더니 이내 크게 숨을 내쉬면서 우리와 눈을 맞추려고 몸을 뒤집었다. 이따금 새끼는 입을 벌려 아직 때 묻지 않은 밝고 앳된 고래수염을 보여 준 다음 빠르게 몸을 뒤집어 우리가 그의 머리, 넓은 잇몸, 그리고 긴 턱을 쓰다듬게 해주었다. 새끼 고래를 쓰다듬는 느낌은 마치 발포 플라스틱 의자나 물에 뜨게 만든 보트 열쇠고리를 만지는 것과 비슷했다. 피부는 매끈하면서도 말랑말랑했고, 물이 찬데도 고래의 몸은 따뜻했다. 어미는 두 번이나 보트를 조심스럽게 들어 올렸다 다시 내려놓았다. 새끼는 여섯 번 이상 우리의 손 아래로 와서 우리가 가볍게 쓰다듬게 해줬고, 우리 한 사람 한 사람과 오랫동안 눈을 맞췄다. 새끼가 숨을 쉬면서 내가 고래의 콧물과 바닷물을 뒤집어쓰자 고래의 눈이 빛났다. 장난이었을까? 그건 나도 모를 일이다. 그러나 새끼의 관심과 장난기가 발동한 것은 틀림없었다. 그는 세상에서 가장 큰 아기 같았다.

광활한 산 이그나시오 석호에서 일부러 친절한 고래를 찾기란 불가능하다. 고래는 석호 안이든 고래 관람 보트들이 갈 수 없는 한계 너머든, 어디나 있을 수 있기 때문이다. 가이드는 고래를 만나는 유일한 방법은 석호 가운데로 배를 몰아가거나 그 주변을 천천히 돌면서 관심 있는 고래가 다가와 **주기**를 기다리는 방법뿐이라는 것을 잘 알고 있다.

이 모든 이야기 중에서 특히 놀라운 점은 쇠고래가 여든 살 이상을 살 수 있다는 것이다.[10] 파치코와 다른 어부들에게 다가왔던 최초의 친절한 고래들은 과거 인간의 포경 행위를 기억할 만큼 나이가 든 고래였을지도 모른다. 그 고래들 혹은 그 부모 세대는 포경꾼들과 포경선이 뒤엉켜 있는 석호의 바닷물이 고래와 사람의 피로 붉게 물들 때 목숨을 걸고 싸웠을 수도 있다.

프로호프는 내게 이렇게 말했다. "제가 여기 처음 왔을 때 보트로 접근한 첫 번째 고래가 제가 앉은 쪽으로 다가왔어요. 손을 물속에 넣었더니 그 고래가 손 밑으로 미끄러져 들어갔죠. 그때 저는 옆구리에서 작살에 맞아 생긴 흉터를 봤어요. 저는 이 고래가, 인간이 공격할 수 있다는 걸 알면서도 저한테 다가왔다는 사실에 완전 감동했죠."

고래들이 왜 이런 행동을 하는지는 지금도 수수께끼다. 떠도는 가설은 몇 가지 있다. 하나는 고래가 배와 사람의 손을 수세미, 즉 피부에 붙은 따개비 같은 어패류를 떼어 내기 위한 수단으로 이용한다는 것이다. 그러나 고래들은 몸에 붙은 뭔가를 긁어 낼 만큼 몸을 세게 문지르지 않으며, 고래가 힘을 주어 문지르면 배가 전복될 수 있는데 포경이 중단된 이후로 한 번도 그런 일은 일어나지 않았다. 또 다른 가설은 어부들이 고래에게 몰래 먹이를 준다는 것이다. 하지만 암컷 고래는 새끼를 돌보는 동안에는 먹이를 먹지 않으며, 새끼들은 오직 어미의 젖만 먹는다. 늦은 겨울과 이른 봄 매일같이 하루 종일 고래 주변을 맴돌며 그 행동에 대해 많은 것을 알게 된 고래 관람 가이드와 어부들도 나름대로의 가설을 가지고 있다.

호나스 레오나르도 메차 오테로는 성인이 된 이후로는 계속 고래 관람 가이드를 한 탓에 자신이 최소한 그 해답의 일부는 알고 있다고 믿는다. 어느 날 저녁, 우리가 해변의 접이식 의자에 앉아 도스 에퀴스 맥주를 마시며 해안에서 수백 야드 떨어진 앞바다에서 분수를 뿜는 고래들을 보고 있을 때, 그는 이렇게 말했다. "고래는 호기심이 많은 것 같아요. 얘들도 자기들이 여기선 안전하단 걸 알고 있겠죠. 저는 이게, 어미가 새끼에게 인간이 뭔지 보여 주는 거라 생각해요. 일종의 수업을 하는 거죠. 그리고 고래들도 좀 지루할 수 있잖아요. 여기서 하는 일이라곤 수유가 전부니까. 근데 우리가 얘들한테 색다른 뭔가를 제공하는 거예요."

이런 고래들과의 친근한 소통은 사실 바하 석호에서만 일어나는 일이다. 같은 고래들이 북쪽으로 이동하면서 미국과 캐나다 연안에서도 목격되지만, 다른 해역에서는 이곳에서처럼 사람들과 상호작용하지 않는다.

어미 고래가 새끼 고래에게 배에 대해 가르치는 거라는 설도 있다. 쇠고래 새끼를 잡아먹는 범고래를 제외하면, 고래가 석호를 떠난 후 생존에 가장 큰 위협이 되는 것은 고래의 이동 경로를 따라 존재하는 선박들과의 충돌이다.

프로호프는 이렇게 말했다. "일부 회의론자들은 고래가 오늘날 석호의 평화로운 분위기와 과거에 벌어졌던 일 사이의 차이를 알 만한 지능이 없다고 주장할 수도 있어요. 인간이 자신들에게 고통을 주고 죽일 수 있다는 사실을 기억할 만큼 똑똑하지 않다는 거죠. 하지만 역사적 증거나 우리가 고래에 대해 가진 제한된 데이터만 봐도 다르게 생각할 수밖에 없어요."

고래가 특정 해역, 특히 새끼를 노리는 굶주린 범고래나 인간 포경꾼을 만나거나 선박에 부딪힐 가능성이 높은 위험한 장소를 피하는 방법을 학습했다는 설명은 많이 나오는 이야기다. 프로호프는 고래의 이런 자기보호 행동이 고래의 기억력 덕분이라면서 고래가 긴 여정에서 살아남으려면 지능을 갖추고 빠른 사태 파악과 판단을 내릴 수밖에 없다고 주장한다.

포경과 같은 극단적인 폭력이 고래들에게 일종의 종種 차원의 심리적 트라우마를 일으켰을 거라고 이야기한다면 지나친 것일까. 그러나 어쩌면 지나친 생각이 아닐 수도 있다. 고래의 사회성, 의사소통, 인지 능력에 대한 연구에서 알 수 있듯이, 많은 고래 종들이 문화와 언어를 가지며 복잡한 사회에 속해 있다.[11] 고래는 수명이 길기 때문에, 어디에서 자신들이 해를 입었고 어느 곳이 안전한지 기억하는 능력이 생존에 핵심적이다. 인간이 자행한 대량 학살은 고래의 자연사에서 매우 중요한 사건이었다. 따라서 한때 살육의 현장이었던 곳에서 인간에게 다가오기로 한 그들의 선택도 우리의 자연사에서 매우 중요한 사건이다.[12]

우리는 고래의 행동을 복원이나 회복이라고 부를 수도 있고, 또는 인간에 대한 일종의 용서라고 의인화할 수도 있을 것이다. 최소한으로 본다면 고래는 장난기 어린 호기심을 표현하고 있는 것 같다. 자유롭게 바다를 누비는 새끼 고래와 어미를 보고 눈을 맞춘 경험은, 내 인생에서 가장 감동적이고 신비로운 만남 중 하나였다. 나는 그것이 고래 스스로의 선택이었기 때문에 그토록 감동적이었다고 생각한다. 수족관의 벨루가, 동물원의 판다, 이웃집의 치와와가 달리 눈을 둘 곳이 없어서, 먹이를 원해서, 혹은 내가 무서워서 눈을 마주치는 경우와 달리, 바하의 고래들은 분명 내가 그들에게 품었던 경이로움이나 호기심과 같은 느낌으로 나를 보았다.

바하를 떠나온 후 봄과 여름 내내 나는 컨테이너 선박과 해군 함정, 그리고 범고래 무리를 피하면서 북극으로 이동하고 있을 어린 고래와 어미들에 대해 생각했다. 나는 그들이 해변으로 몰려가는 돌고래, 자신감에 취한 수달, 외해로 무작정 헤엄쳐 가는 미친 바다사자들을 지나쳤을지 궁금했다. 그러나 무엇보다 나는 인간과 다른 동물의 만남에 대해 생각하며, 이런 상호작용을 바하의 고래와 인간의 상호작용처럼 만들려면 어떻게 해야 할지 궁금해졌다. 과연 우리는 갇혀 사는 동물이나 야생동물에게 단순히 해가 되지 않으려 노력하는 선에 그치지 않고 우리의 실수를 바로잡음으로써 이들 모두의 마음을 나아지게 할 수 있을까?

조금 지나친 일반화지만, 지난 세기 야생동물에 대한 우리의 생각은 두 가지 상반된 진영으로 나뉘어 있었다. 하나는 야생동물을 완전히 그대로 놔두는 것이고, 다른 하나는 사냥하고 괴롭히고 박멸하고 가축화하는 것이다. 강력한 보호 처분, 즉 인간을 야생동물로부터 멀리 떨어지게 하고 동물의 서식지를 고립시키는 접근법이나, 반대로 야생동물과 그들의 서식지에 대한 인간의 접근에 아무런 제약도 두지 않는 방안은 모두 효과가 없었다. 인간과 인간 활동이 미치는 영향력은 너무 광범위해서 다른 동물들을 온전히 혼자 두는 건 불가능하다. 또한 우리는 동물과 함께 지내는 것을 좋아하고, 어떤 동물의 경우 역시 인간 곁에 있는 걸 좋아하는 것 같다.

올리버는 내게 이런 사실들을 가르쳐 줬다. 모샤, 눈 니잉, 지지도 마찬가지다. 이 모든 이야기들이 쌓여 가면서 나는 우리가 다른 생명체의 정신 건강을 좀 더 면밀히 살펴야 한다는 확신을 갖게 됐다. 그들에게 좋은 일은 대개 내게도 좋은 일일 테니 말이다. 이미 많은 사람들이 이런 책무를 맡아 열심히 해왔고, 거기서 나온 관리자 원숭이, 신경증 개, 여유만만한 쥐, 치매에 걸린 바다사자 등에 대한 관찰 결과들은 우리 자신의 헝클어진 마음과 그것을 되돌릴 방법에 대한 우리의 생각에 조용히 영향을 미치고 있다.

올리버를 이해하려고 노력하면서 나는 나 자신과 주변의 인간, 그리고 다른 동물들에게도 좀 더 다정해질 수 있었다. 돼지나 비둘기에게 친근감을 갖고 그것을 진심으로 느낄 때, 우리는 같은 인간들에게도 좀 더 애정을 가질 수 있을 것이다. 물론 예외도 있다. 아돌프 히틀러는 자신의 독일셰퍼드 블론디를 너무도 사랑한 나머지 패전 직전의 그 마지막 몇 주 동안에도 목숨을 걸고 벙커를 벗어나 블론디를 데리고 산책을 했을 정도였다.[13] 또 북한의 김정일은 자신의 시츄와 푸들을 치료하기 위해 수십만 달러를 들여 프랑스 수의사한테 데려가고, 자신의 접시에 있는 음식을 먹였다고 한다 (이 개들은 틀림없이 대다수 북한 주민보다 더 잘 먹었을 것이다).[14] 그렇지만 대부분의 경우 다른 생명체에게 이타적으로 사랑을 베푸는 사람들은 판다나 소, 시츄만큼이나 동물인 다른 인간도 사랑할 여지가 많다. 내가 여성 혐오가 있거나 호모 사피엔스가 다른 어떤 종보다 본질적으로 형편없다고 생각하는 동물권 운동가를 절대 신뢰하지 않는 이유가 이 때문이다. 인권 운동가는 당연히 동물권 운동가일 수밖에 없다. 그 반대도 마찬가지여야 한다. 올리버를 잃고 나서야 비로소 나는 이를 깨우칠 수 있었다.

인정하기 부끄럽지만, 나는 올리버의 유골이 마지막에 어디 뿌려졌는지 모른다. 주드가 나보다 먼저 보스턴으로 돌아왔고, 올리버의 냄새 나는 목줄과 둥근 방석 등 유품을 정리하는 슬픈 일을 자진해서 다 해주었다. 나는 주드가 그 목줄을 매사추세츠 서부의 한 숲에 가지고 가서 바위 위에 올려놓고 돌아왔다고 알고 있다. 그러나 어느 숲인지는 모른다. 차마 물어볼 수가 없었다.

　이것이 우리가 가장 가까운 사람과 다른 동물을 사랑하는 방식이다. 이런 상실이 주는 고통은 치명적이다. 나는 아직도 올리버의 귀나 앞발의 감촉, 거칠거칠하고 편평한 발바닥의 육구와 그 사이를 채우고 있던 부드럽고 가벼운 털의 느낌이 생생하다. 그의 목에서 나던 냄새도 기억난다. 그것은 야생의 느낌이지만 편안함을 주는 냄새로 우리가 올리버와 함께 살던 워싱턴 집의 소나무 마루에서 나던 냄새와도 비슷했다.

　올리버가 죽은 후 몇 년 동안 나는 그를 떠올리면 죄책감이 들었다. 그런 생각을 애써 피하려고도 해봤다. 대신 나는 코끼리와 앵무새, 고양이와 고래, 말과 바다표범을 만났다. 그들의 가죽, 깃털, 모피, 피부에 손을 뻗을 때마다 나는 올리버에게 손을 뻗고 있었다.

　내가 발견한 것은 이렇게 죄책감을 가진 사람들이 무척 많다는 사실이다. 너무 많은 사람들이 개를 공원에 더 자주 데려갔더라면, 첫 번째 고양이가 싫어했던 두 번째 고양이를 입양하지 않았더라면, 이구아나의 수조를 더 자주 청소해 줬더라면, 햄스터에게 플라스틱 공을 가지고 놀 시간을 더 줬더라면, 또는 처음 생각대로 말을 많이 탔더라면 어땠을까 생각하면서 답을 찾아 헤매고, 자책한다. 하지만 동물의 정신이상이 반드시 우리의 잘못은 아니다. 우리가 침대 소파 뒷마당은 물론이고 깊은 애정을 함께 나누는 이 생명체들을 돌보는 문제에 대해 말하자면, 우린 대부분 최선을 다하고 있다 할 수 있다. 사실 우리는 생각보다 더 많이 노력하고 있다. 일부는 이렇게 노력하면서 자기 마음도 고장 나고, 통장 잔고도 바닥나 신용카드로 간신히 동물병원 병원비를 감당한다. 카드 명세서가 도착하기 전에 뭐라도 생기겠지 간절히 구원을 바라면서 말이다. 애초 의도는 다 선하다. 다만, 인간에겐 한계가 있고, 어떤 문제는 희망만으로는 해결할 수 없을 뿐이다.

　그렇다고 해서 우리가 책임을 면하는 것은 아니다. 우리 생활 속에는 다른 생명체의 고통을 유발하는 구조적 요소들이 많으며 그 가운데는 쉽게 없앨 수 있는 것도 많다. 우리는 코끼리에게 그림이나 축구를 가르치고 침팬지를 상업 광고에 내보내고 기린을 장편 영화에 출연시키는 행위를 멈출 수 있다. 또 미 전역의 동물원을 폐쇄할 수 있으며, 최소한 미국의 모든 주요 도시에서 고릴라 돌고래 코끼리 같은 이국적인 야생동물을 보는 것이 우리의 권리라고 스스로를 기만하진 말아야 한다. 동물을 우리나 수조에 가두는 것이 그들에 대해 알리고 교육하는 최선의 방법이라고 애써 설득하는 짓도 이제 멈춰야 한다. 무엇보다도 이는 대개가 그 동물의 정신건강을 희생해야 하는 일이기 때문이다. 그 대신 이런 동물원이나 기타 시설들을 말 당나귀 라마 소 염소 토끼 그리고 심지어 너구리 쥐 다람쥐 비둘기 주머니쥐 같이 우리 곁에서 잘 살아가는 가축 및 야생동물들과 교류하는 공간으로 바꿀 수 있을 것이다. 우리는 북극곰 수영장을 아이들이 동물을 직접 만져 볼 수 있는 동물원petting zoo으로 바꾸고, 교육용 농장, 도시 낙농장, 야생동물 재활 센터를 세워 도시에 사는 아이와 어른들이 자원봉사를 하게 하거나 치즈 제조, 양봉, 원예, 수의학, 야생동물 생태학, 축산 등을 배우게 할 수 있다.

또한 우리는 반려동물들이 정신과 약물에 의존하게 되는 삶을 살지 않도록 할 수 있다. 핸드폰 통화, 이메일 확인, 텔레비전 시청 시간을 줄이고 그들과 더 오래 산책하고 놀면서 말이다. 또 우리는 보살필 수 없음을 마음속 깊이 알고 있으면서도 동물들을 우리 삶에 끌어들이는 일을 멈추고, 우리의 건강하지 못한 습관들이 동물에게도 반영돼 이상행동으로 나타나며 결국은 우리에게 되돌아온다는 점을 깨달아야 한다.

또한 우리는 물속에 사는 다른 동물들의 마음을 인정하려는 노력을 정말 시작해야 한다. 즉, 돌고래나 고래를 비롯한 여타 해양 동물들이 인간의 행동으로 인해 말 그대로 미쳐 버릴 수 있다는 사실을 받아들이고, 그들의 청각, 이동 경로, 수질, 먹이원을 보호하기 위해 더 노력해야 할 것이다. 이는 결국 우리를 위해서도 더 나은 일이다.

우리는 정신질환을 앓는 닭 소 돼지를 먹는 행위를 멈춤으로써 고문을 제도화한다고 볼 수 있을 정도로 잔인한 기업형 영농의 관행을 멈출 수 있다. 우리는 강박증에 걸린 밍크 여우 검은담비 친칠라 모피로 외투를 장식하는 행위를 멈추고, 끔찍하고 불편한 환경에서 홀로 사육되는 실험동물을 대상으로 한 약품 및 화장품 테스트와 의료 시술을 중단할 수 있다.

또 가장 중요하게는, 인간도 정도의 차이만 있을 뿐 동물이라는 다윈의 신념과 결국 화해해야 한다. 이런 변화는 쉽지도 빠르지도 않을 것이다. 그러기 위해서는 카멜레온의 자기 변신 능력, 노새의 지구력, 대양을 건너는 고래의 굳은 의지, 그리고 인간의 현명함과 열정이 필요할 것이다. 그리고 그것은 그만 한 가치가 있는 일일 것이다.

개정판 후기

이 책의 초판이 출간되고 나서도 나는 내 무지에 계속 놀라면서 한 해를 보냈다. 그중 많은 부분은 세다 — 내가 책 홍보차 방문했던 포틀랜드에서 입양한 고집불통 아키타 혼종견이다 — 를 키우기 시작하면서 고용한 훈련사 덕분에 알게 된 것들이었다.

"더 착한 개" "완벽한 발재간" 같은 상호를 단 수많은 훈련사 목록에서 리사 케이퍼를 선택한 이유는, 전화를 걸었을 때 그녀가 처음 한 말이 "저는 개에게 묘기를 가르치지 않아요"였기 때문이다. 그녀는 여기서 '묘기'라는 단어를 경멸하는 투로 말했다. "제 목표는 자신감 있고 차분한 개예요. 개한테 자신에게 기대되는 것이 뭔지 알려 주고 안전하다는 느낌을 갖게 해주는 거죠." 첫 약속 장소에 그녀가 선홍색 컨버터블을 타고 나타났을 때 차 뒷좌석에는 카타홀라 혼종견 로키가 얌전히 앉아 있었다. 심지어 컨버터블의 지붕을 덮어 둔 상태로 우리가 한 시간 넘게 이야기하는 동안에도 말이다.

그녀의 급료는 내 한 달치 식비의 반 이상을 희생해야 하는 것이었지만, 나는 그녀에게 뭐든 줄 태세였다. 살면서 수표를 쓰는 것이 평화와 행복을 보장해 주는 상황은 얼마 되지 않는다. 나는 이게 바로 그런 상황 중 하나라 확신했고 지금도 그 확신은 그대로다.

리사는 세다와 나를 사설 훈련소로 데려가 서로의 기대를 분명히 확인하게 해주었다. 여기에는 사람한테 뛰어오르지 않기, 내가 요리를 하는 동안엔 주방에 들어오지 않기, 배고플 때 냉장고 문을 핥지 않기 등의 규칙이 포함되었고, 나는 허리에 찬 주머니에서 꺼낸 말린 간과, 목줄 — 내가 BDSM✦ 목줄이라는 애칭으로 부르는 프롱 칼라prong collar✦✦ — 의 압박을 이용해 이런 규칙들을 훈련시켰다.

세다에게도 분리불안이 약간 있어서 혼자 남겨졌을 때 낑낑대며 운다는 사실도 알게 됐다. 시간이 흐르면서, 그리고 이동장이 안전한 곳이라는 사실을 이해시키는 훈련을 통해 세다는 훨씬 안정을 찾았다. 하지만 나의 불안은 진행형이었다. 세다와 함께한 처음 몇 달 동안 나는 창문에 바리케이드를 치고 싶은 심정이었다. 창피한 일이지만 그랬다. 게다가 더 창피한 일은, 내가 사람들에게 세상을 떠난 반려견의 불안증을 제대로 치료해 주지 못했음을 고백하며 전국을 돌아다니면서도 지금 반려견의 '잠재적' 불안에 대해 내가 가진 불안을 관리해 줄 사람을 고용해야 했다는 것이다. 하지만 이런 식으로 우리는 하나씩 배워 가는 것이다.

원칙적으로 따지자면, 세다는 강박행동과 우울감을 나타낼 만한 이유가 올리버보다 훨씬 더 많았다. 그는 두 번이나 버림 받았고, 분명 자신을 버린 사람들을 사랑했을 것이다. 그런데도 그는 절대 실망할 일은 없다는 듯이 새로 만나는 모든 인간들을 반긴다. 그러니 그를 용감하다고 해야 할지 순진하다고 해야 할지 아니면 이 두 가지가 합쳐진 건지 나도 모르겠다. 그러나 중요한 건 그게 아닐 것이다. 난 그저 그를 좀 닮고 싶다.

✦ 구속과 훈육(Bondage&Discipline) 지배와 복종(Dominance& Submission) 가학과 피학(Sadism&Madochism)의 성적 기호를 뜻한다. 여기서는 프롱 칼라로 고통을 주며 개를 훈련시키는 것을 눙친 표현이다.

✦✦ 핀치 칼라라고도 하며 개를 훈련시키기 위해 목을 강하게 압박하는 금속이나 플라스틱 돌출부가 달려 있다.

한번은 어스름할 무렵 반려견 공원을 향해 함께 걷는데 세다가 카우보이모자를 쓴 노인을 발견했다. 세다는 흥분해서 제정신이 아니었다. 카우보이 쪽 방향으로 목줄을 잡아당기며 낑낑거리고 짖어 댔다. 나는 세다가 그 남자에게 다가가도록 놔뒀다. 누군가 자기 뒤편에서 심하게 헐떡이는 소리를 듣고 남자가 돌아섰다. 그러자 세다가 그 자리에 얼어붙었다. 흔들리던 꼬리가 멈췄고 종내 자세가 무너졌다. 세다가 딱히 슬퍼 보이진 않았다. 그의 관심은 다시 나와 공원으로 돌아왔다. 그러나 내게 그 변화는 충격적이었다. "너지, 너지, 너지 너지이이이이이!" 그의 몸 전체가 이렇게 외치다 순간 그쳐 버린 것 같았다. 세다는 그것에 대해 득도라도 한 듯했다.

그러나 난 아니었다. 내 속에서 분노와 고마움의 감정이 함께 일렁였다. 이 사랑스런 생명체를 포기한 사람들에 대한 분노와 세다가 내게 와준 데 대한 감사였다. 그때 세다가, 늘 하던 대로, 목줄을 끌어당기며 나를 재촉했다.

어쨌든 나도 모르는 새 나는 가장 친한 친구가 개라고 말하는 사람이 되었다. 모든 우정이 그러하듯이, 우리의 우정도 이따금 오해와 좌절을 겪곤 하지만, 대개는 관심과 시간을 들일 가치가 없는 것들은 그냥 놔두라고 서로 번갈아 가며 격려해 준다거나, 좀 더 맛있거나 재미있어 보이는 다른 무언가로 서로를 이끌어 주고 있다. 올리버에게 나는 도우미 동물이었을 것 같은데, 세다와 나는 서로 정서 지원 동물이 되어 주고 있다.✤

✤ 미국에서 도우미 동물Service Animal과 정서 지원 동물Emotional Support Animal은 법적으로도 차이가 있다. 정서 지원 동물이 되기 위해선 정신 건강 전문가가 정신 질환을 앓고 있는 사람에게 그 동물이 필요하다는 처방을 해줘야 하며, 이때 동물은 우정을 통해 인간 환자의 불안 우울 공포 등을 완화하는 역할을 하는데, 특별한 훈련을 받은 동물일 필요는 없다. 반면 도우미 동물은 장애인을 돕는 특별한 훈련을 받아야 한다. 예를 들어, 청각 장애인에게 신호를 보내고, 시각 장애인에게 장애물을 안내하며, PTSD 환자에게 안정감을 주는 조치를 취하는 등 특정한 장애를 완화하는 훈련을 받는 것이다. 어느 쪽에

내 친구 론 호지는 마법사 수염과 검은 눈동자를 가진 황금색 래브라두들[래브라도리트리버와 푸들의 교배종] 도우미견 갠더와 함께 살고 있다.[1] 1973년에서 1981년까지 론은 군의관으로 복무했다. 민간인 생활로 복귀한 지 2년이 지난 어느 날 아침, 잠에서 깨어난 그는 불안감에 사로잡혀 집을 나서는 게 겁이 날 정도였다. 낮에는 공황 발작에 시달리고 밤에는 악몽에 시달려 일도 할 수 없고 잠도 잘 수 없었다. 그는 안정적인 상태일 때도 분당 심박 수가 120회나 되었고 자살 충동을 느꼈다. 론은 심장 전문의를 찾아갔다. 진단은 외상 후 스트레스 장애PTSD라는 것이었다. 의사는 이렇게 말했다. "고층 빌딩 발코니 가장자리에 서있다고 상상해 보세요. 아래로 떨어질 것 같은, 가슴 철렁한 느낌 아시죠? 근데 그런 느낌을 네 배로 하루 종일, 매일같이 느낀다고 생각해 보세요."

한 번도 개를 키워 본 적이 없던 론은 2012년, 도우미 동물에 대한 텔레비전 특집 프로그램을 보고 콜로라도 주 덴버에 있는 비영리기구 프리덤 서비스 독Freedom Service Dog에 편지를 보냈다. 갠더는 콜로라도 교도소의 여성 수감자가 훈련시킨 개였는데, 7개월 후 론에게 왔다. 둘은 함께한 첫날부터 붙어 다녔고, 론의 불안과 자살 충동은 진정됐다. 현재 론과 갠더는 전국을 돌아다니면서 재향군인에 대한 정신건강 지원 서비스 제공의 필요성을 알리고, 장애인보호법에 따라 공공장소에서 장애인에게 도우미 동물을 지원하도록 촉구하며, 갠더를 필요로 하는 학교 병원 복지관을 방문해 사람들을 만나는 등의 활동을 하고 있다. 함께한 지 2년이 지난 지금, 론과 갠더는 서로의 감정을 잘 맞춰 준다. 론에게는 PTSD 외에도 고소공포증이 있었다. 아마도 그가 군용 헬기에서 하강할 당시 경험 때문에 생긴 것 같았다.

속하는 동물이냐에 따라 공공건물 출입에서부터 비행기 탑승, 호텔 숙박, 주택 구입 등에서 혜택이 달라진다.

처음에는 절벽이나 건물 가장자리 같은 곳에 가면 갠더가 그 사이에 서서 론을 진정시켰다. 하지만 갠더도 서서히 고소공포증을 나타내기 시작했다. 갠더도 론을 세심하게 관찰하면서 학습하게 된 것이다. "주차장 건물의 높은 층에 올라갔는데, 갠더가 정말 불편해 보였어요. 또 한번은 유리로 된 엘리베이터에서 겁을 먹은 적도 있었죠."

흥미로운 것은 고소공포증 때문에 갠더가 도우미견으로서 결격 사유를 갖게 된 게 아니라 오히려 그 반대였다는 점이다. 그렇게 되면서 갠더가 불안감을 느낄 때 론이 그를 편안하게 해주는 데 온통 관심을 쏟다 보니 예전처럼 자신의 공포에 신경 쓸 에너지나 여력이 없어졌기 때문이다.

그는 이렇게 말했다. "PTSD가 있으면 불안감으로 머리를 들어 올리기도 힘들어요. 근데 갠더가 방어벽을 무너뜨려 준 거죠. 저는 제 자신으로 돌아왔고, 이 세상이 정말 좋은 사람들로 가득 차 있다는 믿음을 회복했어요. 저는 내 개가 생각하는 그런 사람이 되고 싶어요."

나도 정말 공감 가는 말이었다. 나 역시 세다를 실망시키지 않기 위해 최선을 다할 것이다. 그리고 종종 그렇듯이, 최선을 다했음에도 불구하고 세다의 기대를 저버리는 일이 생길 때에는, 다음과 같이 내 개들이 가르쳐 준 교훈들을 되새겨 볼 것이다.

개한테 뭘 물어볼 순 있지만 많은 대답을 들을 순 없다.

인간과 다른 생물종 사이의 건강한 관계는 기대치 충족과 일관성을 기반으로 구축된다.

회복력은 학습된 것일 수도 있고, 타고난 것일 수도 있고, 이 두 가지가 신비롭게 결합된 결과일 수도 있지만, 모든 동물에겐, 정도의 차

이가 있을지언정 회복력이 있다.

우리에게 서로가 있다는 것이야말로 엄청난 행운이다.

감사의 말

이 책을 가능하게 해준 사람들과 다른 동물들에 대한 내 감사의 마음은 이루 다 표현할 수 없을 것이다. 특히 내 질문에 답해 주고 때로는 동물 친구들에게 나를 소개해 준, 동물원 보호소 동물병원 생추어리의 직원들, 그리고 수의사선생님들께 큰 빚을 졌다. 여러분은 내 영웅이다.

특히 다음 분들에게 감사의 마음을 전한다. 모든 비인간 동물들의 대담무쌍한 대변자이자 친구인 멜 리처드슨 박사님, 애틀랜타 동물원의 헤일리 머피 박사님, 공연동물복지협회 생추어리의 팻 더비와 에드 스튜어트, 샌프란시스코 동물학대방지협회의 대니얼 콸리오치, 터프츠 대학 동물행동 클리닉의 니콜 코텀, 해양포유류센터의 전 직원 분들, 자원봉사자와 모든 직원들, 미스틱 수족관의 벨루가 돌보미, 브롱크스 동물원 콩고 고릴라 포레스트의 자원봉사 도슨트들, 릭 오배리, 다이애나 라이스 박사, 로리 마리노 박사, 오클랜드 동물원의 코끼리 담당 직원, 캐서린 맥글레오드, 샌프란시스코 동물원의 자원봉사 도슨트들, 엘리제 프리스텐슨 박사와 그녀의 환자들, 국제해양동물 훈련자협회, 조지프 르두 박사, 루스 새뮤얼스, 앤 사우스콤, 도나 해러웨이 박사, 피비 그린 린든과 그녀의 무리, 밀워키 카운티 동물원의 바버라 벨과 보노보들, 마이크 미즈와 버펄로필드 캠페인, 캘리포니아 아카데미 사이언스의 팸 섈러와 펭귄들, 니겔 로스펠스 박사, 베아트리츠 레예스-포스터, 게일 오맬리, 프랭클린 파크 동물원 열대 숲의 전 직원들, 폴 루터, 전 세계 고릴라 무리의 헌신적 친구이자 한 식구인 지닌 재클.

태국에서 만난 조디 토머스, 피 사로테, 레크 차일러트, 프리차 푸앙쿰 박사, 리처드 레어, 곤, 팔라디, 피 퐁, 피 솜 삭, 실케 프로이스커, 매티 이엘, 프라 아흐잔 하른 파냐타로, 안 티다라트 지차룩, 제프 스미스, 파크 박사, 조키아, 라라, 매 펌, 모샤, 눈 니잉, 매 부아, 그리고 텡 모에게 깊은 감사를 표한다. 그리고 코끼리 자연공원, 아시아코끼리의 친구들 병원, 태국 코끼리 보호센터, 수린 프로젝트, 반타클랑 마을과 그곳의 코끼리들에게도 감사의 마음을 전한다.

멕시코에서는 바하디스커버리, 고래 관람 가이드 분들, 어부들, 그리고 석호를 보호하기 위해 헌신하고 있는 많은 협력 단체들, 마요랄 가족, 마르코스 세다노, 루피타 무릴로, 몰로, 토니 프로호프 박사, 니나 카차도리안, 그리고 나를 만나러 와준 고래들에게 감사하고 싶다.

내가 큰 빚을 진 의사 행동심리학자 상담사들로는 신시아 잘링, 캐서린 킬링, 해리 프로센, 마이클 머프슨, 필 와인스타인, 랄프 닉슨, 바버라 내터슨-호로위츠, 마리아 시미노, 그리고 데이비드 존스가 있다. 이들에게도 감사하다.

나는 자료에 대한 접근을 허락해 주고 유익한 방향을 알려 준, 야생동물보호협회 기록보관소를 비롯한 여러 기록보관소들과 도서관의 담당자 분들과 사서 분들에게도 많은 빚을 졌다. 자연사박물관의 바버라 매스와 기록보관소의 성실한 담당자들, 스미소니언 박물관의 대린 룬데, 캘리포니아과학아카데미의 사서와 연구원들, 베슬렘 정신병원의 기록 보관 담당자들, MIT의 헤이덴 도서관, 하버드 대학의 와이드너 도서관, 섀론 프라이스, 매튜 크리스텐슨, 브룩 르바수르, 그리고 스텔라 스미스-베르너의 연구 조교에게 감사드린다.

MIT에서는 해리엇 리트보 박사, 스테판 헬름라이히, 역사·인류학 및 과학·기술·사회 과정의 교수와 직원들, 카렌 가드너, 그리고 나의 동학들에게 깊이 감사한다. 하버드 대학에서는 데이비드 존스 박사, 재닛 브라운 박사, 새라 잰슨 박사, 그리고 '개에 대해 알아 가는 법'을 들어 준 내 학생들에게 감사하다.

이 책의 여러 부분을 읽고 소중한 통찰력을 제공해 준 컬럼비아 대학의 노이라이트Neuwrite 그룹, 에릭 마커스, 막스 플랑크 사회인류학 연구소, 에티엔 벤슨 박사, 더그 맥그레이, 그리고 캐리 도노번에게 감사 인사를 전한다. 또 이 글들을 실시간으로 직접 검증할 수 있는 기회를 주신 시나 나자피와 캐비닛 매거진, 팝업 매거진, TED 펠로우즈 프로그램, 그리고 헤드랜즈 미술센터에 감사하다.

연구 지원에 대해 말하자면, MIT의 역사·인류학 및 과학·기술·사회 과정, 국립과학재단의 IGERT 프로그램, MIT의 고등시각연구센터, 존 S. 헤네시 환경연구 연구비, MIT 총장 연구비, 콜린 키건, 그리고 하버드 대학의 과학사학과의 신세를 졌다.

실제 물리적으로나 은유적으로나 내게 안식처를 제공해 준 레진 바사와 가브리엘 페레즈-바레이로, 앤 해밀턴, 에메트, 마이클 메실, 바버라 매스, 앤디 서튼과 콜린 윌킨스, 앤 해치, 브리태니 샌더스와 로버트 폴리도리, 섀런 메이든버그, 홀리 블레이크, 그리고 브라이언 칼에게 감사한다.

칼 피터넬, 도나 캘린, 섀론 프라이스, 앤 해밀턴, 질과 필 와인스타인, 레베카 구드스타인, 케이틀린 스웜, 새민 노스랫, 낸시 모서, 마리아 배럴, 오라이가 마틴, 퀸 캐널리, 브룩 르바수르, 스테파니 워렌, 캐서린과 트래비스 킬링, 레일라 아부-삼라, 파멜라 스미스, 다리오 로벨토, 조애나 에벤스타인, 켈리 돕슨, 크리스티나 실리, 플루르 반 데 벨데, 에밀리 와인스타인,

마리아 데리케, 오브리 버니어-클라크, 그리고 트래비스 번햄이 아니었다면 나는 허튼소리만 늘어놓는 미친 동물이 되었을 것이다. 또한 허락보다는 용서를 구하는 법을 가르쳐 준 리고 23에게도 감사한다. 아미타브 고쉬는 소중한 시간을 할애해 아낌없는 조언을 해주었다. 캐서린 헨더슨의 그림을 보면 나는 더 좋은 동물이 되는 것 같다. 감사한다. 올리버를 사랑해 준 주드와 그의 부모님 멜라니·테리에게도 정말 많은 빚을 졌다. 늘 감사한 마음이다.

바니 카핑거는 심해에 빛을 비춰 주는 아귀와도 같았다. 동물우화집을 봐도 그보다 더 관대한 인간은 없다. 프리스킬라 페인턴, 만약 편집자가 코끼리라면, 당신은 가장 똑똑하고 강한 코끼리일 것이다. 당신의 무리에 속하게 되어 너무도 감사하다. 또한 조녀선 카르프, 시드니 태니가와, 그리고 사이먼앤슈스터의 모든 책 사랑꾼들에게도 감사드린다.

마지막으로 린 브레이트먼과 하워드 브레이트먼, 로브 모서, 제이크 브레이트먼과 앨리스 브레이트먼을 이야기하지 않을 수 없다. 집에서 당나귀를 키우게 해준 게 내 직업 선택에도 큰 영향을 미쳤을 것이다. 이것 말고도 모든 게 다 감사하다. 여러분이 없었다면 아무것도 쓸 수 없었을 것이다.

옮긴이 후기
| 과연 동물의 마음을 이해할 수 있을까 |

미국의 철학자 토머스 네이글은 "우리가 박쥐처럼 된다는 것은 무슨 뜻인가?"라는 유명한 질문을 했다. 잘 알다시피 박쥐는 초음파를 내서 반향反響으로 사물을 인지하는 방식으로 어두운 동굴 속에서도 장애물을 피해 빠른 속도로 날 수 있다. 주로 빛을 이용해서 시각적으로 세상을 인지하는 우리와는 전혀 다르기 때문에 박쥐가 어떻게 세상을 지각하는지 결코 알 수 없다는 뜻이다. 그렇다면 우리는 함께 살아가는 반려동물조차 그들이 어떤 생각을 하고 감정을 가지는지 알 수 없는 것일까? 나아가 정서적으로 불안하고 상처 입은 동물들의 느낌이 어떠한지 그들의 관점에서 이해하는 것은 아예 불가능할까?

이 책의 저자인 로렐 브레이트먼은 그녀의 남자친구와 함께 처음 입양했던 베른마운틴종 올리버가 4층 창문에서 뛰어내리면서부터 이런 의문을 품기 시작했다. 올리버는 심한 분리불안 증세가 있었는데 홀로 남겨지자 방충망을 뜯고 필사적으로 탈출을 시도했던 것이다.

그 후 브레이트먼은 올리버에게 왜 그런 일이 일어났는지 진지하게 파헤치기 시작했다. 올리버는 불안감에 시달리면 털이 벗겨지고 진물이 날 때까지 앞발을 강박적으로 핥아 댔고, 유독 천둥번개를 두려워 한다는 사실도 밝혀졌다. 왜 이런 일이 일어났는지 의문을 해소하고 치료법을 찾기 위해 저자는 수의사, 동물행동심리학자 등 전문가도 만나 보고 갖가지 치료법을 시도했지만 백약이 무효였다. 결국 올리버는 불안을 견디지 못하고 죽음에 이른다.

저자는 도대체 왜 이런 일이 일어났는지 이유를 알기 위해 정신병을 앓는 동물들을 만나러 다니기 시작했다. 그녀의 탐구 여행은 단지 반려동물에 국한되지 않았다. 곤경에 처한 동물들과 그들을 돕는 사람들이 있는 곳이면 어디든 찾아갔다. 따라서 이 책에는 동물원·테마파크·수족관에 갇혀 사는 전시 동물, 인간을 대리해서 온갖 실험의 대상이 되는 실험실 동물, 오랫동안 인간과 함께 가족처럼 살아왔지만 변화하는 환경 속에서 극한에 내몰린 코끼리들, 인간에게 살육당해 온 아픈 역사에도 불구하고 인간과 우정을 나누고 싶어 하는 쇠고래에 이르기까지 숱한 동물들의 이야기가 등장한다.

그 과정에서 저자는 비인간 동물들에 대해 우리가 미처 알지 못했던 사실들을 들려 주면서 의식적이든 무의식적이든 우리가 가지고 있던 편견을 구석구석 들춰낸다. 그녀가 만난 동물행동학자 조너선 발콤은 더 이상 인간이 아닌 동물이 의식을 가지는가라는 문제로 논쟁을 벌이지 않으며, 쟁점은 동물들이 어느 정도 의식을 가지는가라고 말한다. 이것은 대형 유인원, 포유류 심지어 척추동물에만 국한되는 이야기도 아니다. 2012년 저명한 신경생물학자와 동물행동학자들이 발표한 케임브리지 선언은 포유류, 새, 그리고 심지어 문어와 같은 두족류까지 감정을 경험하는 능력을 가진 의식적인 동물이라는 사실을 확인했다. 모든 동물이 인간과는 다르지만 제각기 의식을 가지는 셈이다.

이 책에서 저자가 하고 있는 여러 가지 이야기들 중에서 중요한 한 가지는 동물들이 겪는 불안과 고통을 통해 우리가 우리 자신을 비춰 볼 수 있다는 것이다. 일차적으로 저자는 그들이 처한 참상이 인간들의 탐욕과 잔인성 때문이라는 점을 소상히 밝히고 있다. 가령 올리버가 유독 천둥번개를 두려워하는 이유를 알아내기 위해 동분서주하던 와중에 저자가 만난 한 연구자는 오랫동안 베른마운틴과 같은 견종들을 육종하는 과정이 그 원인 중 하나였을 수 있다고 지적한다. 여기에는 털 색깔, 체형과 같은 신체적 특성뿐 아니라 그와 연관된 행동과 정신적 특성들이 함께 뒤따른다. 육종가들은 동물들의 물리적 특성만이 아니라 이른바 인간에게 바람직한 품성을 기르려는 인위선택 과정에서 불안증, 소심함, 공격성 등 정서적으로 문제가 될 수 있는 특성들이 나타날 수 있다고 말한다. 올리버와 같은 베른 마운틴종도 예외는 아니다. 여기에서 저자는 20세기 초 미국이나 그 후 나치 독일에서 벌어졌던 끔찍한 우생학 프로그램을 떠올린다.

그러나 더 중요한 점은 올리버로 대표되는 동물들이 겪는 정서 불안과 정신 질환이 사실은 우리의 거울상이며, 최소한 정신건강과 연관된 문제에서 사람과 비인간 동물들 사이의 벽은 그리 두텁지 않을 뿐 아니라 커다란 구멍이 숭숭 뚫려 있다는 것이다. 태국의 한 코끼리 마을에서 어렵사리 만난 코끼리 수도승은 이렇게 말했다. "다른 동물을 이해하려면 먼저 자신을 이해해야 합니다." 저자는 이 말의 역 또한 성립한다는 것을 알게 된다.

우리가 동물들을 조금이라도 더 이해하려면, 네이글의 지적처럼 그 느낌을 완벽히 공유하지는 못할지언정, 그들이 겪는 정신적 고통이 실상은 우리 자신의 문제가 그들에게 투영되는 것이고, 그 역의 과정도 함께 일어난다는 것을 깨달아 가야 할 것이다. 브레이트먼은 수의사와 과학자들의 연구도 중요하지만 동물의 행동에 대한 최고의 해석이 종종 동물과 함께 살아가는 사람들에게서 나올 수 있다는 사실을 강조한다. 동물원 사육사, 훈련사, 사랑하는 개와 산책하는 사람들, 유기된 동물을 보살피는 자원봉사자들, 코끼리와 가족처럼 함께 살아가는 마훗 등이 그런 사람들이다.

반려동물이든, 야생동물이든, 가축동물이든 오늘날 우리가 동물들과 맺고 있는 관계의 기형성이 인간과 동물 모두에게 영향을 미친다는 사실을 깨닫는 것이 중요하다. 우리는 모두 관계적 존재이기 때문이다.

끝으로 좋은 책을 기획해 주시고 꼼꼼한 교열로 책의 완성도를 높여 주신 이진실 편집자와 후마니타스 출판사에 감사드린다.

용인에서 옮긴이

미주

서론

1 이 책에서 나는 이런 동물들과 함께 지내는 사람들과 마찬가지로 이상행동abnormal behavior이라는 말을 사용하려 한다. 이는 정신이상, 정신병, 정신장애 등을 포괄하는 용어로, 이런 말들은 비정상으로 간주되는 많은 행동들 위에 펼쳐진 구멍 난 우산처럼 많은 것을 총칭한다. 분명 그런 용어들로는, 사람을 포함한 동물들에게 **정상**으로 간주되는 사회적 기대가 무엇인지는 둘째 치고, 끊임없이 변화하는 동물의 마음 패턴을 기술하기가 불가능하다. 정신이상은 그에 대비되는 정상상태의 거울상으로만 존재할 수 있다. 그러나 그 구별은 분명치 않다.

2 Gruber, "Darwin on Man," 다음에서 재인용. Roy Porter, *Mind Forg'd Manacles: A History of Madness in England from the Restoration to the Regency*(London: Athlone Press, 1987), 37, 268.

1 올리버의 꼬리 끝

1 William Coleman, *Biology in the Nineteenth Century: Problems of Form, Function and Transformation*, Cambridge Studies in the History of Science(Cambridge, UK: Cambridge University Press, 1978), 121-22.

2 Lorraine Daston and Gregg Mitman, eds., *Thinking with Animals: New Perspectives on Anthropomorphism*, new ed.(New York: Columbia University Press, 2006).

3 다윈은 정신이상자the insane가(그는 이렇게 불렀다) 감정을 연구하는 좀 더 순수한 원천이라고 믿었기 때문에 정신병은『감정 표현』의 핵심 부분이기도 하다. 여느 빅토리아 시대 사람들과 마찬가지로 그 역시 사회적 관습과 억압에서 사로잡혀 있었으며, 정신병원에 있는 많은 이들이 적절한 감정 제어의 족쇄에서 벗어나 스스로를 더 솔직하게 표현하고 있다고 보았다.

그러나 다윈은 동시대의 많은 의사들처럼 이들을 도덕적으로 파탄 난 사람으로 보지는 않았다. 대신 그는 정신이상자들을 단순히 자의식이 없는, 즉 스스로를 인식하지 못하며 자아 개념이 없는 존재로 보았다. 자의식이 없으니 부끄러움도 없고, 따라서 감정 표현을 억제하지 않는다는 것이었다. 다윈은 이 때문에 정신이상자들이 절망, 분노, 공포 등이 **실제로** 어떻게 느껴지고 어떻게 보이는지를 보여 줄 수 있는 완벽한 연구 대상이 될 수 있다고 믿었다. 그래서 다윈은 개가 목덜미의 털을 곤두세우듯이 화가 난 정신이상자들이 머리의 모낭을 곤추 세우는 현상(이는 관찰 테스트를 통과하지 못했다) 같은 것들을 논의하고, 정신병원 환자들의 사진을 세세히 살피는 등 자신의 책의 상당 부분을 인간의 정신이상 현상을 다루는 데 할애했다. Janet Browne, "Darwin and the Expression of the Emotions," in *The Darwinian Heritage*, ed. David Kohn(Princeton, NJ: Princeton University Press,

1985), 307-26.

4 Charles Darwin, *The Expression of the Emotions in Man and Animals*(London: John Murray, 1872), 120[『인간과 동물의 감정 표현』, 김성한 옮김, 사이언스북스, 2020, 185쪽].

5 Ibid., 58, 60[같은 책, 111쪽].

6 Ibid., 129[같은 책, 197쪽]. 다윈은 행복한 퓨마나 호랑이를 직접 본 적은 없었을 것이다. 또 우는 코끼리도 직접 보지 못했을 것이다. 대신 그는 다른 사람들의 관찰 결과가 담긴 편지나 출간물, 그리고 그가 함께 살았던 동물이나 여행에서 본 동물들, 그리고 리젠트 파크 동물원에서 본 동물들에 의존했다.

7 Charles Darwin, *The Descent of Man, and Selection in Relation to Sex*(London: John Murray, 1874), 79[『인간의 유래 1』, 김관선 옮김, 한길사, 2006, 142쪽].

8 이는 2010년과 2011년에 다윈 서한 프로젝트(www.darwinproject.ac.uk) 검색과, 2009~10년에 재닛 브라운과 데이비드 콘과 나눈 개인적 대화, 그리고 다윈의 출간된 저작에서 인용된 문헌들을 살펴본 결과를 기반으로 한 것이다.

9 Richard Barnet and Michael Neve, "Dr Lauder Lindsay's Lemmings," *Strange Attractor Journal* 4(2011): 153.

10 W. Lauder Lindsay, *Mind in the Lower Animals, in Health and Disease*, vol. 2(New York: Appleton, 1880), 11-13.

11 Ibid., 14.

12 Porter, *Mind-Forg'd Manacles*, 121-29.

13 John Webster, *Observations on the Admission of Medical Pupils to the Wards of Bethlem Hospital for the Purpose of Studying Mental Diseases*, 3rd ed.(London: Churchill, 1842), 85-86.

14 Lindsay, *Mind in the Lower Animals*, 18-19.

15 Ibid., 131-33.

16 Mark Doty, *Dog Years: A Memoir*(New York: Harper, 2007), 2-3.

17 R. W. Burkhardt Jr., "Niko Tinbergen," 2010, url.kr/tywzl1; Richard W. Burkhardt Jr., *Patterns of Behavior: Konrad Lorenz, Niko Tinbergen, and the Founding of Ethology*(Chicago: University of Chicago Press, 2005).

18 Heini Hediger, *Wild Animals in Captivity*(London: Butterworths Scientific, 1950), 50.

19 Jaak Panksepp, *Affective Neuroscience: The Foundations of Human and Animal Emotions*(New York: Oxford University Press, 2004), 3.

20 www.youtube.com/watch?v=j-admRGFVNM["Rats Laugh When You Tickle Them"].

21 Barbara Natterson-Horowitz and Kathryn Bowers, *Zoobiquity: The Astonishing Connection Between Human and Animal Health*(New York: Vintage, 2013), 95[『의사와 수의사가 만나다: 인간과 동물의 건강, 그 놀라운 연관성』, 이순영 옮김, 모멘토, 2017, 154쪽].

22 "Science of the Brain as a Gateway to Understanding Play: An Interview with Jaak Panskepp," *American Journal of Play* 2, no. 3(Winter 2010): 245-77.

23 Panksepp, *Affective Neuroscience*, 13, 15.

24 대표적인 예는 다음과 같다. Isabella Merola, Emanuela Prato-Previde, and Sarah Marshall-Pescini, "Dogs' Social Referencing towards Owners and Strangers," *PLoS ONE* 7, no. 10(2012): e47653.

25 Jonathan Balcombe, *Second Nature: The Inner Lives of Animals*(New York: Palgrave Macmillan, 2010), 47.

26 Jason Castro, "Do Bees Have Feelings?," *Scientific American*, 2011/08/02; Sy Montgomery, "Deep Intellect," *Orion*, 2011년 11·12월호; "What Model Organisms Can Teach Us about Emotion," *Science Daily*(2010/02/21); Balcombe, *Second Nature*.

27 신경과학과 정동 연구 분야 내에서는 "감정"emotions과 "느낌"feelings의 차이를 몇 가지로 구분해

왔다. 예를 들어, 안토니오 다마지오와 조지프 르두는 감정의 경우 반드시 의식적 상태일 필요는 없지만, 느낌은 정신이 감정을 의미가 통하게 만들기 위해 노력한 결과일 수 있다고 주장했다. 예를 들어, 다음 문헌을 보라. Antonio R. Damasio, *Descartes' Error: Emotion, Reason, and the Human Brain*(New York: G. P. Putnam, 1994), 131-32, 143[『데카르트의 오류: 감정, 이성, 그리고 인간의 뇌』, 김린 옮김, 눈출판그룹, 2017, 205-06쪽, 220-21쪽].

28 Ibid.

29 로리 마리노와의 개인적 대화, 2011/05/04.

30 Balcombe, *Second Nature*, 46.

31 조금 다른 맥락이지만, 나는 개가 거울, 미닫이 유리문, 오븐의 번쩍거리는 표면에 반사된 자신의 모습을 가지고 헷갈려 하는 걸 본 적이 없다. 일부 좀 아둔한 개들이 거울에 비친 자기 모습을 보고 짖거나 냄새를 맡을 수는 있겠지만, 대부분은 그렇지 않다. 그렇다고 개가 거울에 비친 개를 **자신**으로 인식한다고 볼 수는 없지만 또 그러지 못한다고 볼 수도 없다.

아프리카 회색앵무는 거울을 도구로 사용해 먹이, 장난감, 놀이 친구의 위치에 대한 정보를 수집하지만, 그렇다고 거울에 미친 자기 모습을 보면서 털을 고르지는 않는다. 앵무새가 자신을 인식하는 것일 수도 있겠지만, 그보다는 거울에 담긴 다른 정보(가령 자기가 아는 사람이 뒤에서 과일 샐러드를 만들고 있다는 사실)에 더 관심을 쏟는 것이라 할 수 있다. 대형 유인원 중에서도, 침팬지가 거울을 통해 자신을 식별하는 정도는 개체에 따라 다르다. 고릴라도 마찬가지다. D. M. Broom, H. Sena, and K. L. Moynihan, "Pigs Learn What a Mirror Image Represents and Use It to Obtain Information," *Animal Behaviour* 78, no. 5(2009): 1037; I. M. Pepperberg et al., "Mirror Use by African Gray Parrots(Psittacus erithacus)," *Journal of Comparative Psychology* 109(1995): 189-95; G. G. Gallup Jr., "Chimpanzees: Self-Recognition," *Science* 167(1970): 86-87; V. Walraven, Van L. Elsacker, and R. Verheyen, "Reactions of a Group of Pygmy Chimpanzees(Pan paniscus) to Their Mirror Images: Evidence of Self-Recognition," *Primates* 36(1995): 145-50; D. H. Ledbetter and J. A. Basen, "Failure to Demonstrate Self-Recognition in Gorillas," *American Journal of Primatology* 2(1982): 307-10; F. G. P. Patterson and R. H. Cohn, "Self-Recognition and Self-Awareness in Lowland Gorillas," in *Self-Awareness in Animals and Humans: Developmental Perspectives*, ed. S. T. Parker and R. W. Mitchell(New York: Cambridge University Press, 1994), 273-90.

32 Philip Low, "The Cambridge Declaration on Consciousness," ed. Jaak Panksepp et al., Cambridge University, 2012/07/07.

33 Panksepp, *Affective Neuroscience*, 13.

34 Paul Ekman, "Basic Emotions," in *Handbook of Cognition and Emotion*, ed. Tim Dalgleish and Mick J. Power(New York: Wiley, 2005), 45-60; John Sabini and Maury Silver, "Ekman's Basic Emotions: Why Not Love and Jealousy?," *Cognition and Emotion* 19, no. 5(2005): 693-712.

35 판크세프는 다음에서 동물의 행동을 순환론적으로 해석하는 것에 대해 경고했다. *Affective Neuroscience*, 13.

36 T. Satou et al., "Neurobiology of the Aging Dog," *Brain Research* 774, nos. 1-2(1997): 35-43; Carl W. Cotman and Elizabeth Head, "The Canine(Dog) Model of Human Aging and Disease: Dietary, Environmental and Immunotherapy Approaches," *Journal of Alzheimer's Disease* 15, no. 4(2008): 685-707.

37 랠프 닉슨Ralph Nixon 박사(뉴욕 대학의 뇌노화연구센터Center of Excellence for Brain Aging 소장, 펄 발로 기억 측정 및 치료 센터Pearl Barlow Center for Memory Evaluation and Treatment 상임이사)와의 개인적 대화, 2013/12/05.

38 Joseph LeDoux, "Emotion, Memory and the Brain: What We Do and How We Do It," LeDoux Laboratory Research Overview, www.cns.nyu.edu/home/ledoux/overview.htm.

39 Jack D. Pressman, *Last Resort: Psychosurgery and the Limits of Medicine*(Cambridge, UK:

Cambridge University Press, 1998), 13, 48-65.

40 Shorter and Healy, *Shock Therapy*, 35-41.

41 Ibid., 78-80.

42 P. Hay, P. Sachdev, S. Cumming, J. S. Smith, T. Lee, P. Kitchener, and J. Matheson, "Treatment of Obsessive-Compulsive Disorder by Psychosurgery," *Acta Psychiatrica Scandinavica* 87, no. 3(1993/03): 197-207; E. Irle, C. Exner, K. Thielen, G. Weniger, and E. Rüther, "Obsessive-Compulsive Disorder and Ventromedial Frontal Lesions: Clinical and Neuropsychological Findings," *The American Journal of Psychiatry* 155, no. 2(1998/02): 255-263; M. Polosan, B. Millet, T. Bougerol, J.-P. Olié, and B. Devaux, "Psychosurgical Treatment of Malignant OCD: Three Case-Reports," *L'Encéphale* 29, no. 6(2003/12): 545-552.

43 Gregory Burns, "Dogs Are People, Too," *New York Times*, 2013/10/05.

44 LeDoux, "Emotion, Memory and the Brain."

45 Jaccek Dębiec, David E. A. Bush, and Joseph E. LeDoux, "Noradrenergic Enhancement of Reconsolidation in the Amygdala Impairs Extinction of Conditioned Fear in Rats: A Possible Mechanism for the Persistence of Traumatic Memories in PTSD," *Depression and Anxiety* 28, no. 3(2011): 186-93.

46 그는 신피질(고래 돌고래 코끼리의 뇌처럼 인간과 다른 유인원의 뇌에서 훨씬 큰, 깊은 홈이 패어 있고 주름진 회백질로, 복잡한 사고를 가능하게 해준다)과 연관된 현상을 실험하는 것은 그리 유용하지 않을 것이라고 주장한다. 쥐에게는 신피질에 상응하는 구조가 없기 때문이다. 조지프 르두와의 개인적 대화, 2010/01/28.

47 Joseph E. LeDoux, "Rethinking the Emotional Brain," *Neuron* 73, no. 4(2012/02/23): 653-676.

48 조지프 르두와 주고받은 개인적 이메일, 2009/11/07.

49 Martin E. Seligman and Steven Maier, "Failure to Escape Traumatic Shock." *Journal of Experimental Psychology* 74, no. 1(1967): 1-9. ; Bruce J. Overmier and Martin E. Seligman, "Effects of Inescapable Shock Upon Subsequent Escape and Avoidance Responding," *Journal of Comparative and Physiological Psychology* 63, no. 1(1967): 28-33.

50 Seligman, Martin E. "Learned Helplessness." *Annual Review of Medicine* 23, no. 1(1972): 407-412.

51 Diana Reiss, *The Dolphin in the Mirror: Exploring Dolphin Minds and Saving Dolphin Lives*(New York: Houghton Mifflin Harcourt, 2011), 242-43.

52 다이애나 라이스와의 개인적 대화, 2014/02/05.

53 B. F. Skinner, "Superstition in the Pigeon," *Journal of Experimental Psychology* 38, 1947/06/05, 168-172.

54 Justin Gmoser, "The Strangest Good Luck Rituals in Sports," *Business Insider*, 2013/10/31.

55 다음 문헌에서 재인용. Marc Bekoff, *The Emotional Lives of Animals: A Leading Scientist Explores Animal Joy, Sorrow, and Empathy and Why They Matter*(Novato, CA: New World Library, 2008), 122[『동물의 감정: 동물의 마음과 생각 엿보기』, 김미옥 옮김, 시그마북스, 2008, 200쪽].

56 Ibid., 123[같은 책, 202쪽].

57 Robert M. Sapolsky, *A Primate's Memoir*(New York: Scribner, 2001)[『Dr. 영장류 개코원숭이로 살다: 어느 한 영장류의 회고록』, 박미경 옮김, 솔빛길, 2002]; R. M. Sapolsky, "Why Stress Is Bad for Your Brain," *Science* 273, no. 5276(1996): 749.

58 Robert M. Sapolsky, "Glucocorticoids and Hippocampal Atrophy in Neuropsychiatric Disorders," *Archives of General Psychiatry* 57, no. 10(2000): 925-35; Robert M. Sapolsky, L. M. Romero, and A. U. Munck, "How Do Glucocorticoids Influence Stress Responses? Integrating Permissive, Suppressive, Stimulatory, and Preparative Actions 1," *Endocrine Reviews* 21, no. 1(2000): 55-89; Robert M.

Sapolsky, "Why Stress Is Bad for Your Brain," 749; Sapolsky, *A Primate's Memoir*.

59 Robert Sapolsky, 다음에서 재인용 Bekoff, *The Emotional Lives of Animals,* 124[『동물의 감정』, 같은 책, 2008, 204쪽].

60 Donna Haraway, *Primate Visions: Gender, Race, and Nature in the World of Modern Science*(New York: Routledge, 1989), 231-32.

61 Harry Harlow and B. M. Foss, "Effects of Various Mother-Infant Relationships on Rhesus Monkey Behaviors," *Readings in Child Behavior and Development*(1972): 202; Haraway, *Primate Visions,* 231-32, 238-39.

62 Haraway, *Primate Visions,* 238-39; Harlow and Foss. "Effects of Various Mother-Infant Relationships on Rhesus Monkey Behaviors," 202.

63 Harry F. Harlow and Stephen J. Suomi, "Induced Depression in Monkeys," *Behavioral Biology* 12, no. 3(1974): 273-96; B. Seay, E. Hansen, and H. F. Harlow, "Mother-Infant Separation in Monkeys," *Journal of Child Psychology and Psychiatry* 3, nos. 3-4(1962): 123-32; H. A. Cross and H. F. Harlow, "Prolonged and Progressive Effects of Partial Isolation on the Behavior of Macaque Monkeys," *Journal of Experimental Research in Personality* 1, no. 1(1965): 39-49.

64 Stephen J. Suomi, Harry F. Harlow, and William T. McKinney, "Monkey Psychiatrists," *American Journal of Psychiatry* 128, no. 8(1972): 927-32; Stephen J. Suomi and Harry F. Harlow, "Social Rehabilitation of Isolate-Reared Monkeys," *Developmental Psychology* 6, no. 3(1972): 487-96.

65 Rachael Stryker, *The Road to Evergreen: Adoption, Attachment Therapy, and the Promise of Family*(Ithaca, NY: Cornell University Press, 2010), 14-15; R. A. Spitz, "Hospitalism: An Inquiry into the Genesis of Psychiatric Conditions in Early Childhood," *Psychoanalytic Study of the Child* 1(1945): 53-74; R. A. Spitz, "Hospitalism: A Follow-Up Report on Investigation Described in Volume I, 1945," *Psychoanalytic Study of the Child* 2(1946): 113-17, 다음에서 인용. "Attachment," Advokids, www.advokids.org/attachment.html; John Bowlby, "John Bowlby and Ethology: An Annotated Interview with Robert Hinde," *Attachment and Human Development* 9, no. 4(2007): 321-35.

66 Deborah Blum, *Love at Goon Park: Harry Harlow and the Science of Affection*(New York: Perseus, 2002), 50-52[『사랑의 발견: 사랑의 비밀을 밝혀낸 최초의 과학자 해리 할로』, 임지원 옮김, 사이언스북스, 2005].

67 Frank C. P. van der Horst, Helen A. Leroy, and René van der Veer, "'When Strangers Meet': John Bowlby and Harry Harlow on Attachment Behavior," *Integrative Psychological and Behavioral Science* 42, no. 4(2008): 370-88.

68 Van der Veer, "'When Strangers' Meet.'"

69 Friends of Bonobos, "The Sanctuary", www.friendsofbonobos.org/ sanctuary.htm.

70 "Why Have So Many Dogs Leapt to Their Death from Overtoun Bridge?," *Daily Mail,* 2006/10/17.

71 James Dao, "More Military Dogs Show Signs of Combat Stress," *New York Times,* 2011/12/01; Lee Charles Kelley, "Canine PTSD: Its Causes, Signs and Symptoms," *My Puppy, My Self, Psychology Today,* 2012/08/08; Monica Mendoza, "Man's Best Friend Not Immune to Stigmas of War; Overcomes PTSD," Official Website of the U.S. Air Force, 2010/07/27, www.peterson.af.mil/news/story.asp?id=123214946; Marvin Hurst, "'Something Snapped': Service Dogs Get Help in PTSD Battle," KENS5.com, 2012/02/10; Catherine Cheney, "For War Dogs, Life with PTSD Requires Patient Owners," *Atlantic,* 2011/12/20; Jessie Knadler, "My Dog Solha: From Afghanistan, with PTSD," *The Daily Beast,* 2013/03/14.

72 브로이어에 따르면, 애나의 히스테리 증상에는 부분적 사지 마비, 쇠약, 목의 운동 능력 상실, 신경성 기침, 식욕부진, 환각, 동요, 급작스런 기분 변화, 파괴적 행동, 기억상실, 터널 시야, 기이한 언어 패턴(동사 활용을 못 했다), 독일어 구사 장애(반면 독일어 문장을 영어로 번역할 수 있었다)

등이 있었다. John Launer, "Anna O and the 'Talking Cure,'" *QJM* 98, no. 6(2005): 465-66; G. Windholz, "Pavlov, Psychoanalysis, and Neuroses," *Pavlovian Journal of Biological Science* 25, no. 2(1990): 48-53.

73 Michael W. Fox, *Abnormal Behavior in Animals*(Philadelphia: Saunders, 1968), 81; Windholz, "Pavlov, Psychoanalysis, and Neuroses."

74 Fox, *Abnormal Behavior in Animals*, 85, 119.

75 H. S. Liddell, The Experimental Neurosis," *Annual Review of Physiology* 9, no. 1(1947): 569-80.

76 1929년, 빈의 한 정신분석가는 인간의 신경증을 이해하는 데 파블로프의 연구보다는 정신분석이 훨씬 낫다고 주장했다. 파블로프는 이를 반박하면서 인간과 다른 동물의 신경증이 모두 자극과 억제의 충돌(그가 실험실에서 테스트했던 기본 과정)에 뿌리를 두고 있으며, 만약 개가 말을 할 수 있다면 자신을 제어할 수 없어서 금지된 행동을 했고 그래서 벌을 받았노라고 말할 것이라고 했다. 또 설령 개가 진짜 이렇게 말한다 해도 실험 자체에서 얻은 지식에 새로운 걸 추가해 주지는 못할 것이라고 주장했다. Windholz, "Pavlov, Psychoanalysis, and Neuroses"; Liddell, "The Experimental Neurosis."

77 어쩌면 그는 생각을 좀 바꿨을 수도 있다. 몇 년 후 신경질환에 초점을 맞춘 클리닉에서 인간을 대상으로 연구하면서 파블로프는, 적어도 인간을 이해하는 데 있어서는 정신분석 과정을 훨씬 더 신뢰하기 시작했고, 만년은 인간의 히스테리, 신경쇠약, 정신착란 같은 신경질환의 원인과 증상을 연구하면서 보냈다. Windholz, "Pavlov, Psychoanalysis, and Neuroses"; Liddell, "The Experimental Neurosis."

78 Liddell, "The Experimental Neurosis."

79 다른 동물들도 이 이야기의 일부이며, 때로 신경쇠약과 연관된 것으로 여겨지는 "외상성 기억"이라는 개념도 마찬가지다. 외상성 기억에 대한 현대적 개념은 제1차 세계대전 이전으로 거슬러 올라가며, 파블로프의 실험 같은 데 뿌리를 두고 있지만, 부분적으로는 그보다 앞선 두 미국인 의사 조지 크라일과 월터 캐넌의 초기 연구와, 고양이·개를 대상으로 한 그들의 실험에서 비롯된 것이기도 하다. 이들의 연구 중 하나는 신경 쇼크에 관한 것이었다. 크라일과 캐넌은 극단적 공포가 인간과 고양이 모두에게 수술 쇼크(수술 환자에게 창백함, 기절, 추위, 불안, 빈맥 등의 증상을 일으켜 치명적인 상황에 빠질 가능성이 있다)와 유사한 신체적 이상을 일으킬 수 있다고 보았다. 캐넌은 고양이를 대상으로 한 실험에서 고양이의 피질과 나머지 신경계 사이의 연결을 차단해서 공포 각성과 매우 유사한 극단적 감정 반응을 일으켰는데, 고양이는 털이 곤두서고, 발가락에서 땀을 흘리고, 심박수와 혈압이 급상승하더니 결국 쓰러져 죽었다. 캐넌은 이를 "거짓 분노"sham rage라 불렀고, 고양이의 경험을 기초로 극심한 감정적 충격을 받은 남자들의 죽음을 설명했다. Allan Young, *The Harmony of Illusions: Inventing Post-Traumatic Stress Disorder*(Princeton, NJ: Princeton University Press, 1997), 24, 42; Frederick Heaton Millham, "A Brief History of Shock," *Surgery* 148, no. 5(2010): 1026-37.

80 "DSM-5 Criteria for PTSD," U.S. Department of Veterans Affairs, url.kr/oixsy6; "Post Traumatic Stress Disorder," *A.D.A.M. Medical Encyclopedia*, National Library of Medicine, 2013/03/08, www.ncbi.nlm.nih.gov/pubmedhealth/PMH0001923/

81 최근에 진화심리학자들은 오늘날의 PTSD가 극단적인 적응 행동일 수 있다고 주장하고 있다. 즉, 자신이 목격했던 참상에 대한 병사들의 끔찍한 반응은 장차 벌어질 수 있는 전쟁을 피하기 위한 무의식적 시도라는 것이다. 나는 이것이 트라우마와 불안에 대한 복잡한 반응을 지나치게 단순화한 것이라고 생각한다. 예를 들어, 다음을 보라. Lance Workman and Will Reader, *Evolutionary Psychology: An Introduction*(Cambridge, UK: Cambridge University Press, 2004), 229; Young, *The Harmony of Illusions*, 64.

82 Hope R. Ferdowsian et al., "Signs of Mood and Anxiety Disorders in Chimpanzees," *PLoS ONE* 6, no. 6(2011). 다음 문헌도 보라. G. A. Bradshaw et al., "Building an Inner Sanctuary: Complex PTSD in

Chimpanzees," *Journal of Trauma and Dissociation: The Official Journal of the International Society for the Study of Dissociation* 9, no. 1(2008): 9-34; G. A. Bradshaw, *Elephants on the Edge: What Animals Teach Us about Humanity*(New Haven, CT: Yale University Press, 2010)[『코끼리는 아프다: 인간보다 더 인간적인 코끼리에 대한 친밀한 관찰』, 구계원 옮김, 현암사, 2011].

83 Ferdowsian et al., "Signs of Mood and Anxiety Disorders in Chimpanzees," e19855. 다음 문헌도 보라. Bradshaw et al., "Building an Inner Sanctuary."

84 Balcombe. *Second Nature*, 59.

85 Young, *The Harmony of Illusions*, 284.

86 Ibid.

87 Judith A. Cohen and Michael S. Scheeringa, "Post-Traumatic Stress Disorder Diagnosis in Children: Challenges and Promises," *Dialogues in Clinical Neuroscience* 11, no. 1(2009/03): 91-99; M. S. Scheeringa, C. H. Zeanah, M. J. Drell, and J. A. Larrieu, "Two Approaches to the Diagnosis of Posttraumatic Stress Disorder in Infancy and Early Childhood," *Journal of the American Academy of Child and Adolescent Psychiatry* 34, no. 2(1995/02): 191-200; Richard Meiser-Stedman, Patrick Smith, EdwardGlucksman, William Yule, and Tim Dalgleish, "The Posttraumatic Stress Disorder Diagnosis in Preschool-and Elementary School-Age Children Exposed to Motor Vehicle Accidents," *The American Journal of Psychiatry* 165, no. 10(2008/10): 1326-1337.

88 니콜 코텀과의 개인적 대화, 2009/06/19, 2009/08/02; 짐 크로스비와의 개인적 대화, 2011/03/14.

89 Lee Charles Kelley, "Canine PTSD Symptom Scale," www.leecharleskelley.com.

90 Lee Charles Kelley, "Case History No. 1: My Dog Fred," 다음 글에서 처음 발표됨. "My Puppy My Self," *PsychologyToday.com*, 2012/07/10; url.kr/mpv49z.

91 Dao, "More Military Dogs Show Signs of Combat Stress"; Lee Charles Kelley, "Canine PTSD: Its Causes, Signs and Symptoms," *My Puppy, My Self, Psychology Today*, 2012/08/08; Monica Mendoza, "Man's Best Friend Not Immune to Stigmas of War; Overcomes PTSD," U.S. Air Force, 2010/07/27, url.kr/aso2gv; Marvin Hurst, "'Something Snapped': Service Dogs Get Help in PTSD Battle," KENS5.com, 2012/02/10; Cheney, "For War Dogs, Life with PTSD Requires Patient Owners."

92 다음 문헌을 보라. Kelly McEvers, "'Sticky IED' Attacks Increase in Iraq," *National Public Radio*, 2010/12/03; Craig Whitlock, "IED Casualties in Afghanistan Spike," *Washington Post*, 2011/01/26; James Dao and Andrew Lehren, "The Reach of War: In Toll of 2,000, New Portrait of Afghan War," *New York Times*, 2012/08/22; Malia Wollan, "Duplicating Afghanistan from the Ground Up," *New York Times*, 2012/04/14; Mark Thompson, "The Pentagon's New IED Report," *Time*, 2012/02/05; Ahmad Saadawi, "A Decade of Despair in Iraq," *New York Times*, 2013/03/19; Michael Barbero, "Improvised Explosive Devices Are Here to Stay," *Washington Post*, 2013/05/17; Terri Gross with Brian Castnor, "The Life That Follows: Disarming IEDs in Iraq," *Fresh Air*, National Public Radio, 2013/06/07.

93 Spencer Ackerman, "$19 Billion Later, Pentagon's Best Bomb-Detector Is a Dog," *Wired*, 2010/10/10; Allen St. John, "Let the Dog Do It: Training Black Labs to Sniff Out IEDs Better Than Military Gadgets" *Forbes*, 2012/04/09.

2 코끼리의 마음속으로

1 Edward Shorter, *A Historical Dictionary of Psychiatry*(New York: Oxford University Press, 2005),

226-27.

2 Chris Dixon, "Last 39 Tigers are Moved from Unsafe Rescue Center," *New York Times*, 2004/06/11; Lance Pugmire, Carla Hall, and Steve Hymon, "Clashing Views of Owner of Tiger Sanctuary Emerge," *Los Angeles Times*, 2003/04/25. "Meet the Tigers," Performing Animal Welfare Society Sanctuary, www.pawsweb.org/meet_tigers.html_

3 "Tic Disorders," American Academy of Child and Adolescent Psychiatry, 2012/05; John T. Walkup et al., "Tic Disorders: Some Key Issues for DSM-V," *Depression and Anxiety* 27(2010): 600-610.

4 Andrew Lakoff, "Adaptive Will: The Evolution of Attention Deficit Disorder," *Journal of the History of the Behavioral Sciences* 36, no. 2(2000): 149-69.

5 "Separation Anxiety," DSM-V Development[5판 201쪽].

6 Shorter, *A Historical Dictionary of Psychiatry*, 32.

7 다음 문헌을 보라. Grier, *Pets in America*, 13-14, 121-30, 136.

8 Grier, *Pets in America*, 156.

9 다음 문헌을 보라. Cotman and Head, "The Canine(Dog) Model of Human Aging and Disease"; B. J. Cummings et al., "The Canine as an Animal Model of Human Aging and Dementia," *Neurobiology of Aging* 17, no. 2(1996): 259-68; Belén Rosado et al., "Blood Concentrations of Serotonin, Cortisol and Dehydroepiandrosterone in Aggressive Dogs," *Applied Animal Behaviour Science* 123, nos. 3-4(2010): 124-30.

10 American College of Veterinary Behaviorists, www.dacvb.org/resources/find/

11 Center for Health Workforce Studies, "2013 U.S. Veterinary Workforce Study: Modeling Capacity Utilization Final Report," *American Veterinary Medical Association*(2013/04/16): vii.

12 N. H. Dodman et al., "Equine Self-Mutilation Syndrome(57 Cases)," *Journal of the American Veterinary Medical Association* 204, no. 8(1994): 1219-23.

13 The AKC's breed standard for Bernese Mountain Dogs: "Get to Know the Bernese Mountain Dog," American Kennel Club.

14 Nicholas Dodman, *If Only They Could Speak: Understanding the Powerful Bond between Dogs and Their Owners*(New York: Norton, 2008), 260-62.

15 K. L. Overall, "Natural Animal Models of Human Psychiatric Conditions: Assessment of Mechanism and Validity," *Progress in Neuro-Psychopharmacology and Biological Psychiatry* 24, no. 5(2000): 729.

16 DSM에 따르면, 이런 걱정이 사건이 실제 일어날 가능성에 비해 지나치게 커야 한다. 가령 절대 지각한 적이 없는데도 회사에 늦을지 모른다는 불안감이 끊이지 않는다거나 딸이 하굣길에 유괴될지 모른다는 반복적인 두려움이 그런 예다. 물론 이는 실제로 일어나는 일들이기는 하지만, 대부분의 사람들에게 이런 걱정은 그저 일시적인 생각일 뿐 집착적이지 않다. American Psychiatric Association, *DSM-IV: Diagnostic and Statistical Manual of Mental Disorders*, 4th ed.(Arlington, VA: American Psychiatric Association, 1994), 432-33[5판 202쪽].

17 Larry Lohmann, "Land, Power and Forest Colonization in Thailand," *Global Ecology and Biogeography Letters* 3, no. 4/6(1993): 180.

18 Richard Lair, *Gone Astray: The Care and Management of the Asian Elephant in Domesticity* (Bangkok: FAO Regional Office for Asia and the Pacific, 1997), url.kr/bn2vxr

19 Bruce D. Perry and Maia Szalavitz. *The Boy Who Was Raised as a Dog and Other Stories from a Child Psychiatrist's Notebook: What Traumatized Children Can Teach Us about Loss, Love and Healing*(New York: Basic Books, 2007)[『개로 길러진 아이: 사랑으로 트라우마를 극복하고 희망을 보여 준 아이들』, 황정하 옮김, 민음인, 2011]; Robert F. Anda, Vincent J. Felitti, J. Douglas Bremner, John D. Walker, Charles Whitfield, Bruce D. Perry, Shanta R. Dube, and Wayne H. Giles, "The Enduring

Effects of Abuse and Related Adverse Experiences in Childhood: A Convergence of Evidence from Neurobiology and Epidemiology," *European Archives of Psychiatry and Clinical Neuroscience* 256, no. 3(2006/04): 174-186; B. D. Perry and R. Pollard, "Homeostasis, Stress, Trauma, and Adaptation: A Neurodevelopmental View of Childhood Trauma," *Child and Adolescent Psychiatric Clinics of North America* 7, no. 1(1998/01): 33-51, viii; Bruce D. Perry, "Neurobiological Sequelae of Childhood Trauma: PTSD in Children," In *Catecholamine Function in Posttraumatic Stress Disorder: Emerging Concepts*, 233-255(*Progress in Psychiatry* 42, Arlington, VA: American Psychiatric Association, 1994); James E. McCarroll, "Healthy Families, Healthy Communities: An Interview with Bruce D. Perry," *Joining Forces Joining Families* 10, no. 3(2008).

20 Perry and Szalavitz, *The Boy Who Was Raised as a Dog*, 19[『개로 길러진 아이』, 같은 책, 46-47쪽].

21 Child Welfare Information Gateway, *Understanding the Effects of Maltreatment on Brain Development*, Issue Brief, U.S. Department of Health and Human Services, 2009/11; Perry and Szalavitz, *The Boy Who Was Raised as a Dog*, 247.

22 3년 넘게 페리는 티나가 스트레스 반응에 대한 통제력을 회복하고 무턱대고 반응하는 대신 충분히 생각한 다음 결정을 내릴 수 있도록 도왔다. 그러나 안타깝게도 티나는 행동이 완전히 바뀌지는 않았다. 페리가 느끼기엔, 결국 티나의 스트레스 반응에 대한 통제력이 트라우마를 더 잘 숨기게 해준 것만 같았다. Perry and Szalavitz, *The Boy Who Was Raised as a Dog*, 22-28[『개로 길러진 아이』, 같은 책, 48-54쪽].

23 NYU 환경학과 교수 데일 재미슨에 따르면, 동물원 역시 문제적인 종 구별을 그대로 답습하고 있으며, 동물원 구조 자체가 이런 구별짓기에 입각해 있다(가두어 놓는다는 것 자체가 우리에 갇혀 있는 동물과 그렇지 않은 사람 동물 사이의 잘못된 구별짓기를 보여 준다). Dale Jamieson, Against Zoos," in *Morality's Progress: Essays on Humans, Other Animals, and the Rest of Nature*(Oxford: Oxford University Press USA, 2003), 166-175; and Dale Jameison, "The Rights of Animals and the Demands of Nature," *Environmental Values* 17(2008), 181-189.

24 Deivasumathy Muthugovindan and Harvey Singer, "Motor Stereotypy Disorders," *Current Opinion in Neurology* 22, no. 2(2009/04): 131-136.

25 다음 문헌들을 참조하라. Jean S. Akers and Deborah S. Schildkraut, "Regurgitation/Reingestion and Coprophagy in Captive Gorillas," *Zoo Biology* 4, no. 2(1985): 99-109; M. C. Appleby, A. B. Lawrence, and A. W. Illius, "Influence of Neighbours on Stereotypic Behaviour of Tethered Sows," *Applied Animal Behaviour Science* 24, no. 2(1989): 137-46; M. J. Bashaw et al., "Environmental Effects on the Behavior of Zoo-Housed Lions and Tigers, with a Case Study of the Effects of a Visual Barrier on Pacing," *Journal of Applied Animal Welfare Science* 10, no. 2(2007): 95-109; Yvonne Chen et al., "Diagnosis and Treatment of Abnormal Food Regurgitation in a California Sea Lion(Zalophus californianus)," in *IAAAM Conference Proceedings* 68(International Association for Aquatic Animal Medicine, 2009); Jonathan J. Cooper and Melissa J. Albentosa, "Behavioural Adaptation in the Domestic Horse: Potential Role of Apparently Abnormal Responses Including Stereotypic Behaviour," *Livestock Production Science* 92, no. 2(2005): 177-82; Leslie M. Dalton, Todd R. Robeck, and W. Glenn Youg, "Aberrant Behavior in a California Sea Lion(Zalophus californianus)," in *IAAAM Conference Proceedings* 145-46(International Association for Aquatic Animal Medicine, 1997); J. E. L. Day et al., "The Separate and Interactive Effects of Handling and Environmental Enrichment on the Behaviour and Welfare of Growing Pigs," *Applied Animal Behaviour Science* 75, no. 3(2002): 177-92; Andrzej Elzanowski and Agnieszka Sergiel, "Stereotypic Behavior of a Female Asiatic Elephant(Elephas maximus) in a Zoo," *Journal of Applied Animal Welfare Science* 9, no. 3(2006): 223-32; Loraine Tarou Fernandez et al., "Tongue Twisters: Feeding Enrichment to Reduce Oral Stereotypy in Giraffe,"

Zoo Biology 27, no. 3(2008): 200-212; Georgia J. Mason, "Stereotypies: A Critical Review," *Animal Behaviour* 41, no. 6(1991): 1015-37; Edwin Gould and Mimi Bres, "Regurgitation and Reingestion in Captive Gorillas: Description and Intervention," *Zoo Biology* 5, no. 3(1986): 241-50; T. M. Gruber et al., "Variation in Stereotypic Behavior Related to Restraint in Circus Elephants," *Zoo Biology* 19, no. 3(2000): 209-21; Steffen W. Hansen and Birthe M. Damgaard, "Running in a Running Wheel Substitutes for Stereotypies in Mink(Mustela vison) but Does It Improve Their Welfare?," *Applied Animal Behaviour Science* 118, nos. 1-2(2009): 76-83; Lindsay A. Hogan and Andrew Tribe, "Prevalence and Cause of Stereotypic Behaviour in Common Wombats(Vombatus ursinus) Residing in Australian Zoos," *Applied Animal Behaviour Science* 105, nos. 1-3(2007): 180-91; Kristen Lukas, "An Activity Budget for Gorillas in North American Zoos," Disney's Animal Kingdom and Brevard Zoo, 2008; Juan Liu et al., "Stereotypic Behavior and Fecal Cortisol Level in Captive Giant Pandas in Relation to Environmental Enrichment," *Zoo Biology* 25, no. 6(2006): 445-59; Kristen E. Lukas, "A Review of Nutritional and Motivational Factors Contributing to the Performance of Regurgitation and Reingestion in Captive Lowland Gorillas(Gorilla gorilla gorilla)," *Applied Animal Behaviour Science* 63, no. 3(1999): 237-49; Avanti Mallapur and Ravi Chellam, "Environmental Influences on Stereotypy and the Activity Budget of Indian Leopards(Panthera pardus) in Four Zoos in Southern India," *Zoo Biology* 21, no. 6(2002): 585-95; L. M. Marriner and L. C. Drickamer, "Factors Influencing Stereotyped Behavior of Primates in a Zoo," *Zoo Biology* 13, no. 3(1994): 267-75; G. Mason and J. Rushen, eds., *Stereotypic Animal Behavior: Fundamentals and Applications to Welfare*, 2nd ed.(CABI, 2006); Lynn M. McAfee, Daniel S. Mills, and Jonathan J. Cooper, "The Use of Mirrors for the Control of Stereotypic Weaving Behaviour in the Stabled Horse," *Applied Animal Behaviour Science* 78, nos. 2-4(2002): 159-73; Jeffrey Rushen, Anne Marie B. De Passillé, and Willem Schouten, "Stereotypic Behavior, Endogenous Opioids, and Postfeeding Hypoalgesia in Pigs," *Physiology and Behavior* 48, no. 1(1990): 91-96; U. Schwaibold and N. Pillay, "Stereotypic Behaviour Is Genetically Transmitted in the African Striped Mouse Rhabdomys pumilio," *Applied Animal Behaviour Science* 74, no. 4(2001): 273-80; Loraine Rybiski Tarou, Meredith J. Bashaw, and Terry L. Maple, "Failure of a Chemical Spray to Significantly Reduce Stereotypic Licking in a Captive Giraffe," *Zoo Biology* 22, no. 6(2003): 601-7; Sophie Vickery and Georgia Mason, "Stereotypic Behavior in Asiatic Black and Malayan Sun Bears," *Zoo Biology* 23, no. 5(2004): 409-30; Beat Wechsler, "Stereotypies in Polar Bears," *Zoo Biology* 10, no. 2(1991): 177-88; Carissa L. Wickens and Camie R. Heleski, "Crib-Biting Behavior in Horses: A Review," *Applied Animal Behaviour Science* 128, nos. 1-4(2010): 1-9; Hanno Würbel and Markus Stauffacher, "Prevention of Stereotypy in Laboratory Mice: Effects on Stress Physiology and Behaviour," *Physiology and Behavior* 59, no. 6(1996): 1163-70.

26 Naomi R. Latham and G. J. Mason, "Maternal Deprivation and the Development of Stereotypic Behaviour," *Applied Animal Behaviour Science* 110, nos. 1-2(2008): 99; Jeffrey Rushen and Georgia Mason, "A Decade-or-More's Progress in Understanding Stereotypic Behaviour," in *Stereotypic Animal Behaviour*, ed. Jeffrey Rushen and Georgia Mason(CABI, 2006), cited in Temple Grandin and Catherine Johnson, *Animals Make Us Human: Creating the Best Life for Animals*(New York: Houghton Mifflin Harcourt, 2009), 15.

27 Rushen and Mason, "A Decade-or-More's Progress in Understanding Stereotypic Behavior," 15.

28 Balcombe, *Second Nature*. 동물의 상동 행동에 대한 더 자세한 내용은 3장을 보라.

29 Latham and Mason, "Maternal Deprivation and the Development of Stereotypic Behaviour," 84-108.

30 Grandin and Johnson, *Animals Make Us Human*, 4.

31 Temple Grandin, "Animals in Translation," www.grandin.com

32 Marc Bekoff, "Do Wild Animals Suffer from PTSD and Other Psychological Disorders?," *Psychology Today*, 2011/11/29.

33 Hsiao et al., "Microbiota Modulate Behavioral and Physiological Abnormalities Associated with Neurodevelopmental Disorders," *Cell*, 2013/12/11.

34 Sara Reardon, "Bacterium Can Reverse Autism-like Behaviour in Mice," *Nature News*, 2013/12/05; Natalia V. Malkova et al., "Maternal Immune Activation Yields Offspring Displaying Mouse Versions of the Three Core Symptoms of Autism," *Brain, Behavior, and Immunity* 26, no. 4(2012/05): 607-16; Isaac S. Kohane et al., "The Co-Morbidity Burden of Children and Young Adults with Autism Spectrum Disorders," *PloS One* 7, no. 4(2012): e33224.

35 John H. Falk et al., "Why Zoos and Aquariums Matter: Assessing the Impact of a Visit to a Zoo or Aquarium," Association of Zoos and Aquariums, 2007; "Visitor Demographics, Association of Zoos and Aquariums," www.aza.org/visitordemographics/

36 Falk et al., "Why Zoos and Aquariums Matter"; Lori Marino et al., "Do Zoos and Aquariums Promote Attitude Change in Visitors? A Critical Evaluation of the American Zoo and Aquarium Study," *Society and Animals* 18(2010/04): 126-38.

37 "Trichotillomania," in *Diagnostic and Statistical Manual of Mental Disorders-V*(Washington, DC: American Psychiatric Association, 2013), 312.39[5판 267-70쪽. 국역본에서는 '발모광'이라는 용어를 채택했다].

38 Ibid.

39 "Hair Pulling: Frequently Asked Questions, Trichotillomania Learning Center FAQ," trich.org/about/hair -faqs.html; "Pulling Hair: Trichotillomania and Its Treatment in Adults. A Guide for Clinicians," the Scientific Advisory Board of the Trichotillomania Learning Center, www.trich.org; Mark Lewis and Kim Soo-Jeong, "The Pathophysiology of Restricted Repetitive Behavior," *Journal of Neurodevelopmental Disorders* 1(2009): 114-32.

40 Viktor Reinhardt, "Hair Pulling: A Review," *Laboratory Animals*, no. 39(2005): 361-69.

41 "Re: The Attempt to Save Noir from Barbering"(2010/01/26), www.fancymicebreeders.com

42 F. A. Van den Broek, C. M. Omtzigt, and A. C. Beynen, "Whisker Trimming Behaviour in A2G Mice Is Not Prevented by Offering Means of Withdrawal from It," *Lab Animal Science*, no. 27(1993): 270-72.

43 Biji T. Kurien, Tim Gross, and R. Hal Scofield, "Barbering in Mice: A Model for Trichotillomania," *British Medical Journal*, no. 331(2005): 1503-5. 다음 문헌도 보라. Joseph D. Garner et al., "Barbering(Fur and Whisker Trimming) by Laboratory Mice as a Model of Human Trichotillomania and Obsessive-Compulsive Spectrum Disorders," *Comparative Medicine* 54, no. 2(2004): 216-24.

44 사람은 자신의 털을 뽑고 쥐는 서로 상대의 털을 뽑는다는 사실이, 생쥐를 실험동물로 이용하는 것을 중단시키지는 않았다. 이발사 생쥐와 의뢰인이, 조금 아프긴 하겠지만, 모두 자진해서 이 과정에 참여하는 것이기 때문에 연구자들은, 그게 좋건 나쁘건 간에, 생쥐의 경우, 인간에게서 나타나는 행동이 단순히 쥐의 두 개체로 확산된 것이라고 간주하는 경향이 있었다. Alice Moon-Fanelli, N. Dodman, and R. O'Sullivan, "Veterinary of Models Compulsive Self-Grooming Parallels with Trichotillomania," in *Trichotillomania*, ed. Dan J. Stein, Gary A. Christenson, and Eric Hollander(Arlington, VA: *American Psychiatric Press*, 1999), 72-74.

45 "Compulsive Behavior in Mice Cured by Bone Marrow Transplant," *Science Daily*, 2010/05/27; Shau-Kwaun Chen et al., "Hematopoietic Origin of Pathological Grooming in Hoxb8 Mutant Mice," *Cell*, 2010; 141(5): 775; "Mental Illness Tied to Immune Defect: Bone Marrow Transplants Cure Mice of Hair-Pulling Compulsion," News Center, University of Utah.

46 Lynne M. Seibert et al., "Placebo-Controlled Clomipramine Trial for the Treatment of Feather Picking Disorder in Cockatoos," *Journal of the American Animal Hospital Association* 40, no. 4(2004) : 261-69. 다음 문헌도 보라. Lynne M. Seibert, "Feather-Picking Disorder in Pet Birds," in *Manual of Parrot Behavior*, ed. Andrew U. Luesche(Oxford : Blackwell, 2008).

47 피비 그린 린든과의 개인적 대화, 2010/11/05.

48 Brian MacQuarrie and Douglas Belkin, "Franklin Park Gorilla Escapes, Attacks 2," *Boston Globe*, 2003/09/29.

49 Frans De Waal, *The Ape and the Sushi Master : Cultural Reflections by a Primatologist*(New York : Basic Books, 2001), 214-16[「6장 최후의 루비콘 강: 동물도 문화를 갖고 있는가」, 『원숭이와 초밥 요리사: 동물행동학자가 다시 쓰는, 문화란 무엇인가』, 박성규 옮김, 수희재, 2005, 237쪽]; Bijal P. Trivedi, "'Hot Tub Monkeys' Offer Eye on Nonhuman 'Culture,'" *National Geographic News*, 2004/02/06.

3 우정요법

1 Marinell Harriman, *House Rabbit Handbook : How to Live with an Urban Rabbit*, 3rd ed.(Alameda, CA : Drollery Press, 1995), 92.

2 Angela King, "The Case against Single Rats," *The Rat Report*, ratfanclub.org/single.html; Angela Horn, "Why Rats Need Company," National Fancy Rat Society. Kathy Lovings, "Caring for Your Fancy Rat," www.ratdippityrattery.com/CaringForYourFancyRat.htm.

3 Monika Lange, *My Rat and Me*(Barron's Educational Series, 2002), 58.

4 H. W Murphy and M. Mufson. "The Use of Psychopharmaceuticals to Control Aggressive Behaviors in Captive Gorillas," Proceeding of "The Apes : Challenges for the 21st Century," Brookfield Zoo, Chicago(2000) : 157-60.

5 *From Cages to Conservation*, WBUR 다큐멘터리, insideout.wbur.org.

6 이 아이디어는 H. L. Mencken이 내놓은 것이다. 다음을 참조할 것. Christine Ammer, *The American Heritage Dictionary of Idioms*(Boston : Houghton Mifflin Harcourt, 1997), 242. 이 관용구에 대한 『옥스퍼드 영어사전』 *Oxford English Dictionary*의 설명도 참조할 것.

7 Laura Hillenbrand, *Seabiscuit : An American Legend*(Random House Digital, 2003), 98-100[『시비스킷, 신대륙의 전설』, 김지형 옮김, 바이오프레스, 2003, 157-59쪽].

8 Edna Jackson : "Goat and Race Horse Chums : Filly at Belmont Park Won't Eat If Her Friend Is Away," *New York Times*, 1907/05/13.

9 Amy Lennard Goehner, "Animal Magnetism : Skittish Racehorses Tend to Calm Down When Given Goats as Pets," *Sports Illustrated*, 1994/02/21.

10 말 사육자, 승마자, 경마 동호인 등의 온라인 포럼에는 말의 동물 친구에 대한 논의가 가득하다. 예를 들어 다음을 참조하라. "Companion Animals," Horseinfo, www.horseinfo.com; "Companion Animals for Horses," Franklin Levinson's Horse Help Center, www.wayofthehorse.org/; "Readers Respond : Your Tips for Providing Horses with Companions," About.com. url.kr/sie1w9; "What Animals with a Horse?," Permies.com; "Companion Animals for a Horse," Horse Forum, www.horseforum.com.

11 Goehner, "Animal Magnetism."

12 Ibid.

13 그레이엄 패리Graham Parry와의 개인적 대화, 2011/06/28.

14 "Stable Goats Help Calm Skittish Thoroughbreds."

15 Devin Murphy, "Brains over Brawn," *Smithsonian Zoogoer*, 2011/03; Ellen Byron, "Big Cats Obsess

미주 **380**

over Calvin Klein's 'Obsession for Men,'" *Wall Street Journal*, 2010/06/08; "Phoenix Zoo Tortoise Enrichment," www.phoenixzoo.org.

16 The Shape of Enrichment, www.enrichment.org.

17 "Environmental Enrichment and Exercise," USDA, awic.nal.usda.gov

18 Allan Hall and Willls Robinson, "How about 'the Ape Escape'? Bonobos in German Zoo Have New Flat-Screen TV Installed Which Lets Them Pick Their Favourite Movie," *Daily Mail*, 2013/11/26; "Bonobo Apes in Hi-Tech German Zoo Go Bananas for Food, Not TV Porn," *NBC News*, 2013/11/26.

19 "Zoo Director(O.K. Be That Way)," *New York Times*, 2009/07/21.

20 Carol Tice, "Why Recession-Proof Industry Just Keeps Growing," *Forbes*, 2012/10/30; 2013/2014 National Pet Owners Survey by American Pet Product Association, American Pet Product Association, 2013/12.

21 도나 해러웨이와의 개인적 대화, 2014/02/17.

22 두개골 윤곽을 통해 그 사람의 성격을 알 수 있다고 믿었던 과거의 골상학자들과 비슷하게, 텔링턴은 말 안면의 여러 부분을 가지고 그 성격을 알 수 있다고 말했다.

23 Tellington Touch Training, www.ttouch.com

24 이런 일을 하는 게 텔링턴-존스만은 아니다. 동물 마사지의 유형은 정말 다양하며 각기 자격증 프로그램이 있다. 예를 들어 다음을 참조하라. International Association of Animal Massage와 Bodywork/Association of Canine Water Therapy, www.iaamb.org, Chandra Beal, *The Relaxed Rabbit: Massage for Your Pet Bunny*(iUniverse, 2004).

25 인간의 불안증 치료에 마사지가 어떤 역할을 하는지에 대해서는 몇 가지 다른 맥락에서의 평가들이 있다. 다음 문헌을 보라. Susanne M. Cutshall et al., "Effect of Massage Therapy on Pain, Anxiety, and Tension in Cardiac Surgical Patients: A Pilot Study," *Complementary Therapies in Clinical Practice* 16, no. 2(2010): 92-95; Tiffany Field, "Massage Therapy," *Medical Clinics of North America* 86, no. 1(2002): 163-71; Melodee Harris and Kathy C. Richards, "The Physiological and Psychological Effects of Slow-Stroke Back Massage and Hand Massage on Relaxation in Older People," *Journal of Clinical Nursing* 19, no. 7-8(2010): 917-26; Christopher A. Moyer et al., "Does Massage Therapy Reduce Cortisol? A Comprehensive Quantitative Review," *Journal of Bodywork and Movement Therapies* 15, no. 1(2011): 3-14; Wendy Moyle, Amy Nicole Burne Johnston, and Siobhan Therese O'Dwyer, "Exploring the Effect of Foot Massage on Agitated Behaviours in Older People with Dementia: A Pilot Study," *Australasian Journal on Ageing* 30, no. 3(2011): 159-61.

26 Kevin K. Haussler, "The Role of Manual Therapies in Equine Pain Management," *Veterinary Clinics of North America: Equine Practice* 26, no. 3(2010): 579-601; Mike Scott and Lee Ann Swenson, "Evaluating the Benefits of Equine Massage Therapy: A Review of the Evidence and Current Practices," *Journal of Equine Veterinary Science* 29, no. 9(2009): 687-97; C. M. McGowan, N. C. Stubbs, and G. A. Jull, "Equine Physiotherapy: A Comparative View of the Science Underlying the Profession," *Equine Veterinary Journal* 39, no. 1(2007): 90-94.

27 "Benefits of Equine Sports Massage," Equine Sports Massage Association, www.equinemassageassociation.co.uk

28 Mardi Richmond, "The Tellington TTouch for Dogs," *Whole Dog Journal*, 2010/08; 조디 프레디아니와의 개인적 대화, 2011/01/18, 2012/05/09.

29 비국가 단체에 의해 매설된 지뢰의 숫자는 훨씬 적다. "Burma(Myanmar)," Landmine and Cluster Munition Monitor, www.themonitor.org/.

30 프란스 드 발의 저서로는 다음과 같은 것들이 있다. *Good Natured: The Origins of Right and Wrong in Humans and Other Animals*(Cambridge, MA: Harvard University Press, 1996); *The Ape and the Sushi Master: Cultural Reflections by a Primatologist*(New York: Basic Books, 2001)[『원숭이와 초밥

요리사: 동물행동학자가 다시 쓰는, 문화란 무엇인가』, 박성규 옮김, 수희재, 2005]; 프란스 랜팅이
사진을 찍은 *Bonobo: The Forgotten Ape*(Berkeley: University of California Press, 1997) [『보노보:
살아가기 함께 행복하게』, 김소정 옮김, 새물결, 2003]; *The Age of Empathy: Nature's Lessons for a
Kinder Society*(New York: Crown, 2009) [『공감의 시대: 공감 본능은 어떻게 작동하고 무엇을 위해
진화하는가』, 최재천·안재하 옮김, 김영사, 2017].

31 Frans de Waal, "The Bonobo in All of Us," *PBS*(2007/01/01), url.kr/3deym6; Frans B. M. de
Waal, "Bonobo Sex and Society," *Scientific American* 272, no. 3(1995); de Waal and Lanting, *Bonobo:
The Forgotten Ape*[『보노보: 살아가기 함께 행복하게』, 같은 책].

32 *Primate Week*, interview with Barbara Bell and Harry Prosen, "Lake Effect with Bonnie North,"
WUWM Public Radio, 2012/02/20.

33 Steve Farrar, "A Party Animal with a Social Phobia," *Times for Higher Education*, 2000/07/28;
해리 프로센 박사와의 개인적 대화, 2010/10/01.

34 Harry Prosen and Barbara Bell, "A Psychiatrist Consulting at the Zoo(the Therapy of Brian Bonobo),"
The Apes: Challenges for the 21st Century. Conference Proceedings, Brookfield Zoo, 2001, 161-64.

35 Prosen and Bell, "A Psychiatrist Consulting at the Zoo."

36 Jo Sandin, *Bonobos: Encounters in Empathy*(Milwaukee: Zoological Society of Milwaukee, 2007), 25-27.

37 Ibid., 49-50.

38 *Primate Week*, interview with Barbara Bell and Harry Prosen; www.youtube.com/watch?v=_SW0re1LGOs

39 Ibid.

40 Kelly Servick, "Psychiatry Tries to Aid Traumatized Chimps in Captivity," *Scientific American*, 2013/04/02.

41 Ibid.; 해리 프로센 박사와의 개인적 대화, 2010/10/01.

42 Prosen and Bell, "A Psychiatrist Consulting at the Zoo."

43 Sandin, *Bonobos*, 59-68.

44 Jo Sandin, "Bonobos: Passage of Power," Alive, Milwaukee County Zoological Society(Winter 2006).

45 Paula Brookmire, "Lody the Bonobo: A Big Heart," *Alive Magazine*, Milwaukee Zoological Society, 2012/04/25.

46 Ibid.; 해리 프로센 박사와의 개인적 대화, 2010/10/01.

4 우리를 비춰 주는 동물

1 Edward Shorter, *A History of Psychiatry: From the Era of the Asylum to the Age of Prozac*(New
York: Wiley, 1997) 53, 90-91, 113-14; Roy Porter, *A Social History of Madness: The World through the
Eyes of the Insane*(London: Weidenfeld and Nicolson, 1987); Andrew T. Scull, *Hysteria: The
Biography*(New York: Oxford University Press, 2009), 8-13.

2 온라인 *Oxford English Dictionary*에서 'mad'의 부사' 항목을 보라.

3 Harriet Ritvo, *The Animal Estate: The English and Other Creatures in the Victorian Age*(Cambridge,
MA: Harvard University Press, 1987), 168-69.

4 Ibid., 177.

5 다음과 같은 예가 있다. "Mad Dogs Running Amuck: A Hydrophobia Panic Prevails in
Connecticut," *New York Times*, 1890/06/29; "Mad Dog Owned the House: Senorita Isabel's
Foundling Pet Takes Possession," *New York Times*, 1894/06/18; "Lynn in Terror," *Boston Daily Globe*,
1898/06/27; "Suburbs Demand Death to Canines: Englewood and Hyde Park, Aroused by Biting of
Children, Ask Extermination. Hesitation by Police. Say 'Mad Dog Panic' Order of 'Shoot on Sight'
Would Sacrifice Fine Animals. Forbids Reckless Shooting. Victims of Vicious Dogs. Dog Disperses

Euchre Party," *Chicago Daily Tribune*, 1908/06/07; "Mad Dog Is a Public Enemy," Virginia Law Register 15, no. 5(1909): 409.

6 Ritvo, *Animal Estate*, 175, 177, 180-81, 193.

7 "Mad Horse Attacks Men: Veterinary Who Shot the Animal from Haymow Says It Had Rabies," *New York Times*, 1909/04/06; "Mad Horses Despatched: Soldiers' Home Animals Are Killed for Rabies: Equines Bitten by Afflicted Dog Are Isolated and, after a Few Weeks Show Signs of Having Been Infected. Death Warrant Quickly Executed. Other Horses Affected," *Los Angeles Times*, 1906/05/09; "Burro with Hydrophobia: Bites Man, Kills Dog and Takes Chunk from Neck of Horse," *Los Angeles Times*, 1911/03/16; "Career of a Crazy Lynx: The Mad Beast Killed by a Woman after Running Amuck for Thirty Miles," *Chicago Daily Tribune*, 1890/05/10; "Stampeded by Mad Cow: Animal Charges Saloon and Restaurant, People Fleeing for Safety," *Los Angeles Times*, 1909/06/05; "Bitten by a Mad Monkey: Little Mabel Hogle Attacked by a Museum Animal. While Viewing Curios with Her Father, George Hogle, 912 North Clark Street, the Beast Rushes upon the Girl. Lively Battle Ensues. Father Kicks the Animal Away and the Daughter Faints. Brute, Said to Be Mad, Is Killed. Wound Cauterized," *Chicago Daily Tribune*, 1897/11/28.

8 Oliver Goldsmith, "An Elegy on the Death of a Mad Dog," in T*he Oxford Encyclopedia of Children's Literature*, ed. Jack Zipes(New York: Oxford University Press, 2006).

9 "Wreck in Midocean; a Mad Dog and a Little Pig the Sole Occupants of a Brig," *New York Times*, 1890/03/09.

10 "'Smiles,' the Big Park Rhinoceros: Bought at Auction for $14,000, She Needs Constant Care, Although She Has an Ugly Temper," *New York Times*, 1903/03/29.

11 "Dragged by Mad Horses: A Lady's Dress Catches in the Wheels. She May Recover," *Los Angeles Times*, 1888/04/30; "Runaways in Central Park: Two Horses Wreck Three Carriages and a Bicycle. M. J. Sullivan's Team Had a Long and Disastrous Run before a Park Policeman Caught It. Mrs. Crystal and Her Children Have a Narrow Escape. Julius Kaufman Gives a Mounted Policeman a Chance to Distinguish Himself," *New York Times*, 1894/06/04; "Mad Horses' Wild Chase: Dashed through Streets with 1,000 People at His Heels. Hero Who Saved Three Tots Hurt, Fatally Maybe, While Trying to Stop Him. Thrown by Trolley Car," *New York Times*, 1903/09/14; "A Mad Horse," *New York Times*, 1881/06/20.

12 "Mad Monkey Scares Fans: Queer Mascot of New Orleans Ball Team Makes Trouble and Game Stops," *Los Angeles Times*, 1909/07/19.

13 1930년대 산타모니카 산맥에서 촬영 중이던 파라마운트사의 영화 세트장에서, 여배우 도로시 라무어가 미친 원숭이에게(영화에 나오는 침팬지 배우 이름은 지그스였다) 공격받았는데 소품 담당 직원이 구해 줬다. 몇 년 후 로스앤젤레스 교외 탄자나에서는 두 번째 미친 원숭이가 풀려나 성난 이웃의 차고에서 소동 끝에 포획돼 우리에 갇혔다. "Mad Cats in Madder Orgy," *Los Angeles Times*, 1924/05/02; "A Mad Cow Mutilates Two People," *Los Angeles Times*, 1889/05/19; "Color of Mad Parrot Saves It from Death," *San Francisco Chronicle*, 1913/10/03; "Film Aide Saves Actress from Mad Ape's Attack," *Los Angeles Times*, 1936/07/07; "Monkey Caged after Biting Second Person," *Los Angeles Times*, 1939/01/08.

14 "Mussolini Attacked by Mad Ox: African Fete Throng in Panic as Horns Barely Miss Premier," *New York Times*, 1937/03/15.

15 1887년 『로스앤젤레스 타임스』에 실린 기사 「못된 코끼리」Bad Elephants는 못된 코끼리나 미친 코끼리들의 전과 기록이나 다름없었다. 1871년, 모굴은 자신을 진압하려는 사람들을 죽였고, 링링 브라더스 서커스의 코끼리 앨버트는 뉴햄프셔에서 사육사를 죽여 군인들에 의해 사살됐다. 1901년, 빅

찰리는 인디애나에서 자기 사육사를 두 차례 개울에 패대기친 후 그 위에 올라타 익사하게 했다. 몇 년 후에는 톱시라는 코끼리가 코니아일랜드에서 전기 처형을 당했는데, 이유는 수년간 세 명의 목숨을 앗아 갔기 때문이었다. 그중 한 사람은 톱시에게 불붙인 담배를 먹인 적이 있었다. 그밖에도 만다린, 메리, 투스코, 군다, 로저 등 무수히 많은 코끼리들이 사육사, 탑승자, 사육사, 조련사, 구경꾼에게 덤벼들었다는 등의 아주 그럴듯한 이유로 사살되고, 전기 처형되고, 교살당했다. "Bad Elephants," *Los Angeles Times*, 1887/01/16; "Mad Elephants: A Showman's Recollections of Keepers Killed and Destruction Done by Them. Peculiarities of the Beasts," *Boston Daily Globe*, 1881/11/20; "Mad Elephants: The Havoc the Great Beast Causes When He Rebels against Irksome Captivity," *New York Times*, 1880/08/26; "Mad Elephants: Big Charley Killed His Keeper at Peru, Indiana. Twice Hurled Him into a Stream and Then Stood upon Him," *Boston Daily Globe*, 1901/04/26; "Death of Mandarin: Huge Mad Elephant Strangled with the Help of a Tug and a Big Chain," *Boston Daily Globe*, 1902/11/09; "Bullet Ends Gunda, Bronx Zoo Elephant: Dr. Hornaday Ordered Execution Because Gunda Reverted to Murderous Traits. Died without a Struggle. His Mounted Skin Will Adorn Museum of Natural History and His Flesh Goes to Feed the Lions," *New York Times*, 1915/06/23; "Death of Gunda," *Zoological Society Bulletin* 18, no. 4(1915): 1248-49; "British Soldier's Miraculous Escape from Death on Tusks of a Mad Elephant," *Boston Daily Globe*, 1920/09/19; "Mad Elephant Rips Chains and Walls: Six-Ton Tusko Wrecks Portland(Ore.) Building before Recapture by Ruse. Sharpshooters Cover Him. Thousands Watch Small Army of Men Trap Pachyderm with Steel Nooses Hitched to Trucks," *New York Times*, 1931/12/26.

16 "Mad Elephants: The Havoc the Great Beast Causes When He Rebels against Irksome Captivity." *New York Times*, 1880/08/26.

17 '미쳐 날뛴다'(running amok)라는 표현은 이제 주로 동물과 인간 아이에게 쓰는 표현이 되었지만, 17세기에는 말레이인 및 아편과 관련된 표현이었다. 포르투갈 여행자들은 광란을 일으키는 말레이인들을 보고 "Amucuos"라고 했는데, 이는 아편에 취한 상태와 연관된 것이었다고 한다. 1833년 『영국 해군의 역사』*Naval History of England*라는 책에서 저자 R. 사우시R. Southey는 "말레이인들이 해로운 약을 먹고 흥분해서 극도로 분노의 상태에 있다가 미쳐 날뛰는(run amuck) 현상"에 대해 썼다(이는 아마도 말레이인들이 광분하는 데 식민지배와 억압이 미친 영향을 무시한 서술일 것이다). 25년 후에 이 표현은 동물에게도 적용됐다(온라인 *Oxford English Dictionary*에서 amok 참조). 한 개인을 목표로 삼진 않았지만 마구 날뛰다 잡혀서 교수형이나 전기 처형, 기타 처벌을 당한 코끼리들도 있었다. 1902년 뉴욕에서는 만다린이라는 이름의 "거대한 미친 코끼리"가 링링 브라더스 서커스단에서 미쳐 날뛴 후 쇠사슬에 묶여 교수형 당했다. 1920년에는 한 영국 병사가 "미친 코끼리"의 엄니 공격에서 극적으로 벗어난 이야기가 미국 신문에 실리기도 했다. "Bad Elephants," *Los Angeles Time*, 1887/01/16; "Mad Elephant: Big Charley Killed His Keeper at Peru, Indiana"; "Death of Mandarin"; "British Soldier's Miraculous Escape from Death on Tusks of a Mad Elephant"; "Mad Elephant Rips Chains and Walls."

18 다음 기사를 보라. "An Elephant Ran Amok During the Shooting of a Film," *Orlando(FL) Sentinel*, 1988/03/07; "Woman Trying to Ride an Elephant Is Killed," *New York Times*, 1985/07/07; "Elephant Storms Out of Circus in Queens," *New York Times*, 1995/07/11; Phil Maggitti, "Tyke the Elephant," *Animals' Agenda* 14, no. 5(1994): 34; Karl E. Kristofferson, "Elephant on the Rampage!," *Reader's Digest* 142, no. 854(1993): 42; "African Elephant Kills Circus Trainer," *New York Times*, 1994/08/22.

19 "African Elephant Kills Circus Trainer," *New York Times*, 1994/08/22; 타이크의 공격에 대한 비디오 영상, *Banned from TV*, www.youtube.com/watch?v=ym7MS4I7znQ

20 Will Hoover, "Slain elephant left tenuous legacy in animal rights," *Honolulu Advertiser*, 2004/08/20.

21 Rosemarie Bernardo, "Shots Killing Elephant Echo across a Decade," *Star Bulletin*, 2004/08/16.

22 Christi Parsons, "'93 Incident by Cuneo Elephant Told," *Chicago Tribune*, 1994/08/24; "Hawthorn Corporation Factsheet," PETA, www.mediapeta.com/peta/; "A Cruel Jungle Tale in Richmond," *Chicago Tribune*, 2005/01/13.

23 Maryann Mott, "Elephant Abuse Charges Add Fuel to Circus Debate," *National Geographic*, 2004/04/06.

24 Ritvo, *Animal Estate*, 225-27.

25 "Death of Gunda."

26 Ibid.; William Bridges, *Gathering of Animals: An Unconventional History of the New York Zoological Society*(New York: Harper & Row, 1974), 234-42; "Bullet Ends Gunda, Bronx Zoo Elephant."

27 Advertisement for Adam Forepaugh's Circus in Athletic Park, Washington, D.C., *National Republican*, 1885/04/11.

28 "An Elephant for New York: Adam Forepaugh Presents the City with His $8,000 Tip," *New York Times*, 1889/01/01; "Tip Is Royally Received: Forepaugh's Gift Elephant Arrived Yesterday. Met at the Ferry and Escorted through the Streets by Thousands of Admirers," *New York Times*, 1889/01/02.

29 "Tip's Life in the Balance: The Murderous Elephant's Fate to Be Decided Tomorrow," *New York Times*, 1894/05/08; Wyndham Martyn, "Bill Snyder, Elephant Man," *Pearson's Magazine* 35(1916): 180-85; John W. Smith, "Central Park Animals as Their Keeper Knows Them," *Outing: Sport, Adventure, Travel, Fiction* 42(1903): 248-54.

30 Central Park's Big Elephant on Trial for His Life," *New York Times*, 1894/05/03.

31 Ibid.; Smith, "Central Park Animals as Their Keeper Knows Them," 252-54.

32 "Tip Must Reform or Die"; "Tip's Life in the Balance"; Martyn, "Bill Snyder," 180-85.

33 오랫동안 포어포를 위해 일했고 수년간 팁을 알아 왔던 찰스 데이비드는 이렇게 말했다. "제 생각엔 스나이더가 팁을 제대로 훈련시키지 못한 것 같아요. … 서커스단에서는 코끼리가 제멋대로 굴면 벌을 주고 … 다른 마을까지 걷게 합니다. 32킬로미터 정도 되죠. 그러면 코끼리가 고분고분해져요. 스나이더가 팁을 제압할 수 없다면, 다른 사육사를 구해야 했습니다." 데이비드의 의견은 무시됐다. "Tip Must Reform or Die"; "Tip's Life in the Balance"; "Tip's Life May Be Sacred: Mr. Davis Says the City Agreed He Should Not Be Killed," *New York Times*, 1894/05/07.

34 조지 오웰은 1936년에 발표한 에세이 「코끼리를 쏘다」에서 이런 발정기를 겪는 코끼리를 훌륭하게 묘사하고 있다. 버마에서 식민지 경찰로 근무 중이던 그가 [군중으로부터] "미친 코끼리"를 사살하라는 압력을 받는 대목이다. "나는 코끼리가 특유의 할머니 같은 분위기를 풍기며, 풀을 뽑아 무릎에 터는 모습을 지켜보았다. 그를 쏜다면 불필요한 불살생이 될 것 같았다." George Orwell, *Shooting an Elephant, and Other Essays*(New York: Harcourt, Brace, 1950)[「코끼리를 쏘다」, 『조지 오웰 산문선』, 허진 옮김, 열린책들, 2020, 36쪽]; Preecha Phuangkum, Richard C. Lair, and Taweepoke Angkawanith, *Elephant Care Manual for Mahouts and Camp Managers*(Bangkok: FAO Regional Office for Asia and the Pacific, 2005), 52-54.

35 다음 문헌을 보라. Anita Guerrini, *Experimenting with Humans and Animals: From Galen to Animal Rights*(Baltimore: Johns Hopkins University Press, 2003); Carol Lansbury, *The Old Brown Dog: Women, Workers, and Vivisection in Edwardian* England(Madison: University of Wisconsin Press, 1985); Susan J. Pearson, *The Rights of the Defenseless: Protecting Animals and Children in Gilded Age America*(Chicago: University of Chicago Press, 2011); Keith Thomas, *Man and the Natural World: A History of the Modern Sensibility*(New York: Pantheon Books, 1983).

36 나는 팁이 실제로 누군가를 죽였는지 확인할 수 없었다. 그리고 나는 운영위원회도 이를 확인할 수 없었을 것 같다. "Tip Tried and Convicted; Park Commissioners Sentence the Elephant to Death," *New*

York Times, 1894/05/10; "Tip Swallowed the Dose; But Ate His Hay with Accustomed Regularity in the Afternoon. Tried to Poison an Elephant. It Was Unsuccessful at Barnum & Bailey's Winter Quarters Yesterday. If It Fails To-day the Animal Will Be Shot," *New York Times*, 1894/03/16; "Tip to Die by Poison To-Day; Hydrocyanic Acid Capsules in a Carrot at 6 A.M.," *New York Times*, 1894/05/11.

37 "Big Elephant Tip Dead: Killed with Poison after Long Hours of Suffering," *New York Times*, 1894/05/12.

38 향수병은 1678년 스위스 의사 요하네스 호퍼Johannes Hofer가 처음 진단했으며, 고국으로 돌아가고 싶은 갈망으로 인한 "상상에서 비롯된 고통"으로 간주됐다. 1720년 또 다른 스위스 의사에 따르면, 병사, 학생, 수감자, 망명자, 또는 고향으로 돌아갈 수 없는 사람들은 누구나 이 병에 걸릴 수 있었다. 이 병은 귀향에 대한 외골수적인 집착으로 특징화되었다. 향수병은 20세기에 접어들면서 "신체적 함의를 잃고, 시간과 더 연관성이 높아지면서" 비로소 "탈의료화"되었다. Jennifer K. Ladino, *Reclaiming Nostalgia: Longing for Nature in American Literature*(Charlottesville: University of Virginia Press, 2012), 6-7.

39 Susan J. Matt, *Homesickness: An American History*(New York: Oxford University Press, 2011), 5-6.

40 Ibid.

41 Ibid.

42 "John Daniel Hamlyn(1858~1922)," St George-inthe-East Church; "The Avicultural Society," *Avicultural Magazine: For the Study of Foreign and British Birds in Freedom and Captivity* 112(2006).

43 Bo Beolens, Michael Watkins, and Michael Grayson, *The Eponym Dictionary of Mammals*(Baltimore: Johns Hopkins University Press, 2009), 175; *Hamlyn's Menagerie Magazine* 1, no. 1(London, 1915), Biodiversity Heritage Library, www.biodiversitylibrary.org/bibliography/61908.

44 "John Daniel Hamlyn(1858-1922)"; American Museum of Natural History, "Mammalogy," *Natural History* 21(1921): 654.

45 Alyse Cunningham, "A Gorilla's Life in Civilization," *Zoological Society Bulletin* 24, no. 5(1921): 118-19.

46 Ibid.

47 Ibid.

48 Bridges, *Gathering of Animals*, 346.

49 "Garner Found Ape That Talked to Him: Waa-hooa, Said the Monkey: Ahoo-ahoo, Replied Professor at Their Meeting," *New York Times*, 1919/06/06; "Zoo's Only Gorilla Dead: Mlle. Ninjo Could Not Endure Our Civilization. Nostalgia Ailed Her," *New York Times*, 1911/10/06; "Death of a Young Gorilla," *New York Times,* 1888/01/03; "Jungle Baby Lolls in Invalid's Luxury," *New York Times*, 1914/12/21.

50 R. L. Garner, "Among the Gorillas," *Los Angeles Times*, 1893/08/27.

51 William T. Hornaday, "Gorillas a Model for Small Boys: He Always Put Things Back," *Boston Daily Globe*, 1923/11/25

52 William T. Hornaday, "Gorillas Past and Present," *Zoological Society Bulletin* 18, no. 1(1915): 1185.

53 Cunningham, "A Gorilla's Life in Civilization," 123.

54 Fred D. Pfenig Jr. and Richard J. Reynolds III, "In Ringling Barnum Gorillas and Their Cages," *Bandwagon*(11·12), 6.

55 Ibid.

56 Ibid.

57 "Circus's Gorilla a Bit Homesick," *New York Times*, 1921/04/03.

58 "Gorilla Dies of Homesickness," *Los Angeles Times*, 1921; "Grieving Gorilla Dead at Garden," *New*

York Times, 1921/04/18.

59 "Grieving Gorilla Dead at Garden."

60 "Gorilla Dies of Homesickness"; "Inflation Calculator," *Dollar Times.*

61 서커스 역사가 리처드 J. 레이놀즈 3세와의 개인적 대화, 2011/03/14; Fred D. Pfenig Jr. and Richard J. Reynolds III, "The Ringling-Barnum Gorillas and Their Cages," *Bandwagon* 50, no. 6(2006/11·12): 4-29; James C. Young, "John Daniel, Gorilla, Sees the Passing Show," *New York Times,* 1924/04/13.

62 Young, "John Daniel, Gorilla, Sees the Passing Show."

63 서커스 역사가 리처드 J. 레이놀즈 3세와의 개인적 대화, 2011/03/14. 그의 시각 자료는 다음을 보라. bucklesw.blogspot.com/2009_04_01_archive.html; Pfenig Jr. and Reynolds, "The Ringling-Barnum Gorillas and Their Cages," 4-29; John C. Young, "John, the Gorilla, Bites His Mistress," *New York Times,* 1924/04/08.

64 "Darwinian Theory Given New Boost: Educated Gorilla's Big Toe Became Much Like That of Human," *Los Angeles Times,* 1922/04/17; "Gorilla Most Like Us, Say Scientists: Nearer to Man in 'Dictatorial Egoism' than Other Primates, Neurologist Finds. Comparison with a Child Surgeons Report Study of 'John Daniel,' Dead Circus Gorilla, to Society of Mammalogists. No Mention of Bryan. Chimpanzees Got Drunk. Darwin's Theory Discussed," *New York Times,* 1922/05/18; "Specialists Study John Daniel's Body," *New York Times,* 1921/04/25.

65 존과 메시의 가정환경에 대한 반응은 유인원의 감정적 삶과 지능에 대한 인식을 바꿔 놓았으며 그들을 키운 인간들의 욕망을 (보통은 불편하게) 되돌아보게 했다. 이런 식으로 인간에 의해 양육된 유인원-아이들은 이 둘 외에도 많았다. Henry Cushier Raven, "Meshie: The Child of a Chimpanzee. A Creature of the African Jungle Emigrates to America," *Natural History Magazine,* 1932/04; Joyce Wadler, "Reunion with a Childhood Bully, Taxidermied," *New York Times,* 2009/06/06. 처음에는 아킬리 가족이 아프리카에서 포획해서 키우다가 이들의 뉴욕 아파트로 데려온 J. T. 주니어의 사례도 참조할 것. 결국은 국립동물원으로 보내졌다. Delia J. Akeley, "J. T. Jr.": *The Biography of an African Monkey*(New York: Macmillan, 1928). 고릴라 토토는 한 미국 여성이 자신의 집에서 기르다가 서커스단에 넘겨 버렸다. Augusta Maria Daurer Hoyt, *Toto and I: A Gorilla in the Family*(Philadelphia: J. B. Lippincott, 1941). 수어를 하는 침팬지 루시는 미국에서 사람의 집에서 자라다가 아프리카로 보내졌고, 결국 거기서 살해당했다. Maurice K. Temerlin, *Lucy: Growing Up Human. A Chimpanzee Daughter in a Psychotherapist's Family*(Palo Alto, CA: Science and Behavior Books, 1976); Eugene Linden, Silent Partners: *The Legacy of the Ape Language Experiments*(New York: Times Books, 1986). 침팬지 님 침스키에 대해서는 다음 문헌을 보라. Elizabeth Hess, *Nim Chimpsky: The Chimp Who Would Be Human*(New York: Bantam Books, 2009).

66 Matt, *Homesickness,* 178-83.

67 Hayden Church, "American Women in London Minister to Homesick Yankees in British Hospitals," *San Francisco Chronicle,* 1917/12/16; Helen Dare, "Seeing to It That Soldier Boy Won't Feel Homesick: Even Has Society Organized for Keeping His Mind Off the Girl He Left behind Him," *San Francisco Chronicle,* 1917/09/12; "Our Men in France Often Feel Homesick," *New York Times,* 1918/06/09; "Need Musical Instruments: Appeal by Dr. Rouland in Behalf of Homesick Soldiers," *New York Times,* 1918/11/24; "Recipe for Fried Chicken Gives Soldier Nostalgia," *San Francisco Chronicle,* 1919/05/11; "Doty Was Homesick, and Denies Cowardice: Explains Desertion from French Foreign Legion. Will Be Tried but Not Shot," *New York Times,* 1926/06/18; "Nostalgia," *New York Times,* 1929/06/27.

68 "War Bride Takes Gas: German Girl Who Married American Soldier Was Homesick," *New York Times,* 1921/07/02; "Woman Jumps into Bay with Child Rescued."

69 "Geisha Girls Are Homesick: Japanese World's Fair Commissioner Resorts to Courts to Secure Return of Maids to Japan," *Chicago Daily Tribune*, 1904/10/09; "Boy Coming into a City Finds It Hard to Save: Exaggerate Value of Salary. Adopts More Economical Plan. Country Dollar Is 50c in City. 'Blues' Bred in Hall Bedrooms," *Chicago Daily Tribune*, 1905/06/04; "Glass Eye Blocks Suicide: Deflects Bullet Fired by Owner Who Is Ill and Homesick in New York," *Chicago Daily Tribune*, 1910/08/06; "Homesick: Ends Life. Irish Girl, Unable to Get Back to Erin to See Her Mother, Takes Gas," *Chicago Daily Tribune*, 1916/09/08; "English Writer, Ill, Ends His Life Here: Bertram Forsyth, Homesick and Depressed, Dies by Gas in Apartment. Left Letter to His Wife. 'Life of Little Account,' He Wrote, Expressing Hope His Son Had Not Inherited His Pessimism," *New York Times*, 1927/09/17; "Homesick Stranger Steals Parrot That Welcomes Him: Heart of Albert Schwartz So Touched by Bird's Greeting He Commits Theft, but Capture Follows," *Chicago Daily Tribune*, 1908/01/02.

70 "Bill Zack and His Knowing Mule: Following His Master, He Walked from Louisiana to Tennessee," *Chicago Daily Tribune*, 1892/07/10.

71 "Care for Sick Pets: Chicago Sanitariums for Birds, Cats, and Dogs. Methods of Treatment. Queer Incident Recounted at the Animal Hospitals. Teach Parrots to Speak. School Where the Birds Learn to Repeat Catching Phrases. Swearing Is a Special Course. Died of a Broken Heart. School for Parrots. Hospital for Sick Cats. Sanitarium for Dogs. Canine Victim to Alcohol," *Chicago Daily Tribune*, 1897/05/09.

72 "Jocko, Homesick, Tries to Die: Sailors' Singing Awakens Fond Memories. Waving Farewell a Naval Mascot Swallows Poison," *Chicago Daily Tribune*, 1903/07/19.

73 그를 죽음에 이르게 한 것은, 뱃멀미, 질병, 엄격한 감금 등 여러 가지 스트레스 요인들이 있었을 것이다. "Jingo, Rival of Jumbo, Is Dead: Tallest Elephant Ever in Captivity Unable to Stand Ocean Voyage. Could Not Be Consoled. Refuses to Eat for Several Days and Is Thought to Have Died of Homesickness. Big Beast Is Homesick. Second Officer Tells His Story. Varying Views of Jingo's Value," *Chicago Daily Tribune*, 1903/03/19.

74 "Only One Gorilla Now in Captivity," *New York Times*, 1926/07/18.

75 "Miss Congo, the Lonely Young Gorilla, Dies at Her Shrine on Ringling's Florida Estate," *New York Times*, 1928/04/25.

76 "Broken Heart or Nostalgia Causes Pet Duck's Death: Mandarin Gives Up Ghost at Park after Fight with Mudhens," *San Francisco Chronicle*, 1919/02/10.

77 Phillips Verner Bradford, *Ota: The Pygmy in the Zoo*(New York: St. Martin's Press, 1992); Elwin R. Sanborn, ed., "Suicide of Ota Benga, the African Pygmy," *Zoological Society Bulletin* 19, no. 3(1916): 1356; Samuel P. Verner, "The Story of Ota Benga, the Pygmy," *Zoological Society Bulletin* 19, no. 4(1916): 1377-79.

78 "A Broken Heart: Often Said to Be a Cause of Death. What the Term Means. A Common Figure of Speech That Has Some Foundation in Fact," *San Francisco Chronicle*, 1888/02/27.

79 Georges Minois, *History of Suicide: Voluntary Death in Western Culture*(Baltimore: Johns Hopkins University Press, 1999), 316.

80 "Died Before His Wife Did: Husband, Who Had Said He Would Go before Her, Stricken as She Lay Dying," *New York Times*, 1901/07/05; "Died of a Broken Heart," *New York Times*, 1894/12/22; "Died of a Broken Heart," *New York Times*, 1883/07/05; "Widow Killed by Grief: Dies of a Broken Heart Following Loss of Her Husband," *New York Times*, 1910/01/09; "Veteran Dies of a Broken Heart: Fails to Rally after Wife Passes Beyond: He Soon Follows Her," *Los Angeles Times*, 1915/09/04; "Died of a Broken Heart," *New York Times*, 1884/06/27; "Died of a Broken Heart: Sad

Ending of the Life of an Intelligent Girl," *New York Times*, 1884/09/03; "Died of a Broken Heart: Sad End of Michigan Man Whose Wife Deserted Him for Love of Younger Man," *Los Angeles Times*, 1910/10/21; "Brigham Young's Heirs," *New York Times*, 1879/03/10; "Died of a Broken Heart," *New York Times*, 1886/01/09; "Broken Heart Kills Mother: Burden of Her Grief Too Heavy to Bear: Mrs. Franklin, Whose Son Met Cruel Fate in Santa Fe Train Collision on River Bridge, Ages in Few Months, Pines Away and Dies Pitifully," *Los Angeles Times*, 1907/06/01; "Drowned Lad's Mother Dies: News of His Death While Skating on Thin Ice Crushed Her," *New York Times,* 1903/01/16; "Prostrated by His Son's Death," *New York Times*, 1893/11/13; "Kidnapped Children Recovered," *New York Times*, 1879/07/22; "Died of a Broken Heart," *New York Times*, 1897/12/08; "Girl Dies of a Broken Heart," *Los Angeles Times*, 1905/04/11; "General G. K. Warren Obituary," *New York Times*, 1882/08/09; "Spotted Tail's Daughter: How the Princess Monica Died of a Broken Heart from Unrequited Love for a Pale-face Soldier. The Chaplain's Story," *New York Times*, 1877/07/15; *Fort Laramie: Historical Handbook Number Twenty*, National Park Service, 1954.

81 Marjorie Garber, *Dog Love*(New York: Touchstone, 1997), 241-42, 249-52, 257-58.

82 Ibid., *Dog Love*, 255-56. 최근 카디프의 한 연구자는 바비가 실제로는 두 마리였다고 주장했다."Greyfriars Bobby Was Just a Victorian Publicity Stunt, Claims Academic," *Telegraph*, 2011/08/03.

83 "Horse Dies, Dog Follows: Shepherd Refused Food, Grieving over Passing of Friend," *New York Times*, 1937/09/19.

84 "Rhinoceros Bomby Is Dead: New-York Climate and Isolation from His Sweetheart Killed Him," *New York Times*, 1886/06/27; "Grieving Sea Lion Dies at Aquarium: Trudy Had Refused to Touch Food Since Death of Mate Ten Days Ago. Many Children Knew Her. Bought from California for a Circus Career. Blind Eye Kept Her from Learning Tricks," *New York Times*, 1928/09/10; "Berlin Sea Elephant Dies of a Broken Heart," *New York Times*, 1935/12/31; "Zoo Penguin Dies of Broken Heart Mourning Mate," *Los Angeles Times*, 1947/08/04.

85 다음 문헌을 보라. Martin Johnston, "Helpless, but Unafraid, the Giraffe Thrives on Persecution," *Daily Boston Globe*, 1928/12/02.

86 "The Story of a Lion's Love: Wynant Hubbard's Account of Moving Jungle Romance Wherein King of Beasts Enters Captivity out of Affection for His 'Wife,'" *Daily Boston Globe*, 1929/05/19; "Most Fastidious of Wild Beasts Are the Leopards: So Says Mme. Morelli, and She Ought to Know, for They've Tried to Eat Her Several Times. How Bostock Saved the Plucky Woman Trainer. One of Her Pets Died from a Broken Heart," *New York Times*, 1905/06/18; "Birds I Know," *Daily Boston Globe*, 1946/07/23.

87 "Lovelorn Killer Whale Dies in Frantic Dash for Freedom," *Los Angeles Times*, 1966/07/11; David Kirby, *Death at SeaWorld: Shamu and the Dark Side of Killer Whales in Captivity*(New York: St. Martin's Press, 2012), 151-52.

88 Belle J. Benchley, "'Zoo-Man' Beings," *Los Angeles Times*(1923~Current File), 1932/08/14; Belle J. Benchley, "The Story of Two Magnificent Gorillas," *Bulletin of the New York Zoological Society* 43, no. 4(1940): 105-16; Belle Jennings Benchley, *My Animal Babies*(London: Faber and Faber, 1946); Gerald B. Burtnett, "The Low Down on Animal Land," *Los Angeles Times*(1923~Current File), 1935/06/02.

89 "Ape Porcupine Firm Friends: Melancholia Banished When Huge Monkey Romps with Strange Playmate," *Los Angeles Times*(1923~Current File), 1924/11/27. 거의 60년이 지난 지금 내 이메일 수신함에는 이런 류의 우정에 대한 이야기들이 가득하다. 개와 오랑우탄이 플라스틱 욕조에서

물장난을 치고, 새끼 돼지들이 호랑이 품에 안겨 있고, 뱀과 토끼가 다종 간 우정의 고리처럼 서로 뒤엉켜 있는 사진 같은 것들이 한 주도 빠짐없이 내게 전달되고 있다. 의인화되어 있을 뿐만 아니라 지나치게 깜찍하고, 연출된 이런 포토 에세이들 가운데 많은 것들은 이런 놀라운 우정이 외로움과 우울 때문이라고 이야기하고 있기도 하다.

90 Tracy I. Storer and Lloyd P. Tevis, *California Grizzly*(Berkeley: University of California Press, 1996), 276.

91 "Grizzly Comes as Mate to Monarch: Young Silver Tip Shipped from Idaho Arrives Safely and Is Now in Park Bear Pit," *San Francisco Chronicle*, 1903/02/10.

92 아메리카 원주민이 새로 구축된 국립공원 시스템에서 쫓겨나고, 회색곰과 늑대 개체 수가 격감하고, 연방정부가 감시 기구(어류 및 야생동물국, 국립공원 관리청 등)를 설립해 새로 통합된 국유지를 감독함으로써 누가 자원이 풍부한 땅에 접근할 수 있는지와 이것이 황무지와 미국의 프론티어에 대한 미국인들의 개념을 어떻게 반영하고 형성할 것인지를 규제하는 등 19세기 말과 20세기 초에 걸쳐 서부 황무지에 대한 태도 변화에 대한 훌륭한 학술 연구는 많다. William Cronon, "The Trouble with Wilderness," in *Uncommon Ground: Toward Reinventing Nature*, ed. William Cronon(New York: Norton, 1995); Karl Jacoby, *Crimes against Nature: Squatters, Poachers, Thieves, and the Hidden History of American Conservation*(Berkeley: University of California Press, 2003); Roderick Frazier Nash, *Wilderness and the American Mind*(New Haven, CT: Yale University Press, 2001); Philip Shabecoff, *A Fierce Green Fire: The American Environmental Movement*(Washington, DC: Island Press, 2003); Louis S. Warren, *The Hunter's Game: Poachers and Conservationists in Twentieth-Century America*(New Haven, CT: Yale University Press, 1999); Richard White, Patricia Nelson Limerick, and James R. Grossman, *The Frontier in American Culture: An Exhibition at the Newberry Library*, 1994/08/26~1995/01/07(Chicago: Newberry Library, 1994).

93 Susan Snyder, *Bear in Mind: The California Grizzly*(Berkeley, CA: Heyday Books, 2003), 117-40; Storer and Tevis, *California Grizzly*, 249.

94 Snyder, *Bear in Mind*, 65.

95 Storer and Tevis, *California Grizzly*, 244-49.

96 Snyder, *Bear in Mind*, 160; Storer and Tevis, *California Grizzly*, 240-41.

97 Storer and Tevis, *California Grizzly*, 249.

98 "The New Bear Flag Is Grizzlier," *San Francisco Chronicle*, 1953/09/19; Storer and Tevis, *California Grizzly*, 249-50.

99 다른 설명이 존재하지 않기 때문에 이런 세부적인 내용들을 어느 정도까지 사실로 받아들이느냐는 해석의 문제다. 모나크 이야기에서 나오는 일이 모두 모나크 하나에게만 일어났던 일은 아닐 것이며 켈리의 몇몇 곰들에게 일어났던 일일 수 있다. 어니스트 톰슨 세튼은 1889년에 켈리에게 『샌프란시스코 이그재미너』에 실린 모나크 이야기의 진위 여부에 대해 질문했는데, 세튼은 이렇게 답했다. "이 곰에게 일어났다고 거론된 많은 모험들은 여러 다른 곰들에게서 벌어진 일이라고 이야기하는 편이 안전할 것이다." Storer and Tevis, *California Grizzly*, 250; Allen Kelly, *Bears I Have Met—and Others*(Philadelphia: Drexel Biddle, 1903), www.gutenberg.org/files/15276/15276-h/15276-h.htm.

100 Kelly, *Bears I Have Met*.

101 Ibid.

102 Board of Parks Commissioners, Annual Report of the Board of Parks Commissioners 1895, 1895/06/30, *California Academy of Sciences*, 7, 15.

103 "Grizzly Comes as Mate to Monarch."

104 Ibid.

105 Nash, *Wilderness and the American Mind*; Shabecoff, *A Fierce Green Fire*, 21-31, 61-67.

106 Ibid., 146.

107 Ibid., 76

108 역사가 윌리엄 크로넌에 따르면, 터너가 개척 시대의 종언을 선언했을 당시 상실감을 느끼고 있던 미국인들은 이미 더 오래되고 더 단순하며 더 평화로운 나라를 돌이켜보며 그리워하고 있었다. 그런데 문제는 이런 나라가 한 번도 존재한 적이 없었다는 것이다. 원주민 학살, 아메리카들소 늑대 회색곰 개체 수의 격감, 그리고 채광과 대규모 삼림 벌채로 인한 극심한 생태계 파괴는 미국의 황무지에 대한 이상적이고 낭만적 관념에는 들어맞지 않는 폭력들이었다. Cronon, "The Trouble with Wilderness."

109 Ibid., 76, 78.

110 "Grizzly Comes as Mate to Monarch."

111 "Grizzly Bear Cub Is Dead," *San Francisco Chronicle*, 1904/01/18. 한 후속 기사는 새끼가 태어난 날 몬태나가 새끼를 떨어뜨린 후, 새끼가 머리 부상으로 사망했다고 주장했다. 몬태나의 양육 기술에 대한 경멸이라는 두 번째 상차림이 샌프란시스코 사람들에게 제공된 것이다. "모나크와 그의 수줍은 아내 몬태나, 아메리카들소 방목장 옆의 철창 속에 살았던 이 두 마리 회색곰은 어제 갑작스러운 새끼의 죽음을 애도하기 위해 찾아온 많은 방문객들을 비공식적으로 맞이했다. 모나크의 부인이 쌍둥이 중 하나를 일부 먹었고, 다른 한 마리를 거의 방치했다는 점을 고려하면, 방문객들의 조문은 적절하지 못한 것 같았다." "Great Crowd Visits Park: Police Estimate Attendance of Fully Forty Thousand People at the Recreation Grounds," *San Francisco Chronicle*, 1904/01/25.

112 Board of Parks Commissioners, *Annual Report of the Board of Parks Commissioners* 1910, 1910/06/30, 40-43.

113 "Park Museum Has New Attractions: Grizzly Monarch Will Be Put on Exhibition for the Labor Day Crowds," *San Francisco Chronicle*(1869~Current File), 1911/08/28.

114 E. B. White, *Charlotte's Web*,(New York: Harper Brothers, 1952)[『샬롯의 거미줄』, 김화곤 옮김, 시공주니어, 2007, 220쪽].

115 "'Heartbroken' Male Otters Die within an Hour of Each Other," 2010/04/01, Advocate.com.

116 Bekoff, *The Emotional Lives of Animals,* 66[『동물의 감정』, 같은 책, 2008, 121-22쪽].

117 Jill Lawless, "Hours after Soldier Killed in Action, His Faithful Dog Suffers Seizure," *Toronto Star*, 2011/03/10.

118 Salim S. Virani, A. Nasser Khan, Cesar E. Mendoza, Alexandre C. Ferreira, and Eduardo de Marchena, "Takotsubo Cardiomyopathy, or Broken-Heart Syndrome," *Texas Heart Institute Journal* 34, no. 1(2007): 76-79.

119 Natterson-Horowitz and Bowers, *Zoobiquity*, 5[『의사와 수의사가 만나다: 인간과 동물의 건강, 그 놀라운 연관성』, 이순영 옮김, 모멘토, 2017, 14쪽].

120 Ibid., 110-13[같은 책, 178-79쪽].

121 Ibid., 112-13[같은 책, 179-81쪽].

122 Ibid., 118-20[같은 책, 187-94쪽].

5 프로작을 먹는 동물들

1 "Eternal Sunshine," *Guardian*, 2007/05/13.

2 Stanley Coren, "The Former French President's Depressed Dog: Jacques Chirac and Sumo," Psychology Today, 2009/10/05; Ian Sparks, "Former French President Chirac Hospitalised after Mauling by His Clinically Depressed Poodle," *Mail Online*, 2009/01/21.

3 "Fluoxetine(AS HCL): Oral Suspension," Wedgewood Pharmacy, url.kr/wbpg4n.

4 19세기에 행해진 동종 요법에도 반려동물이 포함됐다. 반려동물의 건강을 위한 동종 요법 지침은 1930년대에 출간됐고, 동종 요법 의사들로부터 동물용 키트를 구입할 수 있었다. Katherine C. Grier, *Pets in America: A History*(Chapel Hill: University of North Carolina Press, 2006), 90-96.

5 Andrea Tone, *The Age of Anxiety: A History of America's Turbulent Affair with Tranquilizers*(New York: Basic Books, 2008), 43-51.

6 Shorter, *A Historical Dictionary of Psychiatry*, 54.

7 David Healy, *The Creation of Psychopharmacology*(Cambridge, MA: Harvard University Press, 2002), 78.

8 Ibid., 80-81.

9 Ibid., 46, 80-81, 84. 개를 대상으로 다른 용도로도 테스트가 이루어졌다. 이 화합물은 해먹에서 끊임없이 흔들리는 실험 그룹에서조차 메스꺼움을 느끼는 개가 구토를 멈추게 하는 것으로 밝혀졌다.

10 Ibid., 90-91.

11 Ibid.

12 Shorter, *A Historical Dictionary of Psychiatry*, 55.

13 Healy, *The Creation of Psychopharmacology*, 98-99.

14 J. W. Kakolewski, "Psychopharmacology: Clinical and Experimental Subjects," in *Abnormal Behavior in Animals*, ed. Michael W. Fox(Philadelphia: Saunders, 1968), 527.

15 A. F. Fraser, "Behavior Disorders in Domestic Animals," in *Abnormal Behavior in Animals*, ed. Michael W. Fox(Philadelphia: Saunders, 1968), 184.

16 W. Ferguson, "Abnormal Behavior in Domestic Birds," in *Abnormal Behavior in Animals*, ed. Michael W. Fox(Philadelphia: Saunders, 1968), 195.

17 Tone, *The Age of Anxiety*, 43-52.

18 Ibid., 109-10.

19 Jonathan Michel Metzl, *Prozac on the Couch: Prescribing Gender in the Era of Wonder Drugs*(Durham, NC: Duke University Press, 2003), 72, 74-75.

20 Ferdinand Lundberg and Marynia Farnham, *Modern Woman: The Lost Sex*(New York: Harper and Brothers, 1947).

21 Metzl, *Prozac on the Couch*, 81, 159.

22 Ibid., 101-2.

23 Tone, *The Age of Anxiety,* 109-10.

24 Roche Laboratories, *Aspects of Anxiety*(Philadelphia: Lippincott, 1968).

25 Tone, *The Age of Anxiety*, 57, 108-10, 113.

26 Metzl, Prozac on the Couch, 100; R. Huebner, "Meprobamate in Canine Medicine: A Summary of 77 Cases," *Veterinary Medicine* 51(1956/10): 488.

27 Metzl, *Prozac on the Couch,* 73.

28 Tone, *The Age of Anxiety*, 144-47.

29 "Tranquilizer Is Put under U.S. Curbs," *New York Times*, 1967/12/06.

30 Ibid., 144-47; David Healy, *Let Them Eat Prozac: The Unhealthy Relationship between the Pharmaceutical Industry and Depression*(New York: New York University Press, 2004).

31 Tone, *The Age of Anxiety*, 129.

32 Ibid., 129, 135.

33 Ibid., 153-56.

34 Rebecca Burns, "11 Years Ago This Month: Willie B.'s Memorial," Atlantamagazine.com, 2000/02; Dorie Turner, "Famed Atlanta Resident Who Ate Bananas Comes to TV," *USA Today*, 2008/08/05.

35 Liz Wilson and Andrew Luescher, "Parrots and Fear," in *Manual of Parrot Behavior*, ed. Andrew Luescher(Ames, IA: Blackwell, 2006), 227; Peter Holz and James E. F. Barnett, "Long-Acting Tranquilizers: Their Use as a Management Tool in the Confinement of Free-Ranging Red-Necked Wallabies(Macropus rufogriseus)," *Journal of Zoo and Wildlife Medicine* 27, no. 1(1996): 54-60; Y. Uchida, N. Dodman, and D. DeGhetto, "Animal Behavior Case of the Month: A Captive Bear Was Observed to Exhibit Signs of Separation Anxiety," *Journal of the American Veterinary Medical Association* 212, no. 3(1998): 354-55; Thomas H. Reidarson, Jim McBain, and Judy St. Leger, "Side Effects of Haloperidol(Haldol(r)) to Treat Chronic Regurgitation in California Sea Lions," IAAAM Conference Proceedings(2004): 124-25, url.kr/7srybc; Leslie M. Dalton and Todd R. Robeck, "Aberrant Behavior in a California Sea Lion(Zalophus californianus)," IAAAM Conference Proceedings(1997): 145-46, url.kr/5m7zbv; Larry Gage et al., "Medical and Behavioral Management of Chronic Regurgitation in a Pacific Walrus(Odobenus rosmarus divergens)," IAAAM Conference Proceedings(2000): 341-42, url.kr/vgz71k.

36 Jenny Laidman, "Zoos Using Drugs to Help Manage Anxious Animals," *Toledo Blade*, 2005/09/14.

37 Healy, *The Creation of Psychopharmacology*, 5; Michel Foucault, *Madness and Civilization: A History of Insanity in the Age of Reason*(New York: Vintage Books, 1973)[『광기의 역사』, 이규현 옮김, 나남출판, 2020]; Michael E. Staub, *Madness Is Civilization: When the Diagnosis Was Social, 1948-1980*(Chicago: University of Chicago Press, 2011), 6, 139-40, 181-83; Roy W. Menninger and John C. Nemiah, eds., *American Psychiatry after World War II, 1944-1994*(Arlington, VA: American Psychiatric Press, 2000), 281-89.

38 Ken Kesey, *One Flew over the Cuckoo's Nest*(New York: Signet, 1963)[『뻐꾸기 둥지 위로 날아간 새』, 정회성 옮김, 민음사, 2009].

39 Healy, *The Creation of Psychopharmacology*, 5, 148-56, 162-63.

40 Ibid., 237.

41 Lorna A. Rhodes, *Total Confinement: Madness and Reason in the Maximum Security Prison*(Berkeley: University of California Press, 2004), 126-28. 다음 문헌도 보라. Laura Calkins, "Detained and Drugged: A Brief Overview of the Use of Pharmaceuticals for the Interrogation of Suspects, Prisoners, Patients, and POWs in the U.S.," *Bioethics* 24, no. 1(2010): 27-34; Charles Pillar, "California Prison Behavior Units Aim to Control Troublesome Inmates," *Sacramento Bee*, 2010/05/10; Kenneth Adams and Joseph Ferrandino, "Managing Mentally Ill Inmates in Prisons," *Criminal Justice and Behavior* 35, no. 8(2008): 913-27; 하버드 대학교 A. 버나드 애커먼 의료문화 교수이자 정신의학자인 데이비드 존스와의 개인적 대화, 2013/07/29.

42 M. Babette Fontenot et al., "Dose-Finding Study of Fluoxetine and Venlafaxine for the Treatment of Self-Injurious and Stereotypic Behavior in Rhesus Macaques(Macaca mulatta)," *Journal of the American Association for Laboratory Animal Science* 48, no. 2(2009): 176-84; M. Babette Fontenot et al., "The Effects of Fluoxetine and Buspirone on Self-Injurious and Stereotypic Behavior in Adult Male Rhesus Macaques," *Comparative Medicine* 55, no. 1(2005): 67-74; H. W. Murphy and R. Chafel, "The Use of Psychoactive Drugs in Great Apes: Survey Results," Proceedings of the American Association of Zoo Veterinarians, *American Association of Wildlife Veterinarians, Association of Reptile and Amphibian Veterinarians, and National Association of Zoo and Wildlife Veterinarians Joint Conference*, 2001/09/18: 244-49.

43 Laidman, "Zoos Using Drugs to Help Manage Anxious Animals."

44 D. Espinosa-Avilés et al., "Treatment of Acute Self Aggressive Behaviour in a Captive Gorilla(Gorilla gorilla gorilla)," *Veterinary Record* 154, no. 13(2004): 401-2.

45 H. W. Murphy and R. Chafel, "The Use of Psychoactive Drugs in Great Apes: Survey Results," *Proceedings of the American Association of Zoo Veterinarians, American Association of Wildlife Veterinarians, Association of Reptile and Amphibian Veterinarians, and National Association of Zoo and Wildlife Veterinarians Joint Conference*, 2001/09/18: 244-49; Murphy and Mufson, "The Use of Psychopharmaceuticals to Control Aggressive Behaviors in Captive Gorillas."

46 폴 루터와의 개인적 대화, 2009/06; 또한 Darrel Glover, "Cranky Ape Puts His Foot Down, So Pilot Boots Him off Jet," *Seattle Post-Intelligencer*, 1996/10/17; Elizabeth Morell, "Transporting Wild Animals," *Risk Management*, 1998/07.

47 Dalton and Robeck, "Aberrant Behavior in a California Sea Lion(Zalophus Californianus)," 145-46; Reidarson et al., "Side Effects of Haloperidol(Haldol(r)) to Treat Chronic Regurgitation in California Sea Lions," 124-25; Chen et al., "Diagnosis and Treatment of Abnormal Food Regurgitation in a California Sea Lion(Zalophus californianus)." Justin Carissimo, "SeaWorld puts Whales on Valium-like Drug, Documents Show," *Buzzfeed*, 2014/03/31..

48 Kirby, *Death at SeaWorld*, 317-34.

49 Melisa Cronin, "SeaWorld Gave Nursing Orca Valium," *The Dodo*, 2014/04/02.

50 Gabriela Cliwerthwaite, "Exclusive: 'Blackfish,' 'The Cove' creators challenge SeaWorld to a debate," *The Dodo*, 2014/01/22.

51 William Van Bonn, "Medical Management of Chronic Emesis in a Juvenile White Whale(Delphinapterus leucas)," IAAAM Conference Proceedings(2006): 150-52, url.kr/pe9th5.

52 Edward Shorter, *Before Prozac: The Troubled History of Mood Disorders in Psychiatry*(New York: Oxford University Press, 2009), 2.

53 Ibid., 4.

54 Healy, *The Creation of Psychopharmacology*, 57.

55 Shorter, *Before Prozac*, 2.

56 Peter D. Kramer, *Listening to Prozac*(New York: Viking, 1993); Healy, *Let Them Eat Prozac*, 264.

57 Carla Hall, "Fido's Little Helper," *Los Angeles Times*, 2007/01/10.

58 Laidman, "Zoos Using Drugs to Help Manage Anxious Animals."

59 Tad Friend, "It's a Jungle in Here," *New York Magazine*, 1995/04/24.

60 Will Nixon, "Gus the Neurotic Bear: Polar Bear in New York City Central Park Zoo," *E the Environmental Magazine*, 1994/12.

61 David Healy, "Folie to Folly: The Modern Mania for Bipolar Disorders," in *Medicating Modern America: Prescription Drugs in History*, ed. Andrea Tone and Elizabeth Siegel Watkins(New York: New York University Press, 2007), 43; Emily Martin, *Bipolar Expeditions: Mania and Depression in American Culture*(Princeton, NJ: Princeton University Press, 2007), 223-27.

62 Friend, "It's a Jungle in Here." 에밀리 마틴의 『조울증 탐험』 *Bipolar Expeditions*, 225에서도 이와 연관된 감성이 감지된다. 이 책에서 에밀리 마틴은 조울증이 적어도 한동안 특정 뉴욕 시민들에게는 뉴욕적인 현상으로 여겨졌다면서, 이미 조울증에 걸려 있는 사람들을 끌어들이는, 혹은 걸리기 쉬운 사람들에게 조울증을 부추기는 정신없이 바쁘게 돌아가는 뉴욕 특유의 리듬과 속도가 뉴욕 시민들로 하여금 동물원 동물들에서 이런 류의 질병을 찾아내도록 하는 데 영향을 미쳤을 것이라고 말한다.

63 Friend, "It's a Jungle in Here."

64 Nixon, "Gus the Neurotic Bear"; Friend, "It's a Jungle in Here."

65 Ingrid Newkirk, *The PETA Practical Guide to Animal Rights: Simple Acts of Kindness to Help Animals in Trouble*(New York: Macmillan, 2009); Julia Naylor Rodriguez, "Experts Say Prozac for Pets Is a Pretty Depressing Idea," *Forth Worth Star*, 1994/09/02; "Dogs Feeling Wuff in the City

Getting a Boost from Prozac," *New York Daily News*, 2007/01/11; June Naylor Rodriguez, "Prozac for Fido? Don't Get Too Anxious for It, Vets Say," *Fort Worth Star*, 1994/09/03.

66 N. R. Kleinfeld, "Farewell to Gus, Whose Issues Made Him a Star," *New York Times*, 2013/08/28.

67 Ibid.

68 E. M. Poulsen et al., "Use of Fluoxetine for the Treatment of Stereotypical Pacing Behavior in a Captive Polar Bear," *Journal of the American Veterinary Medical Association* 209, no. 8(1996): 1470-74. 일라이 릴리사가 후원한 연구였다.

69 Yalcin and N. Aytug, "Use of Fluoxetine to Treat Stereotypical Pacing Behavior in a Brown Bear(Ursus arctos)," *Journal of Veterinary Behavior Clinical Applications and Research* 2, no. 3(2007): 73-76.

70 카라카비 곰 생추어리의 Nilufer Aytug 교수와 개인적 대화, 2012/02/05.

71 "America's State of Mind." Medco, 2011, apps.who.int/medicinedocs/documents/s19032en/s19032en.pdf.

72 Brendan Smith, "Inappropriate Prescribing," *Monitor on Psychology*, American Psychological Association, 2012/06, Vol. 43, No. 6, 36. www.apa.org/monitor/2012/06/prescribing.aspx.

73 National Ambulatory Medical Care Survey, Factsheet, Psychiatry, CDC, url.kr/c5ej93; Laura A. Pratt, Debra J. Brody, and Qiuping Gu, "Antidepressant Use in Persons Ages 12 and Over: United States, 2005-2008," CDC, www.cdc.gov.

74 Matt Wickenheiser, "Vet Biotech Aims at Generic Pet Medicine Market," *Bangalore Daily News*, 2012/02/03. "Pet Industry Market Size and Ownership Statistics," American Pet Products Manufacturers Association, 2011-12, National Survey, www.americanpetproducts.org/press_industrytreras. asp.

75 Chris Dietrich, "Zoetis Raises $2.2 Billion in IPO," *Wall Street Journal*, 2013/01/31.

76 "Eli Lilly: Offsetting Generic Erosion through Janssen's Animal Health Business," *CommentWire*, 2011/03/17.

77 Susan Todd, "Retailers Shaking Up Pet Medicines Market, but Consumers Continue to Rely on Vets for Serious Remedies and Care," Star-Ledger(NJ), 2011/10/02, www.nj.com.

78 KPMG, Bureau of Economic Analysis, Packaged Facts, and William Blair and Co., Veterinary Economics, 2008/04; and Allison Grant, "Veterinarians Scramble as Retailers Jump Into Pet Meds Market," *The Plain Dealer*, 2012/01/09.

79 David Lummis, "Human/Animal Bond and 'Pet Parent' Spending Insulate $53 Billion U.S. Pet Market against Downturn, Forecast to Drive Post-Recession Growth," Packaged Facts, 2010/03/02, www.packagedfacts.com/Pet-Outlook 2553713/.

80 Susan Jones, *Valuing Animals: Veterinarians and Their Patients in Modern America*(Baltimore: Johns Hopkins University Press, 2003), 119; National Ambulatory Medical Care Survey.

81 David Healy, *Pharmageddon*(Berkeley: University of California Press, 2012), 10-11.

82 Adriana Petryna, Andrew Lakoff, and Arthur Kleinman, eds., *Global Pharmaceuticals: Ethics, Markets, Practices*(Durham, NC: Duke University Press, 2006) 9; 다음 문헌도 보라. Shorter, *Before Prozac*, 11-33.

83 Healy, *The Creation of Psychopharmacology*, 35.

84 Shorter, *Before Prozac*, 194-96.

85 "Pet Pharm," CBC Documentaries, 2010/09/10.

86 다음 문헌을 참조하라. Nicholas H. Dodman and Louis Shuster, eds., *Psychopharmacology of Animal Behaviour Disorders*(Malden, MA: Blackwell Science, 1998); Dodman et al., "Equine Self-Mutilation Syndrome(57 Cases)"; N. H. Dodman et al., "Investigation into the Use of Narcotic Antagonists in the Treatment of a Stereotypic Behavior Pattern(Crib-Biting) in the Horse," *American Journal of Veterinary Research* 48, no. 2(1987): 311-19; N. H. Dodman et al., "Use of Narcotic Antagonists to

Modify Stereotypic Self-Licking, Self-Chewing, and Scratching Behavior in Dogs," *Journal of the American Veterinary Medical Association* 193, no. 7(1988)：815-19; N. H. Dodman et al., "Use of Fluoxetine to Treat Dominance Aggression in Dogs," *Journal of the American Veterinary Medical Association* 209, no. 9(1996)：1585-87; "Dodman to Hold Behavior Workshops in Northern Calif.," *Veterinary Practice News*, 2011/04/19; Nicholas H. Dodman, "The Well Adjusted Cat：One Day Workshop：Secrets to Understanding Feline Behavior," Pet Docs, www.thepetdocs.com/events.html.

87 다음 문헌을 참조하라. Dodman et al., "Use of Narcotic Antagonists to Modify Stereotypic Self-Licking, Self-Chewing, and Scratching Behavior in Dogs"; Dodman et al., "Investigation into the Use of Narcotic Antagonists in the Treatment of a Stereotypic Behavior Pattern(Crib-Biting) in the Horse"; B. L. Hart et al., "Effectiveness of Buspirone on Urine Spraying and Inappropriate Urination in Cats," *Journal of the American Veterinary Medical Association* 203, no. 2(1993)：254-58; A. A. Moon-Fanelli and N. H. Dodman, "Description and Development of Compulsive Tail Chasing in Terriers and Response to Clomipramine Treatment," *Journal of the American Veterinary Medical Association* 212, no. 8(1998)：1252-57; Raphael Wald, Nicholas Dodman, and Louis Shuster, "The Combined Effects of Memantine and Fluoxetine on an Animal Model of Obsessive Compulsive Disorder," *Experimental and Clinical Psychopharmacology* 17, no. 3(2009)：191-97; L. S. Sawyer, A. A. Moon-Fanelli, and N. H. Dodman, "Psychogenic Alopecia in Cats：11 Cases(1993~96)," *Journal of the American Veterinary Medical Association* 214, no. 1(1999)：71-74.

88 Nicholas H. Dodman, *The Well-Adjusted Dog：Dr. Dodman's Seven Steps to Lifelong Health and Happiness for Your Best Friend*(Boston：Houghton Mifflin Harcourt, 2008), 212.

89 그가 사용한 또 다른 약 부스파는 1980년대에 처음으로 폭풍우 공포증을 가진 개를 대상으로 테스트됐다. 이 약을 투여받은 개는 멀리서 천둥소리가 들릴 때에는 좀 더 안정적인 행동을 보이게 됐지만, 폭풍우가 머리 위로 지나갈 때에는 여전히 극도의 불안을 나타냈다. 또한 그는 공포에 따른 공격성과 사회적 불안증에도 이를 사용해 왔으며, 집안에서 배뇨 실수를 저지르는 개와 차멀미를 하는 개에게도 효과가 크다고 말한다. Dodman, *The Well-Adjusted Dog*, 233-34.

90 James Vlahos, "Pill-Popping Pets," *New York Times Magazine*, 2008/07/13.

91 Dodman, *The Well-Adjusted Dog*, 232.

92 "Animal Shelter Euthanasia," American Humane Asssociation, www.americanhumane.org.

93 "Pet Pharm."

94 다음 문헌을 보라. D. A. Babcock et al., "Effects of Imipramine, Chlorimipramine, and Fluoxetine on Cataplexy in Dogs," Pharmacology, Biochemistry, and Behavior 5, no. 6(1976)：599; Sharon L. Crowell-Davis and Thomas Murray, Veterinary Psychopharmacology(Wiley-Blackwell, 2005); Hart et al., "Effectiveness of Buspirone on Urine Spraying and Inappropriate Urination in Cats," 254-58; Charmaine Hugo et al., "Fluoxetine Decreases Stereotypic Behavior in Primates," Progress in Neuro-Psychopharmacology and Biological Psychiatry 27, no. 4(2003)：639-43; Mami Irimajiri et al., "Randomized, Controlled Clinical Trial of the Efficacy of Fluoxetine for Treatment of Compulsive Disorders in Dogs," *Journal of the American Veterinary Medical Association* 235, no. 6(2009)：705-9; Rapoport et al., "Drug Treatment of Canine Acral Lick," 517; Wald et al., "The Combined Effects of Memantine and Fluoxetine on an Animal Model of Obsessive Compulsive Disorder."

95 "Pet Industry Market Size and Ownership Statistics," American Pet Products Manufacturers Association, 2011-12, National Survey, www.americanpetproducts.org/press_industrytrends.asp.

96 "Eli Lilly and Company Introduces ReconcileTM for Separation Anxiety in Dogs," *Medical News Today*, 2007/04/26.

97 Vlahos, "Pill-Popping Pets."

98 www.reconcile.com.

99 www.reconcile.com/downloads.

100 Barbara Sherman Simpson et al., "Effects of Reconcile(Fluoxetine) Chewable Tablets Plus Behavior Management for Canine Separation Anxiety," *Veterinary Therapeutics: Research in Applied Veterinary Medicine* 8, no. 1(2007): 18-31. 릴리 사의 후원을 받았지만 플루옥세틴이 개의 강박행동에 미치는 영향에 초점을 맞춘 또 다른 연구 역시 확실한 결론을 얻지 못했다. Irimajiri et al., "Randomized, Controlled Clinical Trial of the Efficacy of Fluoxetine for Treatment of Compulsive Disorders in Dogs," 705-9.

101 Diane Frank, Audrey Gauthier, and Renée Bergeron, "Placebo-Controlled Double-Blind Clomipramine Trial for the Treatment of Anxiety or Fear in Beagles during Ground Transport," *Canadian Veterinary Journal* 47, no. 11(2006): 1102-8.

102 E. Yalcin, "Comparison of Clomipramine and Fluoxetine Treatment of Dogs with Tail Chasing," *Tierärztliche Praxis: Ausgabe K, Kleintiere/Heimtiere* 38, no. 5(2010): 295-99; Moon-Fanelli and Dodman, "Description and Development of Compulsive Tail Chasing in Terriers and Response to Clomipramine Treatment," 1252-57; Seibert et al., "Placebo-Controlled Clomipramine Trial for the Treatment of Feather Picking Disorder in Cockatoos"; Dodman and Shuster, "Animal Models of Obsessive-Compulsive Behavior: A Neurobiological and Ethological Perspective."

103 1-800PetMeds, www.1800petmeds.com.

104 "Dr. Ian Dunbar," Sirius Dog Training, www.siriuspup.com/about_founder.html; "Ian Dunbar Events and Training Courses," www.jamesandkenneth.com.

105 "Pet Pharm"; Vlahos, "Pill-Popping Pets"; "About Founder," Sirius Dog Training, www.siriuspup.com/about_founder.html; "Ian Dunbar Events and Training Courses," www.jamesandkenneth.com.

106 "Pet Pharm."

107 Nigel Rothfels, *Savages and Beasts: The Birth of the Modern Zoo* (Baltimore: Johns Hopkins University Press, 2002), 81.

108 Chris D. Metcalfe et al., "Antidepressants and Their Metabolites in Municipal Wastewater, and Downstream Exposure in an Urban Watershed," *Environmental Toxicology and Chemistry* 29, no. 1(2010): 79-89.

109 Ibid.; Janet Raloff, "Environment: Antidepressants Make for Sad Fish. Drugs May Affect Feeding, Swimming and Mate Attracting," *Science News* 174, no. 13(2008): 15.

110 Nina Bai, "Prozac Ocean: Fish Absorb Our Drugs, and Suffer for It," Discover Magazine Blog, 2008/12/02; Yasmin Guler and Alex T. Ford, "Anti-Depressants Make Amphipods See the Light," *Aquatic Toxicology* 99, no. 3(2010): 397-404; Metcalfe et al., "Antidepressants and Their Metabolites in Municipal Wastewater, and Downstream Exposure in an Urban Watershed."

111 D. C. Love et al., "Feather Meal: A Previously Unrecognized Route for Reentry into the Food Supply of Multiple Pharmaceuticals and Personal Care Products(PPCPs)," *Environmental Science and Technology* 46, no. 7(2012): 3795-802; Sarah Parsons, "This Is Your Chicken on Drugs: Count the Antibiotics in Your Nuggets," *Good*, 2012/04/10; "Researchers Find Evidence of Banned Antibiotics in Poultry Products," Center for a Livable Future, Johns Hopkins Bloomberg School of Public Health, 2012/04.

112 Nicholas D. Kristof, "Arsenic in Our Chicken?," *New York Times*, 2012/04/04; Love et al., "Feather Meal: A Previously Unrecognized Route for Reentry into the Food Supply of Multiple Pharmaceuticals and Personal Care Products(PPCPs)"; Sarah Parsons, "This Is Your Chicken on Drugs: Count the Antibiotics in Your Nuggets," *Good*, 2012/04/10; "Researchers Find Evidence of Banned

Antibiotics in Poultry Products," Center for a Livable Future, Johns Hopkins Bloomberg School of Public Health, 2012/04.

6 줄리엣이 앵무새였다면

1 Susanne Antonetta, "Language Garden," *Orion*, 2005/04.

2 Edmund Ramsden and Duncan Wilson, "The Nature of Suicide: Science and the Self-Destructive Animal," *Endeavor* 34, no. 1(2010): 21.

3 "Suicide," *Oxford English Dictionary* Online. 18세기 이전에는 '자기 파괴자'self-destroyer '자살자'self-killer, self-murderer, self-slayer 등의 규정은 가능했지만 자살 피해자suicide victim 같은 규정은 불가능했다.

4 편람에는 말기 환자이기 때문에 목숨을 끊기로 한 경우에 대한 언급 역시 없다. "Proposed Revision," DSM5.org. 다음의 4판 역시 자살 상상과 자살 기도는 있지만 자살 장애suicidal disorder는 없다. American Psychiatric Association, *Diagnostic and Statistical Manual of Mental Disorders-IV*(Washington, DC: American Psychiatric Association, 1994).

5 예를 들어, 다음 문헌을 보라. Kathryn Bayne and Melinda Novak, "Behavioral Disorders," *Nonhuman Primates in Biomedical Research*(1998): 485-500; P. S. Bordnick, B. A. Thyer, and B. W. Ritchie, "Feather Picking Disorder and Trichotillomania: An Avian Model of Human Psychopathology," *Journal of Behavior Therapy and Experimental Psychiatry* 25, no. 3(1994): 189-96; John C. Crabbe, John K. Belknap, and Kari J. Buck, "Genetic Animal Models of Alcohol and Drug Abuse," *Science* 264, no. 5166(1994): 1715-23; J. N. Crawley, M. E. Sutton, and D. Pickar, "Animal Models of Self-Destructive Behavior and Suicide," *Psychiatric Clinics of North America* 8, no. 2(1985): 299-310; Cross and Harlow, "Prolonged and Progressive Effects of Partial Isolation on the Behavior of Macaque Monkeys," 39-49; Kalueff et al., "Hair Barbering in Mice"; A. J. Kinnaman, "Mental Life of Two Macacus Rhesus Monkeys in Captivity. I," *American Journal of Psychology* 13, no. 1(1902): 98-148; Kurien et al., "Barbering in Mice"; O. Malkesman et al., "Animal Models of Suicide-Trait-Related Behaviors," *Trends in Pharmacological Sciences* 30, no. 4(2009): 165-73; Melinda A. Novak and Stephen J. Suomi, "Abnormal Behavior in Nonhuman Primates and Models of Development," *Primate Models of Children's Health and Developmental Disabilities*(2008): 141-60; Overall, "Natural Animal Models of Human Psychiatric Conditions"; J. L. Rapoport, D. H. Ryland, and M. Kriete, "Drug Treatment of Canine Acral Lick: An Animal Model of Obsessive-Compulsive Disorder," *Archives of General Psychiatry* 49, no. 7(1992): 517-21; Richard E. Tessel et al., "Rodent Models of Mental Retardation: Self-Injury, Aberrant Behavior, and Stress," *Mental Retardation and Developmental Disabilities Research Reviews* 1, no. 2(1995): 99-103.

6 Crawley, Sutton, and Pickar, "Animal Models of Self-Destructive Behavior and Suicide," *Psychiatric Clinics of North America* 8, no. 2(1985): 299-310.

7 예를 들어, 다음과 같은 연구가 있다. Nicholas H. Dodman and Louis Shuster, "Animal Models of Obsessive-Compulsive Behavior: A Neurobiological and Ethological Perspective," in *Concepts and Controversies in Obsessive-Compulsive Disorder*, ed. Jonathan S. Abramowitz and Arthur C. Houts(New York: Springer, 2005), 53-71; Garner et al., "Barbering(Fur and Whisker Trimming) by Laboratory Mice as a Model of Human Trichotillomania and Obsessive-compulsive Spectrum Disorders"; Kurien et al., "Barbering in Mice" Rapoport et al., "Drug Treatment of Canine Acral Lick"; Bordnick et al., "Feather Picking Disorder and Trichotillomania"; Crabbe et al., "Genetic Animal Models of Alcohol and Drug Abuse"; Overall, "Natural Animal Models of Human Psychiatric Conditions"; Tessel et al., "Rodent Models of Mental Retardation."

8 Malkesman et al., "Animal Models of Suicide-Trait-Related Behaviors."

9 Ibid.

10 유서를 통해 우리는 그 사람이 자살 의도가 있었음을 알 수 있지만, 그 동기에 대한 설명은 부족한 경우가 많다. 물론 시신 처리 방식이나 장례 절차 등을 상세하게 기술하는 예외적인 경우도 있지만, 대개는 유서를 쓸 당시의 심정을 전하는 데 그치는 경우가 많다. Eric Marcus, *Why Suicide?: Answers to 200 of the Most Frequently Asked Questions about Suicide, Attempted Suicide, and Assisted Suicide*(San Francisco: HarperOne, 1996), 14.

11 Justin Nobel, "Do Animals Commit Suicide? A Scientific Debate," *Time*, 2010/03/19; Larry O'Hanlon, "Animal Suicide Sheds Light on Human Behavior," *Discovery News*, 2010/03/10; Rowan Hooper, "Animals Do Not Commit Suicide," *NewScientist*, 2010/03/24.

12 Edmund Ramsden and Duncan Wilson, "The Nature of Suicide: Science and the Self-Destructive Animal," *Endeavor* 34, no. 1(2010): 22.

13 Barbara T. Gates, *Victorian Suicide: Mad Crimes and Sad Histories*(Princeton, NJ: Princeton University Press, 1988), 37; Anne Shepherd and David Wright, "Madness, Suicide and the Victorian Asylum: Attempted Self-Murder in the Age of Non-Restraint," *Medical History* 46, no. 2(2002): 175-96.

14 Gates, *Victorian Suicide*, 38.

15 Lindsay, *Mind in the Lower Animals*, 130-48.

16 Ramsden and Wilson, "The Nature of Suicide."

17 C. Lloyd Morgan, "Suicide of Scorpions," Nature 27(1883): 313-14. 4년 후 왕립학회의 다른 회원이 「전갈의 유명한 자살」The Reputed Suicide of Scorpions이라는 논문을 통해 전갈이 자신의 독에 면역이 있다고 주장하면서 전갈의 자살 문제는 일단락되는 것처럼 보였다. A. G. Bourne, "The Reputed Suicide of Scorpions," *Proceedings of the Royal Society of London* 42(1887): 17-22.

18 George John Romanes, *Mental Evolution in Animals*(New York: D. Appleton, 1884).

19 Ibid., 148-74; 로레인 데이스턴에 따르면, 로마네스에게 의인화는 사람과 다른 동물들 사이의 직접적 진화 관계를 보여 주기 때문에 미덕이자 불가피한 일이었다. 하지만 모건에게 의인화는 인간의 잘못된 투영이었다. Lorraine Daston, "Intelligences: Angelic, Animal, Human," in *Thinking with Animals: New Perspectives on Anthropomorphism*, ed. Lorraine Daston and Gregg Mitman(New York: Columbia University Press, 2005), 37-58.

20 Ramsden and Wilson, "The Nature of Suicide," 24.

21 Enrico Morselli, *Suicide: An Essay on Comparative Moral Statistics*(London: Kegan Paul, 1881), 8.

22 서론에서 그는 비인간 동물들을 포함하지 않는 이유를 다음과 같이 설명했다. "동물의 지능에 대한 우리의 지식으로는 그들에게 자신의 죽음을 예견하거나, 특히 죽음을 이루는 수단을 이해하는 능력이 있다고 인정할 수 없다. … 진짜 자살로 믿을 만한 사례들 모두가 전혀 다르게 설명될 수 있다. 몹시 짜증이 난 전갈이 자기 침으로 스스로를 찔렀다면(그것도 확실치 않지만), 아마도 그것은 분별없는 자동적인 반응에 의한 것일 것이다. 짜증으로 야기된 에너지가 우연히 마구잡이로 방출된 것이다. 그 생명체는 우연히 그 희생물이 된 것이지, 자신의 행동에 따른 결과를 예상했다고 말할 수는 없다. 다른 한편으로, 주인을 잃은 개가 먹지 않는 것은 슬픔으로 배고픔을 느끼지 못하게 됐기 때문이다. 그 결과 개가 죽었다 해도 그것은 예견한 일이라 할 수는 없다. 이런 단식이나 다른 경우에서 나타나는 부상 모두 결과를 얻기 위한 수단으로 의도적으로 사용된 것이 아니다. Emile Durkheim, *Suicide: A Study in Sociology*(Glencoe, IL: Free Press, 1951), 44-45.

23 Ramsden and Wilson, "The Nature of Suicide," 23.

24 Daston, "Intelligences," 37-58.

25 Conwy Lloyd Morgan, *An Introduction to Comparative Psychology*(London: Morgan, 1894), 53.

26 허구가 가미된 설명으로는 다음을 보라. Claire Goll, *My Sentimental Zoo*(New York: Peter Pauper Press, 1942). 다른 설명은 다음과 같은 기사들이 있다. "Texas Cattle: Peculiarities of the Long-Horned Beasts," *San Francisco Chronicle*, 1885/07/07; "A Bull's Suicide," *San Francisco Chronicle*, 1891/12/22; Paul Eipper, Animals Looking at You(New York: Viking Press, 1929).

27 "Suicide by Animals: Self-Destruction of Scorpion and Star-Fish," *New York Sun*, 1881/12/18.

28 "The Suicide of a Lion," *San Francisco Chronicle*, 1901/08/25.

29 대표적인 사례로 다음 기사를 보라. "Suicide of a Dog," *San Francisco Chronicle*, 1897/07/29; "Suicide: Do Animals Seek Their Own Death?," *San Francisco Chronicle*, 1884/04/07; "A Mare's Suicide," *San Francisco Chronicle*, 1894/11/07.

30 Ritvo, *The Animal Estate*, 19, 35.

31 Ramsden and Wilson, "The Nature of Suicide," 22.

32 Ritvo, *The Animal Estate*, 19, 35.

33 "Court Decides That Horse Committed Suicide," *San Francisco Chronicle*, 1905/02/02.

34 "Aged Gray Horse, Weary of Life, Commits Suicide," *San Francisco Chronicle*, 1922/01/23; "Horse Fails in Suicide Attempts," *San Francisco Chronicle*, 1922/05/22.

35 그는 처음에는 자신의 책에서, 그 후에는 다큐멘터리 <프론트라인>을 위한 인터뷰에서 이런 주장을 했다. Richard O'Barry and Keith Coulbourn, *Behind the Dolphin Smile: A True Story That Will Touch the Hearts of Animal Lovers Everywhere*(New York: St. Martin's Griffin, 1999), 248-50; "Interview with Richard O'Barry," *Frontline: A Whale of a Business*, PBS, 1997/11/11

36 O'Barry and Coulbourn, *Behind the Dolphin Smile*, 136.

37 리처드 오배리와의 개인적 대화, 2009/06/16.

38 "Interview with Richard O'Barry."

39 O'Barry and Coulbourn, *Behind the Dolphin Smile*, 248-50.

40 "Interview with Richard O'Barry."

41 Shabecoff, *A Fierce Green Fire*, 131; "Earth Day: The History of a Movement," Earth Day Network, www.earthday.org/earth-day-history-movement.

42 O'Barry and Coulbourn, *Behind the Dolphin Smile*, 28-35.

43 미국 휴메인 소사이어티의 나오미 로즈 박사와의 개인적 대화, 2010/04/13.

44 Ibid.

45 "Three Beached Whales by Jan Wierix," in R. Ellis, Monsters of the Sea(Robert Hale, 1994); "Stranded Whale at Katwijk in Holland in 1598," in Ellis; "Scenes from Wellfleet Dolphin Stranding," 2012/01/19, www.youtube.com/watch?v=AGbdp4saMoI; "Raw Video: Mass Stranding of Pilot Whales," 2011/05/06, www.youtube.com/watch?v=w636wkpsBBg.

46 Angela D'Amico et al., "Beaked Whale Strandings and Naval Exercises," *Aquatic Mammals* 35(2009/12/01): 452-72.

47 이 부분은 19세기부터 현재까지 『뉴욕타임스』『워싱턴 포스트』『샌프란시스코 크로니클』『보스턴 글로브』『로스앤젤레스 타임스』를 비롯한 미국의 주요 신문들의 역사 아카이브에 대한 조사를 기반으로 한 것이다.

48 "Enigma of Suicidal Whales," *New York Times*, 1937/06/06.

49 "Whales Swim In and Die," *New York Times*, 1948/10/08.

50 자해하는 동물종이 오래 살지 못한다는 점을 고려하면, 이 기사의 설명은 신빙성이 떨어진다. "Scotland's 274 Dead Whales Stir Question," *Los Angeles Times*, 1950/07/05.

51 예를 들어, 다음 문헌을 보라. Murray D. Dailey and William A. Walker, "Parasitism as a Factor(?) in Single Strandings of Southern California Cetaceans," *Journal of Parasitology* 64, no. 4(1978):

593-96; Robert D. Everitt et al., *Marine Mammals of Northern Puget Sound and the Strait of Juan de Fuca: A Report on Investigations, 1977/11/01~1978/10/31*, Environmental Research Laboratories, Marine Ecosystems Analysis Program, 1979; C. H. Fiscus and K. Niggol, "Observations of Cetaceans off California, Oregon, and Washington," *U.S. Fish and Wildlife Service Special Scientific Report* 498(1965): 1-27; S. Ohsumi, "Interspecies Relationships among Some Biological Parameters in Cetaceans and Estimation of the Natural Mortality Coefficient of the Southern Hemisphere Minke Whale," *Report of the International Whaling Commission* 29(1979): 397-406; D. E. Sergeant, "Ecological Aspects of Cetacean Strandings," in *Biology of Marine Mammals: Insights through Strandings*, ed. J. R. Geraci and D. J. St. Aubin, Marine Mammal Commission Report No. MMC-77/13, 1979, 94-113.

52 "Scientists Study Mystery of 24 Pilot Whales That Died after Stranding Themselves on Carolina Island Beach," *New York Times*, 1973/10/08.

53 예를 들어, 다음 기사를 보라. "Mass Suicide: Whale Beachings Puzzle to Experts," *Observer Reporter*, 1976/07/27. 고래류의 좌초 현상에 대한 보도가 늘어난 이유 중 하나는, 노먼을 비롯한 연구자들이 지적한 바와 같이, 1930년에서 2002년 사이에 공식적인 대응 네트워크들이 늘어났기 때문일 것이다. 또 좌초 신고가 급증하는 시기는 여름철 몇 달 동안인데, 그 시기에 해변이나 수로에 좌초한 동물을 목격할 수 있는 사람이 많아지기 때문이다. S. A. Norman, et al., "Cetacean Strandings in Oregon and Washington between 1930 and 2002," *Journal of Cetacean Research and Management* 6(2004): 87-99.

54 D. Graham Burnett, "A Mind in the Water," *Orion*, 2010/06; D. Graham Burnett, *The Sounding of the Whale: Science and Cetaceans in the Twentieth Century*(Chicago: University of Chicago Press, 2012), chapter 6.

55 Etienne Benson, *Wired Wilderness: Technologies of Tracking and the Making of Modern Wildlife*(Baltimore: Johns Hopkins University Press, 2010), 1-48.

56 National Research Council(U.S.), Committee on Potential Impacts of Ambient Noise in the Ocean on Marine Mammals, *Ocean Noise and Marine Mammals*(Washington, DC: National Academies Press, 2003); L. S. Weilgart, "A Brief Review of Known Effects of Noise on Marine Mammals," *International Journal of Comparative Psychology* 20(2007): 159-68; D'Amico et al., "Beaked Whale Strandings and Naval Exercises"; K. C. Balcomb and D. E. Claridge, "A Mass Stranding of Cetaceans Caused by Naval Sonar in the Bahamas," *Bahamas Journal of Science* 8, no. 2(2001): 2-12; D. M. Anderson and A. W. White, "Marine Biotoxins at the Top of the Food Chain," *Oceanus* 35, no. 3(1992): 55-61; R. J. Law, C. R. Allchin, and L. K. Mead, "Brominated Diphenyl Ethers in Twelve Species of Marine Mammals Stranded in the UK," *Marine Pollution Bulletin* 50(2005): 356-59; R. J. Law et al., "Metals and Organochlorines in Pelagic Cetaceans Stranded on the Coasts of England and Wales," *Marine Pollution Bulletin* 42(2001): 522-26; R. J. Law et al., "Metals and Organochlorines in Tissues of a Blainville's Beaked Whale(Mesoplodon densirostris) and a Killer Whale(Orcinus orca) Stranded in the United Kingdom," *Marine Pollution Bulletin* 34(1997): 208-12; K. Evans et al., "Periodic Variability in Cetacean Strandings: Links to Large-Scale Climate Events," *Biology Letters* 1, no. 2(2005): 147-50; M. D. Dailey et al., "Prey, Parasites and Pathology Associated with the Mortality of a Juvenile Gray Whale(Eschrichtius robustus) Stranded along the Northern California Coast," *Diseases and Aquatic Organisms* 42(2000): 111-17; J. Geraci et al., "Humpback Whales(Megaptera novaeanglie) Fatally Poisoned by Dinoflagellate Toxin," *Canadian Journal of Fisheries and Aquatic Science* 46(1989): 1895-98; H. Thurston, "The Fatal Shore," *Canadian Geographic*, 1995/1·2월호, 60-68.

57 예를 들어, 다음 문헌을 보라. Felicity Muth, "Animal Culture: Insights from Whales," *Scientific*

American.com, 2013/04/27; Jenny Allen et al., "Network-Based Diffusion Analysis Reveals Cultural Transmission of Lobtail Feeding in Humpback Whales," *Science* 340, no. 6131(2013): 485-88; John K. B. Ford, "Vocal Traditions among Resident Killer Whales(Orcinus orca) in Coastal Waters of British Columbia," *Canadian Journal of Zoology* 69, no. 6(1991): 1454-83; Luke Rendell et al., "Can Genetic Differences Explain Vocal Dialect Variation in Sperm Whales, Physeter macrocephalus?," Behavior Genetics 42, no. 2(2011): 332-43.

58 J. R. Geraci and V. J. Lounsbury, Marine Mammals Ashore: A Field Guide for Strandings(Galveston: Texas A&M University Sea Grant College Program, 1993); A. F. González and A. López, "First Recorded Mass Stranding of Short-Finned Pilot Whales(Globicephala macrorhynchus Gray, 1846) in the Northeastern Atlantic," *Marine Mammal Science* 16, no. 3(2000): 640-46.

59 다른 나라들에도 다음과 같은 좌초 관련 네트워크들이 조직돼 있다. 뉴질랜드의 Project Jonah, www.projectjonah.org.nz; 인도네시아의 Whale Strandings Indonesia, www.whalestrandingindonesia.com; 그리고 캐나다의 Marine Mammal Response Society, www.marineanimals.ca/.

60 Richard C. Connor, "Group Living in Whales and Dolphins," in *Cetacean Societies: Field Studies of Dolphins and Whales*, ed. Janet Mann(Chicago: University of Chicago Press, 2000), 199-218.

61 "Why Do Cetaceans Strand? A Summary of Possible Causes," Hal Whitehead Laboratory Group, whitelab.biology.dal.ca/strand/StrandingWebsite.html#social; E. Rogan et al., "A Mass Stranding of White-Sided Dolphins(Lagenorhynchus acutus) in Ireland: Biological and Pathological Studies," *Journal of Zoology* 242, no. 2(1997): 217-27.

62 이 연구들은 인과관계를 주장하는 이전 연구들을 기반으로 한 것이다. David Suzuki, "Sonar and Whales Are a Deadly Mix," *Huffington Post*, 2013/02/27; Tyack et al., "Beaked Whales Respond to Simulated and Actual Navy Sonar"; National Resource Defense Council, "Lethal Sounds: The Use of Military Sonar Poses a Deadly Threat to Whales and Other Marine Mammals," NRDC, www.nrdc.org/wildlife/marine/sonar.asp; Weilgart, "A Brief Review of Known Effects of Noise on Marine Mammals"; National Research Council(U.S.), *Ocean Noise and Marine Mammals.*

63 "U.S. Sued over U.S. Navy Sonar Tests in Whale Waters," *NBC News*, 2012/01/26; "Marine Mammals and the Navy's 5-Year Plan," *New York Times*, 2012/10/11; Natural Resources Defense Center Council, "Navy Training Blasts Marine Mammals with Harmful Sonar," *National Resource Defense Council Media*, news release, 2012/01/26, www.nrdc.org.

64 Lauren Sommer, "Navy Sonar Criticized for Harming Marine Mammals," *All Things Considered*, National Public Radio, 2013/04/26; Jeremy A. Goldbogen et al., "Blue Whales Respond to Simulated Mid-Frequency Military Sonar," *Proceedings of the Royal Society: Biological Sciences* 280, no. 1765(2013).

65 Goldbogen et al., "Blue Whales Respond to Simulated Mid-Frequency Military Sonar"; "Study: Military Sonar May Affect Endangered Blue Whale Population," *CBS News*, 2013/07/08; Suzuki, "Sonar and Whales Are a Deadly Mix"; "U.S. Military Sonar May Affect Endangered Blue Whales, Study Suggests," *Washington Post*, 2013/07/08; Damian Carrington, "Whales Flee from Military Sonar Leading to Mass Strandings, Research Shows," *Guardian*, 2013/07/02; Victoria Gill, "Blue and Beaked Whales Affected by Simulated Navy Sonar," *BBC News*, 2013/07/02; Richard Gray, "Blue Whales Are Disturbed by Military Sonar," *Telegraph*, 2013/07/03; Megan Gannon, "Military Sonar May Hurt Blue Whales," *Yahoo News*, 2013/07/04.

66 Wynne Parry, "16 Whales Mysteriously Stranded in Florida Keys," *Live Science*, 2011/05/06.

67 H. A. Waldron, "Did the Mad Hatter Have Mercury Poisoning?," *British Medical Journal* 287, no. 6409(1983): 1961.

68 Katherine H. Taber and Robin A. Hurley, "Mercury Exposure: Effects across the Lifespan," *Journal of*

Neuropsychiatry and Clinical Neurosciences 20, no. 4(2008): 384-89; S. Allen Counter and Leo H. Buchanan, "Mercury Exposure in Children: A Review," *Toxicology and Applied Pharmacology* 198, no. 2(2004): 213.

69 Counter and Buchanan, "Mercury Exposure in Children," 213.

70 Taber and Hurley, "Mercury Exposure," 389

71 Wendy Noke Durden et al., "Mercury and Selenium Concentrations in Stranded Bottlenose Dolphins from the Indian River Lagoon System, Florida," *Bulletin of Marine Science* 81, no. 1(2007): 37-54; H. Gomercic Srebocan and A. Prevendar Crnic, "Mercury Concentrations in the Tissues of Bottlenose Dolphins(Tursiops truncatus) and Striped Dolphins(Stenella coeruloalba) Stranded on the Croatian Adriatic Coast," *Science and Technology* 2009, no. 12(2009): 598-604; Dan Ferber, "Sperm Whales Bear Testimony to Ocean Pollution," *Science Now*, 2005/08/17; "Mercury Levels in Arctic Seals May Be Linked to Global Warming," *Science Daily*, 2009/05/04; A. Gaden et al., "Mercury Trends in Ringed Seals(Phoca hispida) from the Western Canadian Arctic since 1973: Associations with Length of Ice-Free Season," *Environmental Science and Technology* 43(2009/05/15): 3646-51.

72 "Shawn Booth and Dirk Zeller, "Mercury, Food Webs, and Marine Mammals: Implications of Diet and Climate Change for Human Health," *Environmental Health Perspectives* 113(2005/02/02): 521-26.

73 Durden et al., "Mercury and Selenium Concentrations in Stranded Bottlenose Dolphins from the Indian River Lagoon System, Florida"; Srebocan and Crnic, "Mercury Concentrations in the Tissues of Bottlenose Dolphins(Tursiops truncatus) and Striped Dolphins(Stenella coeruloalba) Stranded on the Croatian Adriatic Coast"; Ferber, "Sperm Whales Bear Testimony to Ocean Pollution"; "Mercury Levels in Arctic Seals May Be Linked to Global Warming"; Gaden et al., "Mercury Trends in Ringed Seals(Phoca hispida) from the Western Canadian Arctic since 1973."

74 "Mercury Pollution Causes Immune Damage to Harbor Seals," *Science Daily*, 2008/10/20.

75 Jordan Lite, "What Is Mercury Posioning?," *Scientific American*, 2008/12/19; "Pollution 'Makes Birds Mate with Each Other,' Say Scientists," *Mail Online*, 2010/12/10; "Fish Consumption Advisories," U.S. Environmental Protection Agency, www.epa.gov; Bob Condor, "Living Well: How Much Mercury Is Safe? Go Fishing for Answers," Seattlepi.com, 2008/10/19; Francesca Lyman, "How Much Mercury Is in the Fish You Eat? Doctors Recommend Consuming Seafood, but Some Fish Are Tainted," *NBCNews.com*, 2003/04/04; "Weekly Health Tip: Mercury in Fish-How Much Is Too Much?," *Huffpost Healthy Living: The Blog*; "Mercury Mess: Wild Bird Sex Stifled," *Environmental Health News*, 2011/09/22.

76 M. R. Trimble and E. S. Krishnamoorthy, "The Role of Toxins in Disorders of Mood and Affect," *Neurologic Clinics* 18, no. 3(2000): 649-64; Celia Fischer, Anders Fredriksson, and Per Eriksson, "Coexposure of Neonatal Mice to a Flame Retardant PBDE 99(2,2',4,4',5-pentabromodiphenyl ether) and Methyl Mercury Enhances Developmental Neurotoxic Defects," *Toxicological Sciences: An Official Journal of the Society of Toxicology* 101, no. 2(2008): 275-85.

77 Trimble and Krishnamoorthy, "The Role of Toxins in Disorders of Mood and Affect."

78 예를 들어, 다음을 볼 것. "Some Toxic Effects of Lead, Other Metals and Antibacterial Agents on the Nervous System: Animal Experiment Models," *Acta Neurologica Scandinavica Supplementum* 100(1984): 77-87; Minoru Yoshida et al., "Neurobehavioral Changes and Alteration of Gene Expression in the Brains of Metallothionein-I/II Null Mice Exposed to Low Levels of Mercury Vapor during Postnatal Development," *Journal of Toxicological Sciences* 36, no. 5(2011): 539-47; Shuhua Xi et al., "Prenatal and Early Life Arsenic Exposure Induced Oxidative Damage and Altered Activities and mRNA Expressions of Neurotransmitter Metabolic Enzymes in Offspring Rat Brain," *Journal of Biochemical and Molecular Toxicology* 24, no. 6(2010): 368-78.

79 Kathleen McAuliffe, "How Your Cat Is Making You Crazy," *Atlantic*, 2012/03.

80 Ibid.

81 Ibid.; "Common Parasite May Trigger Suicide Attempts: Inflammation from T. Gondii Produces Brain-Damaging Metabolites," *Science Daily*, 2012/08/16.

82 Patrick K. House, Ajai Vyas, and Robert Sapolsky, "Predator Cat Odors Activate Sexual Arousal Pathways in Brains of Toxoplasma Gondii Infected Rats," ed. Georges Chapouthier, PLoS ONE 6, no. 8(2011): e23277; "Toxo: A Conversation with Robert Sapolsky," The Edge.org, 2009/12/04; Jaroslav Flegr, "Effects of Toxoplasma on Human Behavior," *Schizophrenia Bulletin*, 33, no. 3(2007).

83 McAuliffe, "How Your Cat Is Making You Crazy"; "Toxo: A Conversation with Robert Sapolsky"; Flegr, "Effects of Toxoplasma on Human Behavior."

84 "Toxoplasmosis," Centers for Disease Control, www.cdc.gov/parasites/toxoplasmosis/disease.html.

85 Flegr, "Effects of Toxoplasma on Human Behavior"; McAuliffe, "How Your Cat Is Making You Crazy"; "Toxo: A Conversation with Robert Sapolsky."

86 Vinita J. Ling, David Lester, Preben Bo Mortensen, Patricia W. Langenberg, and Teodor T. Postolache, "Toxoplasma Gondii Seropositivity and Suicide Rates in Women," *The Journal of Nervous and Mental Disease* 199, no. 7(2011/07): 440-444; Yuanfen Zhang, Lil Träskman-Bendz, Shorena Janelidze, Patricia Langenberg, Ahmed Saleh, Niel Constantine, Olaoluwa Okusaga, Cecilie Bay-Richter, Lena Brundin, and Teodor T. Postolache, "Toxoplasma Gondii Immunoglobulin G Antibodies and Nonfatal Suicidal Self-Directed Violence," *Journal of Clinical Psychiatry* 73, no. 8(2012/08): 1069-1076; David Lester, "Toxoplasma Gondii and Homicide," *Psychological Reports* 111, no. 1(2012/08): 196-97.

87 "Common Parasite May Trigger Suicide Attempts."

88 "California Sea Otters Numbers Drop Again," *United States Geological Survey*, 2010/08/03; Miles Grant, "California Sea Otter Population Declining," National Wildlife Federation, 2011/03/07, url.kr/pzj2cd; "California Sea Otters Mysteriously Disappearing," *CBS News*, 2011/03/03.

89 "Study Links Parasites in Freshwater Runoff to Sea Otter Deaths," *Science Daily*, 2002/07/02; P. A. Conrad, M. A. Miller, C. Kreuder, E. R. James, J. Mazet, H. Dabritz, D. A. Jessup, Frances Gulland, and M. E. Grigg, "Transmission of Toxoplasma: Clues from the Study of Sea Otters as Sentinels of Toxoplasma Gondii Flow into the Marine Environment," *International Journal for Parasitology* 35, no. 11-12(2005/10): 1155-1168; M. A. Miller, W. A. Miller, P. A. Conrad, E. R. James, A. C. Melli, C. M. Leutenegger, H. A. Dabritz, et al., "Type X Toxoplasma Gondii in a Wild Mussel and Terrestrial Carnivores from Coastal California: New Linkages between Terrestrial Mammals, Runoff and Toxoplasmosis of Sea Otters," *International Journal for Parasitology* 38, no. 11(2008/09): 1319-28.

90 Paul Rincon, "Cat Parasite 'Is Killing Otters,'" *BBC*, 2006/02/19; Mariane B. Melo, Kirk D. C. Jensen, and Jeroen P. J. Saeij, "Toxoplasma Gondii Effectors Are Master Regulators of the Inflammatory Response," *Trends in Parasitology* 27, no. 11(2011/11): 487-95.

91 "Dual Parasitic Infections Deadly to Marine Mammals," *Science Daily*, 2011/05/25.

92 Astrid Schnetzer et al., "Blooms of Pseudo-Nitzschia and Domoic Acid in the San Pedro Channel and Los Angeles Harbor Areas of the Southern California Bight, 2003-2004," *Harmful Algae* 6, no. 3(2007): 372-87; Frances Gulland, *Domoic Acid Toxicity in California Sea Lions(Zalophus californianus) Stranded along the Central California Coast, 1998/05~10*, Report to the National Marine Fisheries Service Working Group on Unusual Marine Mammal Mortality Events, 2000/12; "Domoic Acid Toxicity," Marine Mammal Center; "Red Tide," Woods Hole Oceanographic Institute, www.whoi.edu/redtide.

93 Gulland, *Domoic Acid Toxicity in California Sea Lions(Zalophus californianus) Stranded along the*

Central California Coast, 1998/05~10.

94 "Amnesic Shellfish Poisoning," Woods Hole Oceanographic Institution, www.whoi.edu; D. Baden, L. E. Fleming, and J. A. Bean, "Marine Toxins," in *Handbook of Clinical Neurology: Intoxications of the Nervous System, Part II. Natural Toxins and Drugs*, ed. F. A. de Wolff(Amsterdam: Elsevier Press, 1995), 141–75.

95 Kate Thomas et al., "Movement, Dive Behavior, and Survival of California Sea Lions(Zalophus californianus) Posttreatment for Domoic Acid Toxicosis," *Marine Mammal Science* 26, no. 1(2010): 36–52; E. M. D. Gulland et al., "Domoic Acid Toxicity in Californian Sea Lions(Zalophus californianus): Clinical Signs, Treatment and Survival," *Veterinary Record* 150, no. 15(2002): 475–80.

96 Thomas et al., "Movement, Dive Behavior, and Survival of California Sea Lions(Zalophus californianus) Posttreatment for Domoic Acid Toxicosis."

97 해양포유류센터의 리 자크렐Lee Jackrel과의 대화 2010/11·12; Thomas et al., "Movement, Dive Behavior, and Survival of California Sea Lions(Zalophus californianus) Posttreatment for Domoic Acid Toxicosis."

98 Gulland et al., "Domoic Acid Toxicity in Californian Sea Lions(Zalophus californianus)"; T. Goldstein et al., "Magnetic Resonance Imaging Quality and Volumes of Brain Structures from Live and Postmortem Imaging of California Sea Lions with Clinical Signs of Domoic Acid Toxicosis," *Diseases of Aquatic Organisms* 91, no. 3(2010): 243–56; Thomas et al., "Movement, Dive Behavior, and Survival of California Sea Lions(Zalophus californianus) Posttreatment for Domoic Acid Toxicosis."

99 Mark Mullen, "Authorities Remove Sleeping Sea Lion," KRON4 News, 2002/12/16.

100 M. Sala et al., "Stress and Hippocampal Abnormalities in Psychiatric Disorders," *European Neuropsychopharmacology: The Journal of the European College of Neuropsychopharmacology* 14, no. 5(2004): 393–405; Sapolsky, "Glucocorticoids and Hippocampal Atrophy in Neuropsychiatric Disorders"; Cheryl D. Conrad, "Chronic Stress-Induced Hippocampal Vulnerability: The Glucocorticoid Vulnerability Hypothesis," *Reviews in the Neurosciences* 19, no. 6(2008): 395–411.

101 J. A. Patz et al., "Climate Change and Infectious Disease," in *Climate Change and Human Health: Risks and Responses*, ed. A. J. McMichael et al.(Geneva: World Health Organization, 2003), 103–32; "Climate Change and Harmful Algal Blooms," National Oceanic and Atmospheric Administration; T. Goldstein et al., "Novel Symptomatology and Changing Epidemiology of Domoic Acid Toxicosis in California Sea Lions(Zalophus californianus): An Increasing Risk to Marine Mammal Health," *Proceedings of the Royal Society: Biological Sciences* 275, no. 1632(2008): 267–76.

102 "1986: Coal Mine Canaries Made Redundant," *BBC*, 1986/12/30; Walter Hines Page and Arthur Wilson Page, *The World's Work*(New York: Doubleday, Page, 1914), 474.

에필로그

1 T. G. Frohoff, "Conducing Research on Human-Dolphin Interactions: Captive Dolphins, Free-Ranging Dolphins, Solitary Dolphins, and Dolphin Groups," in *Wild Dolphin Swim Program Workshop*, ed. K. M. Dudzinski, T. G. Frohoff, and T. R. Spradlin (Maui, 1999); T. G. Frohoff and J. Packard, "Human Interactions with Free-Ranging and Captive Bottlenose Dolphins," *Anthrozoos* 8 (1995): 44–53.

2 "Gray Whale," American Cetacean Society, acsonline.org/fact-sheets/ gray-whale/; "Gray Whale," Alaska Department of Fish and Game, url.kr/bmovut; "Gray Whale," NOAA Fisheries, www.nmfs.noaa.gov/; "California Gray Whale," Ocean Institute, www.ocean-institute.org.

3 "California Gray Whale"; "Gray Whale," American Cetacean Society.

4 Charles Melville Scammon, *Marine Mammals of the Northwestern Coast of North America: Together with an Account of the American Whale-Fishery*(Berkeley: Heyday, 2007); Charles Siebert, "Watching Whales Watching Us," *New York Times Magazine*, 2009/07/08.

5 Dick Russell, *Eye of the Whale: Epic Passage from Baja to Siberia*(Island Press, 2004), 20; Joan Druett and Ron Druett, *Petticoat Whalers: Whaling Wives at Sea, 1820~1920*(Lebanon, NH: University Press of New England, 2001), 139.

6 Marine Mammal Commission, Annual Report for 2002.

7 Ibid.

8 Siebert, "Watching Whales Watching Us."

9 호나스 레오나르도 메차 오테로Jonas Leonardo Meza Otero와의 개인적 대화, 2010/03/17~18; 라눌포 마요랄Ranulfo Mayoral과의 개인적 대화, 2010/03/09; 마르코스 세다노Marcos Sedano와의 개인적 대화, 2010/03/18.

10 "Gray Whale," NOAA Fisheries.

11 Felicity Muth, "Animal Culture: Insights from Whales," *Scientific American*, 2013/04/27; Jenny Allen et al., "Network-Based Diffusion Analysis Reveals Cultural Transmission of Lobtail Feeding in Humpback Whales," *Science* 340, no. 6131(2013): 485-88; John K. B. Ford, "Vocal Traditions among Resident Killer Whales(Orcinus orca) in Coastal Waters of British Columbia," *Canadian Journal of Zoology* 69, no. 6(1991): 1454-83; Luke Rendell et al., "Can Genetic Differences Explain Vocal Dialect Variation in Sperm Whales, Physeter Macrocephalus?," *Behavior Genetics* 42, no. 2(2011): 332-43.

12 거의 멸종에 가까운 개체 수 격감은 그들의 행동(예를 들어, 짝을 찾기 위해 얼마나 멀리 이동해야 하는지, 선택의 폭이 좁아지는지 등)뿐만 아니라 생물학(개체군의 유전적 다양성을 제한하는 것)에도 영향을 미쳤다. 그것이 문화적으로 어떤 영향을 미쳤는지는 아직 수수께끼다.

13 히틀러가 자살하기 직전에 마지막으로 했던 행동 중 하나는 이 셰퍼드를 독살한 것이었다. Gertraud Junge, *Until the Final Hour*(Arcade, 2003), 38, 181; James Serpell, *In the Company of Animals: A Study of Human-Animal Relationships*(Cambridge, UK: Cambridge University Press, 1996), 26.

14 "Nothing's Too Good for Kim Jong-il's Pet Dogs," *Chosunilbo*, 2011/04/14; Peter Foster, "Kim Jong-il Reveals Fondness for Dolphins and Fancy Dogs," Telegraph.co.uk, 2011/11/04; Nadia Gilani, "Kim Jong-Il Spends £120,000 on Food for His Dogs, as Six Million North Koreans Starve," *Daily Mail Online*, 2011/09/30.

개정판 후기

1 Becky Chung, "The veteran and the labradoodle: How a service dog helped a TEDActive attendee step back out into the world," Ted.com, 2014/09/04, blog.ted.com/2014/09/04/the-veteran-and-the-labradoodle/.

찾아보기

찾아보기

찾아보기

🌱
ssiat 2

우린 모두 마음이 있어
마음이 아픈 동물들이 가르쳐 준 것들

1판 1쇄. 2024년 1월 24일
지은이. 로렐 브레이트먼
옮긴이. 김동광

펴낸이. 안중철·정민용
책임편집. 이진실
편집. 윤상훈·최미정

펴낸 곳. 후마니타스(주)
등록. 2002년 2월 19일 제2002-000481호
주소. 서울 마포구 신촌로14안길 17, 2층(04057)

편집. 02-739-9929, 9930
제작. 02-722-9960
팩스. 0505-333-9960
블로그. blog.naver.com/humabook
f ⊙ 🐦/humanitasbook

인쇄. 천일인쇄 031-955-8083
제본. 일진제책 031-908-1407

값 23,000원

ISBN 978-89-6437-444-3 04400
       978-89-6437-411-5   (세트)